高职高专环保类专业系列教材

固体废物资源化利用
与处理处置

（第二版）

主　编　沈　华

副主编　赵眉飞　易志刚

主　审　李二平

科学出版社

北　京

内 容 简 介

本书内容包括固体废物的概述，固体废物的管理，固体废物的收集、贮存与运输，固体废物处理的基本方法，固体废物资源化，固体废物的焚烧处理技术和填埋处置以及案例。重点介绍了我国固体废物管理的新变化、新要求及固体废物资源化利用的产业发展及相关案例。为方便学习，书中配有大量的思考与练习题。本书充分体现了基础理论与工程相结合的特点，力求将最新的理论和技术、科研及产业化研究成果呈现给读者。

本书既可供高职高专环境专业师生教学使用，也可供相关领域在职员工学习、培训，还可供企事业单位科研、工程和管理人员参考使用。

图书在版编目（CIP）数据

固体废物资源化利用与处理处置/沈华主编. —2 版. —北京：科学出版社，2023.2

（高职高专环保类专业系列教材）

ISBN 978-7-03-073019-0

Ⅰ．①固… Ⅱ．①沈… Ⅲ．①固体废物利用-高等职业教育-教材 Ⅳ．①X705

中国版本图书馆 CIP 数据核字（2022）第 158162 号

责任编辑：辛 桐/责任校对：马英菊
责任印制：吕春珉/封面设计：金舵手世纪

科 学 出 版 社 出版

北京东黄城根北街 16 号
邮政编码：100717
http://www.sciencep.com

北京中科印刷有限公司 印刷

科学出版社发行 各地新华书店经销

*

2011 年 7 月第 一 版	开本：787×1092 1/16
2023 年 2 月第 二 版	印张：19 3/4
2023 年 11 月第十四次印刷	字数：465 000

定价：69.00 元
（如有印装质量问题，我社负责调换〈中科〉）

销售部电话 010-62136230 编辑部电话 010-62135120

第二版前言

本书是 2008 年年底在北京召开的国家社会科学基金"十一五"规划课题子课题开题暨全国高职高专环保类专业规划教材审纲会议上，确定由长沙环境保护职业技术学院作为主编单位，2011 年由科学出版社出版发行的一本教材。出版多年来不仅得到了用书学校的认可，也得到了其他相关单位，特别是省、部环境保护干部培训基地学员的认可。本次修订主要是借《中华人民共和国固体废物污染环境防治法》（以下简称《固废法》）的修订，将教学团队这些年来对环保类课程进行的改革与探索梳理、总结与反思，力求呈现精品教材。

党的十九大报告指出：建设生态文明是中华民族永续发展的千年大计。要加快建设生态文明的美丽中国。固体废物污染防治是保障公众健康、维护生态安全的重要举措。在本次修订《固体废物资源化利用与处理处置》过程中，编者力图将现代环境治理的理念贯穿其中。此次再版对原书结构进行了相应调整，共设置 8 章。主要对第 1 章、第 4 章（原第 5 章）进行了提炼；第 2 章由原第 2 章和第 3 章合并而成，按照新《固废法》重新进行了编排；第 3 章（改编自原第 4 章）重点介绍了生活垃圾和危险废物；第 5 章由原第 6 章和第 7 章合并，除了介绍典型的固体废物资源化外，还特别增加了对大宗固体废物的资源化利用处理；第 6 章（原第 8 章）依据国家标准要求，讲述了固体废物的焚烧处理技术，特别是二次污染的防控措施；第 7 章填埋处置在内容上弱化了设计，加强了不同类型填埋场选址及运行管理等内容；第 8 章中案例的选择原则是工艺技术先进实用，有示范作用的校企合作企业、行业内的"小巨人"或工艺技术获奖的项目，以及在国内带有普遍性和警示作用的污染项目，生态环境部公布的典型违法案例及处理结果，用鲜活的案例激发学生的学习热情。

本书由沈华任主编，赵眉飞、易志刚任副主编。参加编写的人员分工如下：第 1、2、3 章由沈华编写；第 4、6 章由赵眉飞编写；第 5、7 章由曾向农编写；第 8 章由易志刚、刘颖辉、徐雅姝、盛四军、王瑞洋共同编写；思考与练习题由赵眉飞整理；全书由沈华统稿。本书的主审由研究员、教授级高级工程师李二平担任，在此深表谢意！本书在编写过程中引用了同行的教学及科研成果，在此谨向各位专家及参考文献资料的原创作者表示感谢！

鉴于本书内容涉及面广，相关政策、标准、技术等发展迅速，加之编者水平有限，书中难免有疏漏及不妥之处，恳请专家、读者批评指正，以便进一步修改完善。

最后，由衷地感谢科学出版社的领导和编辑的辛勤工作，使本书能够顺利出版。

沈 华

2022 年 7 月于长沙

第一版前言

我国固体废物的管理起步较晚，目前相关的法律法规和技术标准仍在建设之中。而我国固体废物产生量巨大，性质日趋复杂，由此引发的环境问题也日益突出。固体废物的处理处置任务艰巨，固体废物的资源化技术和处置水平与发达国家相比还有很大差距，管理水平也亟待提高，特别是针对我国固体废物特点的处理处置及资源化利用和管理体系等方面的系统研究还有很大的发展空间。

近年来，我国开设固体废物相关专业课程的院校与日俱增，2004年修订的《中华人民共和国固体废物污染环境防治法》的实施，使我国固体废物的管理和处理处置技术的发展更上了一个台阶，特别是国家循环经济战略的实施，期盼有更加新颖科学完善的固体废物相关教材用于人才培养之中。

本书作为高职高专环保类专业的教材，是国家社会科学基金"十一五"规划（教育学科）一般课题（批准号：BJAO60049）"以就业为导向的职业教育教学理论与实践研究"的子课题（编号：BJA060049-ZKT028）"以就业为导向的高等职业教育环保类专业教学整体解决方案研究"的研究成果之一。

本书内容既包括对固体废物进行管理和污染控制的处理处置技术，又有对固体废物作为可再生资源进行利用的各类资源化技术。在固体废物的管理一章中不仅介绍我国固体废物的产生现状，而且介绍了近年来我国固体废物的治理现状，突出了固体废物管理的特点；固体废物的法律法规及标准一章中，详细讲述了我国固体废物管理的法律法规体系，固体废物的标准体系，将新出台的相关标准目录一并列出，并重点介绍了危险废物的鉴别标准，同时对国家环境政策及近年来的环境规划做了相应的叙述；在固体废物处理的基本方法一章中，力求全面介绍，尽可能将国内外的最新技术融入教材之中；在资源化回收利用部分，案例选择的原则是新颖实用，有示范作用；在固体废物的焚烧和填埋处理处置内容设置上，依据目前我国的技术规划要求编制。为方便学生或在职的从业员工学习，本书编排了大量的各类习题，将在实际工作中经常碰到、容易模糊的问题以习题的方式提醒，加强巩固相应的知识点。其中标*号的习题书中未提及相关知识，可查阅其他资料后解答。

本书由沈华任主编，具体编写分工如下：第1、2、8章由沈华编写；第3、9章由赵眉飞编写；第4章由杨少斌编写；第5章由赵眉飞、沈华共同编写；第6章由刘颖辉编写；第7章由郝卓莉编写。本书思考与练习题由彭艳春统筹整理，全书由沈华统稿，由教授、高级工程师郭正担任主审，在此深表谢意！

本书在编写过程中引用了大量同行的教学及科研成果，在此谨向各位专家及参考文献资料的原创作者表示感谢！

　　鉴于本书内容涉及面广，相关政策、标准、技术等发展迅速，加之编者水平有限，书中难免有疏漏及不妥之处，恳请专家、读者批评指正，以便进一步修改完善。

沈　华

2010 年 12 月于长沙

目　录

第1章 概 论

1.1 固体废物概述

1.1.1 固体废物的定义

人类一切活动过程中产生的，且对所有者已不再具有使用价值而被废弃的固态或半固态物质，统称为固体废物。在各国的立法及管理体系中，对固体废物的描述不尽一致，并且在进行不断的完善与补充。中华人民共和国第十三届全国人民代表大会常务委员会第十七次会议于 2020 年 4 月 29 日修订、自 2020 年 9 月 1 日起施行的《中华人民共和国固体废物污染环境防治法》规定："固体废物是指在生产、生活和其他活动中产生的丧失原有利用价值或者虽未丧失利用价值但被抛弃或者放弃的固态、半固态和置于容器中的气态的物品、物质以及法律、行政法规规定纳入固体废物管理的物品、物质。经无害化加工处理，并且符合强制性国家产品质量标准，不会危害公众健康和生态安全，或者根据固体废物鉴别标准和鉴别程序认定为不属于固体废物的除外。"

上述法律定义对固体废物的来源、性质、形态等进行了描述。固体废物的来源为"生产、生活和其他活动"，这里所说的生产是针对国民经济建设而言的生产活动，是一个大范围的概念，包括工厂、矿山、建筑、交通运输、邮电等各行各业的生产和建设活动；日常生活是指人们居家生活、吃住行等活动，亦包括为保障人们居家生活提供各种社会服务和保障的活动；其他活动主要是指商业活动及医院、科研单位、学校等非生产性的，又不属于日常生活活动范畴的正常活动。"固体废物"一词中"废"是针对原所有者而言，其内涵表现在两个方面，即"丧失原有利用价值"和"虽未丧失利用价值但被抛弃或者放弃"。此外，根据定义可知，纳入我国固体废物管理体系的固体废物形态有固态、半固态、气态（置于容器中的气体物质）以及液态（《固废法》第一百二十五条规定："液态废物的污染防治，适用本法"，如废酸、废碱等；"排入水体的废水的污染防治适用有关法律，不适用本法"）。

需要注意的是，《固废法》第二条第二款规定："固体废物污染海洋环境的防治和放射性固体废物污染环境的防治不适用本法。"在我国，对固体废物污染海洋的管理适用《中华人民共和国海洋环境保护法》，对放射性固体废物的管理则适用《中华人民共和国放射性污染防治法》。

目前，我国固体废物和非固体废物的鉴别除《固废法》外，也依据《固体废物鉴别标准 通则》（GB 34330—2017）进行。

1.1.2　固体废物的分类

固体废物来自人类生产和生活过程中的许多环节。表 1.1 列出了从各类产生源产生的主要固体废物。

表 1.1　固体废物的来源

产生源	产生的主要固体废物
居民生活	食物、垃圾、纸、木、布、庭院植物修剪物、金属、玻璃、塑料、陶瓷、燃料灰渣、脏土、碎砖瓦、废器具、粪便、杂品等
商业、机关	除上述废物外，另有管道、碎砌体、沥青及其他建筑材料，含有易爆、易燃、腐蚀性废物以及废汽车、废电器、废器具等
市政维护、管理部门	脏土、碎砖瓦、树叶、死畜禽、金属、锅炉灰渣、污泥等
矿业	废石、尾矿、金属、废木、砖瓦、水泥、砂石等
冶金、金属结构、交通、机械等工业	金属、渣、砂石、模型、芯、陶瓷、涂料、管道、绝热和绝缘材料、黏结剂、污垢、废木、塑料、橡胶、纸、各种建筑材料、烟尘等

产生源	产生的主要固体废物
建筑材料工业	金属、水泥、黏土、陶瓷、石膏、石棉、砂、石、纸、纤维等
食品加工业	肉、谷物、蔬菜、硬壳果、水果等
橡胶、皮革、塑料等工业	橡胶、塑料、皮革、布、线、纤维、染料、金属等
石油化工工业	化学药剂、金属、塑料、橡胶、陶瓷、沥青、油毡、石棉、涂料等
电器、仪器仪表等工业	金属、玻璃、木、橡胶、塑料、化学药剂、研磨料、陶瓷、绝缘材料等
纺织服装工业	布头、纤维、金属、橡胶、塑料等
造纸、木材、印刷等工业	刨花、锯末、碎木、化学药剂、金属填料、塑料等
农业	秸秆、蔬菜、水果、果树枝条、秕糠、人和畜禽粪便、农药等
核工业和放射性医疗单位	金属、含放射性废渣（纳入放射性废物管理）、污泥、器具和建筑材料等

固体废物的分类多种多样，目的不同分类的方式也不同，既可根据其来源、组分、形态等进行划分，也可以根据其危险性、燃烧特性等进行划分，同时也可以依据资源回收利用或环境管理的要求进行分类。目前主要的分类方法有如下七个方面。

（1）根据其来源分为工业固体废物、生活垃圾、建筑垃圾、农业固体废物等。

（2）按其化学组成可分为有机废物（如废弃塑料、橡胶等）和无机废物（如废弃砖瓦、砂石等）。

（3）按其形态可分为固态废物（如玻璃瓶、报纸、塑料袋、木屑等）、半固态废物（如污泥、油泥、粪便等）、液态废物（如废酸、废碱、废油与有机溶剂）和气态（如废弃液化气罐、废弃危险化学品钢瓶内的气体等）。

（4）按其污染特性可分为危险废物（如医院手术切除物、农药、化工生产废渣等）和一般废物（如日常生活中丢弃的瓜果皮、纸张等）。

（5）按其燃烧特性可分为可燃废物（通常指 1000 ℃以下可燃烧者，如废纸、废塑料、废机油等）和不可燃废物（通常在 1000 ℃焚烧炉内仍无法燃烧者，如金属、玻璃、砖石等）。

（6）按资源综合利用分类，如国家发展和改革委员会联合九部门印发《关于"十四五"大宗固体废弃物综合利用的指导意见》（发改环资〔2021〕381 号）。大宗固体废弃物包括煤矸石、粉煤灰、尾矿（共伴生矿）、冶炼渣、工业副产石膏、建筑垃圾、农作物秸秆等七个品类。

（7）按环境管理政策分类，依据《固废法》将固体废物分为工业固体废物、生活垃圾、建筑垃圾、农业固体废物和危险废物五大类进行管理。

综上可见，固体废物的分类多种多样。本书根据《固废法》中分的五大类进行简要介绍。

1. 工业固体废物

工业固体废物是指在工业生产活动中产生的固体废物。不同种类的工业固体废物，由于其成分、结构、危害特性有很大的差别，对公众健康、生态环境的危害和影响程度也各不相同。特别是一般工业固体废物和工业危险废物，两者在反应性、腐蚀性、毒性等方面均有很大区别。因此，对不同类型的工业固体废物应当采取不同的污染防治措施。首先要对各种工业固体废物对公众健康、生态环境的危害和影响程度做出界定，明确工业固体废物中有害物质的种类、可能造成污染的性质、强度、危害等。然后有针对性地开展污染防治工作。

工业固体废物产生的主要行业有冶金、化工、煤炭、电力、交通、轻工、石油、机械加工、建筑等，其范围包括冶炼渣、化工渣、燃煤灰渣、废矿石、尾矿、金属、塑料、橡胶、化学药剂、陶瓷、沥青和其他工业固体废物。表 1.2 列出了部分工业固体废物的来源。

表 1.2　部分工业固体废物的来源

来源	产生的主要固体废物
矿业	废石、尾矿、围岩、金属、废木、砖瓦及砂石等
冶金、金属结构、交通、机械等行业	金属、渣、砂石、模型、芯、陶瓷、涂料、管道、绝热和绝缘材料、黏结剂、污垢、废木、塑料、橡胶、纸、各种建筑材料、烟尘等
建筑材料工业	金属、水泥、黏土、陶瓷、石膏、石棉、砂、石、纸、纤维等
食品加工业	肉、谷物、蔬菜、硬壳果、水果等
橡胶、皮革、塑料等工业	橡胶、塑料、皮革、布、线、纤维、染料、金属等
石油化工工业	化学药剂、金属、塑料、橡胶、陶瓷、沥青、污泥、油毡、石棉、涂料等
电器、仪器仪表等工业	金属、玻璃、木、橡胶、塑料、化学药剂、研磨料、陶瓷、绝缘材料等
纺织服装工业	布头、纤维、金属、橡胶、塑料等
造纸、木材、印刷等工业	刨花、锯末、碎木、化学药剂、金属填料、塑料等
维修、再生业	计算机、手机、电视机、洗衣机、冰箱等维修及拆解机动车船等

2. 生活垃圾

生活垃圾，是指在日常生活中或者为日常生活提供服务的活动中产生的固体废物，以及法律、行政法规规定视为生活垃圾的固体废物。目前收集处理的生活垃圾主要有居民生活垃圾，包括厨余物、废纸、废塑料、废织物、废金属、废玻璃、废陶瓷、砖瓦、渣土、粪便以及废旧家具、废电器、庭院废物等。此外，园林废物、机关办公垃圾、街道清扫废物、公共场所（公园、车站、码头、机场等）产生的废物等均按生活垃圾管理。由于生活垃圾种类繁多、成分复杂，环境隐患日益突出，推进生活垃圾分类制度已势在必行。

生活垃圾分类的精细化程度、可生物降解组分、可燃组分与不可燃组分的含量等决定着生活垃圾处理的方式。

3. 建筑垃圾

建筑垃圾，是指建设单位、施工单位新建、改建、扩建和拆除各类建筑物、构筑物、管网等，以及居民装饰装修房屋过程中产生的弃土、弃料和其他固体废物。按来源划分，建筑垃圾可分为工程渣土（弃土）、工程泥浆、工程垃圾、拆除垃圾、装修垃圾 5 类。其中，工程渣土（弃土）和工程泥浆占比最大，约占建筑垃圾总量的 75%，这两类建筑垃圾可用于土方平衡和回填,在工程建设领域需求量大;拆除垃圾约占建筑垃圾总量的20%,成分主要是砖石瓦、混凝土、废金属、废木、渣土等,可在施工现场就地利用或分选拆解后再利用;工程垃圾、装修垃圾占建筑垃圾总量的比例不足 5%,但成分复杂,有的具有一定的污染性,主要采用填埋方式处理,有的混入生活垃圾之中,给后续处理增加了难度。因此,推进建筑垃圾源头减量,建立建筑垃圾回收利用体系是防治污染的有力措施。

4. 农业固体废物

农业固体废物,是指在农业生产活动中产生的固体废物。农业固体废物主要来自农业生产、畜禽饲养、植物种植、动物养殖和农副产品加工等,常见的有稻草、麦秸、玉米秸、稻壳、秕糠、根茎、落叶、果皮、果核、畜禽粪便、死禽死畜、羽毛、皮毛等。随着现代农业的兴起,废弃农用薄膜、农药、化肥包装废弃物等,已经对城乡生态环境造成了严重影响。

我国农村在没有使用化肥时,对这些可生物降解的农业固体废物大多数是就地综合利用,被沤肥还田处理或做了农家的燃料。近 30 年来化肥农药的广泛使用,改变了我国农村原有的耕作方式,许多能够综合利用的农业固体废物没有得到利用,反而变成了污染环境的固体废物,其主要有秸秆、蔬菜、水果、作物枝条、人畜禽粪便等,依法收集、利用这类农业固体废物已上升到国家法律层面,同时,对废弃农用薄膜、农药包装废弃物等也将建立和完善污染防治的制度。

5. 危险废物

危险废物,是指列入国家危险废物名录或者根据国家规定的危险废物鉴别标准和鉴别方法认定的具有危险特性的固体废物。危险废物的危险特性通常包括感染性、易燃性、易爆性、反应性、腐蚀性、急性毒性和浸出毒性。由于危险废物比一般固体废物对人体健康和环境的影响更为严重,危害显著,产生极大的威胁,因此,它与一般的固体废物在管理上和处理处置手段上存在较大的差别。

1989 年 3 月 22 日,联合国环境规划署通过了《控制危险废物越境转移及其处置巴塞尔公约》(简称《巴塞尔公约》),1992 年 5 月 5 日,该公约正式生效,同时对我国生效。

我国在参考《巴塞尔公约》对危险废物划定的类别基础上,结合我国实际,从废物特定来源、生产工艺及特定物质等方面对危险废物进行了分类,于 1998 年首次颁布了《国家危险废物名录》,2008 年、2016 年、2021 年分别对《国家危险废物名录》进行了修订。新修订的《国家危险废物名录(2021 年版)》将危险废物类别分为 46 大类。详见表 1.3。

表 1.3 国家危险废物名录(2021 年版)

废物类别	废物类别	废物类别
HW01 医疗废物	HW03 废药物、药品	HW05 木材防腐剂废物
HW02 医药废物	HW04 农药废物	HW06 废有机溶剂与含有机溶剂废物

废物类别	废物类别	废物类别
HW07 热处理含氰废物	HW21 含铬废物	HW35 废碱
HW08 废矿物油与含矿物油废物	HW22 含铜废物	HW36 石棉废物
HW09 油/水、烃/水混合物或乳化液	HW23 含锌废物	HW37 有机磷化合物废物
HW10 多氯（溴）联苯类废物	HW24 含砷废物	HW38 有机氰化物废物
HW11 精（蒸）馏残渣	HW25 含硒废物	HW39 含酚废物
HW12 染料、涂料废物	HW26 含镉废物	HW40 含醚废物
HW13 有机树脂类废物	HW27 含锑废物	HW45 含有机卤化物废物
HW14 新化学物质废物	HW28 含碲废物	HW46 含镍废物
HW15 爆炸性废物	HW29 含汞废物	HW47 含钡废物
HW16 感光材料废物	HW30 含铊废物	HW48 有色金属采选和冶炼废物
HW17 表面处理废物	HW31 含铅废物	HW49 其他废物
HW18 焚烧处置残渣	HW32 无机氟化物废物	HW50 废催化剂
HW19 含金属羰基化合物废物	HW33 无机氰化物废物	
HW20 含铍废物	HW34 废酸	

根据《国家危险废物名录》的规定，凡列入《国家危险废物名录》的废物类别都属于危险废物，列入国家危险废物管理范围；未列入《国家危险废物名录》的废物类别需要进行鉴别，高于鉴别标准的鉴别物属危险废物，列入国家危险废物管理范围；低于鉴别标准的，不列入国家危险废物管理范围。

常见的危险废物包括工业源危险废物、社会源危险废物（废弃电池及电子电器废物等）、危险废弃化学品、医疗废物及废弃农药等。

1.1.3　固体废物的性质

固体废物所含的污染物质千差万别，根据固体废物的性质，可用监测方法对其进行定性、定量分析。

1. 物理性质

固体废物成分复杂多变，主要参数包括物理组成、颜色、臭味、温度、熔点、溶解度、挥发性、含水率、空隙率、渗透性、粒度、密度、容重、磁性、导电性、光电性、摩擦性与弹性等。

固体废物的物理性质主要影响到污染物在环境中的迁移转换能力以及加工处理过程，如压实、破碎、分选过程等处理方法主要与其物理性质有关。其中，颜色、臭味等感官特性可以通过视觉或嗅觉直接加以判断。

在城市固体废物的处理中目前重点考虑以下性质。

1）物理组成

根据垃圾中有机物或无机物成分的多少，决定垃圾处理方式的选择，如采用垃圾发电，垃圾中有机物的含量多则焚烧释放的热量就多；若垃圾中无机物含量过高，选择焚烧处理时，由于垃圾热值低还需要补充燃料，方能达到处理效果。

2）含水率

含水率又称垃圾湿度，是指单位质量垃圾的含水量，用质量分数（%）表示。其计算方法为：废物（垃圾）在 105 ℃±1 ℃下烘干（依水分含量决定烘干时间，多为 2～5 h）后所失去的水分量，烘干至恒重或最后两次称量的误差小于规定值，一般以连续两次称重的误差小于总质量的 0.4%为标准，否则须再烘干。另外，当垃圾主要为可燃物时，烘干温度以 70～75 ℃为宜，烘烤时间为 24 h。单位质量的样品所含水的质量分数表示如下：

$$含水率（\%）=\frac{最初质量-烘干后质量}{最初质量}\times100\% \tag{1.1}$$

固体废物含水率受气候、季节与区域状况的影响而有很大差异。表 1.4 列举了典型城市垃圾中主要组分的含水率。

表 1.4　典型城市垃圾中主要组分的含水率

组分	含水率/%		组分	含水率/%	
	范围	典型		范围	典型
食品废物	50～80	70	庭园修剪物	30～80	60
纸张	4～10	6	木材	15～40	20
纸板	4～8	5	玻璃	1～4	2
塑料	1～4	2	金属罐头	2～4	3
纺织品	6～15	10	非铁金属	2～4	2
橡胶	1～4	2	铁金属	2～6	3
皮革	8～12	10	泥土、灰烬、砖	6～12	8

3）容积密度

容积密度也称为容重、视比重，即垃圾单位体积的质量，多用 kg/m³、t/m³ 表示。废物的容积密度随成分和压实程度而变化，废物密度是决定运输组织或贮存容积的重要参数，由于废物组成成分复杂，其求法都是以各组分的平均值来计算。典型废物的容积密度如表 1.5 所示。

表 1.5　典型废物的容积密度

废物	容积密度/（kg/m³）		废物	容积密度/（kg/m³）	
	范围	典型		范围	典型
食品废物	130～480	300	玻璃	160～480	100
纸张	30～130	80	金属罐头	50～160	90
纸板	30～80	50	非铁金属	60～240	160
塑料	30～130	60	铁金属	130～1120	320
纺织品	30～100	60	泥土、灰烬、石砖	320～1000	480
橡胶	100～200	120	都市垃圾未压缩	90～180	130
皮鞋	100～220	160	都市垃圾已压缩	180～450	300
庭园修剪物	60～220	120	污泥	1000～1200	1050
木材	130～320	160	废酸碱液	1000	1000

4）粒径

对于固体废物的前处理，如筛选分离，废物粒径往往是一个重要参数，它决定了使用设备规格和容量，尤其对于可回收资源再利用的废物，此粒径特性显得更为重要。通常粒径的表达方式是以粒径分布表示，因废物组成复杂且大小不等，很难以单一大小来表示，并且几何形状也不一样，因此，只能通过筛网的网"目"代表其大小。

"目"指颗粒大小和孔的直径，一般用在 1 in^2（$1 \text{ in}=25.4 \text{ mm}$）筛网面积内有多少个孔来表示。如 120 目筛，也就是说在 1 in^2 面积内有 120 个孔。

2. 化学性质

固体废物的化学性质对固体废物资源回收和处理方式十分重要。主要参数包括元素组成、重金属含量、pH 值、植物营养元素、污染有机物含量、碳氮比、生化需氧量与化学需氧量之比、垃圾中生物呼吸所需的耗氧量、热值、灰分熔点、闪火点与燃点、灰分和固定碳、表面润湿性、可燃性、不稳定性、酸性、碱性、氧化性、还原性、络合性、跟某些物质发生反应的能力等。

固体废物的化学性质主要影响废物的处理方式，如焚烧、发酵、热解、堆肥等处理方法主要与其化学性质有关。

城市固体废物的处理中目前重点考虑以下性质。

1）挥发分

挥发分指物体在标准温度试验时，呈气体或蒸气而散失的量。具体操作是将定量样品（已除去水分）置于已知质量的铂金坩埚内，于无氧燃烧室内加热（600℃±20℃）所散失的量。

2）灰分

对垃圾进行分类,将各组分破碎至 2 mm 以下，取一定量在 105 ℃±5 ℃下干燥 2 h，冷却后称量（P_0），再将干燥后的样品放入电炉中，在 800 ℃下灼烧 2 h，冷却后再在 105 ℃±5 ℃下干燥 2 h，冷却后称量（P_1）。

各组分的灰分：

$$I_i\,(\%) = \frac{P_1\,(\text{kg})}{P_0\,(\text{kg})} \times 100\% \qquad (1.2)$$

干燥垃圾灰分：

$$I\,(\%) = \sum \eta_i I_i \qquad (1.3)$$

式中，η_i——各组分在垃圾质量中的占比。

典型废物的灰分如表 1.6 所示。

表 1.6　典型废物的灰分

废物	灰分/%		废物	灰分/%	
	范围	平均		范围	平均
食品废物	2~8	5	塑料	6~20	10
纸张	4~8	6	纺织品	2~4	2.5
纸板	3~6	5	橡胶	8~20	10

续表

废物	灰分/%		废物	灰分/%	
	范围	平均		范围	平均
皮鞋	8～20	10	非铁金属	90～99	96
庭园修剪物	2～6	4.5	铁金属	94～99	98
木材	0.6～2	1.5	泥土、灰烬、砖	60～80	70
稻壳	5～15	13	城市固体废物	10～20	17
玻璃	96～99	98	污泥	20～35	23
金属罐头	96～99	98	废油	0～0.8	0.2

一般废物的灰分可分为下列 3 种形态：非熔融性、熔融性和含有金属成分。测定灰分能预估可能产生的熔渣量及排气中粒状物含量，并可依据灰分的形态类别选择废物适用的焚烧炉，若金属含量过多则不宜焚化。

由于不同化合物的形成而导致熔渣熔点的降低，使其在焚烧时在炉排上熔融，从而阻碍排灰。若熔渣中含 Na_2SO_4，在流化床焚烧炉内处理时，由于炉内采用石英砂作为载体，则两者在高温下反应会形成黏稠状的硅酸钠玻璃，更会降低流化现象而破坏原有焚烧效果。

3）固定碳

固定碳是除去水分、挥发性物质及灰分后的可燃物。

$$固定碳（\%）=100\%-(含水率+灰分+挥发分)$$

例题： 某废物经标准采样混配后，置于烘干炉内量得有关的质量（不包括坩埚）如下：①原始样品质量 25.00 g；②105 ℃加热后质量 23.78 g；③以上样品加热至 600 ℃后质量 15.34 g；④600 ℃加热后的样品继续加热至 800 ℃后质量 4.38 g。试求此废物的含水率、挥发分、灰分与固定碳各为多少。

解： $含水率=\dfrac{初重-加热（105℃）后重}{初重}\times100\%=\dfrac{25.00-23.78}{25.00}\times100\%=4.88\%$

$挥发分=\dfrac{原来重-加热（600℃）后重}{初重}\times100\%=\dfrac{23.78-15.34}{25.00}\times100\%=33.76\%$

$灰分=\dfrac{加热（800℃）后残余的质量}{初重}\times100\%=\dfrac{4.38}{25.00}\times100\%=17.52\%$

$固定碳=100\%-(含水率+挥发分+灰分)$

$\qquad=100\%-(4.88\%+33.76\%+17.52\%)=43.84\%$

4）闪火点与燃点

缓慢加热废物至某一温度，如出现火苗，即闪火而燃烧，但瞬间熄灭，此温度就称为闪火点。但如果温度继续升高，其所发生的挥发组分足以继续维持燃烧，而火焰不再熄灭，此时的最低温度称为着火点或燃点。表 1.7 列出了常见可燃物的闪火点与燃点。

表 1.7　常见可燃物的闪火点与燃点

可燃物	闪火点/℃	燃点/℃	可燃物	闪火点/℃	燃点/℃
硫磺	68～79	245	汽油	38.2	425～480
碳	85～103	345	酒精	17.6	422±5
固定碳（烟煤）	92～125	410	天然气	—	682～748
固定碳（亚烟煤）	95～173	465	乙炔类	—	305～600
固定碳（无烟煤）	89～188	450～601	乙烷类	—	440～530
纸类	40～5	420～500	乙烯类	—	470～630
木材	55～90	320～380	氢气	—	575～590
塑料类	75～115	530～820	甲烷	—	630～750
橡胶类	89～102	730～950	一氧化碳	—	610～660
煤油	37.8	460～590			

5）热值

热值为废物燃烧时所放出的热量，用于考虑计算焚烧炉的能量平衡及估算辅助燃料所需量。垃圾的热值与有机物含量、成分等关系密切。通常，有机物含量越高，热值越高，含水率越高，则热值越低。典型废物的热值如表 1.8 所示。

表 1.8　典型废物的热值

废物	单位热值/（kcal/kg）	废物	单位热值/（kcal/kg）
食品废物	1100	庭园修剪物	1600
纸张	4000	木材	4500
纸板	3900	玻璃	40
塑料	7800	金属罐头	200
纺织品	4200	非铁金属	—
橡胶	5600	铁金属	—
皮革	4200	泥土、灰烬、砖	—

3．生物性质

固体废物的生物性质主要从两方面分析：一是固体废物本身所有的生物性质及对环境的影响；二是固体废物不同组成进行生物处理的性能。主要考虑的参数包括病毒、细菌、原生及后生动物、寄生虫卵等生物性污染物质的组成、有机组分的生物降解能力、污染物质的生物转化能力等。

固体废物的生物性质主要影响污染物的生物转化过程以及无害化处理方式，如甲基汞污染、医疗废物的消毒处理等。

1.1.4　固体废物的特性

1．时空性

固体废物具有时空特性。

时间性：仅相对于目前的科学技术和经济条件而言，随着科技的发展，昨天的废物将成为明天的资源。例如，钢铁生产丢弃的高炉渣可生产矿渣水泥。

空间性：废物仅仅相对于某一过程或某一方面没有使用价值，某一过程的废物可能成为另一过程的原料。如旧报纸杂志可作为再生原料生产卫生纸等。

2. 无主性

固体废物被丢弃后，不再属于谁，故找不到具体负责者，尤其是城市固体废物。

3. 分散性

固体废物被抛弃后散布在各处，如工业企业繁多，固体废物可能产生于工艺过程的多个环节，城市生活垃圾散布在街道、小区、商业中心等各处，需要进行专门的收集。

4. 危害性

固体废物污染成分复杂，给人们的生产和生活带来不便，危害人体健康。

1.2　固体废物污染

1.2.1　固体废物污染环境的途径

固体废物包括除排入大气的废气和排入水体的废水之外的所有人类产生的废弃物质，性质极其复杂，污染环境的途径也差异极大。

固体废物的污染途径非常复杂，可以归结为两大类，即人体的直接接触和不恰当的处理处置。

由于固体废物的某些特性会对人体造成不可逆转的疾病或者伤害，当人体通过各种途径与固体废物接触（暴露）后，如皮肤接触、呼吸吸入、食入等，会对人体造成伤害，甚至导致死亡。如接触医疗废物感染传染病、废酸废碱对皮肤的腐蚀伤害、吸入有害气体或者误食有毒废物造成人身伤害等。

许多污染都是在对固体废物管理不当的条件下发生的，其主要污染途径是在对其进行不恰当处理处置过程中发生的。固体废物处理处置中产生环境污染的主要途径有以下几个方面。

1. 排入江河湖海

人类长期以来将固体废物直接排入江河湖海等天然水体中作为一种主要的处置方式，其结果是阻塞河道、固体废物中的有害成分溶出造成水体污染、破坏水体中的生态平衡等。世界上多数国家通过立法禁止这种固体废物的处置方式。

2. 地面堆置、倾倒

这种处置方式也曾经是人类处置固体废物的一种主要方式。现在基本不允许采用不加任何防护工程措施的地面堆置处置，即使是性质稳定的固体废物，如建筑垃圾等也要求采取必要的工程措施进行妥善处置。

3. 填埋

按照标准建设的固体废物填埋场不应对环境造成污染。但由于技术、经济水平及管理等的限制，在不正常建设和运行操作下，固体废物的渗滤液和填埋气体等的无控制排放，造成对地下水、土壤及大气环境的污染。不合格的固体废物填埋场已经成为严重的污染源。

4. 焚烧

固体废物由于成分复杂焚烧时会有各种有害气体产生，不适宜的焚烧方式产生的主要污染物有硫氧化物、氯化氢、重金属和二噁英等。

5. 其他中间处理

固体废物处理的各个工艺环节中，如堆肥处理、中和处理、固化稳定化处理及解毒处理等过程将会产生粉尘、废气、废水、噪声等二次污染。因此，固体废物处理处置过程中的二次污染防治是固体废物污染防治的重要方面。

1.2.2　固体废物污染特性

固体废物产生量大，分布广泛，种类繁多，成分复杂，因而固体废物污染表现得多种多样，污染特性复杂。

1. 污染成分复杂

工业固体废物污染成分复杂与生产工艺、原材料的使用、堆存方式有很大的关系。不同工业产品在生产过程中所产生的固体废物类别和主要污染物的种类因所使用的原辅材料不同而不同；相同工业产品的生产，因生产工艺和原辅材料的产地不同，主要污染物含量也存在差异。即使是同一工业产品、相同生产工艺和原辅材料，但因生产工况条件和员工实际操作的变化，所产生的固体废物中污染物的含量也不是恒定的。

生活垃圾的成分随着居民生活水平的提高也发生着显著变化，传统生活垃圾中没有的物品如废电器、废汽车、废电池等越来越多地进入生活垃圾之中。此外，农业固体废物、交通运输固体废物及危险废物的种类也将随着科学技术的发展而难以做出超前的划定。

2. 污染形式多种多样

固体废物产生的环境污染和危害形式多种多样。依时间上看有长期的、潜在的和即时的危害。例如，含砷固体废物进入水体导致鱼虾死亡就是即时的危害；含镉废渣浸出液可潜伏数年才表现出来的危害就是长期的危害。从危害程度上可分为一般危害和严重危害。如一般工业固体废物的污染相对危险废物的危害性就轻一些，1 t 含砷的固体废物比 1 t 燃煤炉渣的危害要大得多。从污染的方式上可分为直接产生污染和间接产生污染。直接产生污染是固体废物对环境和人体健康产生直接的危害，例如，含石棉的固体废物乱堆乱放产生的石棉扬尘对人体健康造成损害，受水浸泡的固体废物产生的有害物质污染水体，直接接触导致皮肤过敏和损伤，等等。间接产生污染是固体废物在加工利用和减少或消除污染等过程中产生新的固体废物、废水、废气导致的污染，如焚烧固体废物产生二噁英等有毒气体。

3. 污染特性与废物的组成成分和结构密切关联

由于固体废物产生来源和成分比较复杂，因此造成的环境污染与固体废物的成分和结构有很大关系。例如，含铜的电镀污泥和废品收购站收购的金属铜废物的污染特性完全不一样，这是因为铜元素的结构形态不一样，前者属于危险废物，废物中的铜以离子状态存在，后者属于一般固体废物，废物中的铜是金属铜；又如，含三价铬和六价铬的工业固体废物的污染特性也是不一样的，前者的毒性比后者的毒性小很多倍；我国规定固体废物的浸出液中一旦检出有烷基化合物，甲基汞≥10 ng/L 或乙基汞≥20 ng/L，那么，该废物就属于危险废物，如果浸出液中汞及其化合物（以总汞计）的浓度<0.1 mg/L，那么，该废物属于一般工业固体废物（其他污染物都不超标）；再如，火法冶炼含铬铁合金和不锈钢产生的冶炼渣，废渣中铬的含量比较低而且比较稳定，通过实验分析，铬浸出率和浸出浓度都非常低（总铬<15 mg/L），正常情况下属于一般工业固体废物，但是铬盐生产或铬化工生产或湿法冶炼产生的铬浸出渣由于含有毒性较高的六价铬和三价铬，这类铬浸出渣便属于危险废物。

4. 固体废物污染特性复杂

固体废物是一种排出物没有相同形态的环境受纳体。自然界对固体废物的自净能力很差，所以在环境管理中，一般不考虑固体废物在环境中的自净作用，也不应向环境中排放固体废物。因而固体废物的标准体系中没有类似水污染物或大气污染物综合排放等的相关标准，即固体废物没有"达标排放"的概念。

固体废物由于滞留性大、扩散性小而成为潜在和长期的污染源。在环境中，固体废物污染与废水、废气造成的污染相比较，具有隐蔽性和延迟性的特点。固体废物这一特点很容易造成对固体废物的管理不重视。

固体废物造成的污染治理困难，生态恢复成本高昂，不恰当的处置容易造成景观污染和心理影响，从而引起社会的关注。固体废物既是废水和废气处理过程的"终态"，又是污染水、大气、土壤等的"源头"，控制固体废物的污染，也是水污染控制、大气污染控制和土壤污染控制的重要方面。

1.3 固体废物对环境的影响及污染控制思路

固体废物的污染特性使得其一旦对环境的潜在污染变成现实，要消除这些污染往往需要耗费较大的代价。固体废物污染环境和影响健康途径见图 1.1。

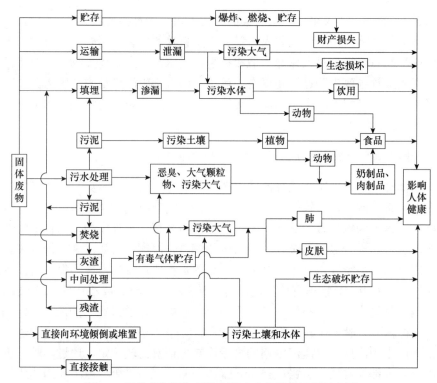

图 1.1 固体废物污染环境和影响人体健康途径示意图

固体废物对环境污染危害主要表现在以下几个方面。

（1）侵占大量土地，污染土壤。堆放在城市郊区的垃圾侵占了大量农田，并且会随着雨水浸淋进入土壤，引起土壤化学、物理、生物等方面特性的改变，影响土壤功能和有效利用，危害公众健康或破坏生态环境。

（2）散发有毒有害气体，污染环境。固体废物特别是危险废物，不仅是病菌、寄生虫的载体和繁殖地，而且在很长一段时间里还会不断发生物理、化学和生物化学反应，产生有毒有害物质，散发恶臭、毒气，污染水体、大气和土壤，危害公众健康或者破坏生态环境。

（3）垃圾自燃、爆炸、塌方等事故时有发生，危害公众安全。任意堆放或者简易填埋固体废物，极易造成固体废物自燃、爆炸、塌方、泥石流等事故，给公众生命和财产造成重大损失。

固体废物污染控制思路：固体废物的源头减量；资源的回收再利用；不可再生废物的无害化处置。

1.4 固体废物的资源化

固体废物具有两重性，它虽占用大量土地，污染环境，但本身又含有多种有用物质，是一种资源。对固体废物污染控制，关键在于解决好固体废物特别是危险废物的处理、处置和综合利用的问题。固体废物属于"再生资源"或"二次资源"，再生资源与原生资源相比,可以省去原料的开采、富集等系列工艺,保护和延长原生资源的寿命,弥补资源不足,促进经济社会可持续发展。

固体废物的资源化指采取管理与工艺措施从固体废物中回收物质与能源,加速物质与能源循环,创造经济价值的技术方法。

该定义包括如下 3 个方面的内容。

(1)物质回收:从处理的废物中回收一定的二次物质。将产生的废物或副产品在原工艺过程中循环利用。如回收废纸、废玻璃、废金属再生等。

(2)物质转换:利用废物制取新形态的物质。如利用废玻璃和废橡胶生产铺路材料,利用炉渣生产水泥和其他建筑材料;利用有机垃圾生产堆肥等。

(3)能量转换:即从废物处理过程中回收能量,以生产热能或电能。如焚烧垃圾有机物回收热量进行发电,利用生活垃圾、污泥等厌氧消化产生沼气,作为能源向居民和企业提供热或电。

1.4.1　固体废物资源化的法律地位

固体废物资源化是固体废物管理的重要原则之一,也是推动循环经济的重要技术手段。《固废法》第四条第一款提出:"固体废物污染环境防治坚持减量化、资源化和无害化的原则。"本条规定的资源化主要是指通过回收、加工、循环利用、交换等方式,对固体废物进行综合利用,使之转化为可利用的二次原料或再生资源。

《中华人民共和国循环经济促进法》第二条第四款规定:"本法所称资源化,是指将废物直接作为原料进行利用或者对废物进行再生利用。"在此,资源化狭义上是指将废物直接作为原料进行利用或者对废物进行再生利用,广义上还包括废物的再利用和能量回收。

《固废法》第四条第二款规定:"任何单位和个人都应该采取措施,减少固体废物的产生量,促进固体废物的综合利用,降低固体废物的危害性。"在法律规定的具体制度中,充分体现了对固体废物资源化的要求。国家鼓励采取先进工艺对尾矿、煤矸石、废石等矿业固体废物进行综合利用。政府应当推动建筑垃圾综合利用产品的应用。

1.4.2　固体废物资源化的途径及基本原则

1. 固体废物资源化途径

固体废物资源化途径很多,主要有以下几个方面。

(1)直接使用或再使用:指固体废物未经过再生处理,在工业处理过程中直接使用废物作为原料加工产品,或直接作为产品替代物使用。在工业生产中可作为替代原料直接使用的废物,必须满足生产工艺要求,且直接使用或再使用时对人体健康和环境造成的危害风险较低。

(2)土地利用:指将固体废物直接在土地上使用,或处理加工成一种可以在土地上应用的产品。例如,将固体废物用作肥料或沥青原料。

(3)回收再利用:通过物理、化学等方式处理,从固体废物中回收有用的物质或生产再生材料。从固体废物中提取有价值的各种金属是固体废物资源化的重要途径。

（4）能源回收：以能源回收为目的的燃烧，包括可燃固体废物直接作为燃料燃烧，或作为原料制作燃料。例如，通过不断燃烧废溶剂产生热量或发电，对于大型固体废物焚烧设施进行余热的回收利用。

2. 固体废物资源化基本原则

固体废物，尤其是危险废物具有潜在的危险特性，同时具有来源广泛、种类繁多等特点。固体废物的资源化处理应遵循以下原则。

1）环境无害化原则

应在确保无害环境和人体健康的前提下进行安全有效的固体废物回收利用。固体废物的收集、贮存、运输、处理、处置全过程都应满足固体废物环境无害化管理要求，回收利用过程应达到国家和地方的法律法规要求，避免二次污染。特别是固体废物资源化处理设施及其产品应符合相应的环境保护标准及相关的产品质量要求，操作处理过程应有污染防治措施，避免处理和利用过程的二次污染。

2）分类管理原则

固体废物种类繁多，其危害程度差异大，不同材质的固体废物回收处理及再生利用时可能造成的影响程度不同，应依据当地处理场地的实际情况采取分类管理。

3. 固体废物资源化影响因素

固体废物由废物转化为资源的过程中，有许多条件和限制因素，重点需要考虑以下几个方面。

1）风险性因素

固体废物的回收利用过程中，若处理不当或发生事故，可能会对环境、人体健康等方面造成不利影响，其危害程度因回收利用处理方式、回收物质的危害程度的不同而不同。例如，由生活垃圾等废物和其他原料制成的复合肥料，即使符合产品使用标准，但如过度施用，也会因污染积累而存在污染土壤和地下水的风险。针对这些潜在的危害风险应强化风险评估，为降低风险，应制定有针对性的风险防范、事故应急处理措施。

2）资源化技术水平

固体废物资源化的可行性同资源化技术发展水平密切相关。资源化技术水平低，则产品的回收率和附加值均低，并容易产生严重的二次污染。过于复杂的技术，则会提高资源化过程的成本，得不偿失。因此，只有采用先进可行的技术，才能实现固体废物的资源化。

3）市场需求

固体废物资源化的可行性，首先取决于资源化产品是否具有市场需求，以及需求量的大小。如果产品生产出来没有市场需求，即使是技术可行的再生利用过程，也无法持续下去。二次产品需求量的大小直接影响产品的推广及生产，也决定着再利用固体废物的规模。

4）经济效益

废物资源化是否有经济效益，通常是决定废物资源化是否可行的重要因素。如果废物资源化产品生产者获得的利润大，即使不鼓励，利益驱动力也可以保证资源化过程的顺利进行。

1.4.3 固体废物的资源化技术

固体废物来源广泛、种类复杂，形状、大小、结构及性质各异，对固体废物进行再利用之前，往往需要通过物理、化学等处理方法对废物进行解毒，对有毒有害组分进行分离和浓缩，并提取有价值的物质或者回收能量。固体废物的资源化技术依据固体废物利用途径特点大致可分为以下 3 类。

1. 以废物的综合利用为目的的处理技术

固体废物直接利用或再利用的资源化活动主要集中在工业生产过程。对产生者没有使用价值的某种废物可能是另一工业生产所需要的原料。危险废物的点对点转移及交换是一种非常有效的处理方法。可以使危险废物再次进入生产过程中的物质循环，由废物转变为原料及产品，成为有用而价廉的二次资源，并且消除了污染隐患。危险废物的综合利用，主要通过对危险废物进行预处理或解毒，在企业生产内部循环或作为另一企业生产的原料再利用，达到危险废物的资源化目的。常见的处理技术包括破碎、分选、氧化还原、煅烧、焙烧及烧结等。

2. 分离回收某种材料的处理技术

固体废物回收处理技术主要通过物理、化学和电化学分离等方法，从废物中去除有毒有害物质或其他杂质，从而获得相对较纯的可再度利用物质，广泛应用于生产、流通、社会消费等领域。最常见的回用废物是酸、碱、溶剂、金属废物和腐蚀剂等。由于回收的废物与原材料相比，回收物质的有效成分纯度较低，因此，这些回收废物再利用前常常需要进行加工处理。回收处理的方法主要包括吸附、蒸馏、电解、溶剂萃取、水解、薄膜蒸发、非溶解性卤化物的脱氮、金属浓缩等。

3. 能源利用技术

固体废物的能源利用技术包括热能和电能，主要的处理方法包括焚烧、热解。近年来，在水泥炉窑和石灰窑中使用高热值废物的量正在逐步增加。为此，国家颁布了《水泥窑协同处置固体废物污染控制标准》（GB 30485—2013）等以及配套的技术规范要求。

固体废物对环境的污染和生态的破坏需要经过很长时间的恢复，需要投入巨大财力、物力，有的甚至无法逆转，造成难以弥补的损失，将影响经济社会的可持续发展和中华民族的长远利益。

固体废物的资源化利用往往会产生新的固体废物或引发二次污染，不能过分强调固体废物的资源化利用而忽视其过程中产生的污染。资源化利用不仅仅是在固体废物产生后要考虑的事情，而应该在其产品和生产工艺设计、生产中就应该作为基本原则考虑，形成工业产业链，彻底解决固体废物的污染问题。

小　　结

```
      ┌  固体废物的分类 ──────→ 工业固体废物、生活垃圾、建筑垃圾、农业固体废物、危险废物
概 ┤  固体废物污染途径 ──────→ 人体的直接接触、不恰当的处理处置
论 ┤  固体废物污染控制 ──────→ 源头减量、回收再利用、不可再生废物的无害化处置
      └  固体废物的资源化 ──────→ 物质回收、能量转换、物质转换
```

 知识链接

 思考与练习题

一、名词解释

固体废物　危险废物　资源化

二、填空题

1. 危险废物，是指列入_____或者根据国家规定的_____和鉴别方法认定的具有危险特性的固体废物。

2.《国家危险废物名录 2021 年版》中将危险废物分为_____大类。

3. 固体废物的污染途径非常复杂，归纳起来主要包括_____和_____两大类。

4. 固体废物的两重特性指的是_____和_____。

三、选择题

1. 截至 2020 年，《中华人民共和国固体废物污染环境防治法》进行了（　　）。

　　A．五次修订　　　　　　　　B．二次修订，三次修正

　　C．五次修正　　　　　　　　D．三次修订，二次修正

2. 下列关于《中华人民共和国固体废物污染环境防治法》适用范围说法正确的是（　　）。

　　A．该法适用于我国境内各种废物污染环境的防治

　　B．该法适用于固体废物污染海洋环境的防治

　　C．该法不适用于放射性固体废物污染环境的防治

　　D．水污染防治适用本法

3. 下列不属于《固废法》适用范围的是（　　）。

　　A．废弃的水果罐头　　　　　　B．废矿物油

　　C．置于容器中的废氯气　　　　D．核废料

4．危险废物的主要特征并不在于它们的相态，而在于它们的危险特性，下列不属于危险废物特性的是（　　）。

    A．腐蚀性　　　　B．传染性　　　　C．浸出毒性　　　　D．多样性

5．以下不属于固体废物化学特性的参数有（　　）。

    A．热值　　　　B．闪火点　　　　C．导电性　　　　D．pH值

四、判断题

1．危险固体废弃物是放错位置的原料。　　　　　　　　　　　　　　　　（　　）

2．在固体废物的防治原则中，无害化处理是关键。　　　　　　　　　　　（　　）

3．固体废物的生物性质主要影响污染物在环境中的稀释、迁移能力以及预处理过程。　　　　　　　　　　　　　　　　　　　　　　　　　　　　　　　　　（　　）

4．固体废物尤其是危险废物处理处置不当时，能通过各种途径危害人体健康、破坏生态环境，导致不可逆生态变化。　　　　　　　　　　　　　　　　　　　（　　）

五、简答题

1．固体废物按来源可分为哪几类？各举2～3个例子。

2．生活垃圾分成几类为好？为什么？

3．如何区分一般固体废物与危险废物？你知道生活中哪些固体废物属于危险废物吗？

4．固体废物对环境的危害表现有哪些？试结合身边实际举例说明。

5．结合自己家乡的实际情况，谈谈固体废物有哪些来源，包含哪些物质组成，对环境与人体存在哪些危害。

6．固体废物资源化方式有哪些？

第2章　固体废物的管理

☞ 学习目标

知识目标
- 了解我国固体废物管理体系。
- 了解我国固体废物的管理现状。
- 学习借鉴国外先进的固体废物管理经验。

能力目标
- 熟悉固体废物管理原则。
- 掌握固体废物管理的内容及特点。
- 能够运用相关的固体废物管理制度。

素质目标
- 能够学习运用相关法律，尤其是《固废法》解决生活工作中遇到的问题。
- 熟悉《国家危险废物名录》。
- 理解对固体废物的监管是生态文明建设的需要。

☞ 必备知识

- 学习《中华人民共和国固体废物污染环境防治法》。
- 了解《国家危险废物名录》。
- 了解《中华人民共和国循环经济促进法》。

☞ 选修知识

- 了解《关于构建现代环境治理体系的指导意见》。
- 了解《关于进一步加强塑料污染治理的意见》（发改环资〔2020〕80号）。
- 了解《强化危险废物监管和利用处置能力改革实施方案》（国办函〔2021〕47号）。

2.1　固体废物管理概述

固体废物管理主要探讨固体废物从产生到最终处置对环境的影响解决的对策。对固体废物实行环境管理，就是运用环境管理的理论和方法，结合我国实际情况，通过法律、经济、行政和教育等手段，在相关政策指导下，强化生态环境保护精细化管理，采取行之有效的技术措施和适当的管理办法，多方位地控制固体废物的环境污染，牢固树立绿色发展理念，全力推进绿色低碳循环发展。

由于固体废物本身往往是污染的"源头"，故需对其产生—收集运输—综合利用—处理—贮存—处置等实行全过程管理，在每一环节都将其当作污染源进行严格的控制。

2.1.1　固体废物管理的内容

1. 产生者

对于固体废物产生者，要求其按照有关标准，将所产生的废物分类，并用符合法定标准的容器包装，做好标记、登记记录，建立固体废物（重点是危险废物）清单，交由有资质的收集运输者运出。

2. 容器

对于不同废物要求采用不同容器包装。如一次性容器和周转性容器等。为了防止暂存过程中产生污染，容器质量、材质、形态应能满足所装废物的标准要求。

3. 贮存

贮存管理是指对固体废物进行处理处置前的贮存过程实行有效控制。

4. 收集运输

收集管理是指对各企业的收集实行管理；运输管理是指收集过程中的运输和收集后运送到中间贮存或处理处置厂（场）的过程所实行的污染控制。

5. 综合利用

综合利用管理包括用于农业、建材工业、回收资源和能源等过程中对于污染的控制。

6. 处理处置

处理处置管理包括有控堆放、卫生填埋、安全填埋、焚烧、生化解毒和物化解毒等过程中的污染控制。

2.1.2　固体废物管理的特点

固体废物与水污染、大气污染相比，在管理方面有自己的特点，其主要表现在以下几个方面。

1. 要做妥善的途径管理

从固体废物的产生到处理处置需要经历多种渠道、许多环节。在每一环节上，既可能造成土壤、水体和大气的污染，也可能直接危害人体和其他物种。所以，必须对固体废物实行全过程的污染控制管理，这就是途径管理。

首先，需要从污染源头起始，改进或采用更新的清洁生产工艺，尽量少排或不排废物，这是从根本上控制工业固体废物污染的主要措施。比如，在工业生产中采用精料工艺，减少废渣排量和所含杂质成分；在能源需求中，改变供求方式，提高燃烧热能利用率。

其次，在企业生产过程中，用前一种产品的废物作为后一种产品的原料，并用后者的废物再生产第三种产品，如此循环和回收利用，既可使固体废物的排出量大为减少，还能使有限的资源得到充分的利用，满足可持续发展要求，如此达到的污染控制才是最有效的。

2. 要做最终处置

许多固体废物，特别是废水、废气处理过程所产生的残渣物质，往往浓集了多种污染成分。在无法或暂时无法加以综合利用的情况下，为了避免和减少二次污染，必须进行妥善的管理，使其最大限度地与生物圈隔离，这就是安全处置。要实现固体废物的安全处置，就要求有合适的水文、地质和气候等条件，要求合理的设计、建造、操作和长期监测的方案。因此，需要将固体废物特别是有害废物，从不同的产生地加以收集、包装，集中送到中间转运站，然后送到某一场地，预处理后加以处置。安全处置主要解决废物的最终归宿问题，它是控制固体废物污染环境的最后关键环节。

3. 要注意潜在危害

固态的有害废物有长期的滞留性和不可稀释性，一旦造成环境污染，往往很难补救恢复。其中，污染成分的迁移转化，如浸出液在土壤中的迁移是一个缓慢的过程，其危害可能在数年或数十年后才能发现。针对此问题，需要强化对危险废物污染的控制，实行从产生到最终无害化处置全过程的严格管理，这是目前国际上普遍采用的方法。因此，实行对废物的产生、收集、运输、存储、处理、处置或综合利用者的申报许可和备案制度，排除危险废物在地表长期存放，严禁液态废物排入下水管网，建设危险废物泄漏事故应急设施，发展安全处置技术，等等，都是预防控制固体废物污染扩散常用的手段。

4. 提高公众意识

良好的环境不仅是人类物质生活的保证，还是公众健康不可缺少的条件。一切单位和个人都有保护、爱护环境的义务。做好固体废物污染环境防治工作，需要调动全社会的力量，使每个人都参与其中，共同营造全社会参与防治环境污染的良好氛围。提高全民对固体废物污染环境的认识，做好科学普及和宣传教育，如全民参与生活垃圾的分类、形成低碳和简约的生活方式等，都是有效控制固体废物污染的手段。

2.2 我国固体废物的管理体系

由于固体废物污染环境的滞后性和复杂性，与水污染控制和大气污染控制相比，我国固体废物管理和处理处置工作起步较晚，固体废物对环境的污染控制问题在相当长一段时间内没有得到应有的重视，存在着管理法规不健全、资金投入不足、缺少成套的处理处置技术以及缺乏足够数量的管理和技术人才等问题。随着固体废物对环境污染程度的加剧，以及公众环境意识的提高，社会对固体废物污染环境的问题越来越关注，迫切需要建立完整有效的固体废物管理体系。如控制"白色污染"、禁止"洋垃圾入境"以及加强"生活垃圾分类"和"无废城市"建设等方案的制定及实施。

我国环境保护工作实行生态环境主管部门统一监管、其他有关部门分工负责的管理体制。

2.2.1 政府组织、协调和监督

《固废法》要求，各级人民政府应当充分发挥好组织、协调和监督作用。我国固体废物污染环境防治工作实行生态环境主管部门统一监督管理，其他相关主管部门分工负责的管理体制，发挥好这一体制优势需要各级人民政府加强对固体废物污染环境防治工作的领导。对于固体废物污染环境防治的共性要求和总体要求，不同的管理部门之间大多数情况下能够通过协商加以落实，但也会出现因认识不一、把握不一、工作重点不一等原因难以达成共识的情况。同时，有些工作牵扯面广，不是仅靠有污染防治监督管理职责的几个部门能够推动解决的，而是需要政府发挥领导作用，组织协调，督促相关部门单位共同完成。

在此，须落实好如下 3 个责任。

（1）政府属地责任：要求统一领导、制定规划、政策保障、应急处置。

（2）部门主要监管责任：具体责任如表 2.1 所示。

表 2.1 政府各部门主要监管责任

各部门	部门主要监管责任
生态环境部	危险废物、医疗废物、一般工业固体废物
工业和信息化主管部门	工业固体废物
环境卫生、住房和城乡建设主管部门	生活垃圾、建筑垃圾、厨余垃圾
农业农村部门	农业固体废物
城镇排水主管部门	污泥
市场、邮政、商务主管部门	包装物、一次性塑料制品
卫生健康主管部门	医疗废物
海关主管部门	固体废物进口

（3）企业主体责任：严格落实全过程主体责任，做到"五个应当"。

① 应当采取措施，防止或减少固体废物对环境的污染，对所造成的环境污染依法承担责任。

② 应当加强对相关设施、设备和场所的管理和维护，保证其正常运行和使用。

③ 应当采取防扬散、防流失、防渗漏或者其他防止污染环境的措施，不得擅自倾倒、堆放、丢弃、遗撒固体废物。

④ 应当依法及时公开固体废物污染环境防治信息，主动接受社会监督。

⑤ 跨省转移危险废物的，根据处理方式的不同，应当向移出地生态环境主管部门提出申请或报备案。

实现政府主导、以企业为主体、社会组织和公众参与多元治理的局面。

2.2.2　联防联控机制

《固废法》以法律的形式明确将省、自治区、直辖市之间可以协商建立跨行政区域固体废物污染环境的联防联控机制，统筹规划制定、设施建设、固体废物转移等工作。这主要是考虑到目前区域污染日益突出，仅从行政区划角度考虑单个地区的固体废物污染环境防治措施，仅靠"单兵作战、各自为战"已经难以适应解决污染问题的形势需要。加强跨行政区域污染防治协调，需要建立和完善区域联防联控制度。

2.2.3　生态环境主管部门的统一监督管理职责

根据《固废法》的规定，生态环境主管部门的主要职责包括以下几个方面。

1. 制定标准

国务院标准化主管部门应当会同国务院发展改革、工业和信息化、生态环境、农业农村等主管部门，制定固体废物综合利用标准。综合利用固体废物应当遵守生态环境法律法规，符合固体废物污染环境防治技术标准。使用固体废物综合利用产物应当符合国家规定的用途、标准。

2. 建立平台

国务院生态环境主管部门应当会同国务院有关部门建立全国危险废物等固体废物污染环境防治信息平台，推进固体废物收集、转移、处置等全过程监控和信息化追溯。

3. 制定技术政策

国务院生态环境主管部门应当会同国务院发展改革、工业和信息化等主管部门对工业固体废物对公众健康、生态环境的危害和影响程度等做出界定，制定防治工业废物污染环境的技术政策，组织推广先进的防治工业固体废物污染环境的生产工艺和设备。

4. 实施危险废物名录管理

国务院生态环境主管部门应当会同国务院有关部门制定国家危险废物名录，规定统一的危险废物鉴别标准、鉴别方法、识别标志和鉴别单位管理要求。国务院生态环境主管部门根据危险废物的危害特性和产生数量，科学评估其环境风险，实施分级分类管理，建立信息化监管体制，并通过信息化手段管理，共享危险废物转移数据和信息。

5. 现场检查

生态环境主管部门及其环境执法机构和其他负有固体废物污染环境防治监督管理职责的部门，在各自职责范围内有权对从事生产、收集、贮存、运输、利用、处置固体废物等活动的单位和其他生产经营者进行现场检查。实施现场检查，可以采取现场监测、采集样品、查阅或者复制与固体废物污染环境防治相关的资料等措施。

2.2.4　其他有关主管部门的职责

固体废物污染环境防治涉及的部门比较多，除了各级生态环境主管部门外，发展改革、工业和信息化、自然资源、住房和城乡建设、交通运输、农业农村、商务、卫生健康等其他有关主管部门也要在各自职责范围内对固体废物污染环境防治实施监督管理。根据《固废法》规定，其他有关主管部门及其承担的职责主要有以下几种情况。

1. 明确规定有关主管部门的职责

1）工业和信息化主管部门

国务院工业和信息化主管部门应当会同国务院有关部门组织研究开发、推广减少工业固体废物产生量和降低工业固体废物危害性的生产工艺和设备，公布限期淘汰产生严重污染环境的工业固体废物的落后生产工艺、设备的名录；会同国务院发展改革、生态环境等主管部门，定期发布工业固体废物综合利用技术、工艺、设备和产品导向目录；组织开展工业固体废物资源综合利用评价，推动工业固体废物综合利用。

2）标准化主管部门

国务院标准化主管部门应当会同国务院发展改革、工业和信息化、生态环境、农业农村等主管部门，制定固体废物综合利用标准。

3）农业农村主管部门

县级以上人民政府农业农村主管部门负责指导农业固体废物回收利用体系建设，鼓励和引导有关单位和其他生产经营者依法收集、贮存、运输、利用、处置农业固体废物，加强监督管理，防止污染环境。

4）卫生健康主管部门

县级以上人民政府卫生健康主管部门应当在其职责范围内加强对医疗废物收集、贮存、运输、处置的监督管理，防止危害公众健康、污染环境。

5）环境卫生主管部门

县级以上地方人民政府环境卫生主管部门负责建筑垃圾污染环境防治工作，负责组织开展厨余垃圾资源化、无害化处理工作。

2. 有关主管部门会同其他主管部门共同行使某项职责

（1）国家逐步实行固体废物零进口，由国务院生态环境主管部门会同国务院商务、发展改革、海关等主管部门组织实施。

（2）设区的市级人民政府生态环境主管部门应当会同住房和城乡建设、农业农村、卫生健康等主管部门，定期向社会发布固体废物的种类、产生量、处置能力、利用处置状况等信息。

（3）国务院生态环境主管部门应当会同国务院有关部门，根据国家环境质量标准和国家经济、技术条件，制定固体废物鉴别标准、鉴别程序和国家固体废物污染环境防治技术标准。

根据《固废法》和其他法律法规规定，固体废物的污染防治还涉及其他有关主管部门，因此，各主管部门要在各自职责范围内，对固体废物污染环境防治实施监督管理。

做好固体废物污染环境防治工作需要各有关主管部门的共同努力，既要有分工更要有合作，既要各司其职也要密切配合，只有这样才能形成强大的监管合力。

2.3　固体废物相关法律、法规及标准

我国首部固体废物污染环境防治法是 1995 年 10 月 30 日公布的《中华人民共和国固体废物污染环境防治法》。目前，我国固体废物管理建立了较为完善的法律法规体系。

2.3.1　《固废法》

《固废法》是 1995 年 10 月 30 日经第八届全国人民代表大会常务委员会第十六次会议通过，并于 1996 年 4 月 1 日起施行的。2004 年 12 月 29 日第十届全国人民代表大会常务委员会第十三次会议第一次修订，修订稿自 2005 年 4 月 1 日起施行。2013 年、2015年和 2016 年又分别针对 2004 年版本中的特定条款进行 3 次修正。2020 年 4 月 29 日，第十三届全国人民代表大会常务委员会第十七次会议审议并全票通过了新修订的《固废法》，自 2020 年 9 月 1 日起施行。

《固废法》第二次修订后，由原法的 6 章 91 条，修订为 9 章 126 条。分为第一章总则，第二章监督管理，第三章工业固体废物，第四章生活垃圾，第五章建筑垃圾、农业固体废物等，第六章危险废物，第七章保障措施，第八章法律责任和第九章附则。修订后的主要内容分为以下几个方面，即明确原则、完善监督管理制度、加强重大传染病疫情发生时的固体废物污染环境防治、加强协同解决跨境转移的机制、强化工业固体废物污染环境防治制度、完善生活垃圾管理制度、完善建筑业和农业等固体废物污染环境防治制度、加强建筑垃圾治理、加强过度包装和塑料污染治理、明确生产者责任延伸制度、加强危险废物污染环境的防治、大力加强保障措施、严格法律责任。

我国《固废法》的演变轨迹如下：固体废物的管理→固体废物的处理→固体废物的治理，其经历了从"管理法"到"处理法"再到"治理法"的演变，这个过程规范、指导、顺应了固体废物从固体废物污染环境防治的管理到固体废物妥善处理，再到妥善治理的发展历程。特别是党的十八大提出了建设中国特色社会主义，将政治建设、经济建设、文化建设、社会建设、生态文明建设纳入"五位一体"总体布局，首次将生态文明建设写入了建设美丽中国的纲领性文件之中。

2.3.2　相关行政法规和规章

1. 相关行政法规

行政法规是指国务院根据宪法和法律,按照法定程序制定的有关行使行政权力,履行行政职责的规范性文件的总称。表 2.2 列出了与固体废物相关的行政法规。

表 2.2　与固体废物相关的行政法规一览表

名称	主要内容	实施时间
《危险废物经营许可证管理办法》	①在中华人民共和国境内从事危险废物收集、贮存、处置经营活动的单位,应当依照本办法的规定,领取危险废物经营许可证。②明确申请领取危险废物经营许可证的条件、程序及相关监督管理规定	2004-07-01
《废弃电器电子产品回收处理管理条例》	规范废弃电器电子产品的回收处理活动	2011-01-01
《医疗废物管理条例》	①本条例适用于医疗废物的收集、运送、贮存、处置以及监督管理等活动。②医疗卫生机构对医疗废物的管理要求。③集中处置单位对医疗废物的管理及处置要求	2011-01-08 修订
《排污许可管理条例》	依照法律规定实行排污许可管理的企业事业单位和其他生产经营者(以下称排污单位),应当按规定申请取得排污许可证;未取得排污许可证的,不得排放污染物。根据污染物产生量、排放量、对环境的影响程度等因素,对排污单位实行排污许可分类管理:①污染物产生量、排放量或者对环境的影响程度较大的排污单位,实行排污许可重点管理;②污染物产生量、排放量和对环境的影响程度都较小的排污单位,实行排污许可简化管理	2021-03-01

2. 相关行政规章

行政规章是指国务院各部委以及各省、自治区、直辖市的人民政府和省、自治区的人民政府所在地的市以及设区市的人民政府根据宪法、法律和行政法规等制定和发布的规范性文件。与固体废物管理相关的部门行政规章如表 2.3 所示。

表 2.3　与固体废物管理相关的部门行政规章

文件名	文号	发文部门	实施时间
《危险废物转移管理办法》	生态环境部、公安部、交通运输部 令　第 23 号	生态环境部、公安部、交通运输部	2022-01-01
《"十四五"全国危险废物规范化环境管理评估工作方案》	环办固体〔2021〕20 号	生态环境部办公厅	2021-09-02
《废弃电器电子产品处理资格许可管理办法》	环境保护 部令　第 13 号	环境保护部	2011-01-01
《关于规范再生钢铁原料进口管理有关事项的公告》	公告 2020 年　第 78 号	生态环境部 国家发展和改革委员会 海关总署 商务部 工业和信息化部	2021-01-05
《固定污染源排污许可分类管理名录(2019 年版)》	生态环境 部令　第 11 号	生态环境部	2019-12-20
《生活垃圾焚烧发电厂自动监测数据应用管理规定》	生态环境 部令　第 10 号	生态环境部	2020-01-01

文件名	文号	发文部门	实施时间
《国家危险废物名录（2021 年版）》	生态环境 部令　第 15 号	生态环境部 国家发展和改革委员会 公安部 交通运输部 国家卫生健康委员会	2021-01-01
《生活垃圾处理技术指南》	建城〔2010〕61 号	住房和城乡建设部 国家发展和改革委员会 环境保护部	2010-04-22

2.3.3　地方性法规及行政规章

地方性法规是指法定的地方国家权力机关依照法定的权限，在不同宪法、法律和行政法规相抵触的前提下，制定和颁布的在本行政区域范围内实施的规范性文件。与部分固体废物管理相关的地方性法规及行政规章如表 2.4 所示。

表 2.4　与部分固体废物管理相关的地方性法规及行政规章

文件名	文号	发文部门	实施时间
《长沙市餐厨垃圾管理办法》	长沙市人民政府令　第 110 号公布，2021 年 11 月 13 日长沙市人民政府令第 141 号修改	长沙市第十三届人民政府第 37 次常务会议	2011-06-01
《湖南省实施〈中华人民共和国固体废物污染环境防治法〉办法》	—	湖南省生态环境厅	2022-09-26
《上海市生活垃圾管理条例》	上海市人民代表大会公告第 11 号	上海市第十五届人民代表大会	2019-07-01
《北京市生活垃圾管理条例》	—	北京市人民代表大会常务委员会第十六次会议	2020-05-01
《北京市危险废物污染环境防治条例》	—	北京市第十五届人民代表大会常务委员会第二十二次会议	2020-09-01

2.3.4　生态环境标准

2021 年 2 月 1 日起施行的《生态环境标准管理办法》（生态环境部令第 17 号）将生态环境标准分为国家生态环境标准和地方生态环境标准。

国家生态环境标准包括国家生态环境质量标准、国家生态环境风险管控标准、国家污染物排放标准、国家生态环境监测标准、国家生态环境基础标准和国家生态环境管理技术规范。国家生态环境标准在全国范围或者标准指定区域范围执行。

地方生态环境标准包括地方生态环境质量标准、地方生态环境风险管控标准、地方污染物排放标准和地方其他生态环境标准。地方生态环境标准在发布该标准的省、自治区、直辖市行政区域范围或者标准指定区域范围执行。

有地方生态环境质量标准、地方生态环境风险管控标准和地方污染物排放标准的地区，应当依法优先执行地方标准。

国家和地方生态环境质量标准、生态环境风险管控标准、污染物排放标准和法律法规规定强制执行的其他生态环境标准，以强制性标准的形式发布。法律法规未规定强制执行的国家和地方生态环境标准，以推荐性标准的形式发布。

强制性生态环境标准必须执行。生态环境标准体系图如图 2.1 所示。

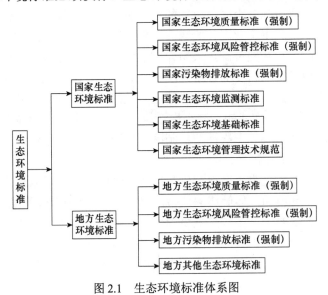

图 2.1　生态环境标准体系图

2.4　固体废物管理原则

固体废物的有效管理是环境保护的一项重要内容，《固废法》首先确立了固体废物管理的"三化"（减量化、资源化和无害化）基本原则，确立了对固体废物进行全过程管理的原则。近年来，根据上述原则逐渐形成了按照循环经济模式对固体废物进行管理的基本框架。

2.4.1　"三化"基本原则

《固废法》第四条规定："固体废物污染环境防治坚持减量化、资源化和无害化的原则。任何单位和个人都应当采取措施，减少固体废物的产生量，促进固体废物的综合利用，降低固体废物的危害性。"对固体废物污染环境领域的共性问题进行了高度概括，是国内外固体废物污染环境防治的总结，是《固废法》具体制度设计的核心内容，并以此作为我国固体废物污染环境防治的基本价值和指导方针。

1. 减量化原则

"减量化"是指通过采用合适的管理和技术手段减少固体废物的产生量和排放量。实现固体废物减量化实际上包括两个方面内容：首先，要从源头上解决问题，这也就是通常所说的"源削减"；其次，要对产生的废物进行有效的处理和最大限度的回收利用，以减少固体废物的最终处置量。

《中华人民共和国循环经济促进法》第二条规定，减量化是指在生产、流通和消费等过程中减少资源消耗和废物产生。减量化，是指采取清洁生产、源头减量及回收再利用等措施，在生产、流通和消费等过程中减少资源消耗和废物产生，从而减少废物的数量、体积或危害性，既包括产生前减量，也包括产生后减量。

《固废法》第四条规定的减量化主要是指减少固体废物的产生量。第二款规定，任何单位和个人都应当采取措施减少固体废物的产生量，在该法规定的具体制度中充分体现了减量化要求。比如，产生工业固体废物的单位，应当依法实施清洁生产审核，合理选择和利用原材料、能源和其他资源，采用先进的生产工艺和设备，减少工业固体废物的产生量；矿山企业应当采取科学的开采方法和选矿工艺，减少尾矿、煤矸石、废石等矿业固体废物的产生量；县级以上地方人民政府有关部门应当加强产品生产和流通过程管理；避免过度包装，组织净菜上市，减少生活垃圾的产生量；国家依法禁止、限制生产、销售和使用不可降解塑料袋等一次性塑料制品；旅游、住宿等行业应当按照国家有关规定推行不主动提供一次性用品等。

如果能够采取措施，最小限度地产生和排放固体废物，就可以从"源头"上直接减少和减轻固体废物对环境和人体健康的危害，可以最大限度地合理开发利用资源和能源，减少碳排放。减量化的要求，不只是减少固体废物的数量和体积，还包括尽可能地减少其种类、降低危险废物中有害成分的浓度、减轻和清除其危险特性等。减量化是对固体废物的数量、体积、种类、有害性质的全面管理。因此，减量化是防止固体废物污染环境的优先措施。

2. 资源化原则

"资源化"是指采取管理和工艺措施从固体废物中回收物质和能源，加速物质和能源的循环，创造经济价值的广泛的技术方法。

从固体废物管理的视角分析，资源化的定义包括以下 3 个范畴。

（1）物质回收：从处理废物中回收一定的二次物质，如纸张、玻璃、金属等。

（2）物质转换：利用废物制取新形态的物质，如利用废玻璃和废橡胶生产铺路材料，利用炉渣生产水泥和其他建筑材料，利用有机垃圾生产堆肥，等等。

（3）能量转换：从废物处理过程中回收能量，以生产热能或电能。例如，通过有机废物的焚烧处理回收热量，进一步发电，利用垃圾厌氧消化产生沼气，作为能源向居民和企业供热或供电。

《固废法》规定的资源化主要是指通过回收加工、循环利用、交换等方式，对固体废物进行综合利用，使之转化为可利用的二次原料和再生资源。《中华人民共和国循环经济促进法》第二条规定，资源化是指将废物直接作为原料进行利用或者对废物进行再生利用。固体废物资源化不仅指将废物直接作为原料进行利用，或者对废物进行再生利用，还包含废物的再利用和能量回收。《固废法》要求，任何单位和个人都应当采取措施促进固体废物的综合利用，在该法规定的具体制度中充分体现了资源化的要求。例如，工业和信息化主管部门应当会同发展改革、生态环境等主管部门，定期发布工业固体废物综合利用技术、工艺、设备和产品导向目录，组织开展工业固体废物资源综合利用评价，推动工业固体废物综合利用；国家鼓励采取先进工艺对尾矿、煤矸石、废石等矿业固体废物进行综合利用；县级以上地方人民政府应当推动建筑垃圾综合利用产品应用。

3. 无害化原则

"无害化"是指对已产生又无法或暂时尚不能综合利用的固体废物，采用物理、化学或生物手段，进行无害或低危害的安全处理、处置，达到消毒、解毒或稳定化，以防止并减少固体废物对环境的危害。

《固废法》规定的无害化，主要是指降低消除固体废物的危害性，从产品生产到固体废物利用处置等各个环节都需要落实要求。无害化不仅是指对固体废物进行无害化处置，防止造成环境污染、生态破坏、公众健康危害，还应当包含采用能够节约自然资源、保护公众健康和生态环境少受乃至不受负面影响的废物管理方式，通常称为固体废物的环境无害化管理。不仅适用于废物的最终处置，同样适用于固体废物减量及回收利用等环节，其针对的是废物"从摇篮到坟墓"的全过程。对于我国和其他发展中国家来讲，由于技术水平、生产工艺等方面的原因，强调无害化原则尤其重要。只有满足无害化要求的减量化和资源化才是真正意义上的减量化和资源化，否则可能会造成污染转移、污染延伸或污染扩散，甚至对人体健康和生态环境产生更大的危害。

《固废法》要求，任何单位和个人都应当采取措施降低固体废物的危害性，在其规定的具体制度中充分体现了无害化要求。例如，产生工业固体废物的单位应当依法实施清洁生产审核，合理选择和利用原材料、能源和其他资源，采用先进的生产工艺和设备，降低工业固体废物的危害性；综合利用固体废物应当遵守生态环境法律法规，符合固体废物污染环境防治技术标准；产生、收集、贮存、运输、利用、处置固体废物的单位和其他生产经营者，应当采取防扬散、防流失、防渗透或者其他防止污染环境的措施，不得擅自倾倒、堆放、丢弃、遗撒固体废物。

2.4.2　全过程管理原则

固体废物的污染控制与其他环境问题一样，经历了从简单处理到全面管理的发展过程。在初期，世界各国都把注意力放在末端治理上。在经历了许多事故与教训之后，人们越来越意识到对固体废物实行首端控制的重要性，于是出现了"从摇篮到坟墓"的固体废物全过程管理的新概念。目前，在世界范围内取得共识的解决固体废物污染问题的基本对策是避免产生（clean）、综合利用（cycle）和妥善处置（control）的"3C"原则。

《固废法》确立了对固体废物进行全过程管理的原则，即对固体废物的产生、收集、贮存、运输、利用、处理和处置的全过程建立管理台账，落实污染环境防治责任，实现固体废物可追溯、可查询。

对危险废物而言，由于其种类繁多、性质复杂、危害特性和方式各有不同，则应根据不同的危害特性与危害程度，科学评估其环境风险，采取区别对待、分级、分类管理的原则，即对具有特别严重危害性质的危险废物，要实行严格控制和重点管理。因此，《固废法》中提出建立信息化监管体系。通过危险废物信息化手段监管，对危险废物网上申报、审批等流程进行优化、整合，要求共享危险废物转移数据和信息，推动部门间、区域间联动监管，提升违法行为监控和案件处理反应速度。

以危险废物的全过程管理为例，其管理体系如图 2.2 所示。固体废物从产生到处置可分为 5 个连续或不连续的环节进行控制。其中，采取有效的清洁生产工艺是第一个阶段，在这一阶段，通过改变原材料、改进生产工艺和更换产品等来控制减少或避免固体废物的产生。在此基础上，针对各种生产和生活活动中不可避免要产生的固体废物，建立和健全与之相适应的处理处置体系也是必不可少的，但在很多情况下，清洁生产技术的采用和系统内的回收利用，作为首端控制措施显得尤为重要。

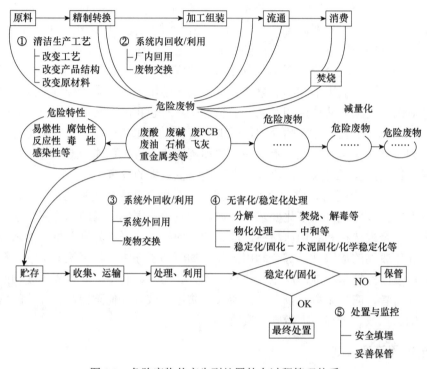

图 2.2　危险废物从产生到处置的全过程管理体系

对于已产生的固体废物，则通过第二阶段（系统内回收/利用）、第三阶段［系统外回收/利用（如废物交换等）］、第四阶段（无害化/稳定化处理）、第五阶段（处置与监控）实现其安全处理处置。在最终处置与监控阶段的前面还包括浓缩、压实等减容减量处理。

在固体废物的全过程管理原则中，对源头的生产，尤其是工业生产的生产工艺（包括原材料和产品结构等）进行改革更新，尽量采用"清洁生产工艺"显得更为重要。

2.4.3　污染担责的原则

固体废物污染环境防治坚持污染担责的原则。污染担责原则是环境保护工作的一项重要原则，国际上最早提出的是"污染者付费"原则，是指污染环境造成的损失及其费用由污染者负担。2014 年新修订的《中华人民共和国环境保护法》确立了"损害担责"的原则。明确损害担责的原则，有利于体现环境资源生态功能价值，也有利于提高相关责任主体防治环境污染的责任感，促进资源合理利用和环境保护。

依据上位法的原则，《固废法》明确了固体废物污染环境的责任主体为产生、收集，贮存、运输、利用、处置固体废物的单位和个人。也就是说，责任主体既可以是单位，也可以是个人。有关责任主体应当采取措施，防止或者减少固体废物对环境的污染。要求产生、收集、贮存、运输、利用、处置固体废物的单位和其他生产经营者采取防扬散、防流失、防渗漏或者其他防止污染环境的措施，不得擅自倾倒、堆放、丢弃、遗撒固体废物。有关责任主体对所造成的环境污染，要依法承担责任，包括行政责任、民事责任和刑事责任，固体废物污染环境、破坏生态给国家造成重大损失的，要求其承担损害赔偿责任。

2.4.4　分类管理的原则

由于固体废物类型复杂，对环境危害程度各不相同，尤其是危险废物虽然产生量少，但危害性大，应根据不同的危险特性与危害程度、固体废物的末端处置方式等，采取区别对待、分级、分类管理的原则。

《固废法》明确提出：国家推行生活垃圾分类制度。我国生活垃圾分类仍未取得实质性突破，公众参与分类意识薄弱，一些居民区垃圾分类设施形同虚设，基本上还是混合倾倒、混合清运、混合堆放、混合处理的状态，垃圾焚烧、填埋设施在布局和选址上普遍遭遇"邻避"困境，引发群体性事件。相比城市环境，农村更是薄弱环节，环保基础设施严重不足，全国仅有约半数的村庄实现了生活垃圾集中收运，一些地方还出现城市垃圾"上山下乡"，使农村成为垃圾集聚地。

2016 年 12 月 21 日，习近平在中央财经领导小组第十四次会议上指出，要加快建立分类投放、分类收集、分类运输、分类处理的垃圾处理系统，形成以法治为基础、政府推动、全民参与、城乡统筹、因地制宜的垃圾分类制度，努力提高垃圾分类制度覆盖范围。

《固废法》除明确了生活垃圾分类坚持政府推动、全民参与、城乡统筹、因地制宜以外，还提出了简便易行的原则。要求生活垃圾分类方式、收集设施设置等便民合理、简易操作。由于生活垃圾分类涉及面广，需要全民参与，因此各地可根据实际情况，采取灵活多样、简便易行的分类方法。即对具有特别严重危害性质的危险废物，实行严格控制和重点管理，并提出和执行较一般固体废物更严格的标准和更高的技术要求。

2.4.5　循环经济理念下的固体废物管理原则

循环经济，是指在生产、流通和消费等过程中进行的减量化、再利用、资源化活动的总称。是一种以物质闭环流动为特征的经济模式，一改传统的以单纯追求经济利益为目标的线性（资源—产品—废物）经济发展模式，推行绿色发展模式，通过促进清洁生产和循环经济发展，实现固体废物的源头减量和循环利用。使物质和能源在"资源—产品—废物—资源"的封闭循环中得到最大限度的合理、高效和持久利用，并把经济活动对自然环境的影响降低到尽可能小的程度，从而形成"低开采、高利用、低排放"的新型经济发展模式，为生态环境保护做出贡献。

循环经济要求社会经济活动以"3R"原则为基本准则。减量化（reduce）是指在生产和服务过程中，尽可能地减少资源消耗和废弃物的产生，属于产品加工输入端控制方法，旨在减少进入每一个生产工序和消费过程的物质和能源流量，从源头节约资源，提高资源利用效率；再利用（reuse）是指将废物直接作为产品或者经修复、翻新、再制造后继续作为产品使用，或者将废物的全部或者部分作为其他产品的部件予以使用，属于产品消费过程性控制方法，旨在提高产品初始形式的利用频率和延长服务时间，减少一次性用品造成的浪费；资源化（recycle）是指将废物直接作为原料进行利用或者对废物进行再生利用，属于产品加工输出端控制方法，既要求实现产品在完成其初级使用功能后再生资源化，又要求实现产品副产物的资源化，将废弃物最大限度地转化为资源，变废为宝、化害为利，既可减少自然资源的消耗，又可减少污染物的排放。

关于促进清洁生产，《固废法》要求产生工业固体废物的单位，应当依法实施清洁生产审核，合理选择和利用原材料、能源和其他资源，采用先进的生产工艺和设备，减少工业固体废物的产生量，降低工业固体废物的危害性，产品和包装物的设计、制造，应当遵守国家有关清洁生产的规定。

关于促进循环经济发展，《固废法》对工业固体废物和尾矿、煤矸石、废石等矿业固体废物及生活垃圾、建筑垃圾、农业固体废物、废弃电器电子产品、废弃机动车船、包装物、一次性塑料制品等的回收利用做出了规定，推进源头减量，促进再生利用。

循环经济要求人类经济活动形成"资源—产品—再生资源"的正反馈。强调循环再生原则和废物最小化原则，在统计区域或者不同层面之间建立"链"式管理模式。"链"式固体废物管理模式示意图如图 2.3 所示。

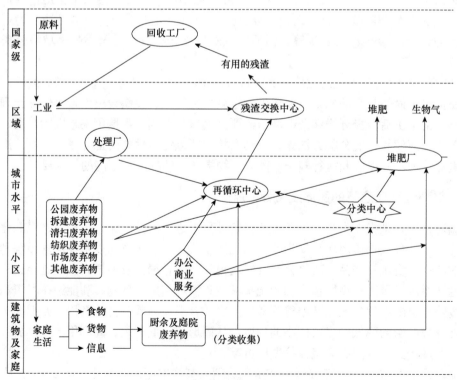

图 2.3 "链"式固体废物管理模式示意图

1. 循环再生原则

循环再生原则是循环经济理念下固体废物管理中必须遵循的重要原则之一。其基本思想就是要在城市的生态系统内部形成一套完整的生态工艺流程。在这个生态工艺流程中，要求每一组分既是下一组分的"源"，又是上一组分的"汇"，即在系统中不再有"因"和"果"之分，也没有"资源"和"废物"之分，所有的物质都在其中得到循环往复和充分利用。

循环再生原则包括生态系统内物质循环再生、能量梯级利用、时间生命周期、气候变化周期，以及信息反馈、关系网络、因果效应等循环。

2. 废物最小化原则

废物最小化原则包括两层含义：一是降低城市生活和生产过程中产生的废物，使其最小化；二是降低资源的损耗，如城市管网系统中因管道渗漏而造成的损耗。废物最小化的目标之一就是要实现人类资源需求的最小化，这就意味着在人类生产生活过程中尽量减少资源利用，同时最大限度地循环再利用，更大程度地依赖维修而不是替换。

废物最小化原则需要大量的创新，包括延长产品寿命、消除商店内商品积压、减少和再利用大型发电厂的废热等。废物最小化原则必须应用于产品的整个生命循环周期中，而不是仅仅强调于循环环节或结尾环节，因而目标控制必须应用到原料开采、生产、产品使用、处理和循环再利用。

释放到环境中的废物就意味着要在全社会范围进行更大程度的物资回收、循环和再利用，我们不仅需要寿命更长、更经久耐用的产品，也要保证这些产品部分损坏后能通过简单的维修后继续使用；在产品报废时还能够从闲置的部件中获得维修同类产品的备品备件，尽可能减少一次性用品的生产及使用。

循环经济理念下的固体废物管理要求将再生利用原则和废物最小化原则运用于人类社会生产生活的各个环节中，包括"提取—生产—加工—装配—消费—贮存—收运—处理—最终处置"的整个过程。循环经济模式下固体废物管理系统概念图如图 2.4 所示。

对于社会生产过程中产生的固体废物来说，循环经济要求其从产生到处置的整个过程实行全过程管理。对于生活消费领域产生的固体废物来说，首先应通过实施简约适度、绿色低碳的生活方式，从源头上减少固体废物的产生。对于不可避免产生的生活垃圾，由于其中包含废纸、废塑料、废玻璃、废金属、废橡胶等多种可回收利用的组分，资源化价值较大，因此应将其中可回收利用部分与其他垃圾分离开来，并进行再生利用。否则垃圾混合收集的做法将导致垃圾中有用部分和无用部分混杂在一起，从而使其中的有用部分受到不同程度的污染，给资源回收带来巨大障碍。因此，从循环经济的角度，生活垃圾分类既是民生"关键小事"，也是经济社会发展大事，更是城乡文明的标志和尺度。

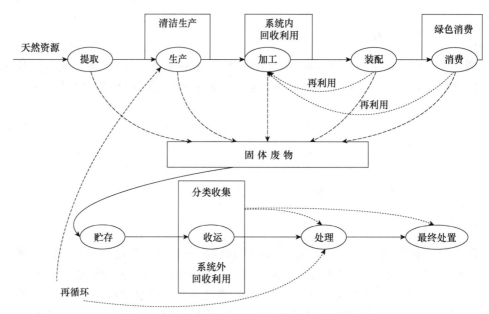

图 2.4　循环经济模式下固体废物管理系统概念图

2.5　固体废物管理制度

我国实行的固体废物管理制度主要分为综合监督管理制度、工业固体废物管理制度、生活垃圾管理制度、建筑垃圾和农业固体废物管理制度和危险废物管理制度五大类。

2.5.1　固体废物综合监督管理制度

《固废法》依据"三化"原则，强化了固体废物污染源头防控，明确政府是固体废物污染环境防治工作特别是固体废物污染环境监督管理的重要主体。

固体废物综合监督管理制度主要包括以下 6 项。

1. 信用记录制度

建立固体废物污染环境防治信用记录制度，将违法信息纳入全国信用信息共享平台并予以公示。通过将产生、收集、贮存、运输、利用、处置固体废物的单位和其他生产经营者的相关信息（如取得许可的情况等）公开，实现全国范围内跨部门、跨地区监督管理及资源配置；为公众查询提供便利，教育引导全社会督促生产经营者守法经营。

2. 固体废物零进口制度

《固废法》第二十四条明确规定："国家逐步实现固体废物零进口，由国务院生态环境主管部门会同国务院商务、发展改革、海关等主管部门组织实施。"

2017 年，国务院印发了《禁止洋垃圾入境推进固体废物进口管理制度改革实施方案》（国办发〔2017〕70 号），要求禁止进口生活来源废塑料、未经分拣的废纸以及纺织废料、钒渣等品种，严厉查处走私危险废物、医疗废物、电子废物、生活垃圾等违法行为；严厉打击货运渠道藏匿、伪报、瞒报、倒证倒货等走私行为。

我国实现固体废物零进口的管理目标符合《控制危险废物越境转移及其处置巴塞尔公约》，按照该公约，禁止进口危险废物和其他废物属于我国的主权权利，目的是保障人类健康和生活环境，我国并不禁止经过加工处置符合我国进口商品标准的回收材料进口。例如，废纸经回收加工成纸浆，可以作为商品进口，但不能直接以废纸等废物的形式输入我国处置。因此，彻底堵住洋垃圾入境，维护国家主权和尊严，全面提升国内固体废物无害化、资源化利用水平，逐步补齐国内资源缺口，为防止境外固体废物对我国环境的污染提供有利保障。

3. 查封扣押管理制度

《固废法》第二十七条首次将查封、扣押权授予了生态环境主管部门和其他负有固体废物污染环境防治监督管理职责的部门。实施查封、扣押的对象是违法收集、贮存、运输、利用、处置的固体废物及设施、设备、场所、工具、物品。

规定出现可能造成证据灭失、被隐匿、被非法转移或者造成严重环境污染等情形时，可以对涉嫌违法的固体废物及设备、场所等予以查封扣押。

4. 环境影响评价制度及建设项目"三同时"制度

《固废法》第十七条规定："建设产生、贮存、利用、处置固体废物的项目，应当依法进行环境影响评价，并遵守国家有关建设项目环境保护管理的规定。"

第十八条第一款规定："建设项目的环境影响评价文件确定需要配套建设的固体废物污染环境防治设施，应当与主体工程同时设计、同时施工、同时投入使用。建设项目的初步设计，应当按照环境保护设计规范的要求，将固体废物污染环境防治内容纳入环境影响评价文件，落实防治固体废物污染环境和破坏生态的措施以及固体废物污染环境防治设施投资概算。"

第十八条第二款规定："建设单位应当依照有关法律法规的规定，对配套建设的固体废物污染环境防治设施进行验收，编制验收报告，并向社会公开。"

5. 固体废物转移审批或备案制度

《固废法》第二十二条第一款规定："转移固体废物出省、自治区、直辖市行政区域贮存、处置的，应当向固体废物移出地的省、自治区、直辖市人民政府生态环境主管部门提出申请。移出地的省、自治区、直辖市人民政府生态环境主管部门应当及时商经接受地的省、自治区、直辖市人民政府生态环境主管部门同意后，在规定期限内批准转移该固体废物出省、自治区、直辖市行政区域。未经批准的，不得转移。"

本条规定的固体废物为一般固体废物，不包括危险废物的跨省转移。危险废物则实行更加严格的危险废物转移管理制度。

6. 信息公开制度

《固废法》第二十九条第一款规定："设区的市级人民政府生态环境主管部门应当会

同住房和城乡建设、农业农村、卫生健康等主管部门，定期向社会发布固体废物的种类、产生量、处置能力、利用处置状况等信息。"

第二十九条第二款规定："产生、收集、贮存、运输、利用处置固体废物的单位，应当依法及时公开固体废物污染环境防治信息，主动接受社会监督。"

第二十九条第三款规定："利用、处置固体废物的单位，应当依法向公众开放设施、场所，提高公众环境保护意识和参与程度。"

根据《2020 年全国大、中城市固体废物污染环境防治年报》统计，全国共有 196 个大、中城市向社会发布了 2019 年固体废物污染环境防治信息。其中，一般工业固体废物产生量为 13.8 亿 t，工业危险废物产生量为 4498.9 万 t，医疗废物产生量为 84.3 万 t，城市生活垃圾产生量为 23 560.2 万 t。

到 2020 年年底前，要求全国所有地级及以上城市选择至少一座环境监测设施、一座城市污水处理设施、一座垃圾处理设施、一座危险废物集中处置或废弃电器电子产品处理设施向公众开放，鼓励地级及以上城市有条件开放的四类设施全部开放。

2.5.2　工业固体废物管理制度

工业固体废物管理制度主要包括以下 4 项。

1. 强化工业固体废物污染环境防治制度

强化工业固体废物产生者的责任，要求其建立健全全过程的污染环境防治责任制度，建立工业固体废物管理台账，如实记录产生工业固体废物的种类、数量、流向、贮存、利用、处置等信息，实现工业固体废物可追溯、可查询。

委托他人运输、利用、处置工业固体废物的，应当对受委托方的主体资格和技术能力进行核查，依法签订书面合同并约定污染防治的要求。

2. 清洁生产审核制度

强化与清洁生产促进法的衔接，要求产生工业固体废物的单位依法实施清洁生产审核，合理选择和利用原材料、能源和其他资源，采用先进工艺和设备，减少工业固体废物的产生量，降低工业固体废物的危害性。

3. 完善排污许可制度

要求产生工业固体废物的单位申请领取排污许可证，并按照排污许可证要求管理所产生的工业固体废物。

4. 落后生产工艺与设备淘汰制度

《固废法》第三十三条第一款规定："国务院工业和信息化主管部门应当会同国务院有关部门组织研究开发、推广减少工业固体废物产生量和降低工业固体废物危害性的生产工艺和设备，公布限期淘汰产生严重污染环境的工业固体废物的落后生产工艺、设备的名录。"

第三十三条第三款规定："列入限期淘汰名录被淘汰的设备，不得转让给他人使用。"

工业和信息化部于 2010 年发布了《部分工业行业淘汰落后生产工艺装备和产品指导目录》（工产业〔2010〕第 122 号），涉及钢铁、有色金属、化工、建材等八大行业，共500 多项内容。其中包括部分因产生严重环境污染的工业固体废物而被淘汰的落后生产工艺、设备。

2.5.3　生活垃圾管理制度

《固废法》设置专章，对生活垃圾污染环境的防治做出了规定，其管理制度主要包括以下 4 项。

1. 生活垃圾分类制度

要求县级以上地方人民政府加快建立分类投放、分类收集、分类运输、分类处理的生活垃圾管理系统，实现垃圾分类制度有效覆盖。

建立生活垃圾分类工作协调机制，开展生活垃圾分类宣传、教育。

要求设区的市级以上人民政府环境卫生主管部门制定生活垃圾清扫、收集、贮存、运输和处理设施、场所建设运行规范；发布生活垃圾分类指导目录。

2. 生活垃圾处理单位在线监测制度

加强对生活垃圾处置企业的监管，要求其按照国家有关规定安装使用监测设备，实时监测污染物排放情况，将污染排放数据实时公开，自动监测设备与生态环境主管部门联网。

3. 厨余垃圾特许资质制度

要求产生、收集厨余垃圾的单位，将厨余垃圾交由具备相应资质条件的专业化单位进行无害化处理，禁止畜禽养殖场、养殖小区利用未经无害化处理的厨余垃圾饲喂畜禽。杜绝厨余垃圾非正规处理及流通的可能性，源头防控"地沟油"进入餐桌，提高厨余垃圾全过程管理水平。

4. 生活垃圾处理收费制度

按照"谁产生，谁付费"的原则，产生生活垃圾的单位和个人应当缴纳生活垃圾处理费，要求县级以上地方人民政府结合生活垃圾分类情况，根据本地实际制定差别化的生活垃圾处理收费标准，并在充分征求公众意见后公布。

生活垃圾处理费应当专项用于生活垃圾的收集、运输、处理和处置等，不得挪作他用。

此外，《固废法》在生活垃圾的管理上给地方立法留出了空间，各地在统筹城乡生活垃圾管理，建立完善社会服务体系，合理安排回收、分拣、打包网点等配套设施建设，各类设施用地规划等可以结合实际，制定本地区生活垃圾管理制度。这些制度的实施将不断提高我国生活垃圾综合利用和无害化处置的技术与管理水平。

2.5.4 建筑垃圾、农业固体废物等管理制度

《固废法》首次设置专章，完善建筑垃圾、农业固体废物污染防治制度。其主要有以下两方面。

1. 综合利用制度

建筑垃圾产生量大、资源化利用进展缓慢，要求政府推动建筑垃圾综合利用产品应用，建立全过程管理制度。加强建筑垃圾处置设施、场所建设，保障处置安全，防止污染环境。工程施工单位不得擅自倾倒、抛撒或者堆放工程施工过程中产生的建筑垃圾。

农业农村主管部门负责指导农业固体废物回收利用体系建设，鼓励依法处置农业固体废物。进一步完善秸秆、废弃农用薄膜、农药包装废弃物、畜禽粪污等农业固体废物污染环境防治和污泥处理处置等管理制度。

2. 生产者责任延伸制度

国家建立电器电子、铅蓄电池、车用动力电池等产品的生产者责任延伸制度。电器电子、铅蓄电池、车用动力电池等产品的生产者应当按照规定以自建或者委托等方式建立与产品销售量相匹配的废旧产品回收体系，并向社会公开，实现有效回收和利用。国家鼓励产品的生产者开展生态设计，促进资源回收利用。

此外，在对电子商务、快递、外卖等包装物品优化以及塑料袋等一次性塑料制品生产、销售、使用等也提出了具体要求。

2.5.5 危险废物管理制度

危险废物环境监管能力、利用处置能力和环境风险防范能力是固体废物污染环境防治的重要内容。为此，我国制定了许多相关的管理制度，主要包括以下8项。

1. 统一鉴别及名录管理制度

《固废法》第七十五条第一款规定："国务院生态环境主管部门应当会同国务院有关部门制定国家危险废物名录，规定统一的危险废物鉴别标准、鉴别方法、识别标志和鉴别单位管理要求。国家危险废物名录应当动态调整。"对危险废物实施分级分类管理。

世界上许多国家采用了"名录"或"清单"的方式来确定危险废物的种类和范围，对列入名录的危险废物实行严格的管理。1996年我国颁布了"危险废物鉴别系列标准"，1998年颁布了《国家危险废物名录》，2016年增加了《危险废物豁免管理清单》（2016年版）豁免危险废物16项。在20多年的实践中分别对《危险废物鉴别标准》和《国家危险废物名录》进行了修订，目前危险废物鉴别标准由7个标准组成，并配套制定《危险废物鉴别技术规范》，对危险废物鉴别工作全过程各环节的技术要求作出规定；《国家危险废物名录》（2021年版）列出了46个类别的危险废物，与之配套的有《危险废物豁免管理清单》（2021年版）豁免危险废物32项；《危险废物排除管理清单》（2021年版）可排除管理6项固体废物。

《国家危险废物名录》《危险废物豁免管理清单》《危险废物排除管理清单》的修订及完善坚持了我国对危险废物风险管控、问题导向和精准治污的原则。对列入《国家危险废物名录》的固体废物属于危险废物，严格按照危险废物相关制度要求管理；列入《危险废物豁免管理清单》的固体废物在某些特定条件下可豁免不按照危险废物管理，但并不改变其危险废物属性。如从铝灰中回收金属铝的单位无须申领危险废物经营许可证，但其他环节仍应按照危险废物相关制度要求严格管理；列入《危险废物排除管理清单》的固体废物不属于危险废物，按照一般工业固体废物相关制度要求管理。此举是落实《固废法》关于实施分级分类管理规定的重要体现；是落实"放管服"改革要求、减轻企业经营成本的具体行动。

从环境效益看，《危险废物豁免管理清单》和《危险废物排除管理清单》实施的亮点就是在环境风险可控的前提下，对危险废物环境管理做了"减法"，明确部分固体废物在某些特定条件下可豁免不按危险废物管理或不属于危险废物，这有利于人们将监管重点聚焦在环境风险大的危险废物上。

社会效益方面，如《危险废物排除管理清单》明确了废弃水基钻井泥浆及岩屑等产生量极大、社会普遍关注的固体废物的属性，符合本清单要求的固体废物不属于危险废物，有效解决了相关企业急难愁盼的热点问题。

在经济效益方面，如《危险废物豁免管理清单》对可回收利用的危险废物在收集、运输等环节简化了手续，《危险废物排除管理清单》规范了热浸镀锌浮渣和锌底渣等管理，有利于降低相关部门管理成本和相关企业经营成本，也有利于推动资源循环利用。

2. 标识标志制度

危险废物识别标志制度是指用文字、图像、色彩等综合形式，标识危险废物的危险特性，以便于识别和分类管理的制度。由国家生态环境主管部门制定统一识别标志，对危险废物进行警示和分类标识。危险废物的容器和包装物以及收集、贮存、运输、处置危险废物的设施、场所，按统一规定使用、设置与废物性质和类别相应的识别标志，有助于人们远离危险废物，以免造成危害。我国于 1995 年制定了《环境保护图形标志　固体废物贮存（处置）场》（GB 15562.2—1995），对固体废物贮存、处置场的图形符号和警告图形符号做出统一规定。

3. 危险废物管理计划和危险废物申报制度

危险废物具有毒性、感染性、反应性、腐蚀性、易燃性等一种或几种危险特性，管理不当会对环境或者人体健康造成有害影响。落实产生危险废物单位的主体责任。对危险废物产生、收集、贮存、运输、利用、处置等过程进行严格管理，是国内外危险废物环境管理的通行做法。实施危险废物管理计划和申报制度，可以实现危险废物从产生到最终处置全过程的跟踪，对防控危险废物环境风险具有重要作用。

《固废法》第七十八条第一款规定："产生危险废物的单位，应当按照国家有关规定制定危险废物管理计划；建立危险废物管理台账，如实记录有关信息，并通过国家危险废物信息管理系统向所在地生态环境主管部门申报危险废物的种类、产生量、流向、贮存、处置等有关资料。"

第七十八条第二款规定，危险废物管理计划应该包括减少危险废物产生量和危害性的措施以及危险废物贮存、利用、处置措施。危险废物管理计划应当报产生危险废物的单位所在地生态环境主管部门备案。

据不完全统计，我国产生危险废物的单位已经超过 30 万家，按传统通过纸质报表方式进行申报，越来越不能适应信息化的要求。建立国家危险废物管理信息系统后，通过国家危险废物管理信息系统，产生危险废物的单位可以方便、快速、有效地申报危险废物相关数据，生态环境部门也可以高效地开展数据统计分析和监督管理工作。

危险废物管理计划制定后应当报产生危险废物的单位所在地生态环境主管部门备案，发生变更时应当及时变更相关备案内容。将危险废物管理计划备案相关流程纳入国家危险废物管理信息系统，通过危险废物管理计划以电子化方式备案，可实现危险废物管理计划和危险废物申报、转移联单等流程相互印证校验，推动产生危险废物的单位如实报告危险废物产生、贮存、转移、利用、处置情况。

4. 排污许可管理制度

《固废法》第七十八条第三款要求："产生危险废物的单位已经取得排污许可证的，执行排污许可管理制度的规定。"国家对工业固体废物建立排污许可管理制度。产生危险废物的单位已领取工业固体废物排污许可证，且排污许可证中关于危险废物的环境管理规定可以满足危险废物管理计划和申报制度要求，应执行排污许可证的管理规定，不需要再重复执行危险废物管理计划和申报制度。

5. 危险废物许可证管理制度

《固废法》第八十条第一款规定："从事收集、贮存、利用、处置危险废物经营活动的单位，应当按照国家有关规定申请取得许可证。"

第八十条第二款规定："禁止无许可证或者未按照许可证规定从事危险废物收集、贮存、利用、处置的经营活动。"

第八十条第三款规定："禁止将危险废物提供或者委托给无许可证的单位或者其他生产经营者从事收集、贮存、利用、处置活动。"

我国深化"放管服"改革，政府取消了许多行政审批，但对危险废物的管理仍然延续了许可证管理制度。《中华人民共和国行政许可法》第十二条第一款规定："直接涉及国家安全、公共安全、经济宏观调控、生态环境保护以及直接关系人身健康、生命财产安全等特定活动，需要按照法定条件予以批准的事项。"危险废物所具有的环境危害特性决定了从事危险废物的收集、贮存、利用、处置经营活动的单位必须具备相应的专业技术条件、设施设备、运营操作和管理能力，从事此类工作的人员必须具备相应的专业知识和能力。否则，便可能在危险废物的收集、贮存、利用、处置过程中造成污染危害，从而导致严重污染事件，给环境和人民群众健康造成严重损害或损失。因此，危险废物收集、贮存、利用、处置活动属于直接关系到生态环境保护和人身健康的特定活动，有必要设定行政许可。对危险废物收集、贮存、利用、处置经营活动实行许可管理，是依法治国和环境治理体系现代化的重要组成部分，是加强环境监督管理的必要手段。

需要注意的是，危险废物收集、贮存、利用、处置活动的主体只能是单位，个人不能领取危险废物许可证；从事收集、贮存、利用、处置危险废物经营活动的单位禁止无证经营；持证单位必须依许可证规定和列明许可事项依法从事危险废物收集、贮存、利用、处置活动，包括许可证规定的条件、地址和期限，要求建设、配备、使用、管理有关设施、设备和培训人员，所收集、贮存、利用、处置危险废物的种类、性质、方式、数量等，以及注明和附加的其他预防环境污染风险的条件和事项。

危险废物许可证管理制度要求，危险废物的产生者将自己产生的危险废物提供或委托给他人收集、贮存、利用、处置前，有责任查明核实对方是否持有对应范围的许可证且具备收集、贮存、利用、处置相应类别危险废物的能力和资格条件。未查明核实便提供或委托的，或者明知对方无许可证或虽有许可证但与许可事项不相符合而仍向对方提供或委托的，均属违法行为。这种设计确立了提供或委托时的"事前查验"，也方便对危险废物的可追溯、可查询。

危险废物许可证的类型和范围等具体管理办法由国务院制定。

6. 危险废物转移联单制度

《固废法》第八十二条第一款规定："转移危险废物的，应当按照国家有关规定填写、运行危险废物电子或者纸质转移联单。"

第八十二条第二款规定："跨省、自治区、直辖市转移危险废物的，应当向危险废物移出地省、自治区、直辖市人民政府生态环境主管部门申请。移出地省、自治区、直辖市人民政府生态环境主管部门应当及时商经接受地省、自治区、直辖市人民政府生态环境主管部门同意后，在规定期限内批准转移该危险废物，并将批准信息通报相关省、自治区、直辖市人民政府生态环境主管部门和交通运输主管部门。未经批准的，不得转移。"

第八十二条第三款规定："危险废物转移管理应当全程管控、提高效率，具体办法由国务院生态环境主管部门会同国务院交通运输主管部门和公安部门制定。"

依据《固废法》要求，2021 年 12 月 3 日《危险废物转移管理办法》由生态环境部、公安部和交通运输部联合以部令 第 23 号公布，并于 2022 年 1 月 1 日起施行。《危险废物转移联单管理办法》（原国家环境保护总局令 第 5 号）同时废止。

《危险废物转移管理办法》对危险废物转移全过程提出了管理要求，增加了危险废物转移相关方责任、跨省转移管理、全面运行电子联单等内容，完善了相关条款。一是在《危险废物转移联单管理办法》基础上，重新制定《危险废物转移管理办法》，不仅由生态环境部，还增加了公安部和交通运输部联合印发。二是明确危险废物转移相关方的一般责任，增加了移出人、承运人、接受人、托运人责任，细化了从移出到接受各环节的转移管理要求。如危险废物转移联单增设了二维码，危险废物转移联单第一部分危险废物移出信息（由移出人填写）；第二部分危险废物运输信息（由承运人填写）；第三部分危险废物接收信息（由接收人填写）。危险废物跨省转移申请表除移出人、接收人及转移信息外，随申请表还要同时提交下列材料：危险废物接收人的危险废物经营许可证复印件；接收人提供的贮存、利用或处置危险废物方式的说明；移出人与接收人签订的委托协议、意向或者合同；危险废物移出地的地方性法规规定的其他材料；同时法定代表人/单位负责人需签字，承诺转移联单填写的信息是真实和准确的。三是明确危险废物转移遵循就近原则，尽可能减少大规模、长距离运输。四是强化危险废物转移环节信息化管理，推动实现危险废物收集、转移、处置等全过程监控和信息化追溯。五是优化危险废物跨省转移审批服务，落实"放管服"改革要求，对申请材料、审批流程进行了简化，提高审批效率，加强服务措施。

图 2.5 为国家危险废物环境管理信息系统流程示意图。

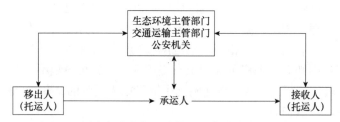

图2.5 国家危险废物环境管理信息系统流程示意图

《危险废物转移管理办法》对危险废物转移联单的运行管理作了进一步的细化完善，优化了原实行的五联单。主要体现在四个方面。一是加强信息化监管，全面运行危险废物电子转移联单（原是填写纸质联单）。通过国家危险废物信息管理系统填写、运行危险废物电子转移联单。因特殊原因无法运行电子联单的，可先使用纸质联单，于转移活动完成后十个工作日内在信息系统补录。二是危险废物电子转移联单数据应当在信息系统中至少保存十年（原纸质危险废物转移联单要求保存五年）。依照国家有关规定公开危险废物转移相关污染环境防治信息。三是增加了实行危险废物转移联单全国统一编号，危险废物转移联单编号由国家危险废物信息管理系统统一发放。四是优化转移联单运行规则，允许同一份危险废物转移联单转移一个或多个类别危险废物，增加了不通过车（船或者其他运输工具）且无法按次对危险废物计量的其他转移方式的联单运行要求。

国家危险废物环境管理信息系统的运用，实现了对危险废物产生、收集、转移、利用、处置等全过程的环境信息化管理，通过全国开展危险废物产生单位在线申报登记和管理计划在线备案，全面运行危险废物电子转移联单，实现全国危险废物信息化管理"一张网"，充分利用"互联网＋监管"系统，加强事中事后环境监管，归集共享危险废物相关数据，及时发现和防范苗头性风险。由于信息共享，生态环境主管部门与交通运输主管部门和公安机关强化了部门间协调联动，加强联合监管执法，严厉打击危险废物非法转移、倾倒等违法犯罪行为。提升了危险废物转移运行效率、监管工作成效和服务能力。助力危险废物的资源化利用和安全监控，《危险废物转移管理办法》为危险废物转移和防止危险废物污染事故的发生提供了法律支撑。

7. 应急预案及备案制度

《固废法》第八十五条规定："产生、收集、贮存、利用、处置危险废物的单位，应当依法制定意外事故的防范措施和应急预案，并向所在地生态环境主管部门和其他负有固体废物污染环境防治监督管理职责的部门备案；生态环境主管部门和其他负有固体废物污染防治监督管理职责的部门应当进行检查。"

危险废物的特性决定危险废物污染事故一旦发生，其控制、减轻或者消除污染危害的工作难度极大且非常复杂，因此，产生、收集、贮存、利用、处置危险废物的单位，应当根据本单位所涉及危险废物的种类、性质、数量和收集、运输、利用、贮存、处置情况，预先依法制定在可能发生意外事故时所拟采取的应急措施方案和事故防范措施，并予以落实。防范措施一般包括建立健全相关规章制度和组织体系，事故发生时拟采取的应急方案和措施，配备控制、减轻或消除污染所需的设备、器材等。

有关单位应将所制定的防范措施和应急预案向所在地生态环境主管部门和其他负有固体废物污染防治监督管理职责的部门备案；同时，生态环境主管部门和其他负有固体废物污染环境防治监督管理职责的部门应当进行检查，督促各单位认真准备和落实有关措施。

8. 重点危险废物集中处置管理及强制责任保险制度

《固废法》第八十八条规定："重点危险废物集中处置设施、场所退役前，运营单位应当按照国家有关规定对设施、场所采取污染防治措施。退役的费用应当预提，列入投资概算或生产成本，专门用于重点危险废物集中处置设施、场所的退役。具体提取和管理办法，由国务院财政部门、价格主管部门会同国务院生态环境主管部门规定。"

第九十九条规定："收集、贮存、利用、处置危险废物的单位，应当按照国家有关规定，投保环境污染责任保险。"

这两条对危险废物特别是重点废物的集中处置，明确了经费来源。要求危险废物集中处置设施、场所的退役费用应当预提并专款专用，防范危险废物运营单位因破产、事故等原因终止运行，处置经费得不到落实，其成本不得不由政府甚至社会承担。

一旦危险废物污染事故发生，其后果将非常严重，往往超出污染责任人能够承担赔偿的能力，致使污染受害者和公共环境损害难以得到应有的赔偿。为分散环境污染损害赔偿风险，借鉴国外的相关经验，我国对于危险废物的高风险特定环节，要求从业企业投保环境污染责任保险，实行强制责任保险制度。

小　结

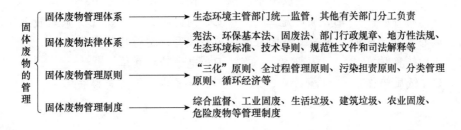

 知识链接

 思考与练习题

一、名词解释

三化原则　"3R"原则　全过程管理原则

二、选择题

1.（　　　）对全国固体废物污染环境防治工作实施统一监督管理。

    A．国务院　　　　　　　　　　B．国务院自然资源主管部门

    C．国务院生态环境主管部门　　D．国务院农业农村主管部门

2.下列属于《中华人民共和国固体废物污染环境防治法》规定的固体废物污染防治原则有（　　　）。

    A．"减量化、资源化、无害化"原则

    B．全过程管理原则　　　　　　C．分类管理原则

    D．污染者负责的原则　　　　　E．限期治理原则

3."从摇篮到坟墓"的管理，体现了对固体废物管理实行（　　　）的原则。

    A．集中处置　　B．全过程管理　　C．分类管理　　　D．许可证管理

4.《巴塞尔公约》是针对（　　　）制定的国际公约。

    A．白色污染　　　　　　　　　B．危险废物的越境转移和处置

    C．温室效应　　　　　　　　　D．臭氧层空洞

5.根据《中华人民共和国固体废物污染环境防治法》，国家对固体废物污染环境防治实行污染者依法负责的原则，下列（　　　）对其产生的固体废物依法承担污染防治责任。

    A．生产者　　　B．开发者　　　C．销售者　　　　D．进口者

    E．使用者

6.建设项目的环境影响评价文件确定需要配套建设的固体废物污染环境防治设施，应当与主体工程保持"三同时"，以下不属于"三同时"要求的是（　　　）。

    A．同时设计　　B．同时施工　　C．同时竣工　　　D．同时投入使用

7.转移危险废物的，应当按照国家有关规定填写、运行危险废物（　　　）。

    A．转移联单　　　　　　　　　B．电子转移联单

    C．纸质转移联单　　　　　　　D．电子或者纸质转移联单

8．以下关于固体废物管理说法错误的是（　　）。

A．禁止畜禽养殖场、养殖小区利用未经无害化处理的厨余垃圾饲喂畜禽

B．国家建立电器电子、铅蓄电池、车用动力电池等产品的生产者责任延伸制度

C．禁止无许可证或者未按照许可证规定从事危险废物收集、贮存、利用、处置的经营活动

D．禁止经中华人民共和国过境转移固体废物

9．产生工业固体废物的单位应当取得（　　），其具体办法和实施步骤由国务院规定。

A．海洋倾倒（废物）许可证　　　　B．放射工作许可证

C．核设施安全许可证　　　　　　　D．排污许可证

10．收集、贮存、运输、利用、处置危险废物的单位，应当按照国家有关规定，投保（　　）。

A．环境损害保险　　　　　　　　　B．环境破坏责任保险

C．环境污染责任保险　　　　　　　D．环境强制保险

三、简答题

1．固体废物的管理体系是如何构成的？

2．固体废物有哪些基本的管理制度？其主要内容是什么？

3．在整治固体废物污染环境方面，我们还应该做哪些努力？

第3章 固体废物的收集、贮存与运输

☞ **学习目标**

知识目标
- 掌握固体废物分类收集的原则。
- 掌握固体废物贮存、运输的相关要求。

能力目标
- 理解《固废法》的分类方式（工业固体废物、生活垃圾、建筑垃圾、农业固体废物和危险废物）。
- 能对生活垃圾进行合理分类。
- 熟悉危险废物的分类及收集、贮存、运输要求。

素质目标
- 理解不同时段不同地区固体废物分类的目的及要求。
- 学会运用固体废物减量化、资源化、无害化的原则解决实际问题。
- 了解危险废物全过程管理的要求及注意事项。

☞ **必备知识**

- 学习固体废物的分类。
- 学习固体废物管理的相关法律法规体系及相关标准。
- 学习固体废物的处置原则。

☞ **选修知识**

- 了解《中华人民共和国固体废物污染环境防治法》（2020 修订）相关条例。
- 了解《中华人民共和国环境保护法》相关条例。

3.1 固体废物的收集

固体废物的收集是一件困难而复杂的工作，特别是生活垃圾的收集更加复杂，由于产生垃圾的地点分散在每个街道、每幢住宅和每个家庭，并且垃圾的产生不仅有固定源，也有移动源，因此给垃圾的收集工作带来许多困难。

长期以来，我国生活垃圾收集多采用的是混合收集法，分类收集取决于前端的分类及后端的处理处置，因此目前分类收集还在推广和完善之中；其他固体废物特别是具有回收利用价值的固体废物则通常采用分类收集的方法。

分类收集是指根据固体废物的特性、数量、处理、处置要求而进行分别收集的方法。对需要预处理的固体废物，可根据处理、处置或利用的要求采取相应的措施；对需要包装或盛装的固体废物，可根据贮存、运输要求和固体废物的特性，选择合适的容器与包装设备，同时附以确切和明显的标记。本节将从固体废物的收集原则、收集方法、收集容器及标识标志 3 个方面讨论固体废物的收集问题。

3.1.1　分类收集原则

固体废物污染环境防治坚持减量化、资源化和无害化的原则。固体废物的分类收集是落实该原则的重要一环。在固体废物进行分类收集时，一般应遵循以下原则：工业固体废物与生活垃圾分开；危险固体废物与一般固体废物分开；可回收利用物质与不可回收利用物质分开；可燃性物质与不可燃性物质分开；泥态（含液态或气态）与固态分开。

1. 工业固体废物与生活垃圾分开

由于工业废物和生活垃圾的产生量、性质以及发生源都有较大的差异，其管理和处理处置方式也不尽相同。一般来说，生活垃圾的发生源分散、相对量较少但种类繁多、污染成分复杂；工业固体废物的发生源相对集中、产生量大、可回收利用率高，而且危险废物也大都源自工业固体废物。因此，对生活垃圾和工业固体废物实行分类收集，有利于对固体废物的集中管理和资源化综合利用，可以提高固体废物精细化管理、资源化综合利用和处理处置的效率。

避免垃圾分类投放后重新混合收运，上海等地在地方性法规中已做出了明确规定，如不得将已分类投放的生活垃圾混合收集、运输，不得将危险废物、工业固体废物、建筑垃圾混入生活垃圾，不得将已分类的生产垃圾混合处置等。生活垃圾混收、混运的现象也将随着垃圾分类制度的实施而改观。

2. 危险废物与一般固体废物分开

《固废法》第八十一条第一款规定："收集、贮存危险废物，应当按照危险废物特性分类进行。禁止混合收集、贮存、运输、处置性质不相容而未经安全性处置的危险废物。"由于危险废物具有腐蚀性、毒性、易燃性、反应性和感染性等危险特性，所以其比一般固体废物对人体健康和环境的影响更为严重，需要对其进行特殊的管理和处理处置，且处理处置设施的要求和设施建设费用、运行费用都要比一般固体废物高得多。对危险废物和一般固体废物实行分类收集，可以减少需要特殊处理的危险废物处置量，从而降低固体废物管理成本，减少和避免由于一般固体废物混入危险废物而在处置过程中造成浪费及对环境产生潜在的危害。

3. 可回收利用物质与不可回收利用物质分开

固体废物具有"废物"和"资源"的两重性，对固体废物中的可回收利用物质和不可回收利用物质实行分类收集，有利于减少固体废物末端处置量，实现固体废物的资源化利用。固体废物中可回收利用物质价值的大小，取决于它们的存在形态、纯度和数量。固体废物中可回收利用的资源纯度越高和数量越大，其利用价值也越大。

4. 可燃性物质与不可燃性物质分开

将固体废物具有可燃性物质与不可燃性物质分类收集，不仅从安全方面考虑了这两类固体废物贮存、运输的需要，而且有利于后续对固体废物处理处置方法的选择和处理效率的提高。如可燃性固体废物可以采取焚烧等热处理方法并回收能源；不可燃性固体废物可以选择作为建筑材料或填埋方式处置。

5. 泥态（含液态或气态）与固态分开

固体废物的分类收集必须与前端的分类及后端的处理方式相衔接。目前，生活垃圾分类已经将干湿垃圾分开，收集时就不能再采取混合收集的方式，否则，不仅浪费了前端分类的成本，也对后续采用焚烧或生物处理造成不利影响；工业固体废物，如污泥、废矿物油或废有机催化剂等含水分较多的固体废物在贮存及运输过程中，从安全、盛装容器及运输车辆的选择等方面考虑也必须分类，故在对固体废物进行收集时，应该将不同状态（固、液及气态）的固体废物分类收集。

3.1.2　收集方法

根据收集方式不同，可把固体废物的收集方法分为混合收集和分类收集两种形式。另外，根据收集的时间，又可分为定期收集和随时收集。

1. 混合收集与分类收集

混合收集是指统一收集未经任何处理的原生废物的方式。这种收集方式历史悠久，应用也最广泛，其主要优点是收集费用低、简便易行，缺点是各种废物相互混杂，降低了废物中有用物质的纯度和再生利用的价值，同时也增加了各类废物处理的难度，造成资源化后处理费用的增大。从回收利用资源的趋势来看，该种方式正在逐渐被淘汰。

分类收集是指在鉴别试验的基础上，根据固体废物的特点、数量、处理和处置的要求分别收集。其主要优点是可以提高废物中有用物质的纯度，有利于废物的资源化综合利用，还可以减少需要后续处理处置的废物量，从而降低整个固体废物管理费用和处理处置等成本。

固体废物是一种成分复杂的非均质体系，很难将其完全分离为若干单一物质。但从处理与处置的角度来看，对固体废物分类收集是非常必要的。在某些情况下，把固体废物混合收集，可使危害变小或更有利于处理或处置，此时混合收集是较为理想的方法。但是，对于不知道固体废物的特性、成分就将其混合在一起，特别是对于不相容的危险废物而言，混合收集不光增加了后续处理或处置危险固体废物的数量，增大了其体积，而且危险固体废物的混合还可能会引起爆炸、释放有毒气体等危险反应，这些危险反应不仅造成环境污染，而且也会使固体废物的处理与处置变得更加困难。因此，对固体废物选择分类收集或混合收集应具体情况具体分析，切不可"一刀切"。

《固废法》对生活垃圾专设了一章，在第四十三条明确规定："县级以上地方人民政府应当加快建立分类投放、分类收集、分类运输、分类处理的生活垃圾管理系统，实现生活垃圾分类制度有效覆盖。"

2. 定期收集与随时收集

定期收集是指在限定条件下按固定的周期收集规定期间产生的废物。定期收集的优点如下：通过固定的周期可将不合理的暂存危险降到最小，能有效地利用资源；运输者可有计划地使用车辆；处理与处置者有时间更改管理计划；由于是在限定条件下收集规定期间产生的固体废物，因而会促使生产者努力减少固体废物的产生量。随时收集是根据固体废物产生者的要求随时收集固体废物。对固体废物产生量无规律的企业，适于采用随时收集的方法。一般情况下，定期收集适宜产生固体废物量较大的大中型厂矿企业；随时收集适宜固体废物产生量较少的小型企业。

此外，根据固体废物的性质、回收价值的高低、环境风险大小等，采取固体废物产生单位自行收集或委托第三方机构收集，可定期定人定时进入企业回收或划片包干巡回回收等。同时，还需要依据收集需要配备相应的管理人员，设置待收集废料的暂存仓库，建立各类固体废物进出仓库的管理台账。收集的品种主要有：废金属、废电池及电子废物、废橡胶、废塑料、废纸、废纺织品、废玻璃、废油脂、餐厨废弃物等；国家"十四五"期间鼓励综合利用的煤矸石、粉煤灰、尾矿（共伴生矿）、冶炼渣、工业副产石膏、建筑垃圾、农作物秸秆等 7 类大宗固体废弃物。这些收集的品种将可以再利用的固体废物组织加工变成产品或原料加以利用。暂时不能利用的则妥善贮存，留待以后再行处理。典型的收集转运流程如图 3.1 所示。

从事危险废物的收集必须取得生态环境主管部门颁发的危险废物经营许可证，按照许可证规定的种类和范围从事危险废物的收集，同时按照危险废物收集的技术规范分类收集、分类管理，并做好标识标记、事故应急预案及管理计划等。

图 3.2 为危险废物的收集转运方案，危险废物产生者将暂存的桶装或袋装危险废物直接运往收集中心或回收站，也可以通过地方主管部门配备的专用运输车辆按规定路线运往指定的地点贮存或做进一步处理。

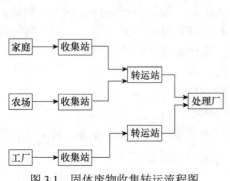

图 3.1 固体废物收集转运流程图

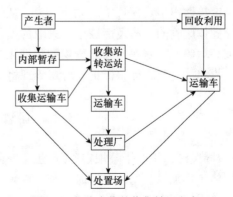

图 3.2 危险废物的收集转运方案

收集站一般由砖砌的防火墙及铺设有混凝土地面的若干库房式构筑物组成，贮存废物的库房室内必须空气流通，以防止具有毒性和爆炸性的气体积聚而产生危险。收集的废物应详细登记其类型和数量，并按废物不同特性分别妥善存放。

3.1.3　收集容器及标识标志

收集容器是盛装各类固体废物的专用器具，可按使用和操作方式、容量大小、容器形状及材质不同进行分类。目前根据来源常常分为生活垃圾收集容器和工业固体废物收集容器两类。生活垃圾收集容器主要有垃圾袋、桶、箱，其规格、尺寸应与收集车辆相匹配，以便于机械化操作。工业固体废物的收集容器种类较多，但主要使用包装袋、废物桶和集装箱。危险废物收集容器往往与运输容器合用，主要是为了避免在收集和运输过程中造成不必要的污染扩散，用于危险废物的容器材质还要充分考虑与废物的相容性和足够的强度。常用的容器材质有塑料、钢质及纸质材料等。

固体废物产生者除了要按规定对固体废物进行收集和包装外，还要根据废物的种类进行标记。我国于 1995 年制定了《环境保护图形标志——固体废物贮存（处置）场》（GB 15562.2—1995），对固体废物贮存、处置场分别设计了提示图形符号和警告图形符号，对标志形状及颜色（图形颜色和背景颜色）、尺寸等都有具体规定。如一般固体废物标识牌规定底色为绿色，文字和图案用白色；而对于危险废物，标识标记则有更加严格的要求和作用。《固废法》第七十七条要求："对危险废物的容器和包装物以及收集、贮存、运输、利用、处置危险废物的设施、场所，应当按照规定设置危险废物识别标志。"

危险废物的标识标志是用文字、图像、色彩等综合形式，标识危险废物的危险特性，以便于识别和管理危险废物。危险废物标识标志，不仅对图形形状、颜色有要求，而且对图形的尺寸也做出了规定，如粘贴于危险废物储存容器上的危险废物标签，要求：标签尺寸为 20 cm×20 cm，底色为醒目的橘黄色，字体为黑体字，材料为不干胶印刷品，危险类别按危险废物种类（HW1～HW50）选择；标签中要填写的信息有：危险废物主要成分、化学名称、危险情况（有毒、易燃、腐蚀、感染或反应性）、安全措施、废物产生单位（含地址、电话、联系人）、批次、数量、出厂日期等。危险废物标签上的配图与其危险特性一一对应。对用于悬挂在室内和室外的危险废物标签，也在形状、尺寸、放置高度等做出了具体规定。如此一来，从收集容器的材质和所携带的标识标志，可大致了解固体废物的性质及后续应该采取的处置方式，如合理选择送去再生利用、焚烧、堆肥或填埋等。随着我国固体废物的精细化管理和标准体系的不断完善，对固体废物的分类、收集、包装、标识标记及台账管理将更加科学和规范。

3.2　固体废物的贮存

《固废法》第四十条规定："产生工业固体废物的单位应当根据经济、技术条件对工业固体废物加以利用；对暂时不利用或者不能利用的，应当按照国务院生态环境等主管部门的规定建设贮存设施、场所，安全分类存放，或者采取无害化处置措施。贮存工业固体废物应当采取符合国家环境保护标准的防护措施。建设工业固体废物贮存、处置的设施、场所，应当符合国家环境保护标准。"

因此，对固体废物贮存的要点是确保安全和分类存放。下面分别以危险废物和生活垃圾的贮存为例进行分析。

3.2.1　危险废物贮存

危险废物贮存可分为产生单位内部贮存、中转贮存及集中性贮存。所对应的贮存设备分别为产生危险废物的单位用于暂时贮存的设施，拥有危险废物收集经营许可证的单位用于临时贮存废矿物油、废镍铬电池等的设施，以及危险废物经营单位所配置的贮存设施。

危险废物贮存设施的选址、设计、建设、运行管理应满足相关标准的要求。危险废物贮存设施应配备通信设备、照明设备和消防设备。

贮存危险废物时，应按危险废物的种类和特性进行分区贮存，每个贮存区域之间宜设置挡墙间隔，并应设置防雨、防火、防雷、防扬尘装置。

贮存易燃易爆危险废物时，应配置有机气体报警、火灾报警装置和导出静电的接地装置。废弃化学品贮存应满足危险化学品安全管理等标准的要求；贮存废弃剧毒化学品还应充分考虑防盗要求，采取双钥匙封闭式管理，且有专人 24 h 看管。

危险废物转运站的位置宜选择在交通路网便利的场所或其附近，由设有隔离带或埋于地下的液态危险废物贮罐、油分离系统及盛装有废物的桶或罐等库房群组成。站内工作人员应负责办理废物的交接手续，按时将所收存的危险废物如数装进运往处理场的运输车厢，并责成运输者负责途中安全。危险废物转运站内部运行系统如图 3.3 所示。

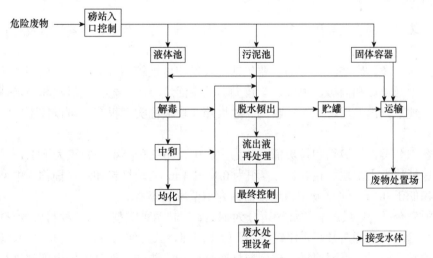

图 3.3　危险废物转运站内部运行系统

危险废物的贮存应根据危险废物的种类、数量、危险特性、物理形态、运输等要求确定包装形式。盛装容器要与危险废物相容，可根据危险特性选择钢、铝或塑料等材质。特别注意：禁止将不相容（相互反应）的危险废物在同一容器中混装；在常温常压下易爆、易燃及排出有毒气体的危险废物必须进行预处理，使之稳定后贮存，否则，按易爆、易燃危险品贮存；在常温常压下不水解、不挥发的固态危险废物可在贮存设施内分别堆放；装载液态或半固态危险废物的容器内须留足够空间，容器顶部与液体表面之间保留100 mm 以上的空间；医院产生的临床废物，必须当日消毒后装入容器，常温下贮存期不得超过 1 d，于 5 ℃ 以下冷藏的，不得超过 7 d。危险废物的包装容器应能有效隔断危险废物迁移扩散的途径，达到防渗、防漏要求。盛装好危险废物的容器应粘贴相应的标签，标签信息应填写完整翔实。盛装过危险废物的包装袋和包装容器破损后应按危险废物进行管理和处置。

危险废物贮存单位应建立危险废物贮存的台账制度，危险废物出入库应办理登记手续并填写交接记录表。交接记录应有记录：贮存库地址名称，危险废物种类、名称、来源、数量，危险特性，包装形式，入库日期，存放的库位，出库日期，接收单位，经办人及联系电话等。

3.2.2　生活垃圾贮存

在生活垃圾收集运输前，生活垃圾的产生者必须将各自所产生的生活垃圾进行短距离搬运和暂时贮存。由于生活垃圾产生量的不均性及随意性，以及对环卫部门收集清除的适应性，需要配备生活垃圾贮存容器。垃圾产生者或收集者应根据垃圾的数量、特性及环卫主管部门的要求，确定贮存方式，选择合适的垃圾贮存容器，规划容器的放置地点和占用面积。贮存方式大致可分为家庭贮存、街道贮存、单位贮存和公共贮存。

1. 贮存容器

生活垃圾贮存容器类型繁多，可按使用和操作方式、容量、容器形状及材质不同进行分类。

按用途分类，废物贮存容器主要包括垃圾桶和垃圾箱两种类型。垃圾箱和垃圾桶是盛装居民生活垃圾和商店、机关、学校抛弃的生活垃圾的容器。垃圾箱和垃圾桶一般设置在固定地点，由专用车辆进行收集。垃圾箱和垃圾桶类型很多，可以按不同特点进行分类。

按容积分类，垃圾箱和垃圾桶可分为大、中、小三种类型。容积大于 1.1 m^3 的垃圾箱和垃圾桶称为大型垃圾箱容器；容积为 0.1～1.1 m^3 的垃圾箱和垃圾桶称为中型垃圾容器；容积低于 0.1 m^3 的垃圾箱和垃圾桶称为小型垃圾容器。

按材质分类，垃圾箱和垃圾桶可分为钢制、塑制两种类型。这两种材质各有优缺点。塑制垃圾箱和垃圾桶质量轻，比较经济，但不耐热，而且使用寿命短。与塑制容器相比，钢制容器质量较重，不耐腐蚀，但耐热性较好。为了防腐，钢制容器内部都进行镀锌、装衬里和涂防腐漆等防腐处理。

废物贮存对容器的基本要求：容积适度，既要满足日常收集附近用户垃圾的需要，又不能超过贮留期限，对剩饭剩菜、蔬菜果皮及农贸生鲜市场产生的易腐垃圾，要设置专门容器，选择密封性好，能防蝇防鼠、防恶臭带盖的盛装容器，采用密封专用车及时清运，多要求日产日清，以防止垃圾发酵、腐败、滋生蚊蝇、产生毒素、散发臭味；对可回收的塑料、纸张、金属或玻璃等垃圾，要分拣打包回收，其暂贮存间注意防风防火防雨雪，采用"车载桶装"分类运送到再生利用基地；设置在居民小区、马路旁、公园、广场、车站等公共场所用于贮存不可回收垃圾的废物箱或垃圾桶，可采用材质为塑料、铁皮、玻璃钢和钢板等压制或冲压成型的容器，收集容器应易于保洁，便于倒空，内部应光滑，易于冲刷，不残留黏附物质，此外，容器还应操作方便、坚固耐用、外形美观、造价便宜、便于机械化清运等；对于收集的废电池（镉镍电池、氧化汞电池、铅蓄电池等），废荧光灯管（日光灯管、节能灯等），废汞温度计，废汞血压计，废药品及其包装物，废油漆、溶剂及其包装物，废杀虫剂、消毒剂及其包装物，废胶片及废相纸等有害垃圾，应放置在专门的场所或容器中，有害垃圾放置的暂贮存间应在醒目位置设置有害垃圾标志，对列入《国家危险废物名录》的品种，在贮存期间应按照相关危险废物管理要求进行管理。

2. 分类贮存

分类贮存是指根据对生活垃圾回收利用或处理工艺的要求，由垃圾产生者自行将垃圾分为不同种类进行贮存，即就地分类贮存。生活垃圾的分类贮存与收集及后续的处置方式密切相关，因此有不同的分类方式，具体如下所述。

（1）分两类贮存：按可燃垃圾（主要是纸类）和不可燃垃圾分开贮存。其中，塑料通常作为不可燃垃圾，有时也作为可燃垃圾贮存。

（2）分三类贮存：按塑料除外的可燃物，塑料，以及玻璃、陶瓷、金属等不燃物三类分开贮存。

（3）分四类贮存：按塑料除外的可燃物，金属类，玻璃类、塑料、陶瓷，以及其他不燃物四类分开贮存。金属类和玻璃类作为有用物质分别加以回收利用。

（4）分五类贮存：在上述四类贮存的基础上，再挑出含重金属的干电池、日光灯管、水银温度计等危险废物作为第五类垃圾单独贮存收集。

开展固体废物的就地分类，不仅能减少投资，而且能提高回收物料的纯度。生活垃圾分类越细，相应地对分类贮存的要求也就越精细，生活垃圾中分拣出来的纸、玻璃、铁、有色金属、塑料、纤维材料等成分适合分类贮存收集。

2019 年 4 月 26 日起，我国以法律形式推行生活垃圾分类制度，要求到 2020 年，46个重点城市基本建成生活垃圾分类处理系统。其他地级城市实现公共机构生活垃圾分类全覆盖。到 2025 年，全国地级及以上城市基本建成垃圾分类系统。在"政府推动、全民参与、城乡统筹、因地制宜、简便易行"的原则下，生活垃圾分类贮存与回收利用将更加注重实效，简约适度、绿色低碳的生活方式将得到普及。

3.3　固体废物的运输

固体废物的运输需选择合适的容器，确定装载的方式，选择适宜的运输工具，确定合理的运输路线，并制定泄漏或临时事故补救措施。

3.3.1　包装容器的选择

固体废物的运输要根据固体废物的特性和数量选择合适的包装容器。包装容器选择的一般原则：容器及包装材料应与所盛固体废物相容，要有足够的强度，贮存及装卸运输过程中不易破裂，确保固体废物运输过程中不扬散、不流失、不渗漏、不释放出有害气体与臭味。可选择的包装容器有纸板桶、塑料容器、废汽油桶或金属桶等。对滤饼、泥渣等进行焚烧的有机废物，可采用纤维板桶或纸板桶作为容器，便于固体废物和包装容器一起进行焚烧处理。在实际包装时，由于纤维质容器易受到机械损伤和水的浸蚀而发生泄漏，故可再装入钢桶中成为双层包装，在焚烧处理之前，把里面的纤维容器取出即可。

与固体废物分类收集相适应，对完成分类收集后的固体废物应注意分类运输，目前对餐厨垃圾、医疗废物送到生活垃圾焚烧厂和填埋场的固体废物，已基本使用专用的运输车辆。

对于危险固体废物的包装容器，应根据其特性选择，尤其要注意其相容性。例如，塑料容器不可用于盛装废溶剂。对于反应性固体废物，如含氰化物的固体废物，必须装在防湿防潮的密闭容器中，否则，一旦遇水或酸，就会产生氰化氢剧毒气体。对于腐蚀性固体废物，为防止容器泄漏，必须装在有衬胶、衬玻璃或衬塑料的容器中，乃至用不锈钢容器。总之，固体废物运输是固体废物综合利用或处理处置环节中的一个节点，要与前端的分类收集及后端的处理处置相衔接，选择的包装容器或运输车辆要与之相适应。同时，包装容器或运输车辆在使用时应经常检查，一旦发生破损，应及时处理，保证其正常运行和使用。

3.3.2　运输方式

固体废物的运输可直接外运，也可经过收集站或转运站运走。在我国，固体废物的运输可根据产生地、中转站距处置场地距离、要采取的处置方法、固体废物的特性和数量来选择适宜的运输方式，可以进行公路、铁路、水运或其他方式运输。对于各类危险固体废物，最好的方法是使用专用公路槽车或铁路槽车，槽车应设有与之相对应的防腐或密封衬里，以防运输过程中发生腐蚀或泄漏。对于非危险性固体废物，可选择合适的塑料、纸质或金属容器盛装，用卡车或铁路货车运输。

生活垃圾清运效率和费用的高低主要取决于以下四方面：一是清运操作方式；二是垃圾收集清运车辆数量、车辆装载量及机械化装载程度；三是垃圾清运次数、时间及劳动定员；四是清运路线。

不同地域可根据当地的经济、交通、垃圾组成特点（分类状况）、垃圾收运系统的构成等实际情况，选择使用与其相适应的垃圾收集运输车辆。

一般可根据收集区内不同建筑密度、交通便利程度和经济实力，选择最佳运输车辆规格。按装车形式，大致可分为前装式、侧装式、后装式、顶装式、集装箱直接上车等。车身按载重分，额定量为 $10\sim30$ t，装载垃圾有效容积为 $6\sim25$ m^3，有效载重为 $4\sim15$ t 等流行车型。

一般一条完整的车辆收集路线，大致由"实际路线"和"区域路线"组成。"实际路线"是固体废物收集车在指定的街区内所遵循的实际收集路线。"区域路线"指装满固体废物后，收集车为运往转运站或处理处置场所走过的地区或街区。

在设计实际路线时，需要考虑以下几点：一是收集运输车辆每个作业日每条路线限制在一个地区，尽可能紧凑，没有断续和重复的路线；二是平衡工作量，使每个作业、每条路线的收集和运输时间都合理且大致相等；三是收集路线的出发点从车库开始，要考虑交通繁忙和单行街道的因素；四是在交通拥挤时段，避免在繁忙的街道上收运固体废物，特别是可能有味道散发的餐厨垃圾和存在危险特性的医疗废物等。

同时完善运输车辆配置，逐步安装全球定位系统（Global Positioning System，GPS）导航装置、GPS 定位与行程记录系统，保证车辆调度人员随时掌握各运输车辆的动向，及时进行对收集车辆的指挥、调配及应急方案的实施，实现收运过程的实时监控和管理。

设计收集线路的一般步骤如下：一是准备适当比例的地域地形图，图上标明固体废物收运区域边界、道口、车库和通往各个收集点的位置、容器数、收集次数等，如果使用固定容器收集法，应标注各集散装车点固体废物收集量；二是资料分析，将资料数据概要列为表格；三是初步收集路线设计；四是对初步收集路线进行比较，通过反复试算和实地实验进一步均衡收集路线，使每周各个工作日收集的固体废物量、行驶路程、收集时间等大致相等；五是将确定的收集路线画在收集区域图上，并要求按日如实填写收运台账。

3.3.3　运输管理

国家将逐步在全国建立固体废物污染环境防治信息平台，对固体废物收集、转移、处置全过程实施监控和信息化追溯。

从事固体废物的运输者必须接受专业培训，获取相应的职业资格，方可从事固体废物的运输工作。同时，经营单位和相关主管部门应当制订环境突发事件应急预案，并报送生态环境主管部门备案。

固体废物经营者在运输前应认真查验运输的固体废物是否与运输单相符，决不允许有不相容的固体废物混入；同时检查包装容器是否符合要求，查看标记是否清楚准确，要尽可能熟悉产生者提供的偶然事故的应急处理措施。为了保证运输的安全性，运输者必须按有关规定装载和堆积固体废物，若发生撒落、泄漏及其他意外事故，运输者必须立即采取应急补救措施，妥善处理，并向当地生态环境行政主管部门呈报。在运输完后，经营者必须认真填写运输货单，包括日期、车次及车辆车号（船舶船号）、运输许可证号、所运的固体废物种类、数量及包装完好度等，以便信息可追溯、可查询。

运输危险废物，应当按照国家规定填写、运行危险废物纸质或者电子转移联单。为强化对危险废物的全过程管理，2021 年 11 月 30 日，生态环境部会同公安部和交通运输部制定发布《危险废物转移管理办法》（以下简称《转移办法》），代替了 1999 年国家环保总局出台的《危险废物转移联单管理办法》，《转移办法》于 2022 年 1 月 1 日施行。《转移办法》在原转移联单 [五联单，即危险废物产生单位（第一联）、危险废物产生单位移出地生态环境行政主管部门（第二联）、危险废物运输单位（第三联）、危险废物接受单位（第四联）和危险废物接受单位接收地生态环境行政主管部门（第五联），如实填写并存档保存〕基础上，明确和增加了移出人、承运人、接受人、托运人责任，细化了从移出到接受各环节的转移管理要求。明确危险废物转移遵循就近原则，尽可能减少大规模、长距离运输。要求危险废物收集、转移、处置等全过程监控和信息化追溯。建立国家危险废物信息管理系统，对危险废物的名称、数量、特性、形态、包装方式等加强信息化监管，全面运行危险废物电子转移联单。通过国家危险废物信息管理系统填写、运行危险废物电子转移联单。因特殊原因无法运行电子联单的，可先使用纸质联单，于转移活动完成后十个工作日内在信息系统补录。要求危险废物电子转移联单数据应当在信息系统中至少保存十年。依照国家有关规定公开危险废物转移相关污染环境防治信息。实行危险废物转移联单全国统一编号，危险废物转移联单编号由国家危险废物信息管理系统统一发放。

通过国家危险废物信息管理系统实现危险废物跨省转移线上商请、函复等活动，简化审批手续，将危险废物跨省转移审批时限控制在 20 个工作日，压缩了转移审批周期。

国家危险废物环境管理信息系统，实现危险废物产生、收集、转移、利用、处置等全过程环境管理信息化，进一步提升危险废物环境监管和服务能力。同时加强了部门间协调联动，做好信息共享，加强联合监管执法，严厉打击危险废物非法转移、倾倒等违法犯罪行为。

国务院办公厅《关于印发"无废城市"建设试点工作方案的通知》（国办发〔2018〕128 号）中提出："全面实施危险废物电子转移联单制度，依法加强道路运输安全管理，及时掌握流向，大幅提升危险废物风险防控水平。"生态环境部发布的《关于提升危险废物环境监管能力、利用处置能力和环境风险防范能力的指导意见》（环固体〔2019〕92 号）中提出：提升信息化监管能力和水平。开展危险废物产生单位在线申报登记和管理计划在线备案，全面运行危险废物转移电子联单，2019 年年底前实现全国危险废物信息化管理"一张网"。交通运输部、工业和信息化部、公安部、生态环境部、应急管理部、国家市场监督管理总局发布的《危险货物道路运输安全管理办法》（交通运输部令 2019 年第 29 号）中规定："托运人托运危险废物（包括医疗废物）的，应当向承运人提供生态环境主管部门发放的电子或纸质形式的危险废物转移联单。"

危险废物的越境转移运输还应遵从《控制危险废物越境转移及其处置巴塞尔公约》。

在运输危险废物时，运输经营单位必须获得生态环境主管部门签发的危险废物运输经营许可证，对负责运输的司机和装卸操作人员要进行专门的业务培训，特别是危险废物的装卸技术和运输途中的注意事项等方面的知识培训，经考核合格后，领取危险废物经营许可证后方可从业，作业时应配备必要的防护工具，如使用专用的工作服、手套和眼镜等，以确保操作人员和运输者的安全。对易燃或易爆炸性固体废物，应当在专用场地上操作，场地要装配防爆装置和消除静电设备。对于毒性或生物富集性固体废物以及可能具有致癌作用的固体废物，为防止固体废物与皮肤、眼睛或呼吸道接触，操作人员必须佩戴防毒面具。对于具有刺激性或者致敏性的固体废物，也一定要使用呼吸道防护器具。

危险废物的运输最常用的方法是公路运输。运输者必须是受过专业培训的司机，并拥有与所承运的危险废物相适应的专用运输车辆。载有危险废物的车辆必须有明显的标志或醒目的危险废物符号,同时行驶车辆需携带危险废物经营(运输)许可证,许可证上应注明废物来源、种类、性质、数量及运往地点,必要时需配备专业人员负责押运。组织和负责运输危险废物的单位,起运前需事先做出周密的运输计划和行驶路线,特别是针对危险废物泄漏、撒落及其他意外事故发生情况下的应急措施。

小 结

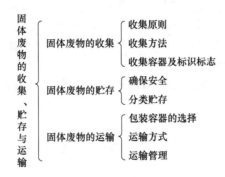

一、填空题

1. 按收集物的存放形式分,收集方法可分为_____与_____。

2. 城市垃圾按收集时间分,收集方法可分为_____与_____。

3. 产生、收集、贮存、运输、利用、处置固体废物的单位和其他生产经营者,应当采取_____、_____、_____或者其他防止污染环境的措施,不得擅自倾倒、堆放、丢弃、遗撒固体废物。

4. 《生活垃圾分类标志》(GB/T 19095—2019)规定了_____、_____、_____、_____四类生活垃圾的图形标志。

5. 根据《医疗废物分类目录》,医疗废物可分为_____、_____、_____、_____、_____五类。

二、选择题

1. 分类收集应该遵循的原则有( )。

  A．危险废物与一般废物分开

  B．工业废物与城市垃圾分开

  C．可回收利用物质与不可回收利用物质分开

  D．可燃性物质与不可燃性物质分开

 2．下列关于危险废物收集、运输、贮存过程中的管理规定，说法正确的是（　　）。

  A．工业企业可随意将其产生的危险废物提供或者委托给任何别的单位从事收集、贮存、利用、处置的经营活动

  B．收集、贮存、运输、处置危险废物的场所、设施、设备和容器、包装物及其他物品转作他用时，用自来水洗干净后即可使用

  C．从事运输活动的单位，应配备专人操作，工作人员应接受专业培训，熟悉转移联单的操作方法

  D．危险废物贮存设施经营者决定终止经营活动后，即可摘下警示标志，撤离工作人员

三、简答题

 1．生活垃圾的收集方式有哪些？各有何特点？你所在城市的生活垃圾收集采用哪种方式？

 2．目前你家乡所在城市的生活垃圾是如何处理的？在垃圾的收集分类环节存在哪些问题？你认为可从哪些方面改进？

 3．什么是固体废物管理台账？危险废物贮存台账应包含哪些内容？

 4．为什么要建立国家危险废物信息管理系统？

四、实训练习

 题目：在校园的地形图上设计一条高效率的收集废物路线。

 要求：

 （1）了解你所在城市的生活垃圾收集方式。

 （2）掌握垃圾收集操作方法、收集车辆类型、收集劳动及收集次数和时间的确定方法。

 （3）掌握路线设计的最佳方案。

第4章 固体废物处理的基本方法

☞ **学习目标**

知识目标

- 掌握压实、破碎、分选、脱水等常用的预处理方法。
- 掌握固化/稳定化处理和效果评价指标。
- 掌握生物处理技术的原理及特点。
- 掌握热处理技术的原理及特点。
- 掌握最终处置技术的基本要求。

能力目标

- 熟悉压实、破碎、分选、脱水的处理目的及工艺方法。
- 熟悉固化/稳定化技术方法的特点及应用范围。
- 了解生物处理技术的应用范围。
- 熟悉热解处理技术的特点、主要工艺及应用范围。
- 熟悉填埋处理方法。

素质目标

- 了解压实、破碎、分选、脱水的常用设备。
- 能够筛选常用的固化剂或稳定化方法解决实际问题。
- 掌握常用的生物处理技术工艺及要求。
- 掌握热解处理的适用条件及控制二次污染的方法。
- 理解对生活垃圾填埋场进行污染防控的技术及方法。

☞ **必备知识**

- 熟悉各种预处理、中间处理及最终处置技术的特点及应用范围。
- 能根据固体废物的性质与处理目的选择适当的处理方法与设备。
- 了解影响处理效果的工艺参数有哪些。

☞ **选修知识**

- 了解各种预处理、中间处理及最终处置技术的基本原理。
- 能运用所学理论知识设计工艺流程。
- 能优化各种固体废物处理工艺的控制参数。

4.1 固体废物的预处理

在对固体废物进行综合利用和处理处置之前，为了后续工艺的顺利进行而采取的预先处理过程，可统称为预处理。预处理方法大多数属于物理方法，主要有压实、破碎、分选、脱水、沉降、混凝、萃取、蒸发、洗涤、过滤等。

4.1.1 压实

1. 压实原理与目的

压实又称压缩，即利用机械的方法减少固体废物的体积、增加其容重，以提高物料的聚集程度，有利于装卸、运输和填埋。

适用于压实处理的固体废物主要是可压缩性大而复原性小的物质。对于那些已经很密实或硬度较高，足以使压实设备损毁的废物，如大块木材、金属、玻璃以及塑料等，则不宜进行压实处理。某些可能引起操作问题的废物，如焦油、污泥、易燃易爆品等，也不宜采用压实处理。

固体废物被压实的程度用压缩比表示。压缩比又称压实比，是指固体废物压实前后体积之比，即

$$R = \frac{V_i}{V_f} \tag{4.1}$$

式中，R——压缩比；

V_i——废物压实前原始体积，m^3；

V_f——废物压实后最终体积，m^3。

废物的压实比取决于废物的种类和施加的压力，一般压实比为 3～5，同时采用破碎和压实两种技术可使压实比增加到 5～10。

2. 压实设备

固体废物设备种类很多，根据其构造和工作原理大体可分为容器单元和压实单元两个部分。前者负责接收废物原料，后者在液压或气压的驱动下，用压头对废物进行压实。

根据使用场所不同，压实设备可分为固定式压实机和移动式压实机，前者多用于垃圾中转站、工厂内部，后者多用于垃圾收集车上。

根据压实物料的不同，可将压实设备分为金属压实器（打包机）、非金属压实器（打包机）、城市垃圾压实器等。

根据作用力的不同，可将压实设备分为三向联合式压实器、回转式压实器和水平式压实器等。

4.1.2 破碎

1. 破碎的目的

破碎是指通过人力或机械等外力的作用，破坏物体内部的凝聚力和分子间作用力而

使大块物体分裂为小块的操作过程。使小块固体废物颗粒分裂成细粉的过程称为磨碎。

对固体废物进行破碎的主要目的表现在以下几个方面。

（1）使固体废物的容积减小，便于运输和贮存。

（2）为固体废物的分选提供所要求的入选粒度，以便有效地回收固体废物中某种成分。

（3）使固体废物的比表面积增加，提高焚烧、热分解、熔融等作业的稳定性和热效率。

（4）为固体废物的下一步加工做准备，例如，煤矸石的制砖、制水泥等，都要求把煤矸石破碎和磨碎到一定粒度以下，以便进一步加工制备使用。

（5）用破碎后的生活垃圾进行填埋处置时，压实密度高而均匀，可以加快复土还原。

（6）防止粗大、锋利的固体废物损坏分选、焚烧和热解等设备或炉膛。

2. 破碎的方法

破碎的方法常常分为机械能破碎（如压碎、劈碎、折断、磨碎、冲击破碎等）和非机械能破碎（如低温破碎、热力破碎、减压破碎、超声波破碎等）。

选择破碎方法时，需视固体废物的机械强度特别是废物的硬度而定。对于脆硬性废物，如各种废石和废渣等多采用挤压、劈裂、弯曲、冲击和磨剥破碎；对于柔硬性废物，如废钢铁、废汽车、废器材和废塑料等，多采用冲击和剪切破碎；对于含有大量废纸的城市垃圾，近年来有些国家多采用湿式和半湿式破碎；对于粗大固体废物，往往先剪切或压缩成型后，再送入破碎机处理。

破碎机一般都是由两种或两种以上的破碎方法联合作用对固体废物进行破碎的，例如，压碎和折断、冲击破碎和磨碎等。

3. 破碎参数

1）破碎比

破碎过程中，原废物粒度与破碎产物粒度的比值称为破碎比。有极限破碎比和真实破碎比两种表示方法。

（1）极限破碎比表示式见式（4.2）。

$$i=\frac{D_{\max}}{d_{\max}} \tag{4.2}$$

式中，i——破碎比；

$D_{\max}$——废物破碎前的最大粒度；

$d_{\max}$——破碎后的最大粒度。

极限破碎比在工程设计中常被采用，如根据最大物料直径来选择破碎机给料口的宽度。

（2）真实破碎比表示式见式（4.3）。

$$i=\frac{D_{cp}}{d_{cp}} \tag{4.3}$$

式中，i——破碎比；

D_{cp}——废物破碎前的平均粒度；

d_{cp}——破碎后的平均粒度。

真实破碎比能较真实地反映破碎程度，在实践中常被采用。一般破碎机的真实破碎比在 3～30，磨碎机真实破碎比可达 40～400。

2）破碎段

固体废物每经过一次破碎机或磨碎机称为一个破碎段，若要求破碎比不大，一段破碎即可满足。但对固体废物的分选，如浮选、磁选、电选等工艺来说，由于要求的入选粒度很细，破碎比很大，往往需要把几台破碎机依次串联，或根据需要把破碎机和磨碎机依次串联。

对固体废物进行多次（段）破碎，其总破碎比等于各段破碎比（i_1, i_2, …, i_n）的乘积。

4. 破碎设备

采用机械能进行破碎的设备类型有很多，如颚式破碎机、冲击式破碎机、剪切式破碎机、辊式破碎机以及球磨机等。图 4.1 所示为复杂摆动颚式破碎机，图 4.2 所示为用于磨碎的球磨机。

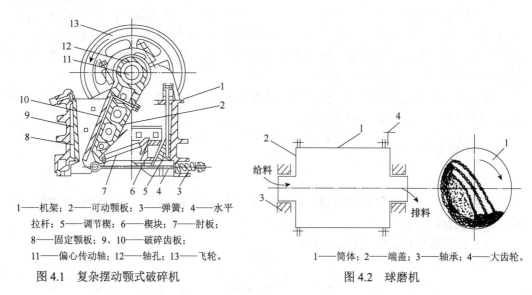

1—机架；2—可动颚板；3—弹簧；4—水平拉杆；5—调节楔；6—楔块；7—肘板；8—固定颚板；9、10—破碎齿板；11—偏心传动轴；12—轴孔；13—飞轮。

图 4.1 复杂摆动颚式破碎机

1—筒体；2—端盖；3—轴承；4—大齿轮。

图 4.2 球磨机

常见破碎设备类型及其特性见表 4.1。

表 4.1 常见破碎设备类型及特性一览表

设备类型	主要特点	处理对象	适应范围
颚式破碎机	构造简单、工作可靠、制造容易、维修方便	坚硬和中硬物料	选矿、建材、基建和化工等行业，用于粗碎和中碎过程
冲击式破碎机	破碎比大、适用性强、构造简单、外形尺寸小、操作方便、易于维护	中等硬度、软质、脆性、韧性及纤维状等物料	适用于水泥、化工、电力、冶金等行业，用于中碎、细碎作业
剪切式破碎机	利用机械的剪切力破碎固体废物，结构简单	块状物料，具有韧性、弹性等物料	适于处理各种汽车轮胎、废旧金属、塑料废品、包装木箱、废纸箱以及纤维织物等

续表

设备类型	主要特点	处理对象	适应范围
辊式破碎机	主要靠剪切和挤压作用对物料进行破碎	中等硬度、脆性的物料	适用于水泥、化工、电力、冶金、建材等行业，用于中碎、细碎作业
球磨机	破碎比大	中等硬度、脆性的物料	广泛用于用煤矸石、钢渣生产水泥、砖瓦、化肥等过程以及垃圾堆肥的深加工过程

5. 特殊破碎方法

1）低温破碎

低温破碎是利用物料低温变脆的性能进行破碎的，也可利用不同物质脆化温度的差异进行选择性破碎，适用于常温下难以破碎的复合材质的废物，如钢丝胶管、橡胶包覆电线电缆、废家用电器等橡胶和塑料制品等。

低温破碎可使同一种材质的物料破碎后的尺寸大体一致，形状好，便于分离。但该法通常采用液氮作为制冷剂，而制造液氮需耗用大量能源。因此，发展该技术必须考虑其在经济效益上能否抵上能源方面的消耗费用。

2）湿式破碎

湿式破碎技术主要用于回收城市垃圾中的大量纸类。垃圾通过传送带进入湿式破碎机，破碎腔内的旋转破碎辊带动投入的垃圾和水一起激烈旋转，并将其中的废纸破碎成浆状，透过筛孔由底部排出，难以破碎的筛上物（如金属等）从破碎机侧口排出，还可再用提升机送至磁选器将铁与非铁物质分离。

3）半湿式破碎

半湿式破碎是利用各类物质在一定均匀湿度下的耐剪切、耐压缩、耐冲击性能等差异很大的特点，在不同的湿度下选择不同的破碎方式，实现对废物的选择性破碎和分选，适于回收含纸屑较多的城市垃圾中的纸纤维、玻璃、铁和有色金属。

半湿式破碎机可分为三段：前两段装有不同筛孔的外旋转滚筒筛和筛内与之反向旋转的破碎板，第三段无筛板和破碎板。垃圾进入圆筒筛首端，并随筛壁上升而后在重力作用下抛落，同时被反向旋转的破碎板撞击，垃圾中的玻璃、陶瓷等脆性物质被破碎成小块，从第一段筛网排出；剩余垃圾进入第二段筒筛，此段喷射水分，中等强度的纸类被破碎并从第二段筛孔排出；最后剩余的垃圾如金属、塑料、木材等从第三段排出。

4.1.3　固体废物的分选

固体废物分选就是把固体废物中可回收利用的或不利于后续处理、处置工艺要求的物粒分离出来。分选方式可分为人工拣选和机械分选两种，其中，机械分选方法可进一步根据分选的原理分为筛分、重力分选、磁力分选、静电分选、光电分选、涡电流分选以及浮选等。

1. 筛分

筛分是利用具有不同粒度分布的固体物料之间粒度差别，将物料中小于筛孔的细粒物料透过筛网，而大于筛孔的粗粒物料留在筛网上面，完成粗、细料分离的过程。该分离过程可看作是由物料分层和细粒透筛两个阶段组成的。物料分层是完成分离的条件，细粒透筛是分离的目的。筛分技术在固体废物资源回收和利用方面应用很广泛。

通常用筛分效率来描述筛分过程的优劣。筛分效率是指筛分时实际得到的筛下产物质量与原料中所含粒度小于筛孔孔径的物料质量之比。

$$E = \frac{Q}{Q_0 \alpha} \times 100\% \tag{4.4}$$

式中，Q——筛下物质量；

Q_0——入筛物料质量；

α——原料中小于筛孔孔径的颗粒的质量百分含量。

筛分设备有固定筛、滚筒筛和振动筛等。它们通常被组装于其他分选设备中，或者和其他分选设备串联使用。不同筛分设备类型的筛分效率大致如表 4.2 所示。

表 4.2　不同类型筛子的筛分效率

筛子类型	固定筛	滚筒筛	振动筛
筛分效率/%	50～60	60～80	90 以上

固定筛筛面由许多平行排列的筛条组成，可水平或倾斜安装。由于其构造简单、不耗用动力、设备费用低和维修方便，在固体废物处理中应用广泛，但固定筛容易堵塞，筛分效率低，故多用于粗筛作业。

滚筒筛（图 4.3）主体为筛面带孔的筒体，若为圆柱形筒体，沿轴线倾斜 3°～5°安装；若为截头圆锥筒体，则沿轴线水平安装。当物料进入滚筒装置后，随着滚筒装置的倾斜与转动，筛面上的物料也会翻转与滚动，从而使细物料经筛网排出，粗物料经滚筒末端排出。物料在筒内滞留时间 25～30 s，转速 5～6 r/min 为最佳。

振动筛由于筛面强烈振动，消除了堵塞筛孔的现象，有利于湿物料的筛分和粗、中物粒的筛分，还可以用于脱泥筛分，广泛应用于筑路、建筑、化工、冶金和谷物加工等领域。振动筛常见的类型有惯性振动筛和共振筛。其中，共振筛结构如图 4.4 所示，其处理能力大，筛分效率高，但制造工艺复杂，机体较重。共振筛适用于废物中细粒的筛分，还可以用于废物分选作业的脱水、脱重介质和脱泥筛分等。

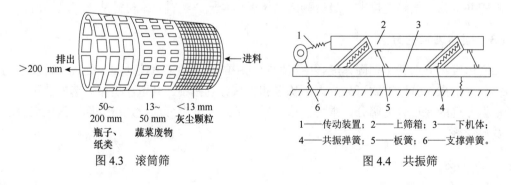

排出 >200 mm ←　　　　　　　← 进料

50～200 mm　　13～50 mm　　<13 mm
瓶子纸类　　　蔬菜废物　　　灰尘颗粒

图 4.3　滚筒筛

1—传动装置；2—上筛箱；3—下机体；
4—共振弹簧；5—板簧；6—支撑弹簧。

图 4.4　共振筛

2. 重力分选

重力分选简称重选，是根据混合固体废物在介质中的密度差进行分选的一种方法。重力分选介质可以是空气、水，也可以是重液（密度大于水的液体）和悬浮液（由高密度的固体微粒和水组成）等。固体废物的重力分选方法较多，按作用原理可分为风力分选、惯性分选、摇床分选、重介质分选和跳汰分选等。

1）风力分选

风力分选又称气流分选，是以空气为分选介质，在气流作用下使固体废物颗粒按密度和粒度进行分选的方法。此方法适用于颗粒的形状、尺寸相近的固体废物分选。有时也可先经破碎、筛选后，再进行风力分选。风力分选设备按工作气流的主流向分为水平、垂直和倾斜 3 种类型，其中尤以垂直气流风选机应用最为广泛。图 4.5 所示为水平气流分选原理，图 4.6 所示为立式曲折形风力分选原理。

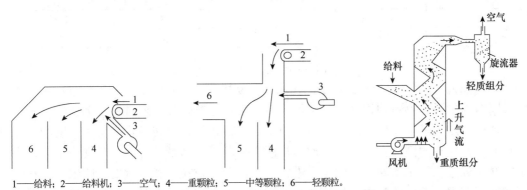

1——给料；2——给料机；3——空气；4——重颗粒；5——中等颗粒；6——轻颗粒。

图 4.5　水平气流分选原理　　　图 4.6　立式曲折形风力分选原理

2）惯性分选

惯性分选是基于混合固体废物中各组分的密度和硬度差异而进行分离的一种方法。用高速传送带、旋转器或气流沿水平方向抛射粒子，粒子沿抛物线运行的轨迹随粒子的大小和密度不同而异，粒径和密度越大飞得越远。这种方法又称弹道分离法。目前这种方法主要用于从垃圾中分选回收金属、玻璃和陶瓷等废物。根据惯性分选原理而设计制造的分选机械主要有斜板输送分选机和反弹滚筒分选机等，分别如图 4.7、图 4.8 所示。

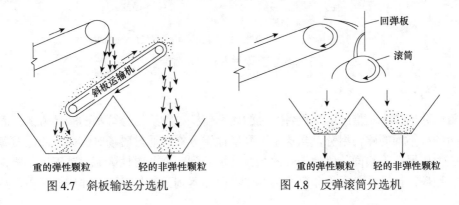

图 4.7　斜板输送分选机　　　图 4.8　反弹滚筒分选机

3）重介质分选

重介质是指密度大于水的介质，主要有重液和悬浮液两类。重液是一些可溶性高密度盐的溶液（如氯化锌、四氯化碳等）或高密度的有机液体（如四氯化碳、四溴乙烷等）；悬浮液是由水和悬浮于其中的高密度固体颗粒构成的固液两相分散体系，它是密度高于水的非均匀介质。高密度固体微粒起着加大介质密度的作用，故称为加重质。重介质应具有密度高、黏度低、化学稳定性好（不与待处理的废物发生化学反应）、无毒、无腐蚀性、易回收再生等特性。表 4.3 所示为常用加重质的性质。

表 4.3   常用加重质的性质

种类	密度/（g/cm³）	莫式硬度	重悬液的最大密度	回收方法
硅铁	6.9	6	3.8	磁选
方铅矿	7.5	2.5～2.7	3.3	浮选
磁铁矿	5.0	6	2.5	磁选
黄铁矿	4.9～5.1	6	2.5	浮选
毒砂（FeAsS）	5.9～6.2	5.5～6	2.8	浮选

目前，常用的重介质分选设备有鼓形重介质分选机（图 4.9），适用于分离粒度为 40～60 mm 的固体废物，其优点是结构简单、易操作、能耗低等。其工作过程是将密度不同的固体混合物料和重介质一起加入转鼓中，随着转鼓的逆时针运动，物料出现分层，即密度大于重介质密度的固体颗粒下沉，被扬板带至转鼓顶部落下，随溜槽排出转鼓，密度小的则留存在转鼓内部，从而实现两种固体颗粒分离。从理论上讲，由于重介质分选主要是依靠密度的差异进行的，而受颗粒粒度和形状的影响很小，从而可对密度差很小的固体物质进行分选。不过，当入选物质粒度过小，且固体废物的密度与介质密度非常接近时，其沉降速度很慢，造成分选效率低，故一般需将入选渣料粒度控制在 2～3 mm。

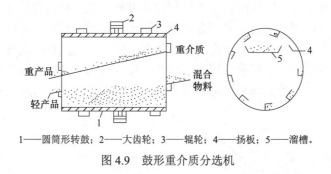

1——圆筒形转鼓；2——大齿轮；3——辊轮；4——扬板；5——溜槽。

图 4.9   鼓形重介质分选机

3. 磁力分选

磁力分选技术是借助磁选设备产生的磁场使铁磁物质组分分离的一种方法。固体废物包括各种不同的磁性组分，当这些不同磁性组分物质通过磁场时，由于磁性差异，受到的磁力作用互不相同，磁性较强的颗粒会被带到一个非磁性区而脱落下来，磁性弱或非磁性颗粒，仅受自身重力和离心力的作用而掉落到预定的另一个非磁性区内，从而完成磁力分选过程。固体废物的磁力分选主要用于从固体废物中回收或富集黑色金属（铁类物质）。磁场强弱不同的磁选设备可选出不同磁性组分的固体废物。固体废物的磁选设备根据供料方式的不同，可分为带式磁选机（图 4.10）和辊筒式磁选机（图 4.11）两大类。

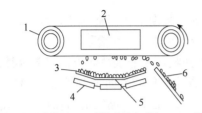

1——传动皮带；2——悬挂式固定磁铁；3——传送带；
4——轴；5——来自破碎机的固体废物；6——金属物。

图 4.10　带式磁选机

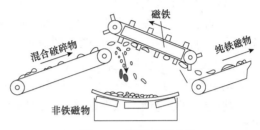

图 4.11　辊筒式磁选机

4. 静电分选

静电分选技术是利用各种物质的电导率、热电效应及带电作用的差异而进行物料分选的方法。可用于各种塑料、橡胶和纤维纸、合成皮革、胶卷、玻璃与金属等物料的分选。

电选分离过程是在电选设备中完成的，其原理如图 4.12 所示。首先在电选设备中提供一个电晕-静电复合电场。固体废物给入后随旋转的辊筒进入电晕电场。由于电场存在，废物中导体和非导体都获得负电荷，其中导体颗粒所带的大部分负电荷很快被接地辊筒放掉，因此，当废物颗粒随辊筒旋转离开电晕场区

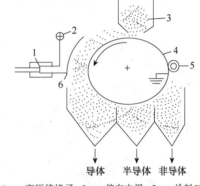

1——高压绝缘子；2——偏向电极；3——给料口；
4——辊筒电极；5——毛刷；6——电晕电极。

图 4.12　静电分选原理示意

而进入静电场区时，导体颗粒继续放掉剩余的少量负电荷，进而从辊筒上得到正电荷而被辊筒排斥，在电力、离心力、重力的综合作用下，很快偏离辊筒而落下。而非导体因具有较多的负电荷而被辊筒吸引带到辊筒后方，被毛刷强制刷下；半导体颗粒的运动情形介于二者之间在中间区域落下。常用的电选设备有静电鼓式分选机和高压电选机。

5. 浮选

浮选是在固体废物与水调制的料浆中加入浮选药剂，并通入空气形成无数细小气泡，使欲选物质颗粒黏附在气泡上，随气泡上浮于料浆表面成为泡沫层，然后刮出回收；不浮的颗粒仍留驻料浆内，通过适当处理后废弃。当浮选法将有用物质浮入泡沫产物中，而将无用或回收经济价值不大的物质留在料浆中时，称为正浮选；反之，则称为反浮选。当固体废物中含有两种或两种以上有用物质时，可采用优先浮选法，将有用物质一种一种地选出成为单一物质产品，也可采用混合浮选法，将有用物质共同选出为混合物，然后再把混合物中的有用物质一种一种地分离。

在浮选过程中，固体废物各组分对气泡黏附的选择性，是由固体颗粒、水、气泡组成的三相界面间的物理化学特性所决定的。其中比较重要的是物质表面的润湿性。

固体废物中有些物质表面的疏水性较强，容易黏附在气泡上，而另一些物质表面亲水，不易黏附在气泡上。物质表面的亲水、疏水性能，可以通过浮选药剂的作用而加强。因此，在浮选工艺中正确选择、使用浮选药剂是调整物质可浮性的主要外因条件。

根据药剂在浮选过程中的作用不同，可分为捕收剂、起泡剂和调整剂三大类。

捕收剂能够选择性地吸附在欲选的物质颗粒表面上，使其疏水性增强，提高可浮性，并牢固地黏附在气泡上上浮。常用的捕收剂有异极性捕收剂和非极性油类捕收剂两类。

起泡剂是一种表面活性物质，主要作用在水-气界面上，使其界面张力降低，促使空气在料浆中弥散，形成小气泡，防止气泡兼并，增大分选界面，提高气泡与颗粒的黏附和上浮过程中的稳定性，以保证气泡上浮形成泡沫层。常用的起泡剂有松油、松醇油、脂肪醇等。

调整剂的作用主要是调整其他药剂（主要是捕收剂）与物质颗粒表面之间的作用，还可调整料浆的性质，提高浮选过程的选择性。

浮选为湿法分选，不易扬尘，适用于处理细粒及微细粒物料，通过浮选药剂的控制，可以获得很高的精度。浮选法主要的缺点是有些固体废物浮选前需要破碎到一定的细度，浮选后的产物还需要进行浓缩、脱水、干燥等辅助工序，而药剂的使用易造成环境污染，需增加相配套的净化设施。

在我国，浮选法已应用于从粉煤灰中回收炭、从煤矸石中回收硫铁矿、从焚烧炉灰渣中回收金属等方面。应用最多的设备是机械搅拌式浮选机，如图 4.13 所示。

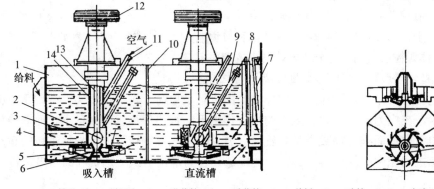

1—槽子；2—循环孔；3—进浆管；4—受浆箱；5—盖板；6—叶轮；7、8—闸门；
9—调节循环量的闸门；10—槽间隔板；11—进气管；12—皮带轮；13—轴；14—套管；15—稳流板。

图 4.13　机械搅拌式浮选机

6. 光电分选

光电分选是利用物质表面反射特性的不同而分离物料的方法。该法常用于按颜色分选玻璃和塑料的工艺中。其工作原理如图 4.14 所示，运输机送来各色玻璃的混合物料，它们通过振动溜槽时连续均匀地落入光学箱中，在标准色板上预先选定一种标准色，当颗粒在光学箱内下落的途中反射出与标准色不同的光时，光电子元件将改变光电放大管的输出电压，这样再经过电子装置增幅控制，喷管瞬间喷射出气流改变异色颗粒的下落轨迹，从而实现标准色玻璃的分选。

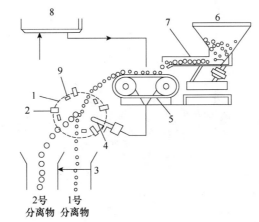

1——光学箱；2——光电池；3——分离板；4——压缩空气喷管；5——有高速沟的进料皮带；
6——料斗；7——振动溜槽；8——电子放大装置；9——标准色板。

图 4.14　光电分选工作原理示意

4.1.4　固体废物的脱水

固体废物的脱水处理有利于降低含水率、减小体积，以便于运输、贮存、利用以及下一步处置。该操作常用于高湿物料（如污泥）的处理以及堆肥、焚烧、填埋等处理处置过程中的预处理环节。

以污泥为例，污水处理过程中产生的污泥含水率一般都很高，初沉池排出的污泥含水率为 96%～98%，化学沉淀污泥的含水率为 98% 左右，二沉池排出的污泥含水率常大于 99%。污泥含水率高，体积庞大，难以直接处理和处置，一般都要进行浓缩、消化、脱水处理。污泥中的水可分为间隙水、毛细结合水、表面吸附水和内部水 4 类。污泥脱水主要是在浓缩后进一步去除污泥中的间隙水，还能去除一部分的吸附水和毛细水，一般可使污泥含水率从 96% 左右降低至 60%～85%，污泥体积减小至原来的 1/10～1/5，大幅降低了后续污泥处置的难度。污泥脱水有自然蒸发法和机械脱水法两类。习惯上称机械脱水法为污泥脱水，称自然蒸发法为污泥干化。以下介绍几种常用的污泥机械脱水方法。

机械脱水通常以过滤介质两边的压力差为推动力，使水分强制通过过滤介质成为滤液，固体颗粒被截留为滤饼，从而达到除水的目的。

1. 真空过滤法

真空过滤依靠减压与大气压产生压力差作为过滤的动力，其优点是操作平稳，处理量大，整个过程可实现自动化，适用于各种污泥的脱水；缺点是脱水前必须进行预处理，附属设备多，工序复杂，运行费用也较高。真空过滤器分为转鼓式、转盘式和水平式。水处理行业中多使用转鼓式。图 4.15 所示为转鼓真空过滤机，由空心转筒、分配头、污泥槽、真空系统和压缩空气系统组成。转筒每旋转一周，依次经过滤饼形成区、吸干区、反吹区和休止区 4 个功能区。脱水后污泥的含水率约为 80%。

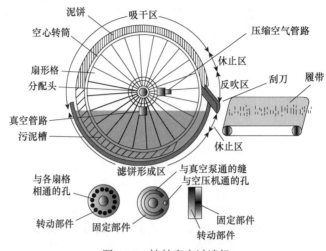

图 4.15　转鼓真空过滤机

2. 压滤脱水法

压滤脱水是利用空压机、液压泵或其他机械形成大于大气压的压差进行过滤的方式，也称为加压过滤，压滤的压差为 $(0.3 \times 10^6) \sim (0.5 \times 10^6)$ Pa，一般适用于对高浓度污泥的脱水处理，其基本原理与真空过滤类似，二者区别在于压滤使用正压，真空过滤使用负压。

常用的污泥压滤机有板框压滤机和带式压滤机两种。其中，板框压滤机一般是间歇运行，而带式压滤机为连续运行方式。

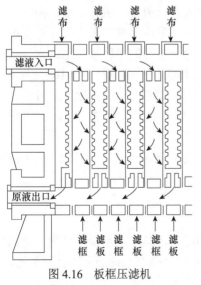

图 4.16　板框压滤机

板框压滤机是最早应用于污泥脱水的机械，基本结构如图 4.16 所示，由交替排列的滤板和滤框构成一组滤室。板框压滤机比真空过滤机过滤能力强，可降低调理剂的消耗量和使用较便宜的、效率较差的药剂，甚至可以不经过预先调理而直接进行过滤脱水，还具有泥饼含固率高、固体回收率高、调理剂耗量少的优点。板框压滤机对于滤渣压缩性大或近于不可压缩的悬浮液都能适用。适合的悬浮液的固体颗粒浓度一般为 10%以下，操作压力一般为 0.3～0.6 MPa，特殊的可达 3 MPa 或更高。过滤面积可以随所用的板框数目增减。

带式污泥脱水机又称带式压榨脱水机或带式压滤机（图 4.17），是一种连续运转的固液分离设备，目前已得到较为广泛的应用。带式压滤脱水的工作原理是利用上下两条张紧的滤带夹带着污泥层，从一系列按规律排列的辊压筒中呈 S 形弯曲经过，依靠滤带本身的张力形成对污泥层的压榨力和剪切力，把污泥中的毛细水挤压出来，从而获得较高含固量的泥饼，实现污泥脱水。脱水后污泥含水率为 70%～85%。带式压滤机具有能连续生产、机器制造容易、操作管理简单、附属设备少等优点。

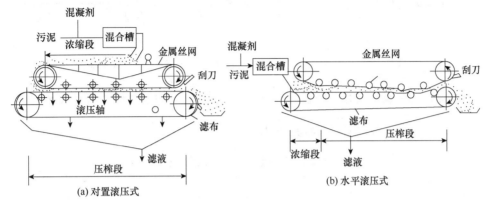

图 4.17　带式压滤机

3. 离心分离法

污泥的离心脱水法是利用快速旋转所产生的离心力使污泥中的固体颗粒和水分离。

按分离因数的大小可将离心脱水机分为高速离心机（$\alpha > 3000$）、中速离心机（α 为 1500～3000）和低速离心机（α 为 1000～1500）3 种。按离心脱水原理可分为离心过滤机、离心沉降脱水机和沉降过滤式离心机 3 种。按离心脱水机主体设备的放置方式可将其分为立式和卧式两种。目前国内水处理行业主要使用卧式离心脱水机中的卧式螺旋沉降离心机形式（简称卧螺离心机），其结构如图 4.18 所示。离心机转速为 2000～4000 r/min。污泥中的固体物在离心作用下向离心机转筒周壁上密集，并经固定在中轴上的螺旋叶片推出筒外收集。

离心分离法的优点是可连续生产，占地面积较小，不受气候条件影响，脱水效果比较稳定，但需要设备和动力，管理比较复杂，分离液中仍有 50%～60% 的悬浮物，会给后续处理造成一定困难。离心脱水机特别适用于处理含油污泥和难以脱水的污泥，处理疏水性的无机污泥时一般也不使用离心脱水机。

4. 造粒脱水

造粒脱水机是近年来发展起来的一种新设备。湿式造粒机结构如图 4.19 所示，其主体是钢板制成的卧式筒状物，分为造粒部、脱水部和压密部，绕水平轴缓慢转动。加入高分子混凝剂后的污泥，先进入造粒部，在污泥自身重力的作用下，絮凝压缩，分层滚成泥丸；接着泥丸和水进入脱水部，水从环向泄水斜缝中排出；最后进入压密部，泥丸在自重下进一步压缩脱水，形成粒大密实的泥丸，并经提升螺旋板由筒体末端送出筒外。造粒脱水机构造简单，不易磨损，电耗少，维修容易。其缺点是钢材消耗量大，混凝剂消耗量高，污泥泥丸紧密性较差，泥丸的含水率一般在 70% 左右。该方法适于含油污泥的脱水。

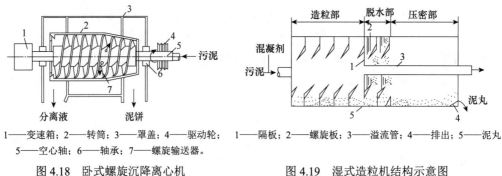

1——变速箱；2——转筒；3——罩盖；4——驱动轮；　　1——隔板；2——螺旋板；3——溢流管；4——排出；5——泥丸。
5——空心轴；6——轴承；7——螺旋输送器。

图4.18　卧式螺旋沉降离心机　　　　　图4.19　湿式造粒机结构示意图

以上几种脱水设备优缺点比较见表4.4。

表4.4　各种脱水设备优缺点比较

脱水设备	优点	缺点	适用范围	泥饼含水率/%
干化场/晒砂场	简便易行，运行成本低	占地面积大，卫生条件差，受气候条件影响	不适于黏性较大的污泥	70~80
真空过滤机	连续操作，运行平稳，可以自动控制，污泥处理量较大，滤饼含水率低	污泥脱水前需进行预处理，附属设备多，工艺复杂，运行费用较高，滤布清洗不充分，易堵塞	初次沉淀污泥和消化污泥	60~80
板框压滤机	制造方便，适应性强，自动压滤机进料、卸料及滤饼均可自动操作，自动化程度较高，滤饼含水率低	间歇操作，处理量低	各种污泥	45~80
带式压滤机	设备构造简单，动力消化少，能连续操作，目前使用最广	处理量较低，滤饼含水率较高	不适于黏性较大的污泥	78~86
离心脱水机	能连续生产，可自动化控制，占地面积小，卫生条件好	污泥预处理要求高，电耗量较大，机械部件易磨损，分离液不清，滤饼含水率较高	不适于含砂粒量高的污泥	80~85
造粒脱水机	设备简单，电耗低，管理方便，处理量大	钢材消耗量大，混凝剂消耗量较高，污泥泥丸紧密性较差	含油污泥	70左右

4.1.5　其他预处理方法

1．沉降

沉降是在外力作用下使颗粒相对于流体运动而实现分离的过程。沉降是实现非均相物系（含尘气体、乳浊液、悬浮液等）分离的常用操作，如对含水率高的污泥进行浓缩脱水。沉降的推动力是悬浮颗粒受到的重力或惯性离心力，它正比于粒径的立方；而流体作用于沉降颗粒表面的阻力，正比于粒径的平方。因此，颗粒越细，则沉降速度越小，分离也越困难。通常，用重力沉降分离的最小粒径为30~40 μm；用离心沉降分离的最小粒径为5~10 μm。更小的颗粒则用电除尘、超声波除尘等分离方法。

2．混凝

混凝是一种常用的废水处理手段，当废水中存在难以用沉降法去除的细分散固体颗粒、乳状油及胶体等物质时，可以加入混凝剂进行脱稳，使微粒集聚变大，或形成絮团，从而加快粒子的聚沉，达到固液分离的目的。该方法也适用于纳入固体废物管理范畴的半固体及液态废物的预处理过程。

3. 萃取

液-液萃取又称溶剂萃取，简称萃取，是利用液体混合物中各组分在所选定的溶剂中溶解度的差异而使各组分分离的操作。所选用的溶剂称为萃取剂或溶剂，较易溶于萃取剂的组分称为溶质，较难溶的组分称为原溶剂或稀释剂。根据萃取过程萃取剂与溶质是否发生化学反应可分为化学萃取和物理萃取。

通过选择合适的萃取剂，可以有效地提取油性污泥中的油，还可以从含酚废水中回收酚，从含氰废水中回收其中的有用金属及氰化物等。如联合碳化物公司（Union Carbide Corporation）用萃取法去除矿物油中的多氯联苯（PCBs）。采用具有高分配系数的二甲基甲酰胺（DMF）萃取剂将油中的多氯联苯含量从 300 mg/m^3 降到小于 50 mg/m^3。

4.2　固体废物的固化/稳定化处理

固化/稳定化技术是处理有毒有害废物的重要手段，常用于处理电镀污泥、焚烧飞灰、砷渣、汞渣、氰渣、铬渣和镉渣等，目的是使废物中的污染组分呈现化学惰性或被惰性基材包容起来，降低在运输、贮存、利用及处置过程中污染环境的风险。固化/稳定化技术主要应用于处理有毒有害废物，如电镀污泥、焚烧飞灰、砷渣、汞渣、氰渣、铬渣和镉渣等。近年来，该技术在我国土壤污染修复领域中也得到了广泛应用。

固化和稳定化技术本质上都是实现固体废物的稳定化，但概念上有所区别。固化技术是指用物理-化学方法将有害废物掺合并包容在密实的惰性基材中使其稳定的一种过程。固化所用的惰性材料称为固化剂。有害废物经过固化处理所形成的固化产物称为固化体。固化技术可按固化剂分为水泥固化、沥青固化、塑料固化、玻璃固化、石灰固化等。稳定化是指将有毒有害污染物转变为低溶解性、低迁移性及低毒性的物质的过程，通常涉及化学过程。

4.2.1　固体废物的固化处理

1. 固化要求及效果评价

固化处理的基本要求主要有以下几点。

（1）固化效果佳。主要表现为固化体浸出率低，增容比小，具有良好的物理性质和稳定的化学性质，如抗渗透性、抗浸出性，抗干湿性、抗冻融性及足够的机械强度等方面的要求，最好能作为资源加以利用，如作为建筑基础和路基材料等。

（2）固化工艺过程简单、便于操作，且应有有效措施减少有毒有害物质的逸出，避免工作场所和环境的污染。

（3）固化过程中材料和能量消耗要低，固化剂来源丰富，价廉易得，整体处理费用低。

衡量固化处理效果的最常用的指标主要有固化体的浸出率、增容比和抗压强度等。

浸出率是指固化体浸于水中或其他溶液中时，其中有害物质的浸出速度。浸出率越小反映固化体在贮存地点对水体污染的风险越小。浸出率的数学表达式如下：

$$R_{in} = \frac{a_r / A_0}{(F/M)t} \tag{4.5}$$

式中，R_{in}——标准比表面的样品每天浸出的有害物质的浸出率，$g/(cm^2 \cdot d)$；

a_r——浸出时间内浸出的有害物质的质量，mg；

A_0——样品中含有的有害物质的质量，mg；

F——样品暴露表面积，cm^2；

M——样品的质量，g；

t——浸出时间，d。

增容比是评价固化处理方法和衡量最终成本的一项重要指标，是指所形成的固化体体积与被固化有害废物体积的比值。

抗压强度是保证固化体安全贮存的重要指标。对于一般危险废物，经固化处理后得到的固化体，若进行处置或装桶贮存，对抗压强度要求较低，控制在 0.1~0.5 MPa 即可；如用于建筑材料，则对其抗压强度要求较高，应大于 10 MPa。

2. 水泥固化技术

水泥是一种具有水硬胶凝性的材料，在建筑工程中应用广泛，也是固化技术中最常用的固化剂。在对有害废物进行固化处理时，水泥与水分发生水化反应生成凝胶，将有害废物微粒分别包容，然后逐步硬化成水泥固化体，将有害物质封闭在固化体内，从而实现了稳定化、无害化的效果。

水泥固化工艺较为简单，将危险废物、水泥、水和其他添加剂按一定比例混合，经过一段时间的成形养护，便可形成坚硬的固化体。

水泥固化的最终效果会受到一些因素的影响，主要包括以下方面。

（1）pH 值：大部分金属离子的溶解度与 pH 值有关，对于金属离子的固定，pH 值有显著影响。pH 值较高时，有利于金属离子形成溶解度较小的氢氧化物沉淀与碳酸盐沉淀形式。但 pH 值过高，会形成带负电荷的羟基配合物，反而使金属离子溶解度升高。比如，当 pH 值<9 时，Cu^{2+} 主要以 $Cu(OH)_2$ 沉淀形式存在；当 pH 值>9 时，$Cu(OH)_2$ 将形成 $Cu(OH)_3^-$ 和 $Cu(OH)_4^{2-}$ 配合物，溶解度增加。处理含不同金属离子的废弃物，适宜的 pH 值条件不同，需试验确定。

（2）水、水泥和废物的比例：水分过少则水泥不能充分发生水合作用；水分过多则会出现沁水现象，影响固化体的强度。水泥与废物的质量比应通过实验具体确定，以便尽可能地消除废物中的水分对水合作用的不利影响。

（3）凝固时间：为确保水泥废物浆料能够在混合以后有足够的时间进行输送、装桶或者浇筑，必须适当控制初凝和终凝时间。通常，初凝时间应大于 2 h，终凝时间在 48 h 内。

（4）添加剂：由于废物组成的特殊性，水泥固化过程中常常会遇到混合不均、凝固过早或过晚、操作难以控制等困难，同时得到固化产品的浸出率高、强度较低。为使固化体达到良好的性能，经常需要加入适当的添加剂。添加剂种类不一、作用不一。常用的有吸附剂（活性氧化铝、黏土、蛭石等）、缓凝剂（如酒石酸、柠檬酸、硼酸）、促凝剂（水玻璃、铝酸钠、碳酸钠等）和减水剂（表面活性剂）等。

水泥固化法的主要优点是设备和工艺过程简单，设备投资、动力消耗和运行费用都比较低，水泥和添加剂价廉易得，对含水率较高的废物可以直接固化，操作在常温下即可进行等。

水泥固化的缺点是固化体空隙率较高导致浸出率较高，通常为 $10^{-5}\sim10^{-4}$ g/（cm^2·d）；增容比较大，可达 1.5～2；有的废物需进行预处理和投入添加剂，使处理费用增高；水泥的碱性易使铵离子转变为氨气逸出；处理化学泥渣时，由于生成胶状物，使混合器的排料较困难，需加入适量的锯末予以克服。

以水泥为基本材料的固化技术最适用于无机类型的废物，尤其是含有重金属污染物的废物。这是因为水泥所具有的高 pH 值，使得几乎所有的重金属形成不溶性的氢氧化物或碳酸盐形式而被固化在固化体中。另外，还可以利用水泥的高 pH 值对酸性废物起到中和效果。

3. 石灰固化技术

石灰固化是指以石灰、垃圾焚烧飞灰、水泥窑灰以及熔矿炉炉渣等为固化基材而进行的危险废物固化与稳定化的操作。把石灰、添加剂、废物与水混合，由于石灰和活性硅酸盐料与水反应可生成坚硬的物质，而达到包容废物的目的。

石灰固化法适用于固化钢铁、机械的酸洗工序所排放的废液和废渣，电镀污泥、烟道脱硫废渣、石油冶炼污泥等。固化体可作为路基材料或砂坑填充物。

石灰固化法的优点是使用的填料来源丰富，价廉易得，操作简单，不需要特殊的设备，处理费用低，被固化的废渣不要求脱水和干燥，可在常温下操作等。其主要缺点是石灰固化体的增容比大，固化体容易受酸性介质浸蚀，需对固化体表面进行涂覆。

4. 塑料固化法

塑料固化是以塑性材料为固化基材的一种固化处理方法。塑性材料可分为热固性塑料和热塑性塑料两类。

热固性塑料在制造或成型过程的前期为液态，加热到一定温度时会发生由小分子变大分子的交联聚合反应，使得热固性塑料再次加热也不会重新液化或软化。热固性塑料固化技术是利用热固性有机单体和废物充分混合，在助絮剂和催化剂的作用下聚合形成海绵状的聚合物质，从而在每个废物颗粒周围形成一层不透水的保护膜。但在处理废物时，经常有一部分液体废物遗留下来，因此，在进行最终处置前还需要干化处理。用于废物处理的热固性塑料有脲醛树脂、聚酯和聚丁二烯等，主要可处理含有机氯、有机酸、油漆、氰化物和砷等的废物。

热塑性塑料加热时变软以致流动，冷却变硬，这种过程是可逆的，可以反复进行。热塑性塑料在加热时只有物理变化，没有化学变化，可多次受热成形。热塑性塑料固化是将高温下熔融液化后与废物混合，废物就被固化的热塑性塑料所包容，待其冷却后，形成固化体从而达到其稳定化的目的。常用的热塑性塑料有沥青、石蜡、聚乙烯等，可用于处理电镀污泥及其他重金属废物、油漆、炼油厂污泥、焚烧飞灰、纤维滤渣等危险废物。其中最为常用的是沥青固化。

以沥青为固化基材的处理方法应用较多。沥青固化操作有两种：一是将沥青加热，利用高温熔融胶黏性液体对废物进行掺合、包覆，冷却后形成沥青固化体；二是利用乳化剂将沥青乳化，用乳化沥青涂覆废物，然后破乳、脱水，完成废物的沥青固化处理，工艺流程如图4.20所示。此法可以在室温下完成。沥青固化处理后所生成的固化体空隙小，致密度高，难以被水浸透，抗浸出性极高。

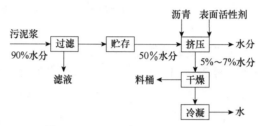

图 4.20　污泥沥青固化处理流程图

塑料固化可以在常温下或加热至200～300℃条件下操作，有时为使混合物聚合凝结可加入少量的催化剂。与其他方法相比，塑料固化主要的优点是增容比和固化体的密度较小。主要缺点是塑料固化体耐老化性能较差，固化体一旦破裂，污染物浸出会污染环境，因此，处置前都应有容器包装，因而增加了处理费用。此外，在混合或加热过程中可能释放出有害烟雾，污染周围环境；由于操作过程中有机物的挥发，容易引起燃烧起火，所以不宜在现场大规模应用。目前该法适宜处理少量高危害性废物，如剧毒废物、医院或研究单位产生的小量危险废物等。该法还需要熟练的操作技术，以保证固化质量。

5. 熔融固化

熔融固化又称玻璃固化，是以玻璃原料为固化剂，将其与有害废物以一定的配料比混合后，在高温（900～1200℃）下熔融，经退火后转化为稳定的玻璃固化体的过程。该技术利用热能在高温下把固态污染物（污染土壤、尾矿渣、放射性废料等）熔化为玻璃状或玻璃-陶瓷状物质，借助玻璃体的致密结晶结构，确保固化体的永久稳定。污染物经过玻璃化作用后，其中有机污染物将因热解而被摧毁，或转化为气体逸出，而其中的有毒有害物质和重金属元素则被牢固地束缚于已熔化的玻璃体内。

玻璃固化法主要用于固化危险废物。玻璃的种类繁多，从玻璃固化体的稳定性、对熔融设备的腐蚀性、处理时的发泡情况和增容比来看，硼硅酸盐玻璃固化是最有发展前途的固化方法。

玻璃固化法具有以下优点：①玻璃固化体致密，在水及酸、碱溶液中的浸出率小，大约为10^{-7} g/（cm²·d），玻璃化产物的化学性质稳定，抗酸淋溶作用强，能够有效阻止其中污染物对环境的危害；②增容比小，处置更加方便；③在玻璃固化过程中产生的粉尘量少；④玻璃固化体有较高的导热性、热稳定性和辐射稳定性，其玻璃化产物可作为建筑材料用于地基、路基等建设。

实践证明，玻璃化技术不仅能应用于许多固态（或泥浆态）污染物的熔融固化处理，而且能用于处理含重金属、挥发性有机污染物（VOCs）、半挥发性有机污染物（SVOCs）、多氯联苯（PCBs）或二噁英等危险废物的熔融固化处理。另外，该技术在工业重金属污泥的微晶玻璃资源化方面也得到了广泛应用。

玻璃固化法的缺点是装置较复杂、处理费用昂贵、工件温度较高、设备腐蚀严重等。

6. 自胶结固化技术

自胶结固化是利用废物自身的胶结特性来达到固化目的的方法。该法主要用于处理含有大量硫酸钙和亚硫酸钙的废物，如磷石膏、烟道气脱硫废渣等。

该法是将含大量硫酸钙和亚硫酸钙的废物加热到一定的温度（107～170 ℃）条件下，废物中所含有的 $CaSO_4 \cdot 2H_2O$ 和 $CaSO_3 \cdot 2H_2O$ 会脱水生成具有自胶结作用的半水合物（$CaSO_4 \cdot 1/2H_2O$ 和 $CaSO_3 \cdot 1/2H_2O$），然后与某些添加剂和填料混合成稀浆，这时，半水合物遇水重新恢复为二水合物，并迅速凝固和硬化，从而实现废物的自胶结固化。

自胶结固化法的优点是采用工业废料，以废治废节约资源，固化体的化学稳定性好，浸出率低，凝结硬化时间短，对固化的泥渣不需要完全脱水等。其主要缺点是该种固化法只适用于含硫酸钙、亚硫酸钙泥渣或泥浆的处理，需要熟练的操作技术和昂贵的设备，煅烧泥渣需消耗一定的能量等。

7. 高温烧结固化技术

高温烧结固化技术是加入添加剂进行原料配比后，通过高温烧结使固体废物转变为结构完整的致密固体的方法，可以减小废物的毒性和有害组分的可迁移性，便于运输和管理。烧结过程根据加热过程是否有液相产生及颗粒间的结合机制，可将烧结过程分为固态烧结与液相烧结两类。

烧结法不同于熔融固化，所需要的能量一般较熔融法低。它是在固化体的晶相边界发生部分熔融，而不是类似玻璃化的无定形玻璃结构。烧结开始于坯料颗粒间空隙排除，使相邻的粒子结合成紧密体。但烧结过程必须具备如下两个基本条件。

（1）应该存在物质迁移的机理。

（2）必须有一种能量（热量）促进和维持物质迁移。

高温烧结固化的流程是先将固体废物进行分拣、粉碎等处理，然后按一定的配比加入添加剂搅拌均匀，再经高温烧结、化学反应，最后用特殊的模具定型还原成新型高强度合成材料。该技术可以处理工业固体废渣，包括粉煤灰、尾矿、磷渣、废砂、炉渣、赤泥、硫酸渣、污泥等。对于纯度较高、品质均一的电镀污泥，经过干燥、破碎、混匀并加入一定比例的组分调节材料后，在 1200 ℃高温隔焰焙烧可以制成纯度较高的陶瓷釉下颜料，制品中的重金属几乎不会再随环境条件变化而浸出。国内利用电镀污泥制作紫砂陶瓷，成品中重金属浸出浓度都小于 0.05 mg/L，唐山等地用铬渣烧结将 Cr^{6+} 还原固定，烧结后成品中铬可浸出量是原加入量的 1/40 000。

该技术的特点是不仅能使经过处理的废物达到无污染的程度，而且能使经过处理后的产品创造出新的利用价值，可变废旧物资为宝，生产出多种尺寸规格、多种颜色的废物砖。

各种固化技术的适用对象和优缺点见表 4.5。从表中可以看出，在经济有效地处理大量危险废物的目标下，水泥固化法较为适用。

表 4.5　各种固化技术的适用对象和优缺点

技术	适用对象	主要优点	主要缺点
水泥固化法	重金属、氧化物、废酸	①水泥搅拌，技术已相当成熟；②对废物中化学性质的变动承受力强；③可由水泥与废物的比例来控制固化体的结构缺点与防水性；④无须特殊的设备，处理成本低；⑤废物可直接处理，无须前处理	①废物如含特殊的盐类，会造成固化体破裂；②有机物的分解造成裂隙，增加渗透性，降低结构强度；③大量水泥的使用可增加固化体的体积和质量
石灰固化法	重金属、氧化物、废酸	①所用物料来源方便，价格便宜；②操作不需特殊设备及技术；③产品通常便于装卸，渗透性有所降低	①固化体的强度较低，需较长的养护时间；②有较大的体积膨胀，增加清运和处置的困难
沥青固化法	重金属、氧化物、废酸	①有时需要对废物预先脱水或浓缩；②固化体空隙率和污染物浸出速率均大大降低；③固化体的增容较小	①需高温操作，安全性较差；②一次性投资费用与运行费用比水泥固化法高
塑料固化法	部分非极性有机物、氧化物、废酸	①固化体的渗透性较其他固化法低；②对水溶液有良好的阻隔性；③接触液损失率远低于水泥固化与石灰固化	①需特殊设备和专业操作人员；②废物如含氧化剂或挥发性物质，加热时会着火或逸散，在操作前需先对废物干燥、破碎
玻璃固化法	不挥发高危性废物，核废料	①固化体可长期稳定；②可利用废玻璃屑作为固化材料；③对核能废料的处理已有相当成功的技术	①不适用于可燃或挥发性的废物；②高温热熔需消耗大量能源；③需要特殊设备及专业人员
自胶结固化法	硫酸钙和亚硫酸钙的废物	①烧结体的性质稳定，结构强度高；②烧结体不具生物反应性及着火性	①应用面较狭窄；②需要特殊设备及专业人员
高温烧结固化法	粉煤灰、尾矿、磷渣、废砂、炉渣、赤泥、硫酸渣、污泥等	①烧结体的性质稳定，废物处理过程中或处理后无二次污染问题；②能生产出高致密细晶结构的材料，其颜色、透光性及力学性能优良	①烧结温度（1100 ℃左右）要求高，能量消耗大；②需要特殊设备及专业人员

4.2.2　固体废物的稳定化

固体废物的稳定化指的是采用高效的化学稳定药剂对固体废物进行无害化处理，将有毒有害污染物转变为低溶解性、低迁移性及低毒性的物质，与常规固化法相比，可以从根本上实现稳定化。

针对含氯的挥发性有机物、硫醇、酚类、氰化物等有机污染物，可以投加某种强氧化剂，将有机污染物转化为 CO_2 和 H_2O，或转化为毒性很小的中间有机物，以达到稳定化目的。常用的氧化剂有臭氧、过氧化氢、氯气、漂白粉等。

针对含重金属的固体废物，可以采用中和法、沉淀法、氧化还原法、离子交换法、吸附法等手段降低重金属离子对环境的风险。

1.　中和法

中和法主要用于处理化工、冶金、电镀等工业中产生的酸、碱性泥渣。根据废物的酸碱性质、含量及废物的量选择适宜的中和剂并确定中和剂的加入量和投加方式，消除废物给环境带来的酸碱性污染。一般常用石灰、氢氧化物或碳酸钠处理酸性泥渣；而硫酸、盐酸用于处理碱性泥渣。多数情况下是从经济的角度使酸碱性泥渣相互混合，达到以废治废的目的。

由于重金属离子在酸性条件下趋向于以离子形态存在，即使经过固化处理也仍然容易浸出，因此，用中和法处理含重金属离子的污泥时，宜加入适量的碱性试剂使之反应生成氢氧化物沉淀，但应避免 pH 值过高，否则会给环境带来碱性污染，同时会使 OH^- 和沉淀化合物形成配合物反而使重金属离子溶解度增加。

2. 沉淀法

沉淀法是处理含重金属离子废物比较常用的手段，通过加入一定的药剂，使重金属离子以沉淀形式固定下来，降低其迁移能力，从而实现稳定化目的。常用的沉淀技术包括硫化物沉淀、硅酸盐沉淀、碳酸盐沉淀、共沉淀、螯合物沉淀等。

1）硫化物沉淀

许多重金属离子可以和硫离子或—SH 基结合形成硫化物沉淀，且大多数金属硫化物的溶解度一般比其氢氧化物的要小得多，采用硫化物可使重金属得到较完全的去除。需要强调的是，为了防止 H_2S 的逸出，仍需要将 pH 值保持在 8 以上。

在重金属稳定化技术中，有 3 类常用的硫化物沉淀剂，即可溶性无机硫沉淀剂、不可溶性无机硫沉淀剂和有机硫沉淀剂。可溶性无机硫沉淀剂有硫化钠、硫氢化钠以及低溶解度硫化钙等；不可溶性无机硫沉淀剂有硫化亚铁以及单质硫等；有机硫沉淀剂有二硫代氨基甲酸盐、硫脲、硫代酰胺等。

虽然硫化物法比氢氧化物法可更完全地去除重金属离子，但是由于它的处理费用较高，硫化物沉淀困难，常常需要投加凝聚剂以加强去除效果，因此应用并不广泛。有时仅作为氢氧化物沉淀法的补充方法使用。此外，在使用过程中还应注意避免造成硫化物的二次污染问题。

2）硅酸盐沉淀

重金属离子与硅酸根生成的混合物，使用 pH 值范围为 2～11。这种方法在实际处理中应用并不广泛。

3）碳酸盐沉淀

一些重金属，如钡、镉、铅的碳酸盐的溶解度低于其氢氧化物，原因在于低 pH 值条件下，碳酸盐会发生分解生成 CO_2 气体。即使最终的 pH 值很高，最终产物也通常是氢氧化物而不是碳酸盐沉淀。

4）共沉淀

在非铁二价重金属离子与 Fe 共存的溶液中，投加等当量的碱调节 pH 值，则会发生如下反应：

$$x M^{2+} + (3-x) Fe^{2+} + 6OH^- \longrightarrow M_x Fe_{3-x}(OH)_6$$

反应生成暗绿色的混合氢氧化物，再用空气氧化使之再溶解，经配合反应生成黑色的尖晶石型化合物铁氧体 $M_x Fe_{3-x} O_4$。反应式如下：

$$M_x Fe_{3-x}(OH)_6 + O_2 \longrightarrow M_x Fe_{3-x} O_4$$

在铁氧体中，三价铁离子和二价金属离子（也包括二价铁离子）之比是 2:1，故可尝试以铁氧体的形式投加 Mn^{2+}、Zn^{2+}、Ni^{2+}、Mg^{2+} 等，使这些离子和 Fe^{2+}、Fe^{3+} 发生共沉淀而包含于铁氧体中，从而可以被永久磁铁吸住，不用担心氢氧化物胶体粒子不好过滤的问题。

5）螯合物沉淀

螯合物是指多齿配体以两个或两个以上配位原子同时和一个中心原子配位所形成的具有环状结构的配合物。螯环的形成使螯合物比相应的非螯合配合物具有更高的稳定性，对 Pb^{2+}、Cd^{2+}、Ag^+、Ni^{2+} 和 Cu^{2+} 等重金属离子具有非常好的捕集作用。

重金属螯合剂可以采用不同种类的多胺或聚乙烯亚胺与二硫化碳反应得到，其与重金属离子（以 Pb^{2+} 为例）反应方程式如下：

$$
\begin{array}{c}
\left[\!\!\begin{array}{c} CH_2-N-CH_2 \\ | \\ C=S \\ | \\ S^-\,Na^+ \end{array}\!\!\right]_n + \frac{n}{2}Pb^{2+} \longrightarrow \left[\!\!\begin{array}{c} CH_2NCH_2CH_2NCH_2 \\ | \qquad\qquad | \\ S=C \qquad C=S \\ \quad \backslash \quad / \\ S^-\,Pb^{2+}\,S \end{array}\!\!\right]_{n/2}
\end{array}
$$

3. 氧化还原法

氧化还原法用于处理含重金属废物，主要是利用还原剂将高价态氧化性强的离子转化为低价态离子，降低其毒性，从而达到无害化的目的。有时为了使某些重金属离子更易沉淀，也需要将其还原为最有利的价态。氧化还原法应用最典型的是把 Cr^{6+} 还原为 Cr^{3+} 以及将 As^{3+} 氧化为 As^{5+}。

常用的还原剂有硫酸亚铁、硫代硫酸钠、亚硫酸氢钠、二氧化硫等。例如：

$$Cr_2O_7^{2-}+SO_3^{2-}+8H^+ \longrightarrow 2Cr^{3+}+3SO_4^{2-}+4H_2O$$

$$Cr^{3+}+3OH^- \longrightarrow Cr(OH)_3\downarrow$$

常用的氧化剂有过氧化氢和二氧化锰等。例如：

$$As(OH)_3+H_2O_2 \longrightarrow HAsO_4^{2-}+2H^++H_2O$$

4. 吸附法

处理重金属废物时常用的吸附剂有活性炭、黏土、金属氧化物（氧化铁、氧化铝、氧化镁等）、天然材料（锯末、沙、泥炭等）、人工材料（飞灰、活性氧化铝、有机聚合物等）。一种吸附剂往往只对某一种或某几种污染物具有优良的吸附性能，而对其他污染成分则效果不佳。例如，活性炭对吸附有机物最有效，活性氧化铝对镍离子的吸附能力较强，而其他吸附剂对这种金属离子却表现出无能为力。吸附剂所吸附的主要为分子或离子态物质，该法通常应用于废水与废气的处理。

4.3　固体废物的生物处理

借助在自然界中广泛分布的微生物的降解作用或动植物的分解作用，对固体废物进行分解转化处理，实现固体废物（主要是有机固体废物）的减量化、资源化与无害化的技术就统称为固体废物的生物处理技术或生物转化技术。生物处理技术主要用于处理可生物降解的有机物，也可用于涉重危险废物的无害化处理及污染土壤的修复。

生物处理方法中利用的生物类型包括微生物、植物以及动物。微生物是一群形体微小、构造简单的单细胞或多细胞，甚至没有细胞结构的生物。利用微生物处理固体废物的方法主要有堆肥化技术、厌氧发酵技术（沼气化技术）、纤维素糖化技术、纤维素饲料技术及微生物浸出技术等。利用植物处理固体废物的方法称为超富集植物修复技术，该法利用植物及其根际圈微生物体系的吸收、挥发、转化以及降解的作用机制来清除环境中的污染物质。用于处理有机固体废物的动物主要有蚯蚓、黄粉虫、黑水牤、蝇蛆等。蚯蚓、黑水牤及蝇蛆可吞食处理腐熟的有机质；黄粉虫是杂食性昆虫，有研究表明其幼虫还可以吞噬、消化、吸收塑料。

与热处理、填埋等非生物处理方法相比，生物处理技术具有成本低廉、能耗低、简便易行、无或少二次污染、绿色环保、生产效率高、物质转化效率高等优点。不足之处是反应速度慢，处理周期相对较长，对环境温度等条件有要求，适用范围有一定的限制，对某些固体废物难以降解。

4.3.1　堆肥化处理方法

1. 堆肥化原理

堆肥化是指在人工控制的条件下，依靠自然界广泛分布的细菌、放线菌、真菌等微生物，使可生物降解的有机固体废物向稳定的腐殖质转化的生物化学过程。这一定义强调，堆制过程需在人工控制下进行，不同于卫生填埋、废物的自然腐烂与腐化，堆制过程的实质是生物化学过程。

适用于堆肥化处理的固体废物主要有城市生活垃圾分类收集的厨余垃圾、有机质含量较高的污泥、家畜粪尿、树皮、锯末、糠壳和秸秆等。废物经过堆肥化处理，体积一般只有原体积的 50%～70%，制得的成品叫作堆肥，是一类腐殖质含量很高的疏松物质，故也称为腐殖土。它具有一定的肥效，可作为土壤改良剂和调节剂。

堆肥化技术按需氧程度可分为好氧堆肥和厌氧堆肥。好氧堆肥温度高（一般为 50～65 ℃，最高可达 80～90 ℃），基质分解比较彻底，堆制周期短，异味小，可以大规模采用机械处理。厌氧堆肥是利用厌氧微生物完成分解反应，空气与堆肥相隔绝，堆制温度低，工艺比较简单，产品中氮保存量比较多；但堆制周期太长（需 3～12 个月），异味浓烈，分解不够充分。现代化堆肥工艺特别是城市垃圾堆肥工艺，基本上都是好氧堆肥。下面重点对好氧堆肥化原理及过程进行说明。

好氧堆肥是在有氧条件下，有机废物通过好氧微生物的新陈代谢活动，一部分被氧化成简单的无机物，同时释放出可供微生物生长活动所需的能量，而另一部分则被合成新的细胞质，使微生物不断生长、繁殖的过程。好氧堆肥原理如图 4.21 所示。

好氧堆肥化从废物堆积到腐热的微生物生化过程比较复杂，可将其大致分为中温阶段、高温阶段及腐熟阶段 3 个阶段，如图 4.22 所示。

中温阶段又可分为潜伏阶段和中温增长阶段。这个阶段主要是细菌、真菌和放线菌等嗜温性微生物对原料中的可溶性有机物进行分解转化。当堆体温度升到 45 ℃以上时，即进入高温阶段。在这阶段，嗜温性微生物受到抑制甚至死亡，嗜热性微生物逐渐代替

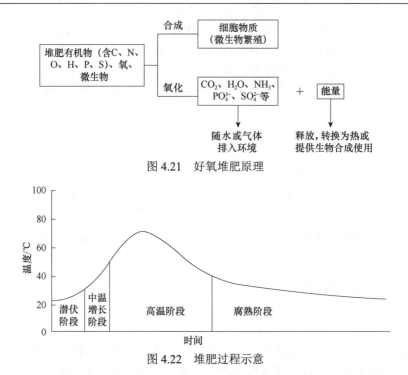

图 4.21　好氧堆肥原理

图 4.22　堆肥过程示意

了嗜温性微生物的活动，堆肥中残留的和新形成的可溶性有机物质继续分解转化，复杂的有机化合物如半纤维素、纤维素和蛋白质等开始被强烈分解。到了堆肥化后期，只剩下部分较难分解及难分解的有机物和新形成的腐殖质，微生物活性下降，发热量减少，堆体温度下降。在此阶段，嗜温性微生物又占优势，对残余较难分解的有机物做进一步分解，腐殖质不断增多且稳定化，此时堆肥即进入腐熟阶段。降温后，需氧量大幅减少，含水量也降低，堆肥物孔隙增大，氧扩散能力增强，此时只需自然通风即可。

2. 堆肥腐熟度

堆肥腐熟度是评价堆肥化过程和效果的重要参数，国内外在堆肥腐熟度的评价方面已经做了广泛且深入的研究，提出了众多的评价指标及方法，但没有形成一种公认的堆肥腐熟度指标。在此，将堆肥腐熟度指标划分为 3 类：物理指标、化学指标和生物指标。表 4.6 列举了几种常用的评价指标与判断标准。

表 4.6　堆肥腐熟度评价指标与判断标准

指标类型	评价指标	判断标准
物理指标	感官标准	黑褐和黑色，手感松软易碎，无恶臭
	温度	先升高再降低，一周内保持稳定 45 ℃左右
	吸光度	堆肥萃取物在波长 665 nm 下的吸光度小于 0.008
化学指标	有机物	化学需氧量（COD）为 60～110 mg/g，生化需氧量（BOD）小于 5 mg/g，挥发性固体（VS）低于 65%，水溶性有机质含量小于 2.2 g/L，淀粉检不出
	亚硝酸盐或硝酸盐	堆肥后期部分氨气被氧化成亚硝酸盐和硝酸盐，所以可以用亚硝酸盐或硝酸盐的存在判断腐熟度

续表

指标类型	评价指标	判断标准
化学指标	腐殖化参数	包括 CEC（阳离子交换容量）、腐殖质 HS、腐殖酸 HA、富里酸 FA、富里部分 FF 及非腐殖质成分 NHF 等，腐殖质指数 HI＝HA/FA，腐殖化率 HR＝HA/（FA＋NHF），HI 达到 3，HR 达到 1.35
	碳氮比（C/N）	稳定后的堆肥 C/N 一般会减小 10%～20%
生物指标	呼吸作用	耗氧速率 0.02～0.1 mg/（g•min），CO_2 释放速率低于 2 mg/（g•min）
	微生物活性变化的参数	寄生虫、病原菌等被杀死，成品以放线菌群为主，水解酶活性较低
	发芽率	观察堆肥和土壤的混合物中植物的生长状况

3. 堆肥产品标准

采用好氧堆肥技术来处理固体废物时，所获得的堆肥产品应满足质量标准。以人及畜禽粪便、动植物残体、农产品加工下脚料等有机物料经过发酵，进行无害化处理后获得的堆肥产品需根据农肥产品类型满足相应的标准，涉及标准包括《有机肥料》（NY 525—2021）、《生物有机肥》（NY 884—2012）、《复合微生物肥料》（NY/T 798—2015）以及《有机无机复混肥料》（GB/T 18877—2020）等。以《有机肥料》（NY 525—2021）为例，堆肥产品质量要求如下。

① 外观均匀，粉状或颗粒状，无恶臭。目视、鼻嗅测定。

② 有机肥料的技术指标应符合表 4.7 的要求。

表 4.7　有机肥料技术指标

项目	指标	检测方法
有机质的质量分数（以烘干基计）/%	≥30	按照 NY/T 525—2021 附录 C 的规定执行
总养分（N＋P_2O_3＋K_2O）的质量分数（以烘干基计）/%	≥4.0	按照 NY/T 525—2021 附录 D 的规定执行
水分（鲜样）的质量分数/%	≤30	按照 GB/T 8576 的规定执行
酸碱度（pH 值）	5.5～8.5	按照 NY/T 525—2021 附录 E 的规定执行
种子发芽指数（GI）/%	≥70	按照 NY/T 525—2021 附录 F 的规定执行
机械杂质的质量分数/%	≤0.5	按照 NY/T 525—2021 附录 G 的规定执行

③ 有机肥料限量指标应符合表 4.8 的要求。

表 4.8　有机肥料限量指标

项目	限量指标	检测方法
总砷（As）（以烘干基计）/（mg/kg）	≤15	
总汞（Hg）（以烘干基计）/（mg/kg）	≤2	
总铅（Pb）（以烘干基计）/（mg/kg）	≤50	按照 NY/T 1978—2010 的规定执行。以烘干基计算
总镉（Cd）（以烘干基计）/（mg/kg）	≤3	
总铬（Cr）（以烘干基计）/（mg/kg）	≤150	
粪大肠菌群数/（个/g）	≤100	按照 GB/T 19524.1—2004 的规定执行

项目	限量指标	检测方法
蛔虫卵死亡率/%	≥95	按照 GB/T 19524.2—2004 的规定执行
氯离子的质量分数/%	—	按照 GB/T 15063—2020 附录 B 的规定执行
杂草种子活性，株/kg	—	按照 NY/T 525—2021 附录 H 的规定执行

根据《生活垃圾堆肥处理技术规范》（CJJ 52—2014）要求，以城市生活垃圾为原料制备的堆肥产品质量应符合国家标准《城镇垃圾农用控制标准》（GB 8172）和《粪便无害化卫生要求》（GB 7959）等的有关规定，需要注意的是，《城镇垃圾农用控制标准》（GB 8172）已于 2017 年 3 月废止，NY/T 525—2021 中明确规定有机肥料生产原料禁止选用污泥、生活垃圾（经过分类陈化后的厨余垃圾除外）。

4. 堆肥过程参数

影响堆肥化过程（特别是主发酵）的因素很多，对于快速高温二次发酵堆肥工艺来说，通风供氧、堆料含水率、温度是最主要的发酵条件，其他还包括有机质含量、碳氮比、碳磷比、pH 值等。

1）通风供氧

通风供氧是好氧堆肥化生产的基本条件之一，在机械堆肥生产系统里，要求至少有 50% 的氧渗入堆料各部分，以满足微生物氧化分解有机物的需要。有关研究指出，堆肥过程适宜的氧浓度为 14%～17%，最低不应小于 10%，一旦低于此限值，好氧发酵将会停止。常用的通风方式有自然通风供氧、预埋管道通风供氧、翻堆通风、风机强制通风供氧等。

2）含水率

堆肥工艺中，原料的含水率对发酵过程影响很大，其作用主要表现在两个方面。一是溶解有机物，参与新陈代谢。堆肥最适合的含水率为 50%～60%：当含水率在 40%～50% 时，微生物的活性开始降低，堆肥温度随之降低；当含水率低于 20% 时，微生物的活动就基本停止；而含水率过高，则会使堆肥物质粒子之间充满水，有碍通风，从而造成厌氧状态，不利于好氧微生物生长并产生 H_2S 等恶臭气体。二是调节堆肥温度。当温度过高时，可以通过水分的蒸发，带走一部分热量。

当堆肥原料含水率过高或过低时，可以通过一定的方式进行调节，比如，对高含水量垃圾可采用机械压缩脱水、摊开、搅拌以及加稻草、木屑等吸水物的方式降低物料含水率；对低含水量垃圾可以通过添加污水、污泥、人畜尿粪等方式使含水率增加。

3）温度

温度是好氧堆肥过程的一个重要参数，随着堆肥过程的进行，依次经历升温段、高温段和降温段。温度对微生物的种群有着重要影响，而且影响堆肥过程的其他因素也会随着温度的变化而改变。一般认为高温菌对有机物的降解效率高于中温菌，因此总结出控制堆肥的最佳温度为 50～60 ℃。近年来，也有研究提出一种发酵温度达到 70 ℃以上的高温发酵技术。

高温条件还有利于杀菌实现堆肥无害化。例如，大肠杆菌绝大部分在 55 ℃条件下，

1 h 死亡，在 60 ℃条件下，15～20 min 死亡；蛔虫卵在 50～65 ℃条件下 5～10 d 死亡；血吸虫卵在 53 ℃条件下 1 d 死亡；猪瘟病毒在 50～65 ℃条件下 30 d 死亡。

需要注意的是，不同的堆肥工艺有不同的堆温。在封闭堆肥系统中堆肥过程达到的温度最高，静态堆肥系统能够达到的温度最低，且温度分布不均匀，堆层中心温度高而表层的温度较低。另外，堆肥过程中温度的变化受供氧状况以及发酵装置、保温条件等因素影响。堆肥化过程中温度的控制十分必要，在实际生产中往往通过温度-通风反馈系统来进行温度的自动控制。

4）pH 值

pH 值对微生物的生长有重要影响，一般情况下，在 pH 值为中性或弱碱性（7.5～8.5）时，微生物对 C、N、P 等的降解作用活性最高。为此，需要根据各种不同的微生物在特定的降解过程中所需的适宜 pH 值来调整堆肥的酸碱度。

5）有机物的含量及颗粒度

堆肥原料适宜的有机物含量为 20%～80%，有机物含量过低，不能提供足够的热能，影响嗜热菌生长，难以维持高温发酵过程，且肥效低影响销路。有机物含量大于 80%时，堆制过程要求大量供氧，实践中常因供氧不足而发生部分厌氧发酵，还会散发臭味。

堆肥原料颗粒度以 12～60 mm 为佳，常需要破碎预处理，通过破碎可使原料水分一定程度均匀化，同时由于原料比表面增大而使微生物侵蚀速度加快，提高发酵速度。理论上讲，颗粒越细越易分解，但还需注意保证物料有一定的孔隙率，便于通风供氧。最佳粒径随垃圾特性而变化，结构紧密者粒径应小些。此外，粒径的大小还需考虑破碎成本。

6）碳氮化（C/N）

碳和氮是微生物分解所需的最重要元素。碳主要提供微生物活动所需能源和组成微生物细胞所需的物质，氮则是构成蛋白质、核酸、氨基酸、酶等细胞生长所需物质的重要元素。微生物每利用 30 份碳就需要 1 份氮，故初始物料的碳氮比为 30∶1 符合堆肥需要，其最佳值在（26∶1）～（35∶1）。成品堆肥的适宜碳氮比为（10∶1）～（20∶1）。由于初始原料的碳氮比一般都高于前述最佳值，故应加入氮肥水溶液、粪便、污泥等调节剂，使之调到 30 以下。

7）碳磷比（C/P）

磷也是微生物新陈代谢非常必要的元素，是磷酸和细胞核的重要组成元素，也是生物能三磷酸腺苷（ATP）的重要组成成分。磷的含量对发酵有很大的影响，有时在垃圾发酵时，添加污泥的原因之一就是污泥中含有丰富的磷。堆肥适宜的碳磷比为 75～150。

5. 堆肥工艺

现代化堆肥生产，通常由前（预）处理、主发酵（也可称一次发酵、一级发酵或初级发酵）、后发酵（也可称二次发酵、二级发酵或次级发酵）、后处理、脱臭及贮存等工序组成。

1）前（预）处理

前（预）处理工序主要包括破碎、分选、脱水、调整物料配比等。通过破碎、分选等预处理方法可以去除粗大垃圾，降低不可堆肥化物质含量，并使堆肥物料粒度和含水率达到一定程度的均匀化。当原料含水率太高或太低，以及物料配比失衡时，前（预）处理还需要采取措施调整水分和碳氮比，有时还会添加菌种和酶制剂，以促进发酵过程正常进行。

2）主发酵

主发酵期是指堆肥体温度升高到开始降低的阶段。易降解的有机物质在微生物的作用下被分解成二氧化碳和水，同时产生热量使堆温上升。微生物则吸取有机物的碳、氮等营养成分，合成细胞质供自身繁殖。以城市厨余垃圾和家畜粪便为主要原料的好氧堆肥而言，其主发酵期为4～12 d。主发酵期通常靠强制通风或翻堆搅拌来供给氧气，供给空气的方式随发酵仓种类而异。

3）后发酵

经过主发酵的半成品被送去后发酵。后发酵可以在专设仓内进行，也可以把物料堆积到1～2 m高度进行敞开式发酵，但此时要没有避雨设施。为提高后发酵效率，有时仍需进行翻堆或通风。在此阶段，主发酵工序中尚未分解的易分解及较难分解的有机物得到进一步分解，变成腐殖酸、氨基酸等比较稳定的有机物，即成熟的堆肥制品。

后发酵时间的长短，决定于堆肥的使用情况。例如，堆肥用于温床（能利用堆肥的分解热）时，可在主发酵后直接利用。对几个月不种作物的土地，大部分可以使用不进行后发酵的堆肥，即直接施用堆肥；而对一直在种作物的土地，则有必要使堆肥的分解进行到能不致夺取土壤中氮的稳定化程度（即充分腐熟）。后发酵时间通常在20～30 d。

4）后处理

经过二次发酵后的物料中，几乎所有的有机物都变细碎和变了形，数量也减少了。然而，在城市固体废物发酵堆肥时，在前处理工序中还没有完全去除的塑料、玻璃、陶瓷、金属、小石块等杂物依然存在，因此，还要经过一道分选工序以去除杂物，并根据需要（如生产精制堆肥）进行再破碎。

净化后的散装堆肥产品，既可以直接销售给用户，施于农田、菜园、果园，或作为土壤改良剂，也可以根据土壤的情况、用户的需要，在散装堆肥中加入N、P、K添加剂后生产复合肥，做成袋装产品，既便于运输，也便于贮存，而且肥效更佳。有时还需要固化造粒以利于贮存。

5）脱臭

在堆肥化工艺过程中，难免会出现厌氧发酵导致恶臭气体产生，其成分主要有氨、硫化氢、甲基硫醇、胺类等。因此，必须进行脱臭处理。去除臭气的方法主要有化学除臭剂除臭，水、酸、碱水溶液等吸收剂吸收法，臭氧氧化法，活性炭、沸石、熟堆肥等吸附剂吸附法，等等。

6）贮存

堆肥的供应期多半集中在秋天和春天（中间隔半年），因此，一般的堆肥化工厂有必要设置至少能容纳6个月产量的贮藏设备。堆肥成品可以在室外堆放，但此时必须有不透雨水的覆盖物。

贮存方式可直接堆存在二次发酵仓内，或袋装后存放。加工、造粒、包装可在贮藏前也可在贮存后销售前进行。要求包装袋干燥而透气,如果密闭和受潮会影响堆肥产品的质量。

6. 堆肥方法与设备

堆肥方法有多种,其设备也有很大不同。一般可把好氧堆肥方法分为静态堆肥、间歇式动态堆肥以及连续式动态堆肥。

1) 静态堆肥

静态好氧堆肥采用一次发酵工艺,该法将原料堆积成条堆或置于发酵装置内,不再添加新料和翻动,采用专门的通风系统进行强制供氧,直到堆肥腐熟后运出。

2) 间歇式动态堆肥

间歇式动态堆肥采用静态一次发酵的技术路线,其发酵周期缩短,堆肥体积小。它将原料分批发酵,一批原料堆积之后不再添加新料,直到堆肥腐熟后运出。发酵形式常采用间歇翻堆的强制通风堆或间歇进出料的发酵仓。间歇式发酵装置有长方形池式发酵仓(图 4.23)、倾斜床式发酵仓、立式圆筒形发酵仓等。

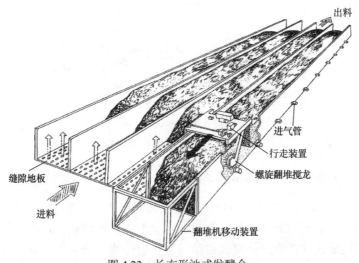

图 4.23　长方形池式发酵仓

3) 连续式动态堆肥

连续式动态堆肥采取连续进料和连续出料的方式,原料在一个专设的发酵装置内完成中温和高温发酵过程。此系统中的物料处于一种连续翻动的动态情况下,物料组分混合均匀,为传质和传热创造了良好的条件,加快了有机物的降解速率,同时易形成空隙,便于水分蒸发,因而使发酵周期缩短,可有效地杀灭病原微生物,并可防止异味的产生,是一种发酵时间更短的动态二次发酵工艺。常用的设备有立式发酵器和卧式发酵器。

立式发酵塔通常由 5~8 层组成,如图 4.24 所示,物料从塔顶加入,通过各种形式的机械运动及物料的重力一层层地往塔底移动,在移动的同时完成供氧及一次发酵过程,一般需 5~8 d。该装置的优点是搅拌充分,缺点是旋转轴扭矩大,设备费用和动力费用较高。

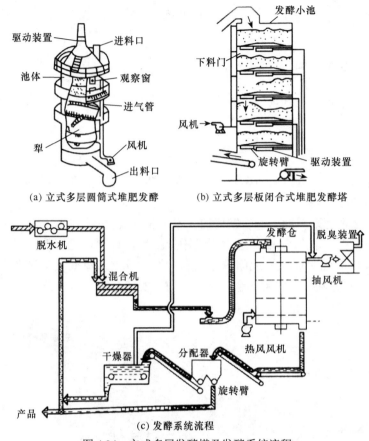

(a) 立式多层圆筒式堆肥发酵　　(b) 立式多层板闭合式堆肥发酵塔

(c) 发酵系统流程

图 4.24　立式多层发酵塔及发酵系统流程

7. 生活垃圾堆肥处理工艺系统实例

图 4.25 所示为国内一生活垃圾堆肥系统工艺流程图。由居民区收集的生活垃圾先运至中转站，然后转运到堆肥处理厂。运来的垃圾倒入受料坑内，由吊车把垃圾转送到板式给料机上，经磁选除铁后送至复式振动筛进行粗分选，将大于 100 mm 的粗大物件及小于 5 mm 的煤灰等分选出去。然后经输送带装入长方形、容积为 146 m³ 的一次发酵池。在装料的同时，用污泥泵从贮粪池内将粪水分若干次喷洒到垃圾中，按一次发酵含水率 40%～50% 的要求加入粪水，并使之与垃圾充分混合。待装池完毕后加盖密封，并开始强制通风，温度控制在 65 ℃ 左右。约经 10 d 的时间，一次发酵完成。一次发酵堆肥物由池底经螺杆出料机排至皮带输送机上，再经二次磁选分离铁后送入高效复合筛分破碎机。经过筛分机的作用，大块无机物（石块、砖瓦、玻璃等）及高分子化合物（塑料等）被去除，粒径大于 12 mm 而小于 40 mm 的可堆肥物被送至破碎机，破碎后的物料与筛分出的细堆肥料一起被送到二次发酵仓，继续进行发酵。一次发酵仓的废气通过风机送入二次发酵仓底部，为二次发酵仓继续通风，同时还可起到脱除臭气的作用。此外，为防止一次发酵池中渗出污水污染地面水源，在一次发酵池底部设有排水系统，将渗滤水导入集水井后，经污水泵打回粪池回用。二次发酵一般需要 10 d 左右的时间。

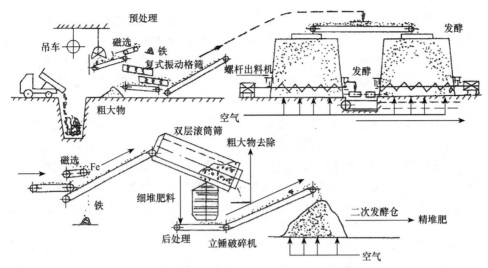

图 4.25　生活垃圾堆肥处理工艺系统流程图

4.3.2　厌氧发酵处理方法

1. 厌氧发酵原理

"厌氧发酵"这一术语最早出现于水污染控制工程，把厌氧条件下污水污泥中挥发性悬浮固体进行的生物"液化"过程称为发酵。随着工业化、系统化、高效化要求的提高，开发了现代高效工业化发酵设备，使厌氧发酵用于大量处理城市垃圾等固体废物成为可能。通过创造有利于微生物生长繁殖的良好环境，利用微生物的异化分解和同化合成的生理功能，将固体废物中的有机污染物转化为无机物质和自身细胞物质，从而达到消除污染、净化环境的目的。厌氧发酵过程产生的沼气是一种清洁能源，发酵后的底渣可作为优质肥料使用。

厌氧发酵可分为液化、产酸、产甲烷 3 个阶段，如图 4.26 所示。液化阶段主要是发酵性细菌起作用，包括纤维素分解菌和蛋白质水解菌；产酸阶段主要是产氢产乙酸细菌起作用；产甲烷阶段主要是产甲烷细菌起作用，它们将产酸阶段产生的产物降解成甲烷和 CO_2，同时利用产酸阶段产生的氢气将 CO_2 还原成甲烷。

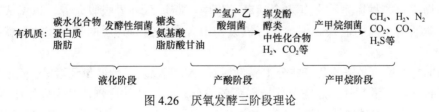

图 4.26　厌氧发酵三阶段理论

2. 厌氧发酵影响因素

1）厌氧条件

厌氧发酵是一个生物学的过程，它最显著的一个特点是有机物质在无氧条件下被某些微生物分解，最终转化成甲烷和二氧化碳。产酸阶段的不产甲烷微生物大多数是厌氧菌，需要在厌氧的条件下，把复杂的有机物质分解成简单的有机酸等。而产甲烷阶段的产甲烷细菌更是专性厌氧菌，不仅不需要氧，氧对产甲烷细菌反而有毒害作用，在有氧的环境中，产甲烷菌不仅不增长反而还受到抑制，但并不死亡。因此，必须创造厌氧的环境条件。

实际生产中，消化池中除产甲烷菌以外，还有大量的不产甲烷细菌。不产甲烷细菌中有好氧菌、厌氧菌和兼性厌氧菌。这些菌构成了一个复杂的生态系统。因此，游离态氧对产甲烷细菌的影响就不像纯粹培养产甲烷细菌时那样严重。沼气池中原来存在的以及装料时带入的一些空气对沼气发酵并没有什么危害，因为只要沼气池不漏气，这点空气（氧气）很快就会被其他一些好氧菌和兼性厌氧菌利用掉，并为产甲烷细菌创造良好的厌氧环境。

2）消化温度

厌氧发酵可在较为广泛的温度范围（4～65 ℃）内进行。一般来讲，池内发酵液温度在 10 ℃以上，只要其他条件配合得好（如酸碱度适宜、发酵菌多），就可以开始发酵，产生沼气。不过在一定范围内，温度越高微生物活性越强。研究发现，代谢速度在 35～38 ℃和 50～65 ℃分别有一高峰。因此，一般厌氧发酵常控制在这两个温度内，以获得尽可能高的降解速度。前者称为中温发酵，后者称为高温发酵，低于 20 ℃的称为常温发酵。对于高浓度的发酵浆料（如城市污水污泥、粪便等），为了提高发酵速度、缩小厌氧发酵设备体积和改善卫生效果，可通过对浆料、沼气池进行加热和保温等措施以保证期望的消化温度。

3）pH 值

厌氧发酵微生物可以在较广的 pH 值范围内生长，在 pH 值为 5～10 时均可发酵，但最适宜生长的为弱碱性环境，以 pH 值为 6.8～7.4 最佳，过酸或过碱则会导致开始产气的时间较迟，产气量少。厌氧发酵过程中，pH 值会有规律地变化。发酵初期大量产酸，pH 值下降；随后，由于氨化作用的进行而产生氨，氨溶于水，形成一水合氨，中和有机酸使 pH 值回升，使 pH 值保持在一定的范围之内，维持 pH 值环境的稳定。

4）营养物质

厌氧发酵过程本质上是微生物的培养、繁殖过程，待消化的有机废物便是微生物的营养物质。各种微生物在其生命活动过程中不断地从外界吸收营养，以构成菌体和提供生命活动所需的能量。因此，有机废物中含有的营养物质的种类和数量就显得非常重要。

微生物生长所必需的营养成分主要包括 C、N、P 以及其他微量元素等。除了需要保持足够的营养"量"外，还需要保持各营养成分之间合适的比例，其中碳氮比（C/N）尤为重要。原料的碳氮比例为（15～30）∶1，即可正常发酵。另外，磷（以磷酸盐计）含量一般要求为有机物量的 1/1000。

5）添加剂和有毒物质

除了常量营养成分外，在物料中添加少量有益的化学物质，也有助于促进厌氧发酵，提高产气量和原料利用率。研究表明，在消化液中添加少量的硫酸锌、磷矿粉、钢渣、碳酸钙、炉灰等，均可不同程度地提高有机物的分解率、产气量和甲烷含量，其中以添加磷矿粉的效果为最佳。添加过磷酸钙，能促进纤维素的分解，提高产气量。

与上述相反，有许多化学物质能抑制发酵微生物的生命活力，统称为有毒物质。有毒物质的种类很多。沼气发酵菌对它们有一定的忍耐程度，超过允许浓度，常使沼气发酵受阻。

6）接种物

厌氧发酵中菌种数量的多少和质量的好坏直接影响沼气的产生。若反应器中厌氧微生物的数量和种类不够时，则需要从外界人为添加微生物。这种含有丰富厌氧微生物的活性污泥或发酵液等即是通常所说的"接种物"。添加接种物可有效提高消化液中的微生物种类和数量，提高反应器的消化处理能力，缩短菌体增殖的时间，促进早产气，提高产气率。

7）搅拌

厌氧发酵过程中采用搅拌操作的目的是破除浮渣层，使发酵原料分布均匀，增加微生物与发酵基质的接触，也使发酵产生的硫化氢、甲烷等抑制厌氧菌活动的气体及时分离排出，从而提高产气量。

常见的搅拌方式有机械搅拌、气体搅拌及泵循环 3 种。机械搅拌采用提升式、桨叶式等搅拌机械。气体搅拌是将厌氧池内的沼气抽出，然后再从池底通入，产生较强的搅拌。泵循环是利用泵使厌氧槽发酵液产生较强的液体回流。

3. 发酵工艺

沼气发酵工艺包括从发酵原理到生产沼气的整个过程所采用的技术和方法。目前，沼气发酵工艺有多种。

1）按温度分类

根据发酵温度，可将厌氧发酵工艺分为高温发酵、中温发酵和常温发酵。

高温发酵的最佳温度范围是 47～55 ℃，此时有机物分解旺盛、消化快，物料在厌氧池内停留时间短，非常适用于城市垃圾、粪便和有机污泥的处理。工艺过程包括培养高温消化菌、维持高温、投料和排料、搅拌消化物料。

中温发酵的发酵温度维持在 30～35 ℃，有机物消化速度快，产气率较高，是大、中型沼气工程的普遍形式。该工艺需要培养中温消化菌，维持中温、控制投料等。

常温发酵为目前我国农村普遍采用的消化类型，是指在自然温度下进行的沼气发酵。这种工艺的消化池结构简单、成本低廉、施工容易、便于推广，但受季节影响明显，消化周期须视季节和地区的不同加以控制。

2）按投料运转方式分类

按投料运转方式可将厌氧发酵工艺分为连续发酵、半连续发酵、批量发酵和两步发酵。

连续发酵工艺是指从投料启动并稳定运行后，按一定的负荷量连续进料，能保持稳定的有机物消化速率和产气率，适用于处理来源稳定的城市污水、工业废水和大中型畜牧场的粪便等。工艺流程如图 4.27 所示。

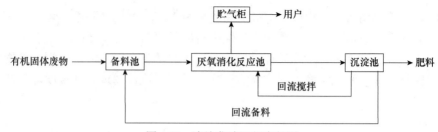

图 4.27　连续发酵工艺流程图

半连续发酵工艺中，启动时一次性投入较多的消化原料，当产气量趋于下降时，开始定期添加新料和排出旧料，以维持比较稳定的产气率。我国广大农村由于原料特点和农村用肥集中等原因，常采用此工艺。工艺流程如图 4.28 所示。

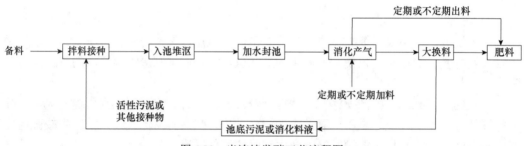

图 4.28　半连续发酵工艺流程图

批量发酵时一次投料发酵，运转期中不添加新料，当发酵周期结束后，取出旧料再重新投入新料发酵。这种发酵工艺的产气量在初期上升很快，维持一段时间的产气高峰后，逐渐下降。该工艺主要用于研究有机物沼气发酵的规律和发酵产气的关系方面。

两步发酵工艺是根据沼气发酵分段学说，将沼气发酵全过程分成两个阶段，在两个池子内进行。第一个水解产酸池，装入高浓度的发酵原料，在此沤制产生浓挥发酸溶液。第二个产甲烷池，以水解池产生的酸液为原料产气。该工艺可大幅度提高产气率，气体中甲烷含量也有提高。同时实现了渣液分离，使得在固体有机物的处理中，引入高效厌氧处理器成为可能。

3）根据发酵原料固体含量分类

根据发酵原料固体含量的不同，厌氧发酵主要分为湿式厌氧发酵和干式厌氧发酵。

湿式发酵的固体含量在 15% 以下，发酵物料呈流动液体，便于通过管道输送物料，产沼气最充分，物料发酵均匀、易实现连续进出料。就我国而言，目前运用湿式厌氧技术较多，如以普拉克环保公司为代表的重庆餐厨垃圾处理项目、长沙餐厨垃圾处理项目；以山东十方环保能源股份有限公司为代表的青岛市餐厨废弃物收运处理项目、济南餐厨垃圾处理项目等。

干式发酵原料总固体含量在 20% 左右，物料中不存在可流动的液体而呈固态。发酵过程中所产沼气甲烷含量较低，有机物分解不均匀，难以实现连续进出料，但没有废水产生。干式厌氧在国内运用案例较为少见，一些技术难点目前暂未突破。

4. 厌氧发酵设备

1）传统发酵系统

传统的发酵系统主要用于间歇性、低容量、小型的农业或半工业化人工制取沼气过程中。发酵系统的构成包括发酵罐（池）以及附属设备，如气压表、导气管、出料机、预处理装置、搅拌器、加热管等。核心装置发酵池的种类很多，按发酵间的结构形式，有圆形池、长方形池、钟形池、扁球池等；按贮气方式分，有气袋式、水压式、浮罩式；按埋设方式分，有地下式、半埋式和地上式。

我国农村地区常采用的立式圆形水压式沼气池，其工作原理如图 4.29 所示。水压式沼气池具有结构简单、造价低、施工方便、管理技术要求不高等优点；但由于温度不稳定，产气量不稳定，因此原料的利用率低。

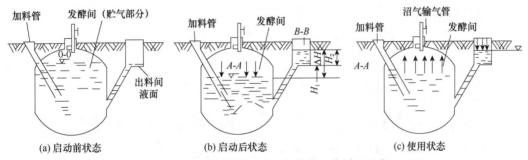

图 4.29 立式圆形水压式沼气池的工作原理示意

2）现代大型工业化沼气发酵设备

在现代化大型沼气发酵设备中，发酵罐的大小、结构类型直接影响到整个发酵系统的应用范围、工业化程度、沼气的产量和质量、回收能源的利用途径以及产品的市场前景等。要获得一个比较完善的厌氧反应过程必须具备以下条件：

（1）要有一个完全密闭的反应空间，使之处于完全厌氧状态。

（2）反应器反应空间的大小要保证反应物质有足够的反应停留时间。

（3）要有可控的污泥（或有机物）、营养物添加系统。

（4）要具备一定的反应温度。

（5）反应器中反应所需的物理条件要均衡稳定（要求在反应器中增加循环设备，使反应物处于不断循环状态）。

在设计发酵罐时，要充分考虑上述几个关键因素，选择合适的发酵罐类型和安装技术，这样有助于发酵罐内反应物料的完全混合，防止底部物料的沉积，减少表面浮渣层的形成，有利于沼气的产生。同时，发酵罐类型也决定了内部的能量分配状况，好的发酵罐有助于降低能耗、节约能源以及使能量在整个发酵罐内合理分配。图 4.30 所示为目前常用的几种发酵罐。

欧美型发酵罐的直径与高度比大于 1，对底部沉积层和表面浮渣层通过通入气体产生强烈的环流来处理。经典型发酵罐的结构有利于发酵污泥处于均匀、完全循环的状态。

蛋型发酵罐有利于发酵污泥完全彻底地形成物料流的循环而避免有死角出现，不会产生过多的物料沉积。欧美平底型发酵罐与欧美型发酵罐相比，直径与高度比较为合理，但比经典型施工费用低。

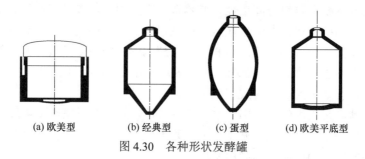

| (a) 欧美型 | (b) 经典型 | (c) 蛋型 | (d) 欧美平底型 |

图 4.30　各种形状发酵罐

4.3.3　蚯蚓床技术

蚯蚓为常见的一种陆生环节动物，喜欢生活在富含有机质和湿润土壤中，以畜禽粪便和有机废物垃圾为食，连同泥土一同吞入；也摄食植物的茎叶等碎片。据此，可利用蚯蚓来处理富含有机物的固体废物。例如，2000 年悉尼奥运会利用 4000 万条蚯蚓使奥运村的垃圾不出村。

蚯蚓床技术用于处理有机固体废物具有突出的环境效益，主要表现在以下方面：

（1）处理能力大。蚯蚓吞食能力惊人，其消化道分泌的蛋白酶、脂肪分解酶、纤维酶、淀粉酶等多种酶类，可分解易腐性有机物，将其转化为自身或其他生物易于利用的营养物质，分解转化率每条每天约为 0.5 g。在适宜环境和充足食料的条件下，蚯蚓的生长繁殖速度极快，每年约为 50 倍。

（2）不产生二次污染。有机物质被蚯蚓摄食后，少部分被直接同化利用，大部分经蚯蚓体内的磨碎和挤压作用后以颗粒状排出，起到类似于挤压和造粒的作用，从而达到物理改性的目的。同时，蚯蚓能促进微生物的活性，它们间的联合作用加速了有机物的分解和转化，并能够有效除去或抑制堆置过程中产生的臭味。蚯蚓死亡时或高温条件下，能产生一种自溶酶的物质，将自己的身体分解成液体，使其死后无影无踪。整个处理过程不带来废气、废水、废渣等污染形式。

（3）可以获得蚯蚓体和蚓粪副产品，具有较好的经济效益。蚯蚓价值很高，其本身可以用作饲料、提取药物或作高蛋白食品。蚯蚓在中医学上名叫地龙，性寒，味微咸，是传统的中药，有解热、镇静、平喘、降压等药理作用。《本草纲目》中就开列了 40 种蚯蚓药方。此外，蚯蚓含有丰富的蛋白质，干物质中蛋白质含量高达 70%左右，而蚯蚓蛋白中氨基酸含量非常高，这些氨基酸是畜禽和鱼类生长发育所必需。蚯蚓蛋白中精氨酸的含量是花生蛋白的 2 倍，是鱼蛋白的 3 倍；色氨酸的含量是动物血粉蛋白的 4 倍，是牛肝的 7 倍。以蚯蚓喂养的猪、鸡、鸭和鱼，长得快且味道鲜美。蚓粪则是一种无味、无害、高效的多功能生物肥料，有利于加速土壤结构的形成，促进土肥相容，提高蓄水、保肥能力。

（4）适用范围广。蚯蚓可用于处理城市生活垃圾、禽畜粪便、污水厂污泥、造纸厂污泥等。

蚯蚓床处理固体废物的工艺过程大致包括 4 个主要环节：有机物的收集、前期准备（堆肥部分发酵或预处理）、放养蚯蚓和分离蚯蚓。图 4.31 所示为蚯蚓床法处理城市生活垃圾工艺流程。混合收集的城市生活垃圾经过分选去除其中的金属、玻璃、塑料等成分后，所得含有大量有机物的垃圾和粪便按一定比例一起被送往发酵池发酵，待有机物完全腐熟后即可蚯蚓食料添加。蚯蚓在蚯蚓床内对腐熟有机物进行处理。当蚯蚓繁殖到一定程度的时候需要对其进行分离，分离出的鲜蚯蚓可用作高蛋白饲料，也可作为医药、保健、化工等行业的原料。操作过程还需要及时清理蚯蚓粪，蚓粪可用作优质肥料、除臭剂。

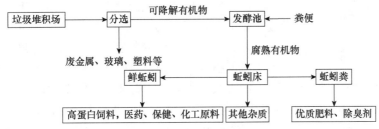

图 4.31　蚯蚓床法处理城市生活垃圾工艺流程

4.3.4　超富集植物

由于工业发展"三废"排放、矿山开采、金属冶炼、化肥和农药的施用等，我国土壤重金属污染形势日趋严峻，受污染的耕地面积近 2000 万 km^2。现阶段土壤污染主要包括有机物污染和重金属污染两个方面，其中重金属污染是最为重要的一个方面。据统计，我国汞、镍、锌、铅、铬、砷、铜、镉 8 种重金属污染物点位超标率达 21.7%。目前，土壤污染治理技术主要包括化学原位钝化修复技术、植物修复技术以及农艺调控技术等。其中，植物修复技术具有修复成本低、可回收、不容易产生副作用、对环境二次污染小、能实现较大面积修复等特点。例如，重金属污染土壤后，运用异位修复技术客土治理工程量巨大，同时，需安全处置换出来的污染土层，避免二次污染。选育超富集植物修复污染的土壤，安全性高，在超富集植物生长期，还可以辅以施肥、适时刈割等农业措施提高富集能力，对大面积亟须治理的受污染农田比较适用。而且经测算，与物理修复技术相比，生物修复技术的成本往往只占前者的 1%～10%。

植物修复是指利用植物（包括草、灌、乔）去除污染土壤和废水中重金属的技术，又称生物修复或绿色修复。按其修复的机理和过程可分为植物固定、植物挥发、根际过滤、根际降解和植物萃取（也称为植物提取）等。目前植物萃取是被广泛认可的植物修复技术，适用于植物萃取的物种被称为超富集植物。

超富集植物是指对重金属的吸收量超过一般植物 100 倍的植物。目前比较广泛采用的富集浓度界限为植物叶片或地上部（干重）中含 Cd 达到 100 μg/g，含 Cr、Co、Ni、Cu、Pb 达到 1000 μg/g，含 Mn、Zn 达到 10 mg/g 以上。超富集植物的基本特征：①植物地上部分的重金属含量至少要达到普通植物的 100 倍，且地上部重金属含量高于根部；②在高浓度的重金属环境中可正常生长；③植物地上部重金属的浓度要高于土壤环境中的浓度。有些植物虽然体内浓度不能达到超富集植物的标准，但是生物量比较大，也可以认为具有超富集能力。

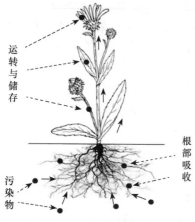

图 4.32 为植物萃取修复原理示意图。在受污染的土壤中，种植超富集植物，土壤中的重金属或有机污染物被超富集植物的根毛及表皮细胞吸收后，不仅仅会停留在植物根系部位，还会在植物体内转运和储存至地上部分的茎、叶、花、果之中。因此，收割其地上部分带走土壤中的污染物，可降低土壤中污染物质的含量。

应用植物修复重金属污染土壤的重点在于选择适宜的超富集植物。目前，已发现的超富集植物有 500 多种，最受关注的是富集那些对环境危害较大的重金属的植物。例如，蜈蚣草（图 4.33）对土壤重金属砷的吸收能力相当于普通植物的 20 万倍，而且蕨类植物

图 4.32 植物萃取修复原理示意图

蜈蚣草生物量超大，在收割焚烧其地上部分后，土壤中残存的重金属含量已非常低。两三个月内可以将土壤重金属含量降到安全阈值内，三至五年内则可以完全修复。又如，香雪球（图 4.34）可以富集镍，目前已发展为商业用修复/检测金属富集植物，它还是布置岩石园的优良花卉，是花坛、花境的优良镶边材料，盆栽观赏也很好。此外，镉的超富集植物有油菜、宝山堇菜、天蓝遏蓝菜等，其中，油菜因其生物量较大，被认为是土壤镉污染修复的最佳植物；铅的超富集植物种类较多，如土荆芥、鲁白、圆锥南芥、羽叶鬼针草、苘麻等；锌的超富集植物有东南景天、荨麻、长柔毛委陵菜等；铜的超富集植物有鸭跖草、海州香薷、李氏禾等；苎麻则具有汞超富集能力，并且高汞条件下，产量和品质不会受到影响，环境效益和经济效益明显。

图 4.33 蜈蚣草

图 4.34 香雪球

目前，超富集植物对土壤中重金属的富集效果、富集机理、应用模式等已取得不少研究与应用成果，但大规模的工程应用较少。存在的主要问题表现为：①受超富集植物的生长周期限制，土壤的修复时间较长；②超富集植物的富集效果会受到土壤 pH 值、含水率、污染物浓度、重金属形态等因素影响，需要大量研究数据支撑。植物修复技术涉及多门学科知识，如土壤学、生态学、环境学、植物学、遗传学和生物工程学，未来

还需在理论基础和实践方面继续深入研究,筛选和培育出满足产业化应用的超富集植物。

植物修复可以就地永久性地解决土壤污染问题;植物修复的稳定作用可绿化污染土壤,使地表稳定,防止污染土壤因风蚀或水土流失带来污染扩散;植物修复过程也是绿化环境的过程,对环境的扰动少,成本低,适用于在大面积污染土壤上应用。因此,遵循生物进化论思维,生物修复技术在固体废物的处理中将有广泛的应用前景。

4.3.5　其他生物处理技术

1. 木质纤维素生物转化技术

木质纤维素生物转化的经济性和清洁性,一直是阻碍秸秆等农林废弃物大规模利用的最大瓶颈。目前木质纤维素生物转化的主流策略是基于游离纤维素酶的同步糖化发酵工艺,但其中的核心酶技术被国外公司垄断,且用酶成本难以进一步降低,使现有工艺不具备市场竞争力。整合生物加工(consolidated bioprocessing,CBP)是近些年提出的木质纤维素转化策略,将纤维素酶的生产、木质纤维素底物酶解、最终产物发酵等环节整合到同一反应器中进行,具有简化流程、降低成本和设备要求等优势。但由于 CBP 策略将多个步骤在同一反应器中同时进行,需要对反应条件进行妥协平衡,难以同时获得高的产酶、酶解和发酵水平,而且最终产物单一且难以进行调整,大大限制了其应用范围。

2. 微生物浸出技术

微生物浸出技术是利用微生物在生命活动中自身的氧化和还原特性,使资源中的有用成分氧化或还原,以水溶液中离子态或沉淀的形式与原物质分离的方法。该技术主要应用于选矿领域,我国有研究工作者在 20 世纪 70 年代应用该技术从贫矿中回收金属。通过选择和培养特定微生物种群,也可以利用其代谢活性产物的间接作用将固体废物中目标成分浸出并进入液相,以实现固体废物的无害化。

微生物浸出法具有经济、绿色、节能、安全的特点,在涉重危险废物、含油污泥以及某些一般工业固体废物的资源化利用中得到应用和研究。从 20 世纪 60 年代开始,许多国家深入开展了低品/难浸矿石的生物冶金(微生物浸出)技术和工艺的研究。我国微生物浸出技术研究在王淀佐、邱冠周院士带领下取得重大突破,且在生物冶金领域的国际影响力得到了提升。目前,生物冶金技术已成功用于低品硫化矿中铜、镍、钴、铀、金等有价金属的浸提和回收。另有研究表明,自然状态下,石油降解菌群在受到石油污染后的土壤中数量增多,这表明通过培养石油降解菌群可促进石油类污染物降解,有助于实现土壤的污染修复。

4.4　固体废物的热处理

4.4.1　热处理技术概述

无论是城市垃圾中的有机物还是其他的有机物,均可采用各种热处理方法去解决。通常热处理被定义为:在设备中以高温分解和深度氧化为主要手段,通过改变废物的化学、物理或生物特性和组成来处理固体废物的过程。

常用的热处理技术有焚烧、热解、干化、熔融、湿式氧化、烧结、蒸馏、蒸发、熔盐反应炉、等离子体电弧分解、微波分解等。熔融和烧结技术在前文中已经介绍，常应用于固体废物的固化或资源化利用过程。

热处理技术大多具有以下特点。

（1）热处理技术的优点。①减容效果好。如焚烧处理可以使城市生活垃圾的体积减小 80%～90%。②消毒彻底。高温处理过程可以使废物中的有害成分得到完全分解，并彻底杀灭病原菌，尤其是对可燃性致癌物、病毒性污染物、剧毒有机物等，几乎是唯一有效的处理方法。③减轻或消除后续处置过程对环境的影响。例如，可以大大降低填埋场浸出液的污染物浓度和释放气体中的可燃及恶臭成分。④回收资源和能源。通过热化学处理可以从废物中回收高附加值产品或能源，如热解生产燃料油、焚烧发电等。

（2）热处理技术的缺点。①投资和运行费用高。②操作运行复杂，尤其当废物变化较大时对设备和运行条件要求严格，往往导致运行稳定性难以控制的后果。③二次污染与公众反应。大部分热化学处理过程都会产生各种大气污染物，如 SO_x、NO_x、HCl、飞灰和二噁英等，经常会引起附近居民的关注、担心甚至反对。

针对固体废物处理对象的差异，不同的热处理技术有其不同的特点和应用。本书将在第 6 章重点介绍固体废物的焚烧处理技术。

4.4.2　热解处理

热解又称干馏、热分解或炭化，是一种传统的工业化作业技术。最早应用于木炭、煤干馏、石油重整和炭黑制造等行业。例如，木材通过热解干馏可得到木炭；以焦煤为主要成分通过煤的热解炭化可得到焦炭；以气煤、半焦等为原料通过热解气化可得到煤气；对重油、油母页岩分别进行热解气化或低温热解干馏则可得到相应的液体燃料产品。将热解原理应用到固体废物制造燃料，还是近几十年的事。固体废物经过热解处理除可得到便于贮存运输的燃料及化学产品外，在高温条件下所得到的炭渣还会与物料中某些无机物与金属成分构成硬而脆的惰性固态产物，使其后续的填埋处置作业可以更为安全和便利地进行。

热解技术适宜处理含有机物成分较多且成分相对单一的固体废物，如废塑料、废橡胶、秸秆、园林废物、含油污泥等。近年来，热解技术也开始应用于生活垃圾的处理。

1. 热解原理

固体废物热解是利用有机物的热不稳定性，在无氧或缺氧条件下受热分解的过程。热解过程一般在 400～800 ℃条件下进行，通过加热使固体物质挥发、液化或分解。

该过程是一个复杂的化学反应过程。包含大分子的键断裂，异构化和小分子的聚合等反应，最后生成各种较小的分子。产物通常包括气体、液体和固态 3 种形态物质，其含量根据热解的工艺和反应参数的不同而有所差异。热解过程中产生大量的气体，其中可燃气体主要包括 H_2、CO、CH_4 等。当用空气作氧化剂时，热解产生的气体一般含 15% H_2、20% CO、2% CH_4、10% CO_2（体积比），其余大多是来自空气的 N_2，因此，产生的可燃气体的热值较低。在温度较高的情况下，废物中有机成分的 50% 以上可被转化成气态产物，气体的热值较高 [$(6.37\times10^3)\sim(1.021\times10^4)$ kJ/kg]。热解过程产生的有机液体主要包括乙酸、丙酮、甲醇、芳香烃和焦油等。焦油是一种黑褐色的油状混合物，包括苯、萘、蒽等芳香族化合物，另外，还含有游离碳、焦油酸、焦油碱及石蜡、环烷烃、烯烃类化合物等。含塑料和橡胶较多的废物，其热解产物中含液态油较多。固体废物热解后剩下的是固体炭黑与炉渣。这些炭、渣化学性质稳定，含碳量高，有一定热值，一般可用作燃料添加剂或道路路基材料、混凝土骨料、制砖材料等。

2. 热解特点

热解和焚烧都是高温热处理技术，但二者之间存在着根本区别。焚烧是放热的，热解是吸热的。现将两种处理方法的特点进行对比，详见表 4.9。

表 4.9　热解与焚烧处理特点对比

方法	焚烧	热解
反应性质	放热反应	吸热反应
反应条件	有氧	无氧或者缺氧
反应产物	CO_2 和 H_2O	气体（H_2、CH_4、CO、CO_2）；有机液体（有机酸、芳烃、焦油）；固体（炭黑、炉渣）
能源利用方式	直接利用燃烧释放的热能	将固废中蕴藏的热能以可燃气、燃料油、固形炭的形式贮留
热利用率	热利用率较低	热利用率较高
二次污染	废气难处理，易造成二次污染	不产生大量废气，污染轻
适用范围	适用范围较广，主要是对热值的要求	需考虑废物的组成、性质和数量等

固体废物的热解与焚烧相比有下列优点。

（1）焚烧产生的热能量大的可用于发电，量小的只可供加热水或产生蒸汽，就近利用。而热解可以将固体废物中的有机物转化为以燃料气、燃料油和炭黑为主的能源形式，便于贮藏及远距离输送。

（2）焚烧过程会产生飞灰、CO_2、NO_x、二噁英等，处理不当会带来二次污染。由于是缺氧分解，排气量小，NO_x 的产生量少，废物中的硫、重金属的有害成分大部分被固定在炭黑中，且由于保持还原条件，Cr^{3+} 不会转化为 Cr^{6+}，这些都有利于减轻对大气环境的二次污染。

3. 热解工艺分类

热分解过程由于供热方式、产品状态、热解炉结构等方面的不同，热解方式各有不同。

1）按供热方式

按供热方式可分为直接加热（内部加热）和间接加热（外部加热）。

直接加热需供给适量空气使可燃物部分燃烧，以提供热解所需的热能。燃烧过程中生成的 CO_2、水蒸气以及入炉空气中所含的 N_2，稀释了热分解生成的可燃气体，使得到的燃料气热值较低。该法的设备简单，炉内温度高，处理量大，产气率高，但所得燃料气的热值不高。

间接加热是在从外部供热，热能通过炉壁传递给废物。密闭容器中废物处于绝氧的条件下，被间接加热而发生分解，因不伴随燃烧反应，有机物热分解生成的气体纯度高，可得到高热值的燃料气。由于外部供热效率低，不及内部加热好，故采用直接加热的方式较多。

2）按热解温度

按热解温度的高低，可将热解工艺分为高温热解、中温热解以及低温热解。

高温热解的热解温度在 900 ℃以上，供热方式几乎都是直接加热。如果采用高温纯氧热解工艺，反应器中的氧化-熔渣区段的温度可高达 1500 ℃，从而将热解残留的惰性固体（金属盐类及其氧化物和氧化硅等）熔化，以液态渣形式排出反应器，经水淬冷却粒化。这样可大大减少固态残余物的处理难度，且可回收粒化的玻璃态残渣作为建筑材料的骨料使用。

中温热解的热解温度一般为 600～900 ℃，主要用于比较单一的废物的热解，如废轮胎、废塑料热解获得类重油物质。所得类重油物质既可作为能源，也可作为化工初级原料。

低温热解的热解温度一般在 600 ℃以下。农业、林业和农业产品加工后的废物用来生产低硫低灰的炭，生产出的炭视其原料和加工的深度不同，可作为不同等级的活性炭和水煤气原料。

3）其他

此外，按热分解与燃烧反应是否在同一设备中进行，热分解过程可分成单塔式和双塔式。按热解过程是否生成炉渣可分成造渣型和非造渣型。按热解产物的状态可分成气化方式、液化方式和碳化方式；按热解炉的结构可将热解分成固定层式、移动层式或回转式。由于选择方式的不同，构成了诸多不同的热解流程及热解产物。

在实际生产中，有两种分类方法是最常用的：一是按照生产燃料目的将热解工艺分为热解造油和热解造气；二是按热解过程控制条件将热解工艺分为高温分解和气化。

4. 影响热解的主要因素

影响有机固体废物热解的因素有很多，如物料特性、热解终温、炉型、堆积特性、加热方式、各组分的停留时间等，而且这些因素都是互相耦合的，形成非线性的关系。

1）温度

温度是热解过程中最重要的控制参数。温度变化对产品产量、成分比例有较大的影响。在较低的温度下，有机废物大分子裂解成较多的中小分子，油类含量相对较多。随着温度的升高，除大分子裂解外，许多中间产物也发生二次裂解，C_5 以下分子及 H_2 的成分增多，气体产量成正比增长，而各种酸、焦油、炭渣产量相对减少。图 4.35 反映了固体废物热分解产物比例与温度的关系。

2）加热速率

加热速率对热解产物的生产比例有较大
的影响。通过加热温度和加热速率的结合，可
控制热解产物中各组分的生成比例。在低温-
低速加热条件下，有机物分子有足够的时间在
其最薄弱的接点处分解，重新结合为热稳定
性固体，而难以进一步分解，因而产物中固
体含量增加；而在高温-高速加热条件下，有
机分子结构发生全面裂解，产生大范围的低
分子有机物，热解产物中气体的组分增加。

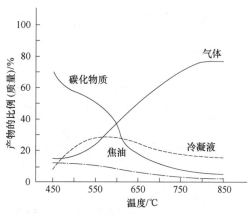

图 4.35　热分解产物比例与温度的关系

3）停留时间

物料在反应器中的停留时间决定了物料
分解转化率。为了充分利用原料中的有机物质，尽量脱出其中的挥发分，应延长物料在
反应器中的停留时间。物料的停留时间与热解过程的处理量成反比例关系：停留时间长，
热解充分，但处理量少；停留时间短，则热解不完全，但处理量大。

4）物料性质

物料的性质如有机物成分、含水率和尺寸大小等对热解过程有重要影响。不同物料
的成分不同，可热解性也不一样。有机物成分比例大、热值高的物料，其可热解性相对
就好、产品热值高、可回收性好、残渣也少。物料颗粒的尺寸大小也很重要，较小的颗
粒尺寸有利于热量传递，保证热解过程的顺利进行，尺寸过大时，情况则相反。

5）反应器类型

反应器是热解反应进行的场所，是整个热解过程的关键。不同反应器有不同的燃烧
床条件和物流方式。一般来说，固定燃烧床处理量大，而流态化燃烧床温度可控性好。
气体与物料逆流行进有利于延长物料在反应器内的滞留时间，从而可提高有机物的转化
率；气体与物料顺流行进可促进热传导，加快热解过程。

6）供热方式

间接供热方式产生的燃料气品位高于直接供热方式。采用直接供热方式时，需通入
适量的空气或氧作为热解反应中的氧化剂，使物料发生部分燃烧，提供热能以保证热解
反应的进行。由于空气中含有较多的 N_2，供给空气时产生的可燃气体的热值较低。供给
纯氧可提高可燃气体的热值，但生产成本也会相应增加。

不同的热解工艺其产物不同，即使相同的热解工艺，由于其工艺参数的不同，其产
物也不尽相同。不同热解工艺的产物如表 4.10 所示。

表 4.10　不同热解工艺的热解产物

工艺	停留时间	加热速率	温度/℃	主要产物
炭化	几小时至几天	极低	300～500	焦炭
加压炭化	15 min～2 h	中速	450	焦炭
常规热解	几小时	低速	400～600	焦炭、液体[①]和气体[②]
	5～30 min	中速	700～900	焦炭和气体

工艺	停留时间	加热速率	温度/℃	主要产物
真空热解	2～30 s	中速	350～450	液体
快速热解	0.1～2 s	高速	400～650	液体
	小于 1 s	高速	650～900	液体和气体
	小于 1 s	极高	1000～3000	气体

① 液体成分主要由乙酸、乙醇、丙酮及其他碳水化合物组成的焦油或化合物组成，可通过进一步处理转化为低级的燃料油。

② 气体成分主要由氢气、甲烷、碳的氧化物等气体组成。

5. 热解反应器

一个完整的热解工艺包括进料系统、反应器、回收净化系统、控制系统等部分。其中，热解反应器是整个热解工艺的核心，热解过程在此发生。不同的反应器类型往往决定了整个热解反应的方式以及热解产物的成分。反应器有很多种，一般根据燃烧床条件和内部物流方向进行分类。根据燃烧床条件，可分为固定床、流化床、旋转炉、分段炉等；物流方向是指反应器内物料与气体的相对流向，根据物流方向可分为顺流、逆流、交流（错流）等。以下介绍几种常见的热解反应器。

1）立式热分解炉

立式热分解炉为固定燃烧床反应器，适合处理废塑料、废轮胎。其工艺流程如图 4.36

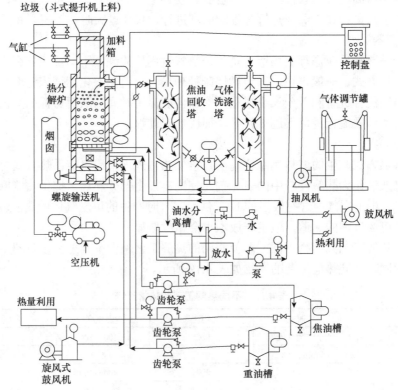

图 4.36 立式热分解炉系统流程

所示。废物从炉顶投入，重油、焦油等经炉排下部送入进行燃烧，释放的热量供给废物干燥并进行热分解。炉排分两层，上层炉排上为易炭化物、未燃物和灰烬等，用螺旋推进器向左边推移落入下层炉排，在此处将未燃物完全燃烧。这种方法称为偏心炉排法。

分解气体和燃烧气送入焦油回收塔，喷雾水冷却除去焦油后，经气体洗涤塔洗涤后用作热解助燃气体。焦油则在油水分离器中回收。炉排上部的碳化物层温度为 500～600 ℃，热分解炉出口温度 300～400 ℃，废物加料口设置双重料斗，可连续投料而又避免炉内气体逸出。

2）回转窑反应器

回转窑反应器属于一种旋转式反应器，已成为热解处理各种废物的主要炉型之一，有直接加热和间接加热两种形式。回转窑是一个略微倾斜、可以旋转的滚筒，转动部分由内部同心圆组成的钢管和一个圆柱形的内绝缘外套组成。在外套与同心圆钢管之间布置一系列镜像钢管支撑。固体和气体产品通过回转窑末端的两个固定出口排出。炭化过程所需的热量由外部高温烟气或者热解气提供。回转窑反应器有很好的产油率（37%～62%）与产炭率（19%～38%）。图 4.37 所示的回转窑热分解装置系统的工艺流程如下：物料（最好预破碎到粒径为 5 cm 以下）由高端进料端送入回转窑内，随着滚筒的转动，通过蒸馏容器慢慢向卸料端移动，并在此过程中发生热分解反应。热分解产生的气体分两部分：一部分被引导到蒸馏容器外壁与燃烧室内壁之间的空间燃烧，用以加热物料；另一部分则被导出以作他用。该反应器的特点是设备结构简单，操作可靠，只需破碎预处理，对废物的适应性强，操控简便，可回收铁和玻璃质。

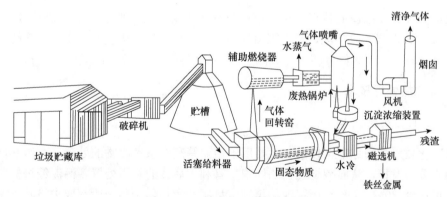

图 4.37　回转窑热分解装置系统

3）双塔循环式反应器

双塔循环式反应器的特点是将热分解过程与燃烧过程分开在两个反应器（炉）中进行（图 4.38）。燃烧炉的作用是利用热解生成的固形炭（或燃料气）在炉内燃烧产生的热量加热热载体（一般为惰性粒子，如石英砂），吸热后的热载体被气体流态化，并经连接管道输送到热解炉内，与炉内物料接触进行热交换，供给物料热分解所需的能量，自身温度下降，返回到燃烧炉内再次加热，如此反复。受热的物料在热解炉内分解，生成的炭、油品（或部分气体）供燃烧炉燃料加热用，产生的燃料气则排出热解炉，经旋风分离器、焦油去除器和冷却洗涤塔处理后，作为燃料产品使用。在两个反应器中使用特殊的气体分散板，伴有旋回作用，物料中的无机物、残渣随旋回作用从反应器的下部与流态化的砂分离，并排出反应器。供给空气有流态化用蒸汽以及助燃气两种形式。

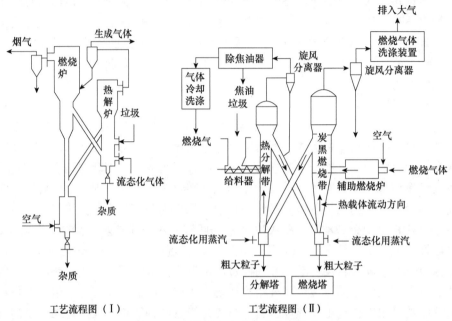

工艺流程图（Ⅰ）　　　　　工艺流程图（Ⅱ）

图4.38　双塔循环式流态化热解流程

双塔循环式反应器的特点：热分解的气体中不混入燃烧废气，热值高达 17 000～18 900 kJ/m³；烟气回收热能，减少固熔物与焦油状物质；外排废气量少；热分解塔上有特殊气体分布板，使气体旋转时形成薄层流态化；可去除垃圾中的无机杂质和残渣。

4.4.3　其他热处理技术

1. 热干化处理技术

热干化技术（简称干化技术）主要用于污泥等高含水率废物的处理，利用热能把废物中的水分蒸发掉，从而减少废物的体积，有利于后续的利用处置。污泥经机械脱水后含水率可达到 70%～80%，而污泥的填埋、堆肥和燃料化利用一般都要求将其含水率降到 60%以下，机械脱水工艺无法满足要求。在目前的技术水平下，要使污泥含水率继续降低，必须采用热干化技术，从外部提供能量使其中的水分蒸发。

污泥干化处理技术具有以下优点。

（1）污泥显著减容，体积可减少 20%～25%。

（2）形成颗粒或粉状稳定产品，污泥性状大大改善。

（3）干化产品的含水率应控制在抑制污泥微生物活动的水平，产品无臭且无病原体，减轻了污泥有关的负面效应，使处理后的污泥更易被接受。

（4）产品具有多种用途，如作为肥料、土壤改良剂、替代能源等。

污泥干化工艺，按照最终产品的含水率可以分为全干化和半干化，半干化主要指终产品含固率在 50%~65%的类型,而全干化指终产品含固率在 85%以上的类型。按照加热方式可以分为直接加热式、间接加热式、直接-间接联合式以及热辐射式;按照进料方式可以分为干料返混工艺和湿料直接干化。

干化的主要成本在于热能,降低成本的关键在于选择和利用恰当的热源。一般来说,直接加热方式只可利用气态热介质,如烟气、热空气、蒸汽等;而间接加热方式几乎可以利用所有的热源,如烟气、导热油、蒸汽等,其利用的差别仅在温度、压力和效率。

按照能源的成本,从低到高,分列如下。

高温烟气:来自大型工业、环保基础设施(垃圾焚烧炉、电站、窑炉、化工设施)的废热炽气是零成本能源,如果能加以利用,是热干化的最佳能源。要求温度必须高、地点必须近,否则难以利用。

燃煤:非常廉价的能源,以烟气加热导热油或蒸汽,可以获得较高的经济可行性;尾气处理方案是可行的。

热干气:来自化工企业的废能。

沼气:可以直接燃烧供热,价格低廉,也较清洁,但供应不稳定。

蒸汽:清洁,较经济,可以直接全部利用,但是将降低系统效率,提高折旧比例;可以考虑部分利用的方案。

燃油:较为经济,以烟气加热导热油或蒸汽,或直接加热利用。

天然气:清洁能源,但价格最高,以烟气加热导热油或蒸汽,或直接加热利用。

干化工艺是一种综合性、实验性和经验性很强的生产技术,其核心在于干化设备。污泥干化大多采用传统的干燥技术,根据污泥特性对传统干燥设备进行改造,使其更适用于污泥干化。目前,市场上的污泥干化设备主要有:转鼓干化机、流化床干化机、转盘式干化机、桨叶式干化机、多层台阶式干化机、带式干化机、离心干化机、太阳能污泥干化房等。近年来,一些新兴的干化技术也发展起来,如微波干化技术、红外辐射干化技术、过热蒸汽干化技术等。污泥干化处理时可根据污泥的成分、处理成本等综合考虑选择适宜的干化设备。

2. 蒸馏

蒸馏是利用混合液体或液-固体系中各组分沸点不同,使低沸点组分蒸发,再冷凝以分离整个组分的单元操作过程,是蒸发和冷凝两种单元操作的联合。被冷凝的蒸气称为馏分,馏分中含有较多的强挥发性物质,而未能蒸发的成分主要是挥发性差的物质。

蒸馏技术与其他的分离手段,如萃取、过滤结晶等相比,优点在于不需使用系统组分以外的其他溶剂,从而保证不会引入新的杂质。该技术通常用于从液-液或液-固混合物系中回收有机化合物,例如,从废有机溶剂中回收或去除其中的挥发性物质。近年来,将蒸馏过程和膜技术相结合的膜蒸馏技术逐渐应用于处理含重金属或放射性废物的废液。

3. 湿式氧化

湿式氧化是目前已成功地用于处理含可氧化物浓度较低的废液的技术。其原理如下:

有机化合物的氧化速率在高压下大大增加，因此加压有机废液，并使它上升至一定温度，然后引入氧气气氛，则产生完全液相的氧化反应，这样就破坏了大多数的有机化合物。

4. 等离子体热分解

等离子体电弧分解可视为热分解中的一种，其热源采用电热源，利用等离子体炬产生受到控制的等离子体"场"，离子态的气体以电弧云或电弧流的形式产生大量的热，等离子体场内的平均温度可达到 2000 ℃。在这种能量极高的环境下，能量密度要比构成分子与原子之间的结合能量高。进入场中的废物分子破裂为基本的原子态，然后根据条件重新组合为新的物质，从而使有害物质变为无害物质，甚至能变成可再利用的资源。

选择不同类型的工作气体可使等离子体系统工作处于氧化、还原或者惰性的环境下。不同的工作环境具有不同的功能，如氧化性环境通常用来破除有机危险废物；还原性环境通常用来提取金属，固化含有毒重金属的废物如飞灰等，也可以将有机废物分解为氢气及一氧化碳，作为清洁能源或化学原料使用，无机残渣则在此高温条件下熔融，冷却后转化为可用于建筑及研磨材料的玻璃状的硅石。

等离子体热分解具有处理流程短、效率高、适用范围广等优点，但由于设备的特殊性，其装置复杂，制造成本较高，用电运营成本高，操作要求高，因此，等离子体技术处理废物经济成本昂贵，不宜用于处理一般固体废物，而是主要将其用于焚烧炉难以处理的废物，包括被污染的陶瓷废物、高熔点金属、需要治理的含有毒挥发成分的废气等。该项技术需要再进一步研究和在工程实践中完善。

4.5　固体废物的最终处置

固体废物经过处理后，最终还会产生一部分无法进一步处理或利用的残渣，这些残渣往往含有不同种类的有害物质，会对生态环境和人体健康带来不良影响。可见，安全、可靠地处置这些固体废物残渣，是固体废物全过程管理中的重要环节。

《固废法》对"处置"的定义为："处置，是指将固体废物焚烧和用其他改变固体废物的物理、化学、生物特性的方法，达到减少已产生的固体废物数量、缩小固体废物体积、减少或者消除其危险成分的活动，或者将固体废物最终置于符合环境保护规定要求的填埋场的活动。"因此，固体废物的处置是一个既包括处理又包括处置的综合过程。在实际交流和表达中，通常会将"处理"和"处置"过程分开，"处理"是指通过物理、化学或生物的方法，将废物转化为便于运输、贮存、利用和处置形式的过程，主要是指再生利用或处置的预处理过程。而对"处置"则认为是最终处置，将固体废物置于环境中不再回取的最终环节。本节介绍的是固体废物的最终处置技术。

4.5.1　最终处置基本要求

固体废物的最终处置原则是使其最大限度地与生物圈隔离，防止有毒有害物质对环境的扩散污染，确保现在和将来都不会对人类造成危害或影响甚微。其基本方法是通过多重屏障来实现的。固体废物的处置操作有如下基本要求。

（1）处置场所要安全可靠，通过天然或者人工屏障使固体废物被有效隔离，使污染物质不会对附近的生态环境造成危害，更不能对人类活动造成影响。

（2）处置场所要设施结构合理，设有必需的环境保护监测设备，要便于管理和维护。

（3）被处置的固体废物中有害组分含量要尽可能少，体积要尽量小，以方便安全处理，并减少处置成本。

（4）处置方法要尽量简便、经济，既要符合现有的经济水准和环保要求，也要考虑长远的环境效益。

4.5.2 最终处置类型

1. 按隔离屏障分

按隔离屏障可将处置类型划分为天然屏障隔离处置和人工屏障隔离处置。

天然屏障可以是处置场地所处的地质构造和周围的地质环境；也可以是沿着从处置场所经过地质环境到达生物圈的各种可能途径对于有害物质的阻滞作用。人工屏障主要包括：采取措施使废物转化为具有低浸出性和适当机械强度的稳定的物理化学形态，选择合适的废物容器，以及利用处置场地内各种辅助性工程屏障等。

2. 按处置场所分

按处置场所可将处置类型划分为海洋处置和陆地处置。

1）海洋处置

海洋处置主要分为海洋倾倒与远洋焚烧两种方法。海洋倾倒是将固体废物直接投入海洋的一种处置方法。进行海洋倾倒时，首先要根据有关法律规定，选择处置场地，其次要根据处置区的海洋学特性、海洋保护水质标准、处置废弃物的种类及倾倒方式进行技术可行性研究和经济分析，最后按照设计的倾倒方案进行投弃。远洋焚烧，是利用焚烧船将固体废弃物进行船上焚烧的处置方法。废物焚烧后产生的废气通过净化装置与冷凝器，冷凝液排入海中，气体排入大气，残渣倾入海洋。这种技术适于处置易燃性废物，如含氯的有机废弃物。近年来，随着人们对保护环境生态重要性认识的加深和总体环境意识的提高，将固体废物不加以限制地向海洋投弃已经受到国际舆论的强烈谴责。为此，海洋处置已受到越来越多的限制。我国政府对海洋处置持否定态度并制定了一系列有关海洋倾倒的管理条例。

2）陆地处置

陆地处置的方法有多种，包括土地耕作、工程库或贮留池贮存、深井灌注以及土地填埋等几种。其中，土地填埋法是最常用的一种方法。

（1）土地耕作：土地耕作处置是指利用现有的耕作土地，将固体废物分散在其中，利用表层土壤的离子交换、吸附、微生物降解以及渗滤水浸出、降解产物的挥发、植物吸收及风化等综合作用使固体废物污染指数逐渐达到背景程度的一种方法。该技术具有工艺简单、费用适宜、设备易于维护、对环境影响很小、能够改善土壤结构、增长肥效等优点，主要用于处置含盐量低、不含毒物、可生物降解的固体废物。如污泥和粉煤灰施用于农田作为一种处理方法已引起重视。生产实践和科学研究工作证明，施污泥、粉煤灰于农田可以肥田，起到改良土壤和增产的作用。需要注意的是，含重金属等有毒、有害物质绝不可施用，以防进入生物循环系统。

（2）工程库或贮留池贮存：工程库或贮留池贮存是指利用具有一定拦截、阻滞作用的构筑物来对固体废物实施贮存的一种处置方式。该技术具有容量大、工艺简单、费用低、操作方便等特点。常见的有用于一般工业固体废物的筑坝堆存方式以及危险废物贮存设施。如粉煤灰等湿排灰的筑坝堆存，目前正在发展多级坝，利用天然土石方堆筑母坝，然后贮灰，贮满后再在其上利用已贮好的部分灰、粉作为堆筑子坝的材料逐层堆筑子坝。此法具有以灰、粉筑坝，且能贮存灰粉，较一次筑坝可节省投资，缩短工期等优点。在对危险废物进行贮存过程中，要贯彻落实《固废法》，加强监督管理，防止造成环境污染。

（3）深井灌注：深井灌注又称地下灌注，是通过深井将液体污染物注入地下多孔的岩石或土壤地层的污染物处理技术，是一种利用地质方法处理污染物的技术。该法将固体废物液化形成真溶液或乳浊液，用强制性措施注入地下与饮用水和矿脉层隔开的可渗性岩层内。其剖面示意图见图4.39。

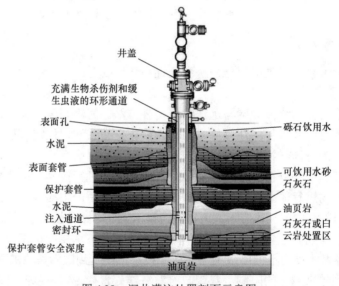

图4.39 深井灌注处置剖面示意图

深井灌注不是简单的地下排放，它是将废液置于生物圈以外的一种安全的环境处置手段。具体方法是在地质条件适合的地方构建一个非常深并由多重密闭的材料制成的一个灌注井，一般为双壁的钢铁与混凝土结构，以阻断地下水与废料之间的任何接触。然后将废料灌注到地下四分之一英里（约400 m）至两英里（约3200 m）并与地下可饮用水源通过几百英尺（百米左右）的非渗透岩层（隔挡层）隔开的地下深层构造中。当深井达到服务年限后用水泥或其他材料妥善封闭。在封闭的地质储存空间中，废弃物不参与人类和生物的物质循环，达到安全处置废液目的。此外，还具有以下优点：减轻对大气、水体和浅地层环境压力；置换出地表环境容量；当环境容量高度稀缺和处理成本较高时，可以减少污染物处理成本。

（4）土地填埋处置：土地填埋是从传统的堆放和填埋处置发展起来的一项最终处置技术。因其工艺简单、成本较低、适应范围广，长期以来广泛应用于生活垃圾、工业固体废物及危险废物的最终处置，本书将在第 7 章重点介绍固体废物的填埋处置技术。

小　　结

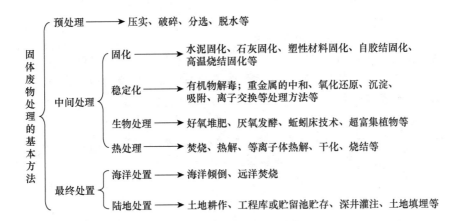

固体废物处理的基本方法
- 预处理 —— 压实、破碎、分选、脱水等
- 中间处理
  - 固化 —— 水泥固化、石灰固化、塑性材料固化、自胶结固化、高温烧结固化等
  - 稳定化 —— 有机物解毒；重金属的中和、氧化还原、沉淀、吸附、离子交换等处理方法等
  - 生物处理 —— 好氧堆肥、厌氧发酵、蚯蚓床技术、超富集植物等
  - 热处理 —— 焚烧、热解、等离子体热解、干化、烧结等
- 最终处置
  - 海洋处置 —— 海洋倾倒、远洋焚烧
  - 陆地处置 —— 土地耕作、工程库或贮留池贮存、深井灌注、土地填埋等

 **知识链接**

 思考与练习题

一、名词解释

压缩比　破碎比　筛分效率　浸出率

二、填空题

1. 列举两种适于废旧轮胎破碎的方法/设备：_____、_____。
2. 常用的机械力破碎设备有_____、_____与_____等。
3. 重力分选有_____、_____、_____与_____等几种形式。
4. 浮选药剂按作用不同分为_____、_____与_____三大类。
5. 常用的污泥脱水设备有_____、_____、_____与_____。
6. 有机固体废物的厌氧发酵过程分为_____、_____和_____三个阶段。

三、选择题

1. 下列不属于固体废物预处理技术的是（　　）。
　A．破碎　　　　B．压实　　　　　　C．焚烧　　　　　　D．分选

2．以下属于固体废物非机械能破碎方法的是（　　　）。

    A．剪切破碎　　　B．冲击破碎　　　　C．低温破碎　　　　D．磨碎

3．低温破碎的理由是（　　　）。

    A．低温下脆化　B．破碎成本低　　C．破碎过程清洁　　D．省电

4．筛分是利用物质间（　　　）的性能差异来实现固体废物的分选的。

    A．表面湿润性差异　　　　　　　　B．密度差异

    C．磁性差异　　　　　　　　　　　D．粒度差异

5．可用磁选方法回收的垃圾组分是（　　　）。

    A．废纸　　　　　B．塑料　　　　　C．废铁　　　　　D．玻璃

6．浮选法是利用物质间（　　　）的性能差异来实现固体废物的分选的。

    A．表面湿润性差异　　　　　　　　B．密度差异

    C．磁性差异　　　　　　　　　　　D．粒度差异

7．在我国农村，农民利用风车可将收获的稻谷分成饱满颗粒、虚瘪颗粒和灰。这种风车的原理是利用物质间（　　　）的差异性来实现分选的。

    A．导电性　　　　B．密度　　　　　C．磁性　　　　　D．粒度

8．下列说法中对水泥固化法描述错误的是（　　　）。

    A．水泥固化过程中 pH 值控制越高越有利于重金属形成沉淀化合物

    B．处理技术相当成熟

    C．无须特殊设备，处理成本低

    D．固化体的体积和质量增加较多

9．下列说法中对塑性固化法描述错误的是（　　　）。

    A．固化体的渗透性较低　　　　　　B．成本低廉，无须特殊设备和技术

    C．对水溶液有良好的阻隔性　　　　D．固体废物的增容比小

10．适用于热解处理的固体废物不包括（　　　）。

    A．废塑料　　　　B．秸秆　　　　　C．粉煤灰　　　　D．废轮胎

四、判断题

1．稳定化处理是一个将有毒有害污染物转变为低溶解性、低迁移性及低毒性的过程。

    （　　　）

2．沼气是固体废物厌氧发酵的产物。（　　　）

3．含纸比较多的城市生活垃圾适宜用低温破碎的方法进行预处理。（　　　）

4．颚式破碎机具有结构简单、坚固、维护方便、工作可靠等特点，常用于细碎过程。

    （　　　）

5．固体废物的热解是指在缺氧或无氧的条件下，使可燃性固体废物在高温下分解，最终成为可燃气、油、固形炭的过程。（　　　）

五、简答题

1．固体废物预处理方法有哪些？其处理目的分别为何？

2．固体废物的分选方法有哪些？在工程上如何合理选择利用？

3．何谓固体废物的固化/稳定化处理？常见的固化/稳定化处理技术有哪些？分别具

有哪些特点？其适用范围是什么？

  4．堆肥腐熟程度如何判断？

  5．好氧堆肥处理的工艺参数该如何控制？

  6．影响厌氧发酵的因素有哪些？

  7．高温热处理技术主要有哪些？适于处理何种性质的固体废物？

  8．热解处理有何特点？其工艺过程受哪些因素影响？

第5章 固体废物资源化

☞ **学习目标**

知识目标
- 掌握金属的分类及资源化利用原理。
- 熟悉常见非金属的资源化利用技术。
- 理解固体废物资源化的意义及原则。

能力目标
- 熟悉黑色金属、有色金属、废电池及电子废物、废机动车和废电器电子产品等废弃物的资源化技术。
- 熟悉石化工业固体废物、纺织品固体废物、废弃家电和餐饮废弃物等废弃物的资源化技术。

素质目标
- 能够对煤矸石、粉煤灰、尾矿（共伴生矿、废石）、冶炼渣、工业副产石膏、建筑垃圾和农作物秸秆七大类大宗固体废物资源化技术进行分析比选。

☞ **必备知识**

- 熟悉各类废弃物处理处置各类方法及典型工艺，重点掌握废弃黑色金属、废电池及电子废物、废电器电子产品、废弃家电、餐饮废弃物、尾矿、建筑垃圾等废弃物的资源化新方法及工艺。

☞ **选修知识**

- 关注固体废物资源化的政策导向及新工艺。

5.1 金属废弃物资源化

5.1.1 概述

通常，人们根据金属的颜色和性质等特征把金属主要分成两大类，即黑色金属和有色金属。黑色金属主要指铁、锰、铬及其合金，如钢、生铁、铁合金、铸铁等。黑色金属以外的非铁金属称为有色金属，如铝、镁、钾、钠、钙、锶、钡、铜、铅、锌、锡、钴、镍、锑、汞、镉、铋、金、银等64种金属及其合金。

所有的金属材料都来自金属矿产资源，矿产资源是有限且不可再生的。随着金属资源不断枯竭，世界大部分金属材料来源于金属废弃物循环利用方式——再生金属，工业发达国家再生金属产业规模大，废弃金属资源化率高。

废弃金属是指暂时失去使用价值的金属或合金，具体是指冶金工业、金属加工工业丢弃的金属碎片、碎屑，以及设备更新报废的金属器物等，还包括城市垃圾中回收的金属包装容器和废车辆等金属物件。如果随意弃置这些废旧金属，既造成了环境的污染，又浪费了有限的金属资源。

目前，全世界金属材料总产量中钢铁约占 95%，是金属材料的主体，因此，废金属中也以黑色金属占绝大比例，为 90% 以上。实际表明，回收 1 t 废钢铁可炼得好钢 0.9 t，与用矿石冶炼相比，可节约成本 47%，还可以节约炼钢所需的能源，同时还可减少空气污染、水污染和固体废弃物产生。

废有色金属是指生产与消费过程中已完成使用寿命的器件中所含有的有色金属部件及材料。回收废有色金属也是节约能源、减少环境污染的有效手段。以铝为例，回收一个废弃的铝质易拉罐要比制造一个新易拉罐节省 20% 的资金，同时还可节约 90%～97% 的能源。同样，铜、铅、锌再生金属的节能率分别达到 82%、72% 和 63%；金、银、铂等贵金属和镍、铬、钛、铌、钴等稀有金属的再生金属的节能率为 60%～90%。

本节选择典型的废黑色金属与废有色金属资源化进行介绍。

5.1.2　废黑色金属资源化

废黑色金属一般以废钢铁为主。

1. 废钢铁回收资源化常用的处理工艺与方法

1）磁选

磁选是分选铁基金属最有效的方法。将固体废物输入磁选机后，磁性颗粒在不均匀磁场作用下被磁化，从而受到磁场吸引力的作用，使磁性颗粒被吸到圆筒上，并随圆筒进入排料端排出；非磁性颗粒由于所受的磁场作用力很小，仍留在废物中。磁选所采用的磁场源一般为电磁体或永磁体两种。

2）清洗

清洗是用各种不同的化学溶剂或热的表面活性剂，清除钢件表面的油污、铁锈、泥沙等。常用来大量处理受切削机油、润滑脂、油污或其他附着物污染的发动机、轴承、齿轮等。

3）预热

废钢经常沾有油和润滑脂之类的污染物，不能立刻蒸发的润滑脂和油会对熔融的金属造成污染。露天存放的废钢受潮后因夹杂水分和其他润滑脂等易汽化物料，会因炸裂作用而迅速在炉内膨胀，也不宜加入炼钢炉。为此，许多钢厂采用预热废钢的方法，使用火焰直接烘烤废钢铁，烧去水分和油脂，再投入钢炉。在废钢预热中，需解决两个问题：第一，不完全燃烧的油脂能产生大量的碳氢化合物，会造成大气污染，必须设法解决；第二，由于输送带上的废钢大小不同，厚度不同，造成预热及燃烧不均匀，需对废钢上的污染物彻底清洗。

4）机械加工

机械加工法就是用专门的废钢加工机械对废钢加工处理，达到提高废钢质量，利于入炉冶炼和便于运输的目的。废钢铁加工机械品种很多，用户可按废钢铁的加工要求和企业生产规模及经济承受能力选用合适的废钢加工设备。

当前，废钢加工设备分加工设备及辅助上料设备。常用的加工方法有打包、压块、剪断、破碎等。

（1）机械打包。机械打包就是用金属打包机在常温下将轻薄废钢料压制成有一定形状和密度的包块。这种包块可以入炉冶炼，还便于运输，从而节省了运力，并减少了运输过程中对环境的污染。机械打包加工废钢的缺点是机器没有分选除杂功能，不能保证包块的纯洁度，对炼钢质量有一定影响。

（2）机械压块。机械行业生产过程中大量的金属切削加工，产生大量的钢屑、铸铁屑、铜屑、铝屑等切屑。这些切屑如果弃之，不但是资源的浪费，还严重污染环境。将其回收，经加工后回炉冶炼是有效的处理途径。

金属切屑的加工设备是金属屑压块机，其加工方法是在常温下将铸铁屑、铜屑、铝屑直接压制成密度较高的圆柱体。如果是长条状钢屑，则在压制前先要将钢屑破碎，再压制。

经压块机加工出的废钢屑压块，一般密度在 4500 kg/m^3 以上，大大缩小了切屑的体积，提高了运力又可回炉冶炼，还可减少运输过程中对环境的污染。

（3）机械剪断。剪断就是用废钢剪断机将长条形的废钢剪断至合适的长度，以便冶炼，目前主要的废钢剪断机有鳄鱼式、双刃鳄鱼式和门式 3 种结构类型。剪断后配以分选、除尘装置，有利于废钢分选、除尘，可提高废钢的纯净度。

（4）机械切碎与机械破碎。机械切碎是将废金属罐类、汽车门等物品切成碎料。

机械破碎就是用破碎机械将废钢破碎。因破碎对象不同而有不同的破碎机。当前，破碎的对象是钢屑和统废钢。破碎钢屑的是碎屑机，破碎统废钢的是废钢破碎线。废钢破碎线制造技术复杂，生产成本高，但因其技术先进，加工范围大，生产率高，又能分选出有色金属，剔除非金属杂物，加工出纯洁度高的优质废钢，而且加工过程中对环境污染较少，所以是比较理想的废钢加工设备。

（5）其他辅助设备。液压式抓吊是为适应现各钢铁企业的实际需要而研制开发的废钢加工辅助设备，可抓取各种类的块石、废钢、垃圾等物料。有移动式和固定式两种。抓斗可配装在废钢加工设备上，采用悬挂方式，由液压动力驱动。

输送分离设备通过永久磁力滚筒传送产生排斥力的作用，将传送带上的有色金属按照不同的种类进行分离，如铜、铅、铝等。同时也可对非金属进行分离，在输出端设置不同的装置达到分离的目的。

2. 废旧钢桶的回收利用

钢桶在工业上广泛使用，这也导致大量废旧钢桶的产生。回收利用工作一般包括下列步骤：收集→再加工→制成产品→销售。当然，废旧钢桶回收利用工作需要下面 4 个条件的支持：一是有连续不断的废桶来源，二是有可行的回收和再处理工艺，三是用废桶生产出的产品有用途、有市场，四是具有较好的经济效益。废旧钢桶的回收利用一般有 3 种方法：一是将废钢桶进行清洗、脱漆、整形、重新涂装后继续投入使用，二是利用旧桶板料制造其他产品，三是将废钢桶熔化后铸成钢锭。

1）旧桶翻新

目前国内从事旧桶翻新的企业也有不少，技术和设备也在不断开发。但其主要的清洗、脱漆和再涂装工艺过程中仍有大量"三废"产生。

采用机械方法脱漆的环保效果明显优于使用脱漆剂；采用残余废液再利用后排放的清洗工艺的环保效果也明显优于直接排放。

2）利用旧桶板料制造其他产品

有的企业将旧桶凿开展平，利用冲压等方法制成其他产品，有的也将板料制成容量小一点的桶等。在此回收利用的过程中，如废板料仍需清洗和脱漆，则也应该注意"三废"的治理，以减少对环境的污染。

3）旧钢桶熔化再利用

废旧钢桶的主要回收方法是将废桶和其他成分熔化铸成生钢锭。在反复回收使用中，金属本身不会损失强度。但是回收马口铁桶和镀锌桶时可能会出现问题。由于少量的锡或锌，即使低于 0.01%，也可能在钢中形成硬化，使以后的轧钢产生困难，所以目前仅有少量的马口铁桶及镀锌桶直接用于熔炉回收。

由于废旧钢桶中多少都有些残余的内容物，在熔化高温下，有的分解为气体，有的燃烧后变成一氧化碳或二氧化碳，有些变成熔渣。这样，便又产生了环境的污染。近年来，有人还设计生产出一种双金属桶，有的钢桶封闭器是采用铝或铜等材料制造，这就给回收利用造成了更大的麻烦。所以，包装设计时应该充分考虑对环境产生的影响及最终的处理，并能在适当时可以回收利用和重复使用。

5.1.3　废有色金属资源化

1. 分选方法

废有色金属回收时应先进行分选，其目的是对废有色金属做初步的分类选择回收，以便于后续的资源化处理。其分选方法包括物理法、化学法、生物法和人工分选法 4 种。

1）废有色金属的物理分选

废有色金属的物理分选技术同样是以粒度、密度、磁性、电性、光学等颗粒物理性质差别为基础，如筛分、粉磨、重力分选、浮选、磁流体分选、电场分选、拣选等，本章不再赘述。

2）废有色金属的化学分选

将固体物料加入液体溶剂内，让固体物料中的一种或几种有用金属溶解于液体溶剂中，以便下一步从溶液中提取有用金属。按浸出剂的不同，浸出方法又可分为水浸、酸浸、碱浸、盐浸和氰化浸等。如可用盐酸浸出物料中的铬、铜、镍、锰等金属；从煤矸石中浸出结晶三氯化铝、二氧化钛等。在生产中，应根据物料组成、化学组成及结构等因素选用浸出剂。浸出过程一般是在常温、常压下进行的，但为了使浸出过程得到强化，也经常使用高温、高压浸出。

3）废有色金属的生物分选

生物分选又称细菌冶金，是利用某些微生物的生物催化作用，使矿石或固体废物中的金属溶解出来，从而能够较为容易地从溶液中提取所需要的金属。与普通的"采矿—选矿—火法冶炼"相比，设备简单，操作方便，特别适宜处理废矿、尾矿和炉渣，可综合浸出，分别回收多种金属，但该法目前主要在铜、铀的冶炼方面比较成熟。

4）废有色金属的人工分选

这种方法是从传送带上进行人工分选。这种方法效率低，不能适应大规模再生利用系统。不过，仅靠机械设备分选，虽然速度快，但往往达不到非常理想的效果，所以通常采用机械结合人工分选的方法。

2. 再生铜的回收加工与利用

随着全球铜工业的不断发展，对于原料的需求也逐渐增加，供需矛盾越来越突出，矿石原料供应日渐紧张，越来越多的企业将目光转移到再生铜。从含铜废杂物料中回收利用铜而得到含铜的产品称为再生铜。

在所有金属中，铜的再生性能最好，废铜是铜工业的一个重要原料来源。在铜及其合金的生产、加工和消费过程中所产生的废品、边角屑末、废仪器设备部件和生活用品等，均为再生铜的生产原料。废铜的主要来源有两类：一类是新废铜，它是铜工业生产过程中产生的废料；另一类是旧废铜，它是使用后被废弃的物品，如从旧建筑物及运输系统抛弃或拆卸的叫旧废杂铜。一般来说，用于再生的废铜中新废铜占一半以上；而全部废杂铜经再加工后有大约 1/3 以精铜的形式返回市场，另外 2/3 以非精炼铜或铜合金的形式重新使用。

废杂铜已成为世界上生产电解铜的重要原料之一。直接应用废杂铜的前提是严格的分类堆放及严格的分拣。直接应用废杂铜具有简化工艺、设备简单、回收率高、能耗少、成本低、污染轻等优点。直接应用废杂铜的多少，大体上反映了一个国家铜的再生水平。相比之下，我国废杂铜的直接使用率较低，仅占废杂铜总回收量的 30%～40%。

由于废杂铜来源各异，种类繁多，化学成分与物理规格各不相同，因而处理的方法不同，回收利用技术和工艺也有所不同，熔炼的目的也有差别。但一般都将其分为预处理和再生利用两部分。所谓预处理，就是对混杂的废杂铜进行分类，并挑选出机械夹杂的其他废弃物，除去废铜表面的油污等，最终得到品种单一、相对纯净的废铜，为熔炼提供优良的原料，从而简化了熔炼过程。废杂铜再生利用的方法很多，主要可分为两大类，即废杂铜的直接利用和间接利用。直接利用是将高质量的废铜直接熔炼成精铜或铜合金，间接利用是通过冶炼除去废杂铜中的其他金属，并将其铸成阳极铜和阴极铜，再经过电解（电积）得到电解铜。

下面将分别介绍废铜的预处理技术及再生利用工艺。

1）废电线、电缆的预处理

废电线、电缆的预处理目的主要是使铜线和绝缘层分离，方法主要有如下 4 种。

（1）机械分离法。该法又可分为两种。一是滚筒式剥皮机加工法。该法适合处理直径相同的废电线和电缆。该法有如下特点：可综合回收废电线电缆中的铜和塑料，综合利用水平较高；产出的铜屑基本不含塑料，减少了熔炼时塑料对大气的污染；工艺简单，易于机械化和自动化。但此种设备的缺点是工艺过程中耗电较高，刀片磨损较快。二是剖割式剥皮机加工法。该法适合处理粗大的电缆和电线。

（2）低温冷冻法。该法即用低温冷冻法使废电线的铜与绝缘层分离。该法适合处理各种规格的电线和电缆。废电线电缆先经冷冻使绝缘层变脆，然后经震荡破碎使绝缘层与铜线分离。

（3）化学剥离法。该法采用一种有机溶剂将废电线的绝缘层溶解，达到铜线与绝缘层分离的目的。该法的优点是能得到优质铜线，但缺点是产生的废液处理比较困难，而且溶剂的价格较高。该技术的发展方向是研究一种廉价实用的有效溶剂。

（4）热分解法。该法用热分解的方法烧掉绝缘层，得到铜线。废电线电缆先经过剪切，由运输给料机加入热解室热解，热解后的铜线由炉排运输机送到出料口水封池，被装入产品收集器中，铜线可作为生产精铜的原料。热解产生的气体送到补燃室中烧掉其中的可燃物质，再送入反应器中用氧化钙吸收其中的氯气后排放，生成的氯化钙可作为建筑材料。

2）废杂铜再生工艺

所有的废铜都可以再生。再生工艺一般如下：首先把收集的废铜进行分拣，没有受污染的废铜或成分相同的铜合金可以回炉熔化后直接利用，被严重污染的废铜要进一步精炼处理去除杂质；对于相互混杂的铜合金废料，则需熔化后进行成分调整。通过这样的再生处理，铜的物理、化学性质不受损害，使它得到完全的更新。

目前我国生产再生铜的方法主要有两种。

（1）将废杂铜直接熔炼成不同牌号的铜合金或精铜，所以又称直接利用法。

（2）将杂铜先经火法处理铸成阳极铜，然后电解精炼成电解铜并在电解过程中回收其他有价元素。工艺流程见图 5.1。

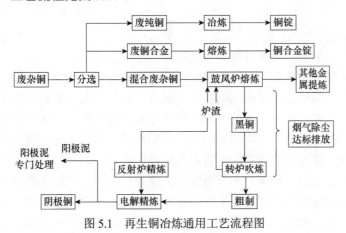

图 5.1　再生铜冶炼通用工艺流程图

3）再生铜加工铜材

再生铜加工铜材是以电解铜为原料生产各种铜材。同时利用部分高品位（92%以上）的紫杂铜，经过相当于阳极炉的火法精炼后，直接与其他铜熔融体混合浇铸成棒坯或板坯。主要产品有各种类型的紫铜管、紫铜带、紫铜板、铜合金棒材、型材。这一工艺对废杂铜的分类与管理要求十分严格。

4）从混合废料中回收铜

有一种处理含铜量波动很大的高含铜量混合废料的方法，在工艺过程中，高含量的混合废料经过破碎→风选→磁选→切碎处理后，用三层筛分成粗、中、细 3 种物料，然后 3 种物料根据所含的金属量、形态和种类不同，则采用不同的重选工艺进行处理。

5）从含砷的废料中回收铜

将含砷高的烟尘造浆后加入高压釜中浸出，浸出液除钼后用铁屑置换，产出的海绵铜返回熔炼系统生产金属铜，置换沉铜后的母液再回收锌和镉，然后再送水处理车间回收砷。

3. 再生铝的资源化

1）废铝的基本情况

铝是目前世界上除钢铁外用量最大的金属。在有色金属中，铝无论在储量、产量、用量方面均属前位。铝的使用范围十分广泛。民用、军用、建筑、运输、交通、电子电信、家用电器、电力、机械等行业，各行各业中铝合金属几乎无所不在。随着产量、使用量的增加，废弃铝制品量也越来越大。而且，许多铝制品都是一次性使用，从制成产品至产品丧失使用价值时间较短。因此，这些废弃杂料成了污染之源。铝从矿石到制成金属，再到制成品成本极高、耗能巨大，仅电解一道工序生产 1 t 金属铝就需电 13 000～15 000 kW·h。而对废弃金属铝再生、利用能使能耗、辅料消耗大大降低，节约资源、成本。因此，废弃铝的回收、再利用，无论从节约地球上资源，节约能耗、成本，缩短生产流程周期，还是从环境保护、改善人类生态环境等各方面都意义重大。

废铝多来源于汽车交通、废铝饮料罐、废建筑铝材和电器铝材（废铝电线、导电排等）。一些小废铝制品如家用电器、体育用品等，随着再生技术的发展，其利用率也不断提高。

2）废杂铝的再生加工工序

废杂铝的再生加工一般经过以下 4 道基本工序。

（1）废铝料制备。首先，对废铝进行初级分类，分级堆放，如纯铝、变形铝合金、铸造铝合金、混合料等。对于废铝制品，应进行拆解，去除与铝料连接的钢铁及其他有色金属件，再经清洗、破碎、磁选、烘干等工序制成废铝料。对于轻薄松散的片状废旧铝件，如汽车上的锁紧臂、速度齿轮轴套以及铝屑等，要用液压金属打包机打压成包。对于钢芯铝绞线，应先分离钢芯，然后将铝线绕成卷。

铁类杂质对于废铝的冶炼是十分有害的，铁质过多时会在铝中形成脆性的金属结晶体，从而降低其机械性能，并减弱其抗蚀能力。含铁量一般应控制在 1.2%以下。对于含铁量在 1.5%以上的废铝，可用于钢铁工业的脱氧剂，商业铝合金很少使用含铁量高的废铝熔炼。目前，铝工业中还没有很成功的方法能令人满意地除去废铝中的过量铁，尤其是以不锈钢形式存在的铁。

废铝中经常含有油漆、油类、塑料、橡胶等有机非金属杂质，在回炉冶炼前，必须设法加以清除。对于导线类废铝，一般可采用机械研磨或剪切剥离、加热剥离、化学剥离等措施去除包皮。目前，国内企业常用高温烧蚀的办法去除绝缘体，但是烧蚀过程中将产生大量的有害气体，严重地污染空气。如果采用低温烘烤与机械剥离相结合的办法，先通过热能使绝缘体软化，机械强度降低，然后通过机械揉搓剥离下来，这样既能达到净化目的，同时又能回收绝缘体材料。废铝器皿表面的涂层、油污以及其他污染物，可采用丙酮等有机溶剂清洗，若仍不能清除，就应当采用脱漆炉脱漆。只要废物料在脱漆炉内停留足够的时间，一般的油类和涂层均能够清除干净。

对于铝箔纸，用普通的废纸造浆设备很难把铝箔层和纸纤维层有效分离，有效的分离方法是将铝箔纸首先放在水溶液中加热、加压，然后迅速排至低压环境减压，并进行机械搅拌。这种分离方法既可以回收纤维纸浆，又可回收铝箔。

废铝的液化分离是今后回收金属铝的发展方向，它利用一个允许气体微粒通过的过滤器，在液化层，铝沉淀于底部，废铝中附着的油漆等有机物在 450 ℃以上分解成气体、焦油和固体炭，再通过分离器内部的氧化装置完全燃烧。废料通过旋转鼓搅拌，与仓中的溶解液混合，砂石等杂质分离到砂石分离区，被废料带出的溶解液通过回收螺旋桨返回液化仓。这一方法将废铝杂料的预处理与重新熔铸相结合，既缩短了工艺流程，又可以最大限度地避免空气污染，而且使得净金属的回收率大大提高。

（2）配料。根据废铝料的备制及质量状况，按照再生产品的技术要求，选用搭配合理的配料并计算出各类料的用量。配料应考虑金属的氧化烧损程度，硅、镁的氧化烧损较其他合金元素要大，各种合金元素的烧损率应事先通过实验确定。废铝料的物理规格及表面洁净度将直接影响再生成品质量及金属实收率，除油不干净的废铝，最高将有 20%的有效成分进入熔渣。

（3）再生变形铝合金。用废铝合金可生产的变形铝合金有 3003、3105、3004、3005、5050 等，其中主要是生产 3105 合金。为保证合金材料的化学成分符合技术要求及压力加工的工艺需要，必要时应配加一部分原生铝锭。

（4）再生铸造铝合金。废铝料只有一小部分再生为变形铝合金，约 1/4 再生成炼钢用的脱氧剂，大部分用于再生铸造用铝合金。再生铸造铝合金的工艺流程如图 5.2 所示。

3）废易拉罐的回收利用

易拉罐是一种常用的消耗品，用过即废。我国年生产易拉罐 100 亿只，消耗 3004 合金 18 万 t。我国每年至少产生 8 万 t 废易拉罐，另外还进口一部分废易拉罐，总量可达 20 万 t 以上。易拉罐所用材料是一种档次较高的铝合金，但由于技术落后，废易拉罐几乎全部被降级使用。我国目前在利用的废铝中，废易拉罐的利用还处在初级阶段。

易拉罐的罐身、罐盖、拉环所含的元素成分均不相同，如：罐身含小于 1%的镁，而含铜、锰较少；罐盖含镁超过 2%，铜、锰含量均超过 1%；至于拉环，虽然在易拉罐中所占比例甚少，但含锰、铜量却也在 1%以上。

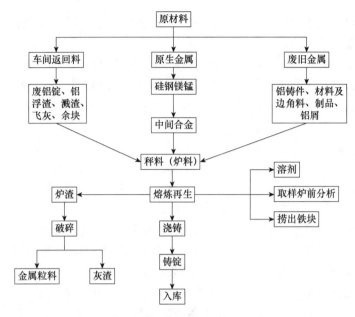

图 5.2　再生铸造铝合金的工艺流程

目前还没有一种简单、经济的方法将易拉罐的 3 种不同成分的合金分开，只能采用全部重熔的方法回收易拉罐以得到含有较多合金成分的重熔铝锭，该种重熔铝锭的成分一般为：镁 1%～2%，铜 0.2%～0.3%，锰 0.4% 左右，余量可为铝，但受到熔炼中其他杂质元素的污染而有所变化，如精炼剂的用量及成分。

易拉罐的回收主要有两个方面：一个是生产合金铝锭；另一个是重熔生产等外铝锭，这种铝锭可用于诸如铁合金、炼钢等行业。但重熔法生产等外铝锭，在严格操作的情况下，铝的直收率最高只能达到 83% 左右，其中还包括了从铝渣中经精炼回收的次等铝。

国外废易拉罐的利用途径主要如下：①生产炼钢脱氧剂；②生产再生铝锭；③生产一种近似纯铝锭的产品，做合金配料的原料；④熔炼成原牌号（3004）的铝合金，直接用于生产易拉罐。其中，利用废易拉罐生产原牌号的铝合金是最佳途径。

目前国内对废易拉罐的利用途径有以下几种。

（1）直接熔炼成粗铝锭。把废易拉罐在熔炼炉中混炼，最终得到一种类似于熟铝的金属锭，但这种杂铝锭有时在市场上假冒纯铝锭，影响不良。

（2）用于冶炼某些牌号合金。一些比较规范的企业在熔炼铸造铝合金时，需要加入一些纯铝锭调整成分，但往往会增加合金的镁含量，此种办法对生产含镁较高的合金比较实用。

（3）与其他废熟铝混炼，生产杂铝锭。

（4）制造成炼钢的脱氧剂。

（5）生产铝粉。将废易拉罐在旋转式回转窑中进行脱漆处理，然后进行加工，生产低级铝粉。

4. 废旧贵金属的资源化

贵金属即金（Au）、银（Ag）、铂（Pt）、钯（Pd）、锶（Sr）、锇（Os）、铑（Rh）和钌（Ru）8 种金属。由于这些金属在地壳中含量稀少，提取困难，但性能优良，应用广泛，价格昂贵而得名贵金属。除人们熟知的金、银外，其他 6 种金属元素称为铂族元素（铂族金属）。

贵金属在地壳中的丰度极低，除银有品位较高的矿藏外，50%以上的金和 90%以上的铂族金属均分散共生在铜、铅、锌和镍等重有色金属硫化矿中，其含量极微、品位低至 ppm 级（单位以 mg/kg 计），甚至更低。

随着人类社会的发展，矿物原料应用范围日益扩大，人类对矿产的需求量也不断增加，因此，需要最大限度地提高矿产资源的利用率和金属循环使用率。由于贵金属的化学稳定性很高，为它们的再生回收利用提供了条件，加之其本身稀贵，再生回收有利可图。

贵金属在使用过程中本身没有损耗，且在部件中的含量比原矿要高出许多，各国都把含贵金属的废料视作不可多得的贵金属原料，并给予足够的重视。且纷纷加以立法，并成立专业贵金属回收公司。

随着经济发展和生活水平的提高，我国的各类电子设备、仪器仪表、电子元器件和家用电器等淘汰率迅速提高，形成大量的废弃物，不仅浪费了资源和能源，而且造成严重的环境影响。随着时间的延续，更新的数量还会增加。如果作为城市垃圾埋掉、烧掉，必将造成空气、土壤和水体的严重污染，影响人民的身体健康；且电子设备的触点和焊点中都含有贵金属，应设法回收再利用。

1）金的回收技术

（1）从贴金文物铜回收金。采用氧化焙烧法从废贴金文物铜回收金。废贴金文物铜放入特制焙烧炉内，于 800 ℃恒温氧化焙烧 30 min，取出放入水中，贴金层附在氧化铜鳞片上与铜基体脱离。然后用稀硫酸溶解，溶解渣分离提纯黄金。此法特点是焙烧时无污染废气。用此法处理废贴金文物铜 300 kg，回收黄金 1.5 kg。金回收率>98%，基体铜回收率>95%，副产品硫酸铜可作杀虫剂。

（2）从废电子元件中回收金。可以采用硫脲和亚硫酸钠作电解液，石墨作阴极板，镀金废料作为阳极进行电解退金。通过电解，镀层上的金被阳极氧化为 Au^+ 后即与硫脲形成络阳离子 $Au[SC(NH_2)_2]^{2+}$，随即被亚硫酸钠还原为金，沉于槽底，将含金沉淀物分离提纯获得纯金粉。基体材料可回收镍和钴。此工艺金的回收率为 97%～98%。产品金纯度>99.95%。

（3）从废催化剂中回收金和钯。采用盐酸加氧化剂多次浸出，使金和钯进入溶液，锌粉置换，盐酸加氧化剂溶解，草酸还原得纯金粉；还原母液用常规法提纯钯。金、钯纯度均可达 99.9%。回收率分别为 97%和 96%。

2）银的回收技术

（1）电解退银新工艺。以石墨板为阴极，不锈钢滚筒为阳极，滚筒上有许多细孔。柠檬酸钠和亚硫酸钠为电解液，镀银件从滚筒首端进入，从滚筒尾端送出。镀件表层上的银进入电解液，镀件基体完好无损可返回重新电镀使用。银回收率为 97%~98%，银粉纯度 99.9%。

（2）废银-锌电池的回收利用。废银锌电池含银 52.55%、含锌 42.7%。锌为负极，氧化银为正极涂在铜网骨架上。物资再生利用研究所采用稀硫酸分别浸锌和铜，银粉直接熔锭。稀硫酸浸铜时加入氧化剂，含锌液经浓缩结晶生产硫酸锌，含铜液浓缩结晶生产硫酸铜。锌回收率>98%，银回收率 98%，银锭纯度>99%。

（3）从废胶片中回收银。方法一：使用稀硫酸液洗脱彩片上含银乳剂层，氯盐加热沉淀卤化银，氯化焙烧或有机溶剂洗涤除有机物，碱性介质用糖类固体悬浮还原得纯银。银纯度 99.9%，直收率 98%。方法二：采用硫代硫酸钠溶液溶解废胶片上的卤化银，溶解过程中加入抑制剂阻止胶片上明胶的溶解，溶解液经电解回收银，片基回收利用。银浸出率>99%，回收率 98%，银纯度 99.9%。此法已应用于工业生产。

（4）从废定影液中回收银。感光材料经过曝光、显影、定影之后，黑白片上有 70%~80%的银进入定影液中，彩色片的银几乎全部进入定影液。从废定影液中回收银，在国内外均得到高度重视，进行了大量的研究工作，采用的回收方法为离子沉淀法、电解法、金属置换法、药物还原法、离子交换法等。电解法的优点是提银后的定影液可返回作定影使用，一般较大的电影制片厂均使用此法回收银。

3）铂族金属的回收技术

（1）硝酸工厂中回收铂的方法。硝酸生产所用铂、钯、铑三元合金催化剂网，生产中耗损的贵金属大部分沉积在氧化炉灰中。工艺流程如下：炉灰→铁捕集还原熔炼→氧化熔炼→酸浸→渣煅烧→湿法提纯→铂、钯、铑三元合金粉。Pt、Pd、Rh 直收率 83%，总收率 98%，产品纯度 99.9%。旧铂网回收工艺简单，废网经溶解、提纯、还原后再配料拉丝织网，其回收率>99%。

（2）玻璃纤维工业中铂的回收。方法一：将 Pt、Rh、Au 合金废料用王水溶解，赶硝转钠盐，过氧化氢还原分离金，离子交换除杂质，水合肼还原得纯 Pt、Rh。铂铑产品纯度 99%，回收率 99%。方法二：用"白云石-纯碱混合烧结法"从废耐火砖、玻璃碴中回收铂铑的工艺。废耐火砖经球磨、熔融、水碎、酸溶、过滤、滤渣用王水溶解，赶硝，离子交换；水合肼还原，获铂铑产品。铂铑总收率>99%，产品纯度 99.95%。

（3）从废催化剂中回收铂、钯。方法一：溶解贵金属法，采用高温焙烧、盐酸加氧化浸出，锌粉置换，盐酸加氧化剂溶解，固体氯化铵沉铂，锻烧得纯铂，产品铂纯度 99.9%，回收率 97.8%。方法二：物资再生利用研究所与核工业部五所合作采用"全熔法"浸出，离子交换吸附铂（或钯），铂的回收率>98%。钯的回收率>97%。产品纯度均>99.95%。方法三：废催化剂经烧炭，氯化浸出，氨络合，酸化提纯，最后水合肼还原获纯度>99.95%海绵钯，络合渣等废液中少量钯经树脂吸附回收。钯回收率>98%。

（4）废铂、铼催化剂回收。方法一：采取"全溶法"浸出，离子交换吸附铂、铼，沉淀剂分离铂、铼的方法。铂回收率>98%，铼回收率>93%，铂、铼产品纯度均>99.95%，尾液硫酸铝可作为生产催化剂载体原料。方法二：用萃取法回收废催化剂中的铂、铼。废催化剂用 40%硫酸溶解，溶解液中用 40%二异辛基亚砜萃取铼，反萃液生产铼酸钾，硫酸不溶渣灼烧除碳，酸溶浸铂，浸铂液经 40%二异辛基亚砜萃取铂，反萃液还原沉铂。铂的萃取率＞99%，反萃率＞99%，铂直收率＞97%，产品铂纯度99.9%；铼的萃取率＞99%，反萃率＞99%。

（5）铂铑合金分离提纯。铂铑合金用铝合金"碎化"稀盐酸浸出铝，得到细铂铑粉，盐酸加氧化剂溶解，溶液用三烷基氧化膦萃取分离铂铑，离子交换提纯铑。铑纯度99.99%，铑回收率 92%～94%。

（6）从铼铱合金废料提纯铼。采用通氧燃烧分离铼铱，碱液吸收氧化铼，硫化钠沉淀，除硫得粗铼，再氧化，盐酸液吸收，氯化铵沉淀，氢还原，制取纯铼粉，铼回收率＞98%。此方法适用于含铼 3%～8%的废料。

（7）笔尖磨削废料中钌的回收。生产自来水笔笔尖所用的特种耐磨合金，主要为钌基及铼铱基贵金属合金。这类原料目前我国仍靠进口，然而在制造笔尖的加工过程中，有近 50%混进磨削废料。故及时对磨削废料回收再生，不仅有利于贵金属的周转使用，而且对提高经济效益及节约外汇方面均有好处。用浮选法回收含钌 0.4%～1%的笔尖磨削废料。油酸钠为浮选剂，2#油为起泡剂，酸性介质。所得精矿含钌＞5%，尾矿含钌＜0.2%，钌回收率＞90%。

（8）从废催化剂渣中回收钯和铜。方法一：用 $HCl-H_2O_2$ 二段逆流浸出，黄药沉淀富集钯与铜分离法从含 Pd 0.8%、Cu 26.2%的废催化剂泥渣中回收铜和钯。回收率Pd＞98%，Cu＞95%。方法二：用稀 HCl 浸铜，铁置换铜，浸出渣氧化焙烧，稀王水浸出，锌粉置换，粗钯二氯二氨络亚钯法提纯，钯纯度 99.99%，回收率＞98%，铜回收率 92%。

5. 电镀污泥

1）电镀污泥概述

电镀污泥是指电镀废水处理过程中所产生的以铜、铬等重金属氢氧化物为主要成分的沉淀物，成分复杂。由于电镀废水量大、成分复杂、COD 高、重金属含量高，如不经处理任意排放，会导致严重的环境污染。在处理电镀废水的同时也将形成大量的电镀污泥，这些电镀污泥具有含水率高、重金属组分热稳定性高且易迁移等特点，若不妥善处理，极易造成二次污染。

电镀污泥属于偏碱性物质，pH 值为 6.70～9.77，水分、灰分均很高，分别为 75%～90%和 76 %以上；电镀污泥的组分分布极为不均，属于结晶度比较低的复杂混合体系。电镀污泥中主要含铬、铁、镍、铜、锌等重金属化合物及其可溶性盐类。电镀企业在初步处理电镀污泥时，都需要将电镀废液中的各种重金属盐类转化为相应的氢氧化物并沉淀固化，因而一般电镀厂家在处理电镀废液时都加入了相关的还原剂、中和剂及絮凝剂等化学药品，导致电镀污泥中化学组分增多，各种重金属化合物在组分中分散而含量偏低。特别是某些电镀企业采用石灰或电石作为中和剂，在中和处理时通过化学反应产生大量石膏或氢氧化钙，更使电镀污泥的总量增大、重金属组分含量降低，以致进一步的无害化处理、分离和综合利用较为困难。有学者经过实地调查发现，一般新处理产生的电镀污泥含水率很高，达 75%～80%，铬、镍、铁、铜及锌的化合物含量一般为 0.5%～3%（以氧化物计），石膏（硫酸钙）含量为 8%～10%，其他水溶性盐类及杂质含量在 5%

左右。由于各电镀厂产量小、点多，各种重金属污染扩散和流失可能性很大，加之各电镀企业的原料和工艺不同，电镀污泥处置方法不一样，单独处理和综合利用成本很高，长期堆存又将导致环境污染和有用资源的浪费。因此，应该采取有效的技术处理处置电镀污泥，并实现其稳定化、无害化，将所有不同组分的电镀污泥进行彻底的处理和综合利用，使之全部资源化而不再产生二次污染。

2）电镀污泥资源化技术

（1）酸浸法和氨浸法。酸浸法是固体废物浸出法中应用最广泛的一种方法，具体采用何种酸进行浸取需根据固体废物的性质而定。对电镀、铸造、冶炼等工业废物的处理而言，硫酸是一种最有效的浸取试剂，因其具有价格便宜、挥发性小、不易分解等特点而被广泛使用。国外以磷酸二异辛酯为萃取剂，对电镀污泥进行了硫酸浸取回收镍、锌的研究实验，硫酸对铜、镍的浸出率可达 95%～100%，而在电解法回收过程中，二者的回收率也高达 94%～99%；也可用其他酸性提取剂（如酸性硫脲）来浸取电镀污泥中的重金属，如利用廉价工业盐酸浸取电镀污泥中的铬，浸取时将 5 mL 工业盐酸（纯度为 25.8%，质量浓度为 113 g/mL）添加到大约 1 g 预制好的试样中，然后在 150 r/min 的摇床上振动 30 min，铬的浸出率高达 97.6%。

氨浸法提取金属的技术虽然有一定的历史，但与酸浸法相比，采用氨浸法处理电镀污泥的研究报道相对较少，且以国内研究报道居多。氨浸法一般采用氨水溶液作浸取剂，原因是氨水具有碱度适中、使用方便、可回收使用等优点。采用氨络合分组浸出—蒸氨—水解渣硫酸浸出—溶剂萃取—金属盐结晶回收工艺，可从电镀污泥中回收绝大部分有价金属，铜、锌、镍、铬、铁的总回收率分别大于 93%、91%、88%、98%、99%。针对适于从氨浸液体系中分离铜的萃取剂难以选择的问题，有学者开发了一种名为 N510 的萃取剂，该萃取剂在煤油-H_2SO_4 体系中能有效地回收电镀污泥氨浸液中的 Cu^{2+}，回收率高达 99%。还有学者对氨浸法回收电镀污泥中镍的研究表明，含镍污泥经氧化焙烧后的焙砂，用 NH_3 的质量分数为 7%、CO_2 的质量分数为 5%～7% 的氨水对焙砂进行充氧搅拌浸出，得到含 $Ni(NH_3)_4CO_3$ 的溶液，然后对此溶液进行蒸发处理，使 $Ni(NH_3)_4CO_3$ 转化为 $NiCO_3 \cdot 3Ni(OH)_2$，再于 800 ℃煅烧即可得商品氧化镍粉。

酸浸或氨浸处理电镀污泥时，有价金属的总回收率及同其他杂质分离的难易程度主要受浸取过程中有价金属的浸出率和浸取液对有价金属和杂质的选择性控制。酸浸法的主要特点是对铜、锌、镍等有价金属的浸取效果较好，但对杂质的选择性较低，特别是对铬、铁等杂质的选择性较差；而氨浸法则对铬、铁等杂质具有较高的选择性，但对铜、锌、镍等的浸出率较低。

（2）生物浸取法。生物浸取法的主要原理：利用化能自养型嗜酸性硫杆菌的生物产酸作用，将难溶性的重金属从固相溶出而进入液相成为可溶性的金属离子，再采用适当的方法从浸取液中加以回收，作用机理比较复杂，包括微生物的生长代谢、吸附以及转化等。就能查阅的文献来看，利用生物浸取法来处理电镀污泥的研究报道还比较少，原因是电镀污泥中高含量的重金属对微生物的毒害作用大大限制了该技术在这一领域的应用。因此，如何降低电镀污泥中高含量的重金属对微生物的毒害作用，以及如何培养出适应性强、治废效率高的菌种，仍然是生物浸取法所面临的一大难题，但也是解决该技术在该领域应用的关键。

（3）熔炼法和焙烧浸取法。熔炼法处理电镀污泥主要以回收其中的铜、镍为目的。熔炼法以煤炭、焦炭为燃料和还原物质，辅料有铁矿石、铜矿石、石灰石等。熔炼以铜为主的污泥时，炉温在 1300 ℃以上，熔出的铜称为冰铜；熔炼以镍为主的污泥时，炉温在 1455 ℃以上，熔出的镍称为粗镍。冰铜和粗镍可直接用电解法进行分离回收。炉渣一般作建材原料。焙烧浸取法的原理是先利用高温焙烧预处理污泥中的杂质，然后用酸、水等介质提取焙烧产物中的有价金属。用黄铁矿废料作酸化原料，将其与电镀污泥混合后进行焙烧，然后在室温下用去离子水对焙烧产物进行浸取分离，锌、镍、铜的回收率分别为 60%、43%、50%。

（4）材料化技术。电镀污泥材料化技术是指利用电镀污泥为原料或辅料生产建筑材料或其他材料的过程。主要包括以下几个方面。

第一，制陶瓷材料。含铬电镀污泥在原料中的加入量高达 2%（干基质量分数）时，水泥烧结过程也能正常进行，而且烧结产物中铬的残留率高达 99.9%。此外，将电镀污泥与海滩淤泥混合可烧制出达标的陶粒。

第二，污泥铁氧体化处理。由于电镀污泥是电镀废水投加铁盐后调 pH 值及投加絮凝剂后发生沉淀的产物，故电镀污泥中一般含有大量的铁离子，尤其在含铬废水污泥中，采用适当的技术可使其变成复合铁氧体，电镀污泥中的铁离子以及其他多种金属离子被束缚在反尖晶石面型立方结构的四氧化三铁晶格格点上，其晶体结构稳定，达到了消除二次污染的目的。

第三，制作磁性材料。最适合制作磁性材料的含铬污泥是由铁氧体法产生的污泥。电解法和亚硫酸氢钠法产生的污泥也可制作磁性材料。为了使制作的磁性材料具备较强的磁性，在采用铁氧体法时，一定要控制好硫酸亚铁的加入量、加空气的程度、加温转化的温度，同时要将沉渣中的硫酸钠洗脱干净。

第四，烧砖。烧砖法是真正能够大量消纳污泥且能够得以维持的电镀污泥处置和利用方法。将电镀污泥与黏土按一定比例制成红砖和青砖，对样品砖进行浸出实验的结果表明，青砖浸出液中无 Cr^{6+} 检出，是安全可行的，但要采用合适的配比，否则其他金属的浓度可能超过国家标准。我国已比较广泛地应用这些技术，特别是将电镀污泥掺入黏土中烧砖，但由于烧砖过程要破坏大量土地，因此从长远来看应寻找新的电镀污泥处置方法。

电镀污泥的处理一直是国内外的研究重点，但仍存在许多亟须解决的问题，如传统的以水泥为主的固化技术、以回收有价金属为目的的浸取法存在对环境二次污染的风险等，想要解决这些问题则必须采取新的研究途径。近年来，利用热化学处理技术实现对电镀污泥的预处理或安全处置为未来电镀污泥的处理提供了更广阔的发展空间和前景。新近的研究显示，热化学处理技术在电镀污泥的减量化、资源化及无害化方面都有明显的优势。

3）电镀污泥资源化发展方向

今后有关电镀污泥处理方法和技术的发展主要集中在以下几个方面。

（1）电镀污泥的资源化利用，将电镀污泥加工成各类工业原料，通过这一途径真正做到废物利用，极大地减少对环境的危害。

（2）利用化学方法处理电镀污泥，并回收利用部分有用重金属。这种方法能以高品质的金属单质或高品位的化工试剂加以回收，经济效益十分可观。所以，化学方法处理电镀污泥技术的改进和优化将成为今后研究的热点。

（3）生物技术在环境污染治理方面已展示了强大的优势，利用生物技术去除城市污水、污泥中的重金属已取得可喜的研究成果，生物方法将为电镀污泥处理提供新的发展方向。

5.2 电子废物及报废机动车资源化

5.2.1 电子废物的资源化

1. 概述

电子废物，是指废弃的电子电器产品、电子电气设备（以下简称产品或者设备）及其废弃零部件、元器件和国家环境保护行政机关会同有关部门规定纳入电子废物管理的物品、物质。包括工业生产活动中产生的报废产品或者设备、报废的半成品和下脚料，产品或者设备维修、翻新、再制造过程产生的报废品，日常生活或者为日常生活提供服务的活动中废弃的产品或者设备，以及法律法规禁止生产或者进口的产品或者设备。电子废物分为三大类，即生活电子废物、工业电子废物和电子类危险废物。

生活电子废物，是指在生活活动中产生的电子废物，包含如电视机、电冰箱、空调、电子计算机等一系列范围广泛且不断增加的电子产品，主要产生于个人、家庭和小商家、大公司、研究机构和政府、最初的设备制造商等领域。

工业电子废物，是指在工业生产活动中产生的电子废物，包括维修、翻新和再制造工业单位以及拆解利用处置电子废物的单位（包括个体工商户），在生产活动及相关活动中产生的电子废物。

电子类危险废物，是指列入国家危险废物名录或者根据国家规定的危险废物鉴别标准和鉴别方法认定的具有危险特性的电子废物。包括铅酸电池、镉镍电池、汞开关、阴极射线管和多氯联苯电容器等的产品或者设备。

2021 年 2 月，产业信息网数据显示，我国是电子电器产品尤其是家用电器的生产和消费大国，目前电冰箱、电视机、洗衣机等家用电器的数量均在 1 亿台以上，而每年报废量可达 300 万～400 万台。2019 年中国拆解处理电器电子产品数量为 8417.1 万台，同比增长 3.9%；中国规范废弃电器电子产品拆解处理数量为 6887.1 万台，同比下降 9.2%。据生态环境部数据显示，2019 年中国废电视机拆解处理数量为 4355.2 万台；废电冰箱拆解处理数量为 1084.5 万台；废洗衣机拆解处理数量为 1582 万台；废房间空调器拆解处理数量为 624.9 万台；废微型计算机拆解处理数量为 770.4 万台。2019 年中国废电器拆解处理主要产物中，塑料 45.9 万 t，同比增长 8.5%；铁及其合金 45.8 万 t，同比增长 9.8%；压缩机 16.4 万 t，同比增长 22.4%；保温层材料 9.9 万 t，同比增长 20.7%；电动机 8.8 万 t，同比增长 11.4%；印刷电路板 6.7 万 t，同比下降 2.9%。

欧洲大多数国家已经建立了电子废物的回收体系。在西方发达国家，电子废物回收处理企业一般规模都不大，大多为市政系统专业回收处理公司、制造商专业回收处理公司、社会专业回收处理公司、专业危险废物回收公司等。

2. 电子废物处理的一般方法

电子废物处理的典型工艺流程见图 5.3～图 5.9。

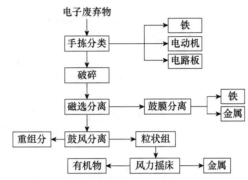

图 5.3　电子废弃物处理工艺流程（1）

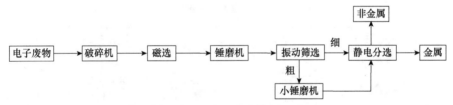

图 5.4　电子废弃物处理工艺流程（2）

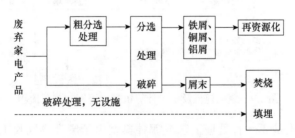

图 5.5　废旧家电的处理工艺流程

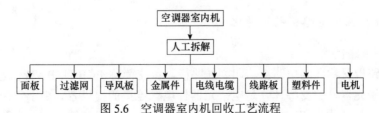

图 5.6　空调器室内机回收工艺流程

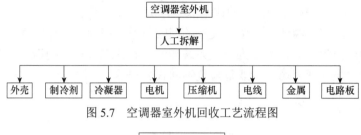

图 5.7　空调器室外机回收工艺流程图

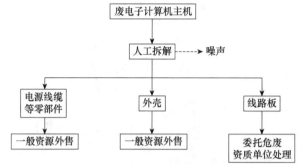

图 5.8　废电子计算机回收工艺流程

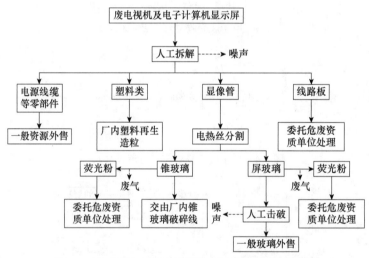

图 5.9　废电视机及电子计算机显示屏回收工艺流程

不难看出，无论是哪一种处理工艺或哪种典型电子废弃物回收工艺，都以资源化回收利用为最终的目标。

3. 电子废物中电路板的资源化

1）印刷电路板简介

印刷电路板又称印制电路板、印刷线路板，英文简称 PCB 或 PWB，是重要的电子部件，是电子元器件的支撑体，是电子元器件电气连接的提供者。由于它是采用电子印刷术制作的，故被称为印刷电路板。印刷电路板的材料组成和结合方式十分复杂，如个人电脑中 PCB 的典型组成见表 5.1。

表 5.1　个人电脑中 PCB 的典型组成元素分析

成分	含量	成分	含量	成分	含量	成分	含量
Ag	3300 g/t	Br	0.54%	Ga	35 g/t	Sn	1.0%
Al	4.7%	C	9.6%	Mn	0.47%	Te	1 g/t
As	<0.01%	Cd	0.015%	Mo	0.003%	Ti	3.4%
Au	80 g/t	Cl	1.74%	Ni	0.47%	Sc	55 g/t
S	0.1%	Cr	0.05%	Zn	0.5%	I	200 g/t
Ba	200 g/t	Cu	26.89%	Sb	0.06%	Hg	1 g/t
Be	0.1 g/t	F	0.09%	Se	41 g/t	Zr	30 g/t
Bi	0.17%	Fe	5.3%	Sr	10 g/t	SiO_2	15%

在 PCB 的生产中，总会产生报废品和裁切边框，而电子废物中的 PCB 更是数量巨大。实际上，在电子废弃物中，以电路板的回收价值最大，具有相当高的经济价值。线路板中的金属品位相当于普通矿物中金属品位的几十倍，金属的含量高达 10%～60%，含量最多的是铜，此外还有金、银、镍、锡、铅等金属，其中还不乏稀有金属，而自然界中富矿金属含量也不过 3%～5%。1 t 电脑部件平均要用去 0.9 kg 黄金、270 kg 塑料、128.7 kg 铜、1 kg 铁、58.5 kg 铅、39.6 kg 锡、36 kg 镍、19.8 kg 锑，还有钯、铂等贵重金属等。由表 5.1 也可知在电路板中所含的贵金属含量远远高于天然矿石的工业品位，其回收利用前景比天然矿石要好得多。由此可见，废旧电路板是一座有待开发的"金矿"。

针对废弃 PCB 的再利用，企业在采用技术上一般要从 3 个方面的应获得效益来考虑。①获得环境效益。达到对全球性或地区性的环境保护的效益，即使空气、水质、土壤以及人类健康不再受到影响。②再利用效益。达到废弃 PCB 的再利用、再商品化，并以尽量把无法再利用的废弃物量减少到最低限度为原则。③低成本效益。对废弃 PCB 的再利用加工，需要的费用应较低。而获得这种低成本效益与在加工处理中所运用的工艺技术密切相关。

目前对废弃 PCB 一般有 3 种处理方法：一是采用煅烧的方法，把非金属烧掉，提取铜，这种方法会产生严重的污染，燃烧的烟气具有毒性，人和牲畜闻到会产生呕吐、恶心，严重时会中毒；二是采用机械粉碎，再用水分离金属和非金属材料，但污水会对环境产生再次污染，而且这种方法工艺流程多，劳动强度较大；三是通过二次机械粉碎，使 PCB 成为金属与非金属的混合粉，再通过适当分离技术把金属与非金属完全分离并收集。目前主要采用第三种方式，其整个处理过程在一条生产线上实现，全封闭运行，生产中不会产生其他污染。回收的金属铜和玻璃纤维等可以被再使用。

2）废 PCB 的机械处理方法

该法主要利用拆卸、破碎、分选等具体手段，经过机械处理后的物料必须经过冶炼、填埋、焚烧等后续处理。

废 PCB 主要由强化树脂板和附着其上的铜线组成，硬度较高且韧性较强，采用具有剪切作用的破碎设备可以达到比较好的解离效果，常用的破碎设备主要有锤碎机、锤磨机、切碎机等。

废 PCB 破碎后，可以利用其材料的磁性、电性、密度等特性上的差异将其中的塑料、金属与其他非金属物质分离。常用的分选设备有涡流分选机、静电分选机、旋风分离器等。

3）废 PCB 的回收利用技术

废 PCB 的回收利用技术一般分为金属的回收利用及非金属的回收利用。

（1）废 PCB 中金属的回收利用。目前，从废弃 PCB 中回收金属主要有金属冶炼法（简称为干式法）、化学溶出金属法（简称为湿式法）、生物法等其他回收方法。

下面主要介绍干式法回收废弃 PCB 中的金属等物质。采用金属冶炼法回收废弃 PCB 中的金属，在冶炼加工之前要实施前述的机械处理，将金属和搭载在 PCB 上的电子元器件等进行分离。

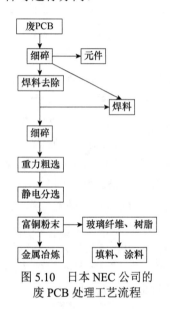

图 5.10　日本 NEC 公司的废 PCB 处理工艺流程

通过筛选、分离手段，将被回收物中的金属含有率提高后，再投入铜的精炼加工，其工艺流程如图 5.10 所示。利用炼铜方法将废弃 PCB 中铜成分进行提取的过程如下：首先将废弃 PCB 投入到自熔炉中，然后通过转炉、精炼炉进行熔炼，并利用电解将铜提取出来。在熔炼中得到的炉渣，含有大量的玻璃纤维，其中存在 SiO_2 成分，将其回收之后，可成为胶黏剂原料（填充材料）、铺路用材料等再生品。

（2）废 PCB 中非金属的回收利用。在所有电子垃圾中，环氧树脂 PCB 大约占据了全部重量的 3%。环氧树脂 PCB 由玻璃纤维、强化树脂和多种金属化合物混合制成，废旧线路板如果得不到妥善处置，其所含的溴化阻燃剂等致癌物质会对环境和人类健康产生严重的污染和危害。目前的线路板回收技术主要着眼于其中的金属成分，比如铜；而剩余的非金属部分，大约占 70%，则送进了填埋场或者焚烧站。如何有效地进行废弃环氧树脂 PCB 资源化回收处理，已经成为当前关系到我国经济、社会和环境可持续发展以及我国再生资源回收利用的一个新课题。

5.2.2　报废机动车的资源化

1. 概述

报废机动车指达到了国家报废标准或者虽然未达到国家报废标准，但发动机或者底盘严重损坏，经检验不符合国家机动车运行安全技术条件，或者不符合国家机动车污染物排放标准的机动车。正规企业报废机动车回收来源主要包括主动报废的车辆、交通事故报废车辆和整治通行环境中无人认领的报废车辆。

中国报废机动车回收利用经历了 21 世纪初的"起步发展"阶段、"十一五"和"十二五"时期的"实践探索"阶段、近几年的"转型提升"阶段，在推动汽车更新换代、促进汽车产业调整结构、转变发展方式、建设生态文明、促进可持续发展中发挥了重要作用。废弃车辆回收是报废机动车拆解的关键环节。报废机动车是典型的综合型再生资源，可以提供钢铁、有色金属、贵金属、塑料、橡胶以及汽车零部件等再生材料。报废机动车拆解产业链以拆解环节为中心，向上游延伸至报废车的回收、拍卖，向下游延伸至零部件的再生、金属与非金属材料的再利用，对保护环境、节约资源、推动循环经济意义重大。

进入 21 世纪，随着居民生活水平的不断提高，我国居民机动车保有量迅速增长。2020 年，中国机动车保有量达 3.72 亿辆。《2021～2027 年中国报废汽车回收产业发展动态及投资战略规划报告》显示：近年来，中国机动车回收数量呈现逐年增长趋势，2020 年中国报废机动车回收量大幅增长，2020 年 12 月，中国报废机动车回收数量 38.6 万辆，其中汽车 34.9 万辆，摩托车 3.7 万辆。2020 年 1～12 月中国报废机动车回收数量 239.8 万辆，其中汽车 206.6 万辆，摩托车 33.2 万辆。市场规模如此巨大的机动车行业，在报废车行业新规的助推下，特别是新规突破了"五大总成"强制回炉冶炼和报废车价格"论斤卖"两大瓶颈，未来报废机动车回收利用行业绿色发展值得期待。

2. 报废汽车危害

1）带来社会影响

报废汽车重新回流进入社会危害性大。由于报废车辆本身已不符合道路行驶条件，被再次改装后进入路面行驶，安全系数大大降低。报废车重流社会一个重要途径就是"非法拼装"。由报废汽车总成拼装上路行驶造成的交通事故时有发生，给人民生命财产安全和社会稳定造成严重危害。有资料显示，交通事故中，有 13%是因为使用伪劣和报废汽车配件所致，非法拼装车的安全性能完全得不到保证，是造成交通事故的主要原因之一。

2）造成环境污染

汽车生产过程中含有大量有害物质，除主要制造原料钢材、生铁外，大量橡胶、塑料、有色金属被采用，砷、硒等也存在于汽车中。汽车报废后被非正确处理过程中，所产生废气、废油、废电瓶以及报废零部件对环境的污染十分严重，车内存留的废机油、报废的旧电瓶以及报废的零部件处理不当，将对周围的环境造成很大的污染和破坏。此外，空调的制冷剂——氯氟烃（CFC，俗称氟里昂）泄漏时的直接排放，会对大气臭氧层造成破坏，给人体健康带来严重威胁。

3）上路超期运行隐患增加

国内汽车在到达报废期后，经常被非法延长使用时间。超期运行的汽车零部件，在汽车运行时可靠性降低，会直接导致刹车失灵，转向及发动机等零件失灵；会使车辆的操作稳定性变差，极易跑偏。这些超期使用的报废汽车在使用过程中各功能下降，安全隐患增加。

4）造成环境污染

超期使用的报废汽车，所有机件磨损严重，燃油消耗大于正常水平，排放废气无法达到正常标准，都造成资源浪费、大气环境污染等问题。

3. 报废汽车回收管理

2020 年 7 月 18 日，商务部、国家发展和改革委员会、工业和信息化部、公安部、生态环境部、交通运输部、国家市场监督管理总局为规范报废机动车回收拆解活动，加强报废机动车回收拆解行业管理，根据国务院发布的《报废机动车回收管理办法》（国令第 715 号），联合制定了《报废机动车回收管理办法实施细则》，其第三章明确规定了报废机动车回收利用行为规范。

4. 报废汽车拆解

1）检查和登记

第一步，检查报废汽车发动机、散热器、变速器、差速器、油箱等总成部件的密封、破损情况。对于出现泄漏的总成部件，应采用适当的方式收集泄漏的液体或封住泄漏处，防止废液渗入地下。

第二步，对报废汽车进行登记注册并拍照，将其主要信息录入计算机数据库并在车身醒目位置贴上显示信息的标签。

第三步，前款提到的主要信息包括：报废汽车车主（单位或个人）名称、证件号码、牌照号码、车型、品牌型号、车身颜色、重量、发动机号、车辆识别代号（或车架号）、出厂年份、接收或收购日期。

第四步，将报废汽车的机动车登记证书、号牌、行驶证交公安机关交通管理部门办理注销登记。

第五步，向报废汽车车主发放《报废汽车回收证明》及有关注销书面材料。

2）拆解预处理

第一步，拆除蓄电池，拆除液化气罐。

第二步，直接引爆安全气囊或者拆除安全气囊组件后引爆。

第三步，在室内拆解预处理平台使用专用工具和容器排空和收集车内的废液。

第四步，用专门设备回收汽车空调制冷剂。

3）报废汽车存储注意事项

应避免侧放、倒放。如需要叠放，应使上下车辆的重心尽量重合，以防掉落，且叠放时外侧高度不超过 3 m，内侧高度不超过 4.5 m；对大型车辆应单层平置。如果为框架结构，要考虑其承重安全性，做到结构合理，可靠性好，并且能够合理装卸，而对存储高度没有限制。应与其他废弃物分开存储。接收或收购报废汽车后，应在 3 个月之内将其拆解完毕。

4）拆解工艺流程

报废汽车预处理完毕之后，应完成以下拆解：拆下油箱；拆除机油滤清器；拆除玻璃；拆除包含有毒物质的部件（含有铅、汞、镉及六价铬的部件）；拆除催化转化器及消声器、转向锁总成、停车装置、倒车雷达及电子控制模块；拆除车轮并拆下轮胎；拆除能有效回收的含金属铜、铝、镁的部件；拆除能有效回收的大型塑料件（保险杠、仪表板、液体容器等）；拆除橡胶制品部件；拆解有关总成和其他零部件，并符合相关法规要求。

报废的大型客、货车及其他营运车辆应当按照国家有关规定在公安机关交通管理部门的监督下解体。

5）拆解技术要求

拆解报废汽车零部件时，应当使用合适的专用工具，尽可能地保证零部件可再利用性以及材料可回收利用性。

应按照汽车生产企业所提供的拆解信息或拆解手册进行合理拆解，没有拆解手册的，参照同类其他车辆的规定拆解。

存留在报废汽车中的各种废液应抽空并分类回收，各种废液的排空率应不低于90%。不同类型的制冷剂应分别回收。

各种零部件和材料都应以恰当的方式拆除和隔离。拆解时应避免损伤或污染再利用零件和可回收材料。

按国家法律、法规规定应解体销毁的总成，拆解后应作为废金属材料利用。可再利用的零部件存入仓库前应做清洗和防锈处理。

6）存储和管理

应使用各种专用密闭容器存储废液，防止废液挥发，并交给合法的废液回收处理企业。拆下的可再利用零部件应在室内存储。对存储的各种零部件、材料、废弃物的容器进行标识，避免混合、混放。对拆解后所有的零部件、材料、废弃物进行分类存储和标识，含有害物质的部件应标明有害物质的种类。容器和装置要防漏和防止洒溅，未引爆安全气囊的存储装置应防爆，并对其进行日常性检查。拆解后废弃物的存储应严格按照《一般工业固体废物贮存和填埋污染控制标准》（GB 18599—2020）和《危险废物贮存污染控制标准》（GB 18597—2001）要求执行。各种废弃物的存储时间一般不超过一年。固体废弃物应交给符合国家相关标准的废物处理单位处理，不得焚烧、丢弃。

危险废物应交由具有相应资质的单位进行处理处置。

5. 报废汽车拆解后的资源化

报废汽车"全身是宝"，可以分解出大量钢材、铸铁、玻璃、塑料、橡胶、有色金属等拥有较大回收价值的材料。报废汽车中含有72%的钢铁（69%钢铁＋3%铸铁）、11%的塑料、8%的橡胶和6%的有色金属，基本上可以全部回收利用。

我国是人均资源匮乏的国家之一，报废汽车回收是我国重要的再制造资源，也是一个朝阳产业。据了解，汽车上的钢铁、有色材料零部件90%以上可以回收利用。再制造产品的成本只是新产品的50%，同时可节能60%、节材70%。以发动机的再制造为例，市场上，一个新发动机的价格普遍在1.3万元左右，而一个再制造的发动机，其花费是全新发动机的40%～50%。玻璃、塑料等回收利用率也可达50%以上，与构建"节约型社会"息息相关。

5.3　非金属废物资源化

5.3.1　石化工业固体废物

1. 石油化工工业固体废物资源化

1）废物来源与性质

石油化工工业是以石油炼制工业的产品为原料，生产基本有机原料、合成材料、精细化工产品等化学品的工业。石油化工工业生产过程、原料和产品差异性大，其固体废物种类多，成分复杂，且形态各异。多数废物具有刺激性气味、易燃、有毒、易反应的特征。根据其性质的不同，石油化工固体废物大体包括废酸、碱液，反应废物，废催化剂，废吸附剂等。

部分典型石油化工生产装置所产生的固体废物及其组成见表 5.2。

表 5.2　部分典型石油化工生产装置产生的固体废物及其组成

装置名称	废物种类	排放点	废物主要组成及原料
乙烯	废碱液	碱洗塔底	Na_2S 10%～20%，Na_2CO_3 4%～5%，NaOH 1%～3%
	废黄油	碱洗塔，加氢反应器出口	烃类聚合物
	废催化剂	C_2 加 H_2，C_3 加 H_2，烷基化	Pa、Ni、Al_2O_3 等
	废干燥剂	—	分子筛，活性氧化铝
汽油加氢	废催化剂	一段加氢和二段加氢	铁 0.004%，钴 3.33%
苯、甲苯	废白土	白土塔	微量芳烃和烯烃
	环丁砜	溶剂再生塔	环丁砜和烃类聚合物
乙醛	压滤机滤饼	催化剂，压滤机	固态乙醛衍生物
醋酸	醋酸锰残渣	回收蒸馏釜	含醋酸 66%，醋酸酯类 24.5%，醋酸锰 9.5%
环氧乙烷（EO）、乙二醇	聚乙二醇	聚乙二醇釜	聚乙二醇聚合物
	EO 反应催化剂	反应器	银 15%
环氧丙烷、丙二醇	废石灰渣	石灰消化器	$CaCO_3$ 97%，Ca（OH）$_2$ 2%以下，有机物 1%以下
甘油	废活性炭	吸滤器	活性炭，有机物
	食盐	离心机	甘油
苯酚、丙酮	酚丝油	丝油锅	聚异丙苯，酚，苯乙酮
间甲酚	磷酸催化剂	烃化反应	磷酸及烃
	废吸附剂	吸附分离	分子筛，芳烃
	Al（OH）$_3$ 渣	异构化	Al（OH）$_3$ 15%，水 84%，有机物
	焦油	精馏塔	有机物
	氟化铝	循环烷烃氟化铝处理器	AlF_3
烷基苯	氟化钙	中和池	CaF_2
	泥脚	沉降罐	烯烃，Al_2O_3 与苯合物 20%～25%

2）典型石油化工固体废物的资源化

（1）废酸、废碱液的资源化。石油化工生产过程中产生的废酸液及废碱液主要来自生产原料的纯化。例如，石油化工生产原料中往往含有一定量的硫化物，可分解生成硫化氢等酸性化合物，有时需用碱加以洗涤，以清除或加以利用。

除将废酸、废碱液用化学中和法处理后排入污水处理厂外排，达到去除酸碱的目的之外，还可以将废酸、废碱液进行再利用，这是治理这类废物的另一重要途径。如可将废碱液用作丙烯腈装置废水加压水解处理工艺的 pH 值调节剂，或生产丙烯酸甲酯时产生的废酸液可用来生产硫酸铵，生产醋酸、乙烯时产生的废硫酸可用来制取磷肥，等等。其中，从烷基苯装置废酸液中回收三氯化铝和苯是这方面的一个典型实例。

烷基苯装置废酸液中含有大量的苯、烷基苯、轻油、三氯化铝络合物等。燕山石化公司曾采用水解方法，每年从该类废酸液中回收 879 t 油、1379 t 三氯化铝和 537 t 苯，其工艺流程见图 5.11。

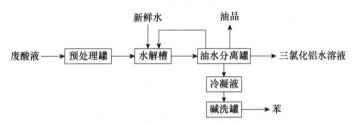

图 5.11　烷基苯装置废酸液回收利用工艺流程

（2）石油化工反应废物的资源化。石油化工反应废物是生产中产生的一些无用途的含高低聚合物的反应残渣，如丁二烯二聚物、苯酚、苯乙烯及醋酸酯等。这类废物中有机物占比大，基本上都可以综合利用。例如，乙烯氧化制乙二醇装置产生的聚乙二醇可用作纸张涂料、黏合剂和化妆品；丁二烯装置溶剂精制塔产生的丁二烯二聚物，C3 和 C4 蒸发器的残液以及溶剂再生釜产生的焦油均可作为燃料使用，等等。下面以几个具体的例子予以详细说明。

例 1：从己二酸废液中回收二元酸。辽阳石油化纤公司在生产己二酸时产生了大量的二元酸废液，主要组成成分为丁二酸、戊二酸及草酸，约占废液总量的 33%～34%。此外，废液中尚存 8.4%的己二酸、57%的水、0.6%的硝酸和少量的铜、钒催化剂。该厂根据己二酸与其他二元酸在溶解度、熔点、沸点等物理性质上的不同，设计出一条冷却、结晶、蒸发的回收工艺路线，对废液进行回收处理，二元酸回收率达 98%以上。工艺流程见图 5.12。

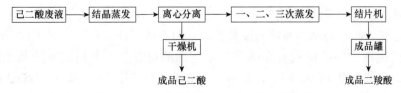

图 5.12　己二酸废液中二元酸回收工艺流程

例 2：从有机氯化物废液中回收有机氯。在环氧乙烷和环氧丙烷生产过程中排放的精馏塔釜液含有大量的有机氯化物，主要包括二氯乙烷、二氯丙烷、氯乙醇、氯丙醇、氯代乙醚、氯代丙醚等。这类物质对人和生物的危害极大，直接排放会造成严重的环境污染。因此，必须考虑回收或综合利用。

以上这些物质不溶于水，且彼此间沸点相差较大，大连石化公司有机合成厂采用精馏方法对含这类组分的环氧化物釜液进行了处理，从中回收得到二氯乙烷、二氯丙烷、二氯乙醚及二氯丙醚 4 种主要组分，纯度都在 95% 以上。工艺流程见图 5.13。

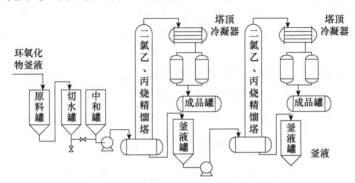

图 5.13　环氧化物釜液处理工艺流程

2. 石油化纤工业固体废物资源化

1）废物来源与性质

我国是世界石油化纤生产大国之一。石油化纤工业是以石脑油、轻柴油、天然气等石油产品为原料，通过有机合成制备各类化纤单体及其纤维产品的工业，生产的化纤品种主要包括涤纶、锦纶、腈纶、维纶、丙纶、氯纶和氨纶等。

石油化纤工业产生的固体废物按性质划分，主要包括化学废液、废催化剂、聚合单体废块废丝、石灰石渣和污泥。其中，化学废液、废催化剂和聚合单体废块废丝主要源自各类化纤产品的生产过程，石灰石渣和污泥则来自本行业废水的处理过程。按生产的产品类型划分，则主要包括涤纶固体废物、锦纶固体废物、腈纶固体废物、维纶固体废物和丙纶固体废物。

2）典型石油化纤工业固体废物的资源化

石油化纤工业固体废物中含有大量宝贵的资源，如涤纶、锦纶、腈纶、维纶、丙纶聚合单体的废块、废丝、废条等属残次品，经过洗涤、干燥、熔融可以再加工成切片或纺成纤维出售；废催化剂中含有大量贵稀金属，等等。因此，应对石油化纤工业固体废物进行综合利用，回收其有用资源。

（1）利用尼龙 66 盐废液生产锦纶长丝。废液产生于尼龙 66 盐生产过程的结晶工段，盐浓度在 25%～45%，通常为棕黄色。辽阳石油化纤公司采用图 5.14 所示的工艺流程从该类废液中回收得到符合国家质量标准的尼龙盐，并用这些产品生产出各种锦纶长丝，主要包括 68D/18F、70D/18F 和 20D/24F 等民用丝以及 138D/24F 等工业用丝。

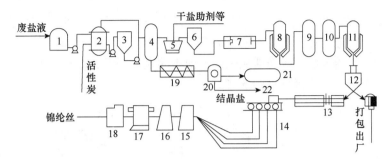

1——储罐；2——脱色罐；3——筒形过滤器；4——滤液罐；5——溶解锅；6——烛形过滤器；7——预热器；8——反应器；
9——闪蒸器；10——脱泡器；11——后聚合釜；12——三通阀；13——增压泵；14——纺丝机；15——卷绕机；
16——平衡机；17——牵伸机；18——络筒机；19——蒸发器；20——离心机；21——母液罐；22——切粒机。

图 5.14　尼龙盐回收及后加工工艺流程

（2）从废雷尼镍催化剂中回收金属镍。废雷尼镍催化剂产生于己二胺装置。一台年产 2 万 t 己二胺的装置，其废催化剂的年排放量约为 112 t。

废雷尼镍催化剂的化学组成复杂，除含有镍、铝、铬等金属元素外，还含有碳、氮、磷等非金属元素。考虑到镍具有高的熔点（1145 ℃），辽阳石油化纤公司采用电极电炉熔炼法对该类催化剂进行处理，成功回收得到纯度高、质量好的金属镍，工艺流程见图 5.15。

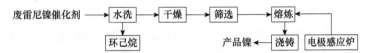

图 5.15　从废雷尼镍催化剂中回收金属镍的工艺流程

（3）硫酸中和法回收碱洗液中的对苯二甲酸。在对苯二甲酸（PTA）的合成工序中，当 PTA 反应器和反应器冷凝操作一定时间后，需用 NaOH 溶液除去附着在反应器壁和管壁上的 PTA、对甲基苯甲酸和对甲醛苯甲酸等固体物质，于是便产生了碱洗废液，上述各种物质则以钠盐形式存在于碱洗液中。在废液中加入硫酸，使 PTA、对甲基苯甲酸、对甲醛苯甲酸等固态物质沉淀析出，然后用倾析机将它们彼此分开，从而回收得到纯度在 98%以上的 PTA。工艺流程见图 5.16。

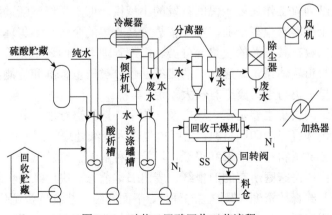

图 5.16　对苯二甲酸回收工艺流程

（4）蒸馏法回收杂醇废液中的甲醇。在甲醇生产过程中，常常会产生由各种醇及水混合而成的杂醇废液。四川维尼纶总厂根据甲醇与其他杂醇组分具有不同的沸点这一特点，采用连续蒸馏的方法，成功地从杂醇废液中回收得到甲醇，回收率达 96.47%，甲醇含量为 96%～98%。工艺流程见图 5.17。

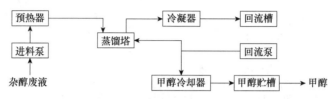

图 5.17　杂醇废液回收甲醇工艺流程

5.3.2　可回收的生活类固体废物

废纺织品、废棉、废纸、废塑料一般从居民生活中产生，属于生活垃圾可回收资源，在本书中全部列入可回收的生活类固体废物。

目前，生活垃圾中可回收利用的固体废物除金属外，主要有废纸和废塑料。

1. 废纸

废纸，泛指在生产生活中经过使用而废弃的可循环再生资源，包括各种高档纸、黄板纸、废纸箱、切边纸、打包纸、企业单位用纸、工程用纸、书刊报纸等。在国际上，废纸一般区分为欧废、美废和日废 3 种。2019 年国内造纸工业现有废纸利用能力约 8000 万 t，回收量为仅 5244 万 t。

废纸是一种重要战略新资源，国内造纸工业仍将保持对废纸的旺盛需求。与从木材和农业秸秆制原生浆比较，废纸制浆具有流程短、消耗低和得率高的优势。增加废纸的使用量，可以减少森林砍伐，降低二氧化碳排放量，保护地球环境。据估算，回收 1 t 办公类废纸，可生产 0.8 t 再生纸，相应节约木材 4 m^3。如果把今天世界上所用办公纸张的一半加以回收利用，就能满足新纸需求量的 75%，相当于 800 万 hm^2 森林免遭砍伐。目前，我国的废纸回收工作还处于民间自发的小规模、低水平经济活动阶段，废纸回收行业在我国仍属于劳动密集型产业，主要依靠废品收集的个体与小集体进行零星收购与销售。国内废纸回收在其货源的收集、分类、组织管理等方面还不完善，尚未建立起一套完善的废纸回收市场体系，缺乏统一的废纸回收分类质量标准和检测方法。另外，国内回收废纸在质量上仍与进口废纸有较大差距。

我国国内废纸的收集主要是在大城市及文化中心地区进行的。其主要来源包括：印刷厂切出的白纸边和废弃的印刷材料；出版单位作为废纸处理的图书期刊；机关、企业、事业单位的浪费公文资料；二手书和报纸，以及各种包装的纸箱盒子；学校的旧书和报纸，学生练习本；居民家庭所有的旧报纸、废旧书本杂志、快递纸箱包装等。

为了更好地节约森林资源，保护生态环境，下面介绍一些废纸资源化再利用的途径。除了直接再生用于造纸以外，还可用废纸或废纸板作原料来制作农用育苗盒，或采用生物技术生产乳酸等化工产品，还可以生产各种功能材料如包装材料、隔热隔离材料、除油材料,也可用于制作纸质家具等。分述如下。

1)废纸的再生

废纸再生技术的主要工序包括制浆、筛选、除渣、洗涤和浓缩、浮选、漂白、脱墨、分散和搓揉等,主要目的是废纸纤维的解离和除去废纸中的油墨及其他异物,最后形成新的再生纸。

(1)制浆。在制浆工序,废纸送入碎浆机,在高速旋转叶片和水流的剪切作用下被碎成纸浆状态,然后通过旋转叶片底部的空隙流到下一道工序,纸浆中的丝状物不能通过空隙而与纸浆分离。解离设备有碎浆机和蒸煮锅。

(2)筛选。筛选是为了将纤维以外的大块杂质除去,是二次纤维生产过程的重要步骤,其主要目的是分离合格浆料与黏胶物质、尘埃颗粒以及纤维束等干扰物质。

纸厂可根据需要,选择几种设备加以合理组合。如典型的西欧纸厂选择了碎浆机和圆筒筛、纤维离解机的组合,图 5.18 反映了其组合使用的情形。

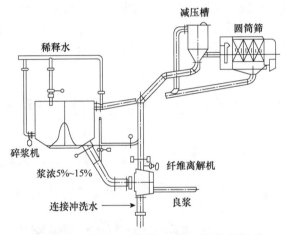

图 5.18　碎浆机和圆筒筛、纤维离解机的组合

杂质经过每次筛选而更加富集。最终产品纸张或纸板的质量取决于所采取的筛选系统的效率。

(3)除渣。除渣机一般分为正向除渣器、逆向除渣器和通流式除渣器。图 5.19 是逆向除渣器,它能有效地除去热熔性杂质、蜡、黏状物、泡沫聚苯乙烯和其他轻质杂质。一个除渣系统需要配置的段数应视其生产量、所要求的制浆清洁程度以及允许的纤维流失的大小而定,通常采用四段或五段。

(4)洗涤。洗涤是为了去除灰分、细小纤维以及小的油墨颗粒。洗涤系统通常采用逆流洗涤。

(5)漂白。通过浮选、洗涤等工序去除了轻重杂质、油墨后的废纸浆,色泽一般会发黄和发暗。由于引起废纸纸浆发色的原因比较复杂,除纸浆中残留木素在使用过程中结构变化引起的颜色变化外,还可能存在由于某种特定需要而加入的染料等添加物而生成的颜

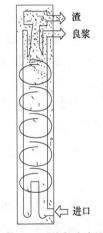

图 5.19　逆向除渣器
示意图

色，故对其漂白也会比其他纸浆的漂白更为复杂。现在采用的漂白方法为氧气漂白、臭氧漂白、过氧化氢漂白和高温过氧化氢漂白等氧化型漂白。

（6）脱墨。脱墨方法一般有水洗和浮选两种，而脱墨所用的药剂在两种工艺中是有区别的。水洗用的主要药剂是碱（NaOH、Na_2CO_3）和清洗剂，再添加适量的漂白剂、分散剂和其他药剂。浮选时的 pH 值一般为 8～9，纸浆浓度为 1%，解离时可用碱调节 pH 值，以达到最适宜的条件，所使用的捕收剂一般为脂肪酸，常用油酸，有时也用硬脂酸、煤油等廉价的捕收剂。

（7）分散与搓揉。分散与搓揉指的是用机械的方法将剩余油墨和其他杂质进一步碎解成细粒并使其均匀地分散到废纸浆中，从而改善纸成品外观质量的一道工序。分散系统通常设置在整个废纸处理流程的末端，即除渣、筛选、浮选脱墨之后，以把住废纸进入造纸车间抄纸前的质量关（除去肉眼可见的杂质）。

图 5.20 是一个典型的废纸脱墨浆生产线实例，该废纸脱墨浆系统生产工艺流程主要包括高浓碎浆、预净化筛选、浮选脱墨、净化浓缩以及废水处理等。该系统以进口旧报纸和旧杂志纸为原料，采用浮选脱墨工艺生产废纸脱墨浆，生产出的合格脱墨浆以一定比例抄造胶印新闻纸。该生产线流程短，操作简单，设备运行稳定。

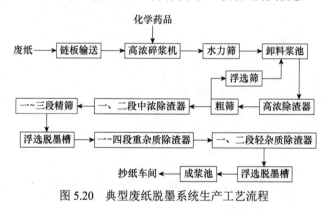

图 5.20　典型废纸脱墨系统生产工艺流程

2）废纸的其他资源化

在造纸原料紧缺和环保要求日益加强的大形势下，废纸再生产业还要不断优化废纸再利用途径，形成梯级利用，做到物尽其用。如将纸打浆模塑成型制成缓冲衬垫包装材料，一部分可用于生产复合材料、隔热隔音材料，或用生物技术将其转化成甲烷或酒精等化学品。废纸亦可用于发电，燃烧产生的二氧化碳气体通入氧化钙溶液生产碳酸钙，得到的碳酸钙再用作造纸填料。做到既节约资源，又不造成新的环境污染。

2. 废塑料的资源化

1）概述

塑料是指以树脂（或在加工过程中用单体直接聚合）为主要成分，以增塑剂、填充剂、润滑剂、着色剂等添加剂为辅助成分，在加工过程中能流动成型的材料。

塑料制品的应用已深入到社会的每个角落，从工业生产到衣食住行，塑料制品无处不在。在我们生活中塑料废弃物随处可见：塑料瓶、塑料袋、塑料薄膜、塑料管、塑料杯、报废的电子电器产品中的塑料零部件、手机等，林林总总品类繁多。

废塑料品种很多，花样形式也很多，其来源于不同的行业。根据其成分的不同，常见塑料有以下一些种类，如表 5.3 所示。

表 5.3 常见废旧塑料分类表

分类	外型状态	常见物品
聚乙烯（PE）	未着色时呈乳白色半透明，蜡状；用手摸制品有滑腻的感觉，柔而韧；稍能伸长。一般低密度聚乙烯较软，透明度较好；高密度聚乙烯较硬	地膜、手提袋、水管、油桶、饮料瓶（钙奶瓶）、日常用品等
聚丙烯（PP）	未着色时呈白色半透明，蜡状；比聚乙烯轻；透明度也较聚乙烯好，比聚乙烯刚硬	盆、桶、家具、薄膜、编织袋、瓶盖、汽车保险杠等
聚苯乙烯（PS）	在未着色时透明。制品落地或敲打，有金属似的清脆声，光泽和透明度很好，类似于玻璃，性脆易断裂，用手指甲可以在制品表面划出痕迹。改性聚苯乙烯不透明	文具、杯子、食品容器、家电外壳、电气配件等
聚氯乙烯（PVC）	本色为微黄色半透明状，有光泽。透明度胜于聚乙烯、聚丙烯，差于聚苯乙烯，随助剂用量不同，分为软、硬聚氯乙烯，软制品柔而韧，手感黏，硬制品的硬度高于低密度聚乙烯，而低于聚丙烯，在曲折处会出现白化现象	板材、管材、鞋底、玩具、门窗、电线外皮、文具等
聚对苯二甲酸乙二醇酯（PET）	透明度很好，强度和韧性优于聚苯乙烯和聚氯乙烯，不易破碎	包装膜、卷材、啤酒瓶等

在实际应用中，塑料按其理化特性可分为热塑性和热固性两大类。热固性塑料是指在受热或其他条件下能固化或具有不熔融特性的塑料，如酚醛塑料、环氧塑料等。热塑性塑料是指在特定温度范围内能反复加热软化和冷却硬化的塑料，如聚乙烯、聚四氟乙烯等。大多数热塑性塑料可以被回收循环利用。这些塑料被重新熔融，成为制造新的塑料制品的原料。而热固性塑料被回收后，由于其不溶不熔的特点，只能用于充当其他材料的内部填料。目前，我国能回收利用的则大多是热塑性塑料，因为它是可熔、可塑的。

在塑料制品工业蓬勃发展的同时，大规模地生产和使用塑料制品，必然会伴随大量废弃塑料的产生，也带来了人们不愿意看到的废弃塑料及废塑料引起的一系列社会问题。在我国许多城市中尚缺少现代化的垃圾填埋或焚烧设施，大多数废弃塑料只能采取露天堆放方式，一些农用土地因废弃地膜的影响而开始减产，不腐烂、不分解的餐盒无法有效回收，生活用塑料垃圾无从下手处理，塑料废弃物剧增，引发了废塑料"白色污染"。自 2013 年以来，伴随环保意识的提高，国内废塑料回收量逐步增长，废塑料质量同步提高。但由于我国废塑料回收体系仍不健全，市场毛料回收仍以散户回收为主，原料供应主体依然以小家庭作坊为主，这种回收模式具有回收利用率偏低、不能保证再生料的持续稳定供应等弊端，难以提升到发达国家水平。

废塑料资源化的一般方法有如下 4 种。

（1）熔融法，即将废旧塑料重新熔融塑化成产品。

（2）热分解（裂解）法，即将废旧塑料分选后加热分解成燃料油或燃料气。这种工艺复杂，处理费用高。

（3）燃烧（焚烧）法，即将废旧塑料燃烧回收热量。这种方法产生的烟气会造成二次污染。

（4）其他化学方法主要用于获取化工原料。

废塑料经处理后用途有：制造燃油、生产防水抗冻胶、制取芳香族化合物、制备多功能树脂胶、铝塑自动分离剂、防火装饰板、再生颗粒、生产克漏王（一种快速抗渗补漏防水新材料）、生产塑料编织袋。

2）废塑料的熔融再生工艺

废塑料的熔融再生方法包括下述过程：废旧塑料的收集、分拣、清洗、干燥、再生造粒、成型。

（1）废塑料的分拣。废塑料来源复杂，常混入金属、橡胶、织物、泥沙及其他各种杂质，且不同品种的塑料往往混在一起，这不仅会对用回收的废塑料进行加工造成困难和对生产的制品质量造成影响，而且混入的金属杂质还会损坏加工设备，因此，在用废塑料生产制品时，不仅要将废塑料中的各类杂质清除掉，而且要将不同品种的塑料分开，只有这样，才能制得优质再生制品。

废塑料的分选方法有手工分选、磁选、密度分选、静电分选、浮选、温差分选和风筛分选等方法。

手工分选。步骤如下：①除去金属和非金属杂质及剔除严重质量下降的废旧塑料；②先按制品如薄膜（农用薄膜、本色包装膜）、瓶（矿泉水瓶、碳酸饮料瓶）、杯和盒类、鞋底、凉鞋、泡沫塑料、边角料等进行分类，再根据前面的鉴别法分类不同的塑料品种，如聚乙烯、聚丙烯、聚氯乙烯、聚苯乙烯、聚酯等；③将经上述分类的废塑料制品再按颜色深浅和质量分选，颜色可分成如下几类：黑、红、棕、黄、蓝、绿和透明无色。

（2）废旧塑料的清洗和干燥。废旧塑料通常在不同程度上沾染有油污、垃圾、泥沙等，这些杂质会严重影响再生塑料制品的质量，因此，必须对废旧塑料进行清洗，清洗的方法有手工清洗和机械清洗。

手工清洗和干燥。手工清洗要根据制品品种和污染程度决定具体清洗方法。一般农用薄膜及包装薄膜清洗过程如下：温碱水清洗（去油污）→刷洗→冷清水漂洗→晒干。包装有毒药品的薄膜和容器的清洗过程如下：石灰水清洗（中和去毒）→刷洗→冷清水漂洗→晒干。

机械清洗和干燥。机械清洗有间歇式和连续式两种，间歇式是先将废塑料放在装有热的碱水溶液的容器中浸泡一定时间，然后通过机械搅拌使薄膜彼此摩擦和撞击，以达到除去沾染的污物的目的，再取出清洗后的薄膜的方法。连续式是间歇式的改进方法。切碎的废旧塑料连续喂入，清洗后的薄膜连续排出。

（3）再生造粒。经清洗干燥的废塑料在成型加工前一般要进行造粒。再生造粒机基本结构如图 5.21 所示。

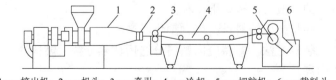

1——挤出机；2——机头；3——牵引；4——冷却；5——切粒机；6——载料斗。

图 5.21　再生造粒机基本结构

废塑料一般经过使用后均产生不同程度的老化，所含助剂也有不同程度的损失。所以，在造粒前常需适当补充某些助剂，尤其是软质聚乙烯塑料，常需补充加入增塑剂、稳定剂等。由于再生塑料常由许多不同颜色的废料混合而成，所以，一般在再生加工时均需添加深色的着色剂，这里应注意的是，添加助剂要考虑用价格较低的品种，因为再生制品的价格一般较低。

3）废塑料的热分解（裂解）回收工艺

废旧塑料的热分解反应产物如图 5.22 所示。

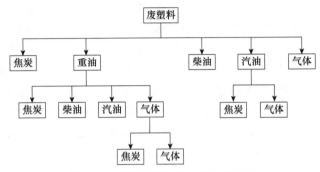

图 5.22　废旧塑料的热分解反应产物

热裂解回收废塑料的方法有许多，如熔融槽法、螺杆式热分解法、反应管蒸发器法、流化床反应器法、催化裂解法等。不同的方法可用于不同品种塑料的热裂解回收，现分别简介如下。

熔融槽法。熔融槽法是采用一种熔融盐为加热介质，使废旧塑料加热分解，分解后的热蒸气通过电力除尘器后在冷凝器中冷凝成分解产物的方法，此法可用于聚乙烯、无规聚丙烯、聚丙烯、聚苯乙烯。

螺杆式热分解法。螺杆式热分解法可用于聚乙烯、聚丙烯、聚苯乙烯、聚甲基丙烯酸甲酯的回收，此类装置的关键部分是螺杆式热分解反应器。一般采用外部电加热，温度为 500～550 ℃。物料在进入螺杆式热分解反应器前先用微波加热器预热。反应产物分别按轻油、重油回收。

反应管蒸发器法。反应管蒸发器法用于均一原料且容易成为液状单体的废旧塑料回收，适用的废旧塑料品种有无规聚丙烯（APP）、聚苯乙烯等。

流化床反应器法。流化床反应器法已有多种装置用于废塑料的油化回收，此法可应用于聚丙烯、交联聚乙烯、聚丙烯、聚氯乙烯等多种塑料。

催化裂解法。催化裂解法是利用合适的催化剂进行低温油化废塑料的方法，一般用于单一品种塑料的油化，适用的塑料有聚乙烯、聚丙烯、聚氯乙烯等。由于采用低温油化，所以，此法的油分回收率较高，另外，催化剂的使用使所得油分较均一，产物的附加价格较高。

4）废塑料的燃烧（焚烧）处理回收能量

废塑料的能量回收是通过它在焚烧炉焚烧时释放的热能的有效利用来达到回收目的的方法。燃烧热通常用热交换器，将热能转化成温水，或通过锅炉转化成蒸汽发电和供热来加以利用。基本途径：废旧塑料→破碎→燃烧→热量回收→排烟处理。废塑料能量回收的关键问题：一是焚烧技术；二是燃烧废气的处理。前者因塑料的热值较高以及废塑料种类不同，所以，对焚烧炉的设计有一定的要求；后者由于环境保护的要求，对排出的废气要求无公害，所以，必须进行处理。

对废塑料焚烧在设计上有如下要求：①能用机械操作，且焚烧稳定；②即使是多种塑料的混合物或混有其他城市固体垃圾也能有效焚烧；③最大限度地防止有害气体放出；④焚烧能力大，故障少；⑤燃烧完全，不产生烟尘粒子；⑥废水排放要符合环保要求。

热塑性塑料投入高温的焚烧炉时，部分塑料很快熔融并急速分解或气化，进行气相燃烧，而产生的碳质残渣的燃烧较慢，部分熔体覆盖其表面，造成缺氧而燃烧不充分；热固性塑料加热也不熔融，而进行分解燃烧和表面燃烧，着火温度高而燃烧速度慢。当上述热塑性塑料和热固性塑料同时投入焚烧时，常会发生燃烧较慢的碳质残渣和热固性塑料的残留而导致燃烧停滞的情况，为此，在焚烧炉中要有适当的搅拌和良好的通风，以促进固体物的燃烧。焚烧法处理废塑料的工艺流程见图 5.23。

废旧塑料焚烧的热能一般通过热交换器使水变成温水或蒸汽而加以利用。

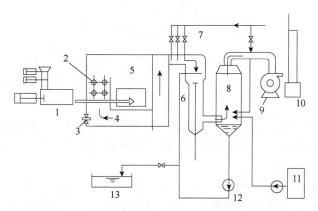

1——加料装置；2——空气喷嘴；3——重油烧嘴；4——二次燃烧室；5——一次燃烧室；6——湿式喷淋塔；7——气体冷却室；8——气液分离器；9——抽风机；10——烟囱；11——碱罐；12——循环泵；13——排水槽。

图 5.23　焚烧法处理废塑料的工艺流程

5.3.3　废橡胶

1. 概述

我国是橡胶消耗大国，是橡胶制品生产的主要基地，但我国又是橡胶资源匮乏的国家。天然橡胶对外依存度达 70%以上。我国还是世界上最大的废旧橡胶生产国之一，废旧橡胶制品污染问题不容忽视。据统计，2019 年我国产生废旧轮胎约 3.3 亿条，总重量超过 1000 万 t，数量居世界第一。但经正规渠道回收利用率较低，大多被当作垃圾进行焚烧、填埋或闲置堆积中，堆积如山的废旧轮胎引发多种环境问题，形成"黑色污染"。这不仅会占用土地资源，向环境中释放有害物质，污染土壤及地下水，而且橡胶废弃物中含有的橡胶弹性体、织物、聚酯、金属等有价资源无法循环利用，造成巨大的资源浪费。旧轮胎可以通过翻新继续使用；废轮胎通过生产再生胶、橡胶粉等利用方式，可以变废为宝，因此，废旧橡胶可作为减量化、无害化、再利用的重要废旧物资。做好废旧橡胶的循环利用，是落实科学发展观，促进我国环保事业发展，以及建设资源节约型、环境友好型社会的一项重要措施。

以废橡胶为原料的再生胶和胶粉作为橡胶工业原材料的替代品在我国具有较大的生存发展空间。废橡胶的主要来源有：废轮胎（占 60%～70%），废胶带、废胶管、废胶鞋和其他废橡胶制品，以及橡胶制品厂的边角余料和废品。随着橡胶工业的持续发展，我国废旧橡胶综合利用行业也呈蓬勃发展态势。

废橡胶综合利用是一项利国利民的环保大项目。我国废橡胶综合利用率已达 65% 以上。已接近世界发达国家的水平。近年来，我国废旧橡胶综合利用已经取得了较大成就，旧轮胎翻新量逐年上升，再生橡胶产业蓬勃发展，目前已建成十几条万吨以上的胶粉生产线。废橡胶热裂解技术的推广应用，将不能加工再形成橡胶类资源的废橡胶分解成燃料油，实现了废橡胶的完全综合利用。

2. 废橡胶的资源化回收利用方法

废橡胶资源循环利用工艺主要由 8 个大的环节构成：橡胶资源开发→新橡胶制品制造→橡胶制品经销→橡胶制品使用→橡胶制品维修利用→橡胶制品报废→废橡胶回收→废橡胶再资源化等。其中，废橡胶的回收资源化综合利用主要有两种方法：通过机械方法将废旧轮胎等废橡胶粉碎或研磨成微粒，即所谓的胶粒和胶粉；通过脱硫技术破坏硫化胶化学网状结构制成所谓的再生橡胶。

1）生产胶粉

胶粉的生产技术。首先进行废橡胶的预加工，预加工工艺包括分拣、去除、切割、清洗等。经过分拣和除去非橡胶成分的废橡胶，由于长短不一，厚薄不均，不能直接进行粉碎，必须对废橡胶进行切割。国外对轮胎普遍采用轮胎切块机切成 25 mm×25 mm 左右大小不等的胶块。大的胶块则重新返回切割机上再次切割，废橡胶特别是轮胎、胶鞋类制品，由于长期与地面接触，夹杂着很多泥沙等杂质，则应先采用转桶洗涤机进行清洗，以保证胶粉的质量。

然后对废橡胶进行粉碎，一般有冷冻粉碎法和常温粉碎法。

低温冷冻粉碎法是使橡胶等高分子材料处在玻璃化温度以下，此时它本身脆化，然后受机械作用被粉碎成粉末状物质，硫化胶粉即按此原理制成的。

常温粉碎法是指废橡胶经过预加工后进行常温粉碎，一般分粗碎和细碎。胶粉粉碎设备与传统的再生胶粉碎设备不同，为专用的废橡胶破碎机、中碎机、细碎机。破碎工艺为：首先通过输送带将洗涤后的胶块送入两辊筒间进行破胶，然后将破碎后的胶块和胶粉落入设备底部的往复筛中过筛，达到粒度要求的从筛网落下，通过输送器入仓；未达到要求的胶块，通过翻料再进入沟辊机中继续进行破碎；另一种是粗碎和细碎在两台不同的设备上完成：粗碎在两只辊筒表面都带有沟槽的沟辊机上进行，粗碎过的胶块大小一般在 6～8 mm。然后进入光辊细碎机上进行细碎，其粒度一般为 0.8～1.0 mm（26～32 目）。前者适合于小型工厂的生产厂生产。

胶粉的活化与改性。所谓活化胶粉是为了提高胶粉配合物的性能而对其表面进行化学处理的胶粉。胶粉的活化改性方法很多，如饱和量硫化促进剂处理法。这种方法是采用 2～3 份的硫化促进剂对 420 μm（40 目）的胶粉进行机械处理，通过处理的胶粉其表面均匀地附着一层硫化促进剂，从而使胶粉与基质胶料界面处的交联键增加，使整个胶料配合物硫化后成为一个均匀的交联物，这种胶粉应用于轮胎，虽然其静态性能略有下降，但是其动态性能提高。

2）制再生橡胶

再生橡胶，是指由废旧轮胎等各种废旧橡胶粉碎制成的硫化橡胶粉，在再生剂参与下，获得具有类似生胶性能的一种再生资源。再生橡胶具有较好的物理机械性能，现为橡胶工业中的主要原料，可依据橡胶烃和其特有的合成胶成分含量替代部分天然橡胶和合成橡胶。

我国目前已根据废橡胶的橡胶烃和不同的合成胶成分，生产出了轮胎再生胶、胶鞋再生胶、杂品再生胶、浅色再生胶、彩色再生胶、无臭味再生胶、乳胶再生胶、丁基再生胶、丁腈再生胶和三元乙丙再生胶等，用于替代不同类型的橡胶、满足橡胶工业的需要。这样，一则弥补了橡胶资源的不足，二则解决了"黑色污染"和橡胶工业的循环经济问题。

3）焚烧

废橡胶中的废轮胎具有很高的热值（2937 MJ/kg），因此可以焚烧回收热能。如可将废轮胎用作水泥窑的燃料，或是用来燃烧发电等，但其设备往往造价高，且容易产生二次污染。

4）热解

废橡胶如废轮胎经热裂解后分解成燃料气、富含芳烃的油以及炭黑等有价值的化学产品。废轮胎还可与煤共同液化，生产精馏分油。热解温度一般在 250～550 ℃范围内。轮胎热解所得主要成分的组成见表 5.4。

表 5.4 轮胎热解所得主要成分

成分	气体					液体		
组成	甲烷	乙烷	乙烯	丙烯	一氧化碳	苯	甲苯	芳香族化合物
比例/%	15.13	2.95	3.99	2.50	3.80	4.75	3.62	8.50

图 5.24 为流化床热解废橡胶工艺流程，图 5.25 为流化床热解废轮胎工艺流程。

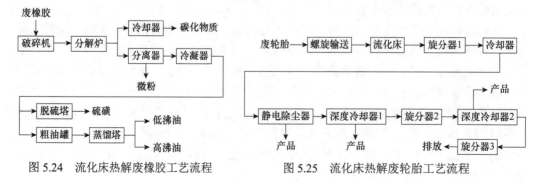

图 5.24 流化床热解废橡胶工艺流程 图 5.25 流化床热解废轮胎工艺流程

5.3.4　餐厨废弃物

1. 概述

餐厨废弃物（垃圾）指日常家庭、学校、单位、公共食堂以及饭店餐饮行业的食物废料、餐饮剩余物、食品加工废料及不可再食用的动植物油脂和各类油水混合物，是城市生活垃圾的一部分。

餐厨垃圾较之其他垃圾，具有水分、有机物、油脂及盐分含量高，易腐烂、营养元素丰富等特点。由于含水率高，餐厨垃圾不能满足垃圾焚烧的发热量要求（不低于 5000 kJ/kg），也不宜直接填埋，而焚烧和填埋又会造成有机物的大量浪费。同时，由于餐厨垃圾所派生的"垃圾猪"和"潲水油"等除小部分混入生活垃圾填埋外，大量餐厨垃圾进入二级市场，对人体健康构成极大的潜在威胁，因此，餐厨垃圾的处理处置越来越引起全社会的关注。

各国餐厨垃圾的处理有一定的差异性，我国跟其他国家不同之处在于：按照一次餐饮活动的剩菜比例为 1/4～1/3 推算，我国餐饮业每年有上千亿元的销售额变成了"垃圾"。随着近年来我国经济的快速发展，餐饮业零售额以每年 21% 的速度增长，餐厨垃圾也将如滚雪球般越滚越大。"十三五"期间，随着国家对非法提炼销售地沟油行为的打击和环保督察带来的地方环保压力，餐厨垃圾处置产能投建加速，据统计显示，截至 2020 年底，预估全国已投运餐厨垃圾处置项目约 3 万 t/d，全国餐厨垃圾理论产生量约 9.16 万 t/d。

2. 餐厨废弃物的资源化

餐厨垃圾的处理方法主要分为填埋、焚烧和资源化。资源化是未来餐厨垃圾处置行业的必然选择，餐厨垃圾资源化主要有以下 4 种模式。

1）粉碎直排

该方法指对餐厨垃圾进行粉碎处理，而后在水流的带动下排入下水管道，与其他城市生活污水一同进入污水厂统一处理。该技术成本低，操作简便，可降低生活垃圾的含水率，减少生活垃圾的处理量。

2）填埋处理

将生活垃圾与餐厨垃圾一同送入距离城市居民区较远的垃圾填埋场，统一填埋。该方法成本低，且餐厨垃圾易分解，对居民生活的影响较小。但餐厨垃圾的含水量大，会增加填埋场中垃圾渗滤液的产生量，对土壤和地下水质量产生影响。且该方法占用土地面积大，逐渐被各国所舍弃。

3）制作饲料、肥料

餐厨垃圾中有机物的含量高，可通过好氧堆肥、厌氧消化来分解垃圾，进行物质的转换，从而制成肥料；或经过杀菌消毒、脱水除盐等有关处理后，将餐厨垃圾制成饲料。该方法成本低，可获得利润高，有利于物质的循环利用，实现垃圾处理的资源化。

4）能源化处理

即对餐厨垃圾进行焚烧发电、制氢等，该方法可有效利用垃圾中含有的能量，但投资成本较高。

3. 餐厨废弃物典型预处理工艺

餐厨废弃物分泔水和地沟油两大类，其资源化应对泔水和地沟油进行预处理。其中，地沟油通过泵输送至蒸煮釜内，经高温蒸煮后分离出的废油脂进入油脂暂存罐，蒸煮釜除废油外的油水渣混合液通过三相分离设备分离出的废油脂进入油脂储存罐，浮渣和泥渣状物料等经收集后和泔水残渣运送至生态农业公司开发利用，废油脂直接外送至相关废油炼油公司炼制工业级混合油及生物柴油，分离出的废水经处理后达标排放。

泔水卸入投料仓，通过无轴螺旋输送机输送至组合分拣机进行初分拣。分拣后的物料相继经过破碎、高温蒸煮、油水渣三相分离等处理，得到滤液和粗固形物。滤液经油水渣分离系统分离出的废油脂外送至相关废油炼油公司炼制工业级混合油及生物柴油，分离出的废水经处理后达标排放，分离出的残渣经收集后运送至生态农业公司开发利用。

5.4　大宗固体废物资源化

5.4.1　概述

2021 年 3 月 18 日，国家发展改革委、科技部、工业和信息化部、财政部、自然资源部、生态环境部、住房和城乡建设部、农业农村部、市场监管总局、国管局十部门印发的《关于"十四五"大宗固体废弃物综合利用的指导意见》（发改环资〔2021〕381 号）。煤矸石、粉煤灰、尾矿（共伴生矿）、冶炼渣、工业副产石膏、建筑垃圾、农作物秸秆七类固体废物被列入大宗固体废弃物。

目前，大宗固废累计堆存量约 600 亿 t，年新增堆存量近 30 亿 t，其中，赤泥、磷石膏、钢渣等固废利用率仍较低，占用大量土地资源，存在较大的生态环境安全隐患。要深入贯彻落实《固废法》等法律法规，大力推进大宗固废源头减量、资源化利用和无害化处置，强化全链条治理，着力解决突出矛盾和问题，推动资源综合利用产业实现新发展。

大宗固体废弃物量大面广、环境影响突出、利用前景广阔，是固体废物资源综合利用的核心领域。推进大宗固废综合利用对提高资源利用效率、改善环境质量、促进经济社会发展全面绿色转型具有重要意义。

煤矸石和粉煤灰。持续提高煤矸石和粉煤灰综合利用水平，推进煤矸石和粉煤灰在工程建设、塌陷区治理、矿井充填以及盐碱地、沙漠化土地生态修复等领域的利用，有序引导利用煤矸石、粉煤灰生产新型墙体材料、装饰装修材料等绿色建材，在风险可控前提下深入推动农业领域应用和有价组分提取，加强大掺量和高附加值产品应用推广。

尾矿（共伴生矿）。稳步推进金属尾矿有价组分高效提取及整体利用，推动采矿废石制备砂石骨料、陶粒、干混砂浆等砂源替代材料和胶凝回填利用，探索尾矿在生态环境治理领域的利用。加快推进黑色金属、有色金属、稀贵金属等共伴生矿产资源综合开发利用和有价组分梯级回收，推动有价金属提取后剩余废渣的规模化利用。依法依规推动已闭库尾矿库生态修复，未经批准不得擅自回采尾矿。

冶炼渣。加强产业协同利用，扩大赤泥和钢渣利用规模，提高赤泥在道路材料中的掺用比例，扩大钢渣微粉作混凝土掺合料在建设工程等领域的利用。不断探索赤泥和钢渣的其他规模化利用渠道。鼓励从赤泥中回收铁、碱、氧化铝，从冶炼渣中回收稀有稀散金属和稀贵金属等有价组分，提高矿产资源利用效率，保障国家资源安全，逐步提高冶炼渣综合利用率。

工业副产石膏。拓宽磷石膏利用途径，继续推广磷石膏在生产水泥和新型建筑材料等领域的利用，在确保环境安全的前提下，探索磷石膏在土壤改良、井下充填、路基材料等领域的应用。支持利用脱硫石膏、柠檬酸石膏制备绿色建材、石膏晶须等新产品新材料，扩大工业副产石膏高值化利用规模。积极探索钛石膏、氟石膏等复杂难用工业副产石膏的资源化利用途径。

建筑垃圾。加强建筑垃圾分类处理和回收利用，规范建筑垃圾堆存、中转和资源化利用场所建设和运营，推动建筑垃圾综合利用产品应用。鼓励建筑垃圾再生骨料及制品在建筑工程和道路工程中的应用，以及将建筑垃圾用于土方平衡、林业用土、环境治理、烧结制品及回填等，不断提高利用质量、扩大资源化利用规模。

农作物秸秆。大力推进秸秆综合利用，推动秸秆综合利用产业提质增效。坚持农用优先，持续推进秸秆肥料化、饲料化和基料化利用，发挥好秸秆耕地保育和种养结合功能。扩大秸秆清洁能源利用规模，鼓励利用秸秆等生物质能供热供气供暖，优化农村用能结构，推进生物质天然气在工业领域应用。不断拓宽秸秆原料化利用途径，鼓励利用秸秆生产环保板材、碳基产品、聚乳酸、纸浆等，推动秸秆资源转化为高附加值的绿色产品。

5.4.2　煤矸石

1．煤矸石的来源与组成

我国煤矸石的排放量巨大，约为原煤产量的15%，历年来积存的煤矸石超过50亿 t。煤矸石弃置不用，占用了大片的土地；煤矸石中的硫化物逸出会污染大气、农田和水质；矸石山还会自燃，发生火灾或在雨季崩塌，淤塞河流，造成危害。煤矸石的处理与利用是亟须解决的环境问题之一。

1）煤矸石的来源

煤矸石是采煤过程和洗煤过程中排出的固体废弃物，其成分是煤矿中夹在煤层间的脉石，具有含碳量较低、强度比煤坚硬等性质。

随着煤层地质年代、地区、成矿情况、开采条件的不同，煤矸石的矿物组成和化学成分也不相同。如果以它的矿物组成为基础，结合岩石的结构、构造特点，可将煤矸石划分为黏土岩矸石、砂岩矸石、粉砂岩矸石、钙质岩矸石、铝质岩矸石等。

2）煤矸石的特性

煤矸石是由炭质页岩、炭质砂岩、砂岩、页岩、黏土等岩石组成的混合物，不同地区的煤矸石由不同种类的矿物组成，其含量相差较大。一般煤矸石的矿物主要由高岭土、石英、蒙脱石、长石、伊利石、石灰石、硫化铁、氧化铝等组成。

煤矸石的化学成分较为复杂，主要成分是氧化硅和氧化铝，此外，还含有数量不等的氧化铁（Fe_2O_3）、氧化钙（CaO）、氧化镁（MgO）、氧化钠（Na_2O）、氧化钾（K_2O），以及磷、硫的氧化物（P_2O_3 和 SO_3）和微量的稀有金属元素如钛、钒、钴、镓等。煤矸石的烧失量一般大于 10%。煤矸石的化学组成见表 5.5。

表 5.5　煤矸石的化学组成

组成	Al_2O_3	SiO_2	Fe_2O_3	CaO	MgO	TiO_2	P_2O_3	K_2O 和 Na_2O	V_2O_5	烧失量
含量/%	16～36	51～65	2.28～14.63	0.42～2.32	0.44～20.41	0.9～4	0.078～0.24	1.45～3.9	0.008～0.01	>10%

煤矸石中有一定的可燃物质，包括煤层顶底板、夹石中所含的炭质及采掘过程中混入的煤粒。煤矸石的热值一般为 4.19～12.6 MJ/kg，其大小直接受煤田地质条件和采掘方法的影响。即使对特定矿井排出的煤矸石而言，其热值也是随时变化的。

煤矸石是由各种岩石组成的混合物，各种岩石的强度变化范围很大，抗压强度在 30～470 kg/cm³。煤矸石的强度和煤矸石的粒度有一定的关系，粒度越大，其强度越大。

2. 煤矸石的综合利用

煤矸石的组成复杂，因产地不同，其各成分含量波动范围也很大。由于这种多样的特性，煤矸石可利用的途径也较多，如回收燃料、生产建材、提取化工产品和金属等。

1）回收煤炭、利用热能

（1）从煤矸石回收煤炭。煤矸石中混有一定数量的煤炭，可以利用现有的选煤技术加以回收。此外，这也是对煤矸石进行综合利用时必要的预处理。例如，在用煤矸石生产水泥、陶瓷、砖瓦和轻骨料等建筑材料时，预先把煤矸石中的煤炭洗选出来，对提高建筑材料的产品质量是非常有益的。

目前，回收煤矸石的煤炭洗选工艺主要有两种，即水力旋流器分选和重介质分选。水力旋流器分选工艺由水力旋流器、定压水箱、脱水筛、离心脱水机等组成，其工艺流程见图 5.26。

此工艺的主要特点在于水力旋流器，此机器是一种新型高效率的旋流器，与普通旋流器采取顺时针方向不同，它采用逆时针旋转，煤粒由旋流器中心向上旋出，煤矸石从底流排出。这种旋流器易于调整，可在数分钟内调到最佳工况。另一优点是旋流器不需要永久性基础，便于移动。

重介质分选是根据煤矸石中不同物质颗粒的密度差异，在运动介质中产生松散分层或迁移分离，从而得到不同密度产品的分选过程。采用此工艺可以处理非常细的末煤和煤矸石，处理能力也较大。

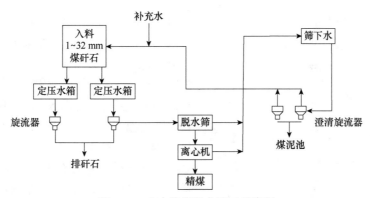

图 5.26　水力旋流器分选工艺流程

（2）用作生产燃料。煤矸石中含有一定数量的固定炭和挥发分，所以可以用来代替燃料。但其种类较多，发热量也不一样，目前采用煤矸石做燃料的工业生产主要集中在焦炭化铁、烧锅炉及烧石灰等领域。

2）作建筑材料

目前技术成熟、利用量比较大的煤矸石资源化途径是生产建筑材料。煤矸石作建筑材料有广泛的用途，可作为原料生产水泥、制砖瓦等。当代替黏土时，其中可燃物在燃烧过程中会产生热能，可减少耗煤量。

（1）生产水泥。煤矸石和黏土的化学成分相近并能释放一定的热量，用其替代黏土和部分燃料生产普通水泥能提高熟料质量。这是因为煤矸石配料比黏土配入的生料活化能要降低许多，用少量煤就可提高生料的预烧温度，且煤矸石中的可燃物也有利于硅酸盐等矿物的溶解和形成；此外，煤矸石配料的表面能高，硅铝等的酸性氧化物易于吸收氧化钙，可加速硅酸钙等矿物的形成。

用作水泥原料的煤矸石质量要求见表 5.6，其生产工艺过程与生产普通水泥基本相同。将原料按一定比例配合，细磨成生料，烧至部分熔融，得到以硅酸钙为主要成分的熟料，再加入适量石膏和混合材料，磨成细粉即为制成的水泥。

表 5.6　煤矸石用作水泥原材料的质量要求

级别	$n=SiO_2/(Al_2O_3+Fe_2O_3)$	$P=Al_2O_3/Fe_2O_3$	MgO/%	R_2O/%	塑性指数
一级品	2.7～3.5	1.5～3.5	<3.0	<4.0	>12
二级品	2.0～2.7 和 3.0～4.0	不限	<3.0	<4.0	>12

注：表中 n 表示硅酸盐水泥熟料中氧化硅含量与氧化铝、三氧化二铁的质量比，即硅率；P 表示硅酸盐水泥熟料中氧化铝与三氧化二铁含量的质量比；R_2O 表示元素 R 的氧化物。

当 $n=2.0～2.7$ 时，一般需掺用硅质校正材料，如粉砂岩等。当 $n=3.0～4.0$ 时，一般需掺用铝质校正材料，如高铝煤矸石、高铝煤灰等。当塑性指数小于 12 时，应在成球工艺上采用预湿后成球，或其他提高生料塑性的措施。

（2）制混凝土空心砌块和煤矸石砖。煤矸石空心砌块是以自燃或人工煅烧煤矸石为骨料，以磨细生石灰和石膏作胶结剂，经压制成型、蒸汽养护制成的墙体材料，产品标号可达 200 号。

煤矸石制混凝土空心砌块与一般混凝土制构件生产工艺大体相同；不同之处在于，这种砌块用的水泥是煤矸石无熟料水泥，水泥、砂粒、卵石的配比要求也不同。一般要求为水泥∶砂粒∶卵石＝1∶2∶4，水灰比为0.5～0.55。其中的一个关键工序是蒸汽养护，蒸养制度过程为：升温 5～7 h（10～15 ℃/h），100 ℃恒温 9 h，自然冷却降温至少 2 h 以后出池。

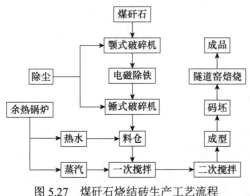

图 5.27 煤矸石烧结砖生产工艺流程

煤矸石砖以煤矸石为主要原料，一般占坯料质量的 80%以上，有的全部以煤矸石为原料，有的外掺少量黏土。煤矸石经破碎、粉碎、搅拌、压制、成型、干燥、焙烧，制成煤矸石砖，其工艺流程如图 5.27 所示。

泥质和炭质煤矸石石质软、易粉碎，是生产煤矸石砖的理想材料。煤矸石需粉碎到小于 1 mm 的颗粒占 75%以上。煤矸石的发热量要求为 2100～4200 kJ/kg，过低时需加煤，过高时易使成砖过火。用煤矸石粉料压制成的坯料塑性指数应在 7～17，成型水分一般保持在 15%～20%。许多砖厂生产的煤矸石砖抗压强度一般为 4.80～14.70 MPa，抗折强度为 2.94～4.90 MPa，高于普通黏土砖。

（3）生产轻骨料。适宜烧制轻骨料的煤矸石主要是炭质页岩和选矿厂排出的洗矸石，矸石的含碳量不要过大，以低于 13%为宜。煤矸石烧制轻骨料有两种方法，即成球法和非成球法。

成球法是将煤矸石破碎、粉磨后制成球状颗粒，然后烧结。将球状颗粒送入回转窑，加热后进入脱炭段，料球内的炭开始燃烧，继之进入膨胀段，此后经冷却、筛分出厂。其松散容重一般在 1000 kg/m³ 左右。

非成球法是把煤矸石破碎到一定颗粒度后直接焙烧。将煤矸石破碎到 5～10 mm，铺在烧结机炉排上，当煤矸石点燃后，料层中部温度可达 1200 ℃，底层温度小于 350 ℃。未燃的煤矸石经筛分分离再返回重新烧结，烧结好的轻骨料经喷水冷却、破碎、筛分出厂。其容重一般在 800 kg/m³ 左右。

（4）作筑路和充填材料。煤矸石是很好的筑路材料，有很好的抗风雨侵蚀性能，并可降低筑路成本。煤矸石也可用来充填煤矿等矿区的煤坑、煤井、塌陷区等，以复垦土地和开发土地资源。

3）回收金属物质

煤矸石中伴生有各种不同的金属元素，通过合适的技术可以回收一些金属物质。例如，高硫煤矸石在堆积过程中会发生自燃，对环境造成污染，而硫化铁是国家短缺的化工原料，从高硫煤矸石中回收硫化铁就具有重要意义。再如，用含铝高的煤矸石在沸腾炉燃烧脱碳后可以提取结晶氯化铝，以结晶氯化铝为原料又可生产固体聚合氯化铝等。

5.4.3　粉煤灰

1. 粉煤灰的来源与组成

1）粉煤灰的来源

粉煤灰是燃煤电厂或工厂燃煤动力车间排放的废物，是一种松散的固体集合体，是目前排量较大、较集中的工业废渣之一。我国是以煤碳为主要燃料的国家。据生态环境部发布《2019 年全国大、中城市固体废物污染环境防治年报》显示，2018 年，重点工业企业的粉煤灰产生量 5.3 亿 t，占比 16.6%，综合利用量为 4.0 亿 t，综合利用率为 74.9%。粉煤灰产生量最大的行业是电力、热力生产和供应业，其产生量为 4.5 亿 t，综合利用率为 75.7%。

粉煤灰是灰色或灰白色的粉状物，含水量大的粉煤灰呈灰黑色，多半呈玻璃状。粉煤灰外观像水泥，颜色从灰白色到灰黑色不等，含碳量越高，颜色越深。粉煤灰的密度一般在 $2 \sim 2.3 \ g/cm^3$。

2）粉煤灰的化学成分

粉煤灰的化学成分与煤的矿物组成有关，但大多由氧化硅、氧化铝、氧化铁、氧化钙及少量氧化镁、钾、钛、磷、硫等化合物或元素组成。粉煤灰中未燃尽的碳一般不超过 10%，其他的微量元素有 As、Cu、Zn、Cd、Cr、Ge、Hg 等。其具体含量随煤的品种和燃烧条件的不同而变化，且波动范围较大（见表 5.7）。此外，粉煤灰中尚含有一些有害元素和微量元素，如铜、银、镓、铟、镭、钪、铌、钇、铯、镧族元素等，其值一般低于允许排放值。

表 5.7　粉煤灰的化学成分及其波动范围

成分	波动范围/%	成分	波动范围/%
SiO_2	40～60	MgO	0.5～2.5（高者 5 以上）
Al_2O_3	20～30	Na_2O 和 K_2O	0.5～2.5
Fe_2O_3	4～10（高者 15～20）	SO_3	0.1～1.5（高者 4～6）
CaO	2.5～7（高者 15～20）	烧失量	3.0～30

3）粉煤灰的矿物组成

粉煤灰中的矿物来源于母煤，母煤中含有铝硅酸盐类黏土矿和氧化硅、黄铁矿、赤铁矿、磁铁矿、碳酸盐、硫酸盐、磷酸盐、氯化物等矿物，而以铝硅酸盐类黏土和氧化硅为主。

粉煤灰的矿物组分十分复杂，主要可分为无定型相和结晶相两大类。无定型相主要为玻璃体，占粉煤灰总量的 50%～80%，是粉煤灰的主要矿物成分，蕴含有较高的化学内能，具有良好的化学活性。此外，含有的未燃尽炭粒也属于无定型相。粉煤灰的结晶相主要有莫来石、石英、云母、长石、磁铁矿、赤铁矿和少量钙长石、方镁石、硫酸盐矿物、石膏、游离石灰、金红石、方解石等。这些结晶相大多是在燃烧区形成，又往往被玻璃体相包裹。但有些粉煤灰的颗粒表面又黏附有细小的晶体，因此，在粉煤灰中，单独存在的结晶体极为少见，单独从粉煤灰中提炼结晶相矿物十分困难。粉煤灰的矿物组分对粉煤灰的性质有重要影响。例如，低钙粉煤灰的活性主要取决于无定型玻璃相矿物，而不取决于结晶相矿物；低钙灰的玻璃体含量越高，粉煤灰的化学活性越好。

2. 粉煤灰的处理与利用

为了减少粉煤灰所造成的污染，并使之成为可用资源，半个世纪以来，人们进行了各种变废为宝、化害为利的科学研究和探索。对于粉煤灰的综合利用，国内外都很重视，日本已基本上达到百分之百利用，美国已将粉煤灰列为 12 种重要固体原料资源之一，澳大利亚、芬兰等国的利用率也相当高。《关于"十四五"大宗固体废弃物综合利用的指导意见》统计，2019 年，我国粉煤灰平均综合利用率仅达 78%，区域发展不平衡的问题较为严重。可见，我国的粉煤灰的处理与利用与先进国家相比还有一段差距，发展潜力巨大。

1）回收有用物质

电厂锅炉在燃用无烟煤和劣质煤的情况下，因煤粉不能完全燃烧，造成粉煤灰中含碳量增高（5%～7%），最高可达 30%～40%。我国每年从电站粉煤灰中流失数百万吨的纯炭，不但使资源白白流失，造成极大浪费，而且由于粉煤灰中含有大量的炭，致使粉煤灰排放数量增加。更主要的是，由于粉煤灰中含有未燃尽炭，会造成粉煤灰综合利用困难，影响了粉煤灰资源的开发，不利于环境保护。为了降低粉煤灰中的含碳量和充分利用资源，采用浮选法、电选法进行脱碳。

经过选炭以后的尾灰是建筑材料工业的优质原料，而浮选煤可以作为燃料用于锅炉燃烧或制作活性炭等。

2）作建筑材料

用粉煤灰生产建筑材料和作建筑材料的生产原料是我国粉煤灰利用的主要途径之一，它主要包括生产粉煤灰水泥、粉煤灰混凝土、粉煤灰烧结砖、粉煤灰蒸养砖、粉煤灰砌块和粉煤灰陶粒等。具体叙述如下。

（1）生产粉煤灰水泥。粉煤灰是一种人工火山灰质材料，它本身加水后虽不硬化，但能与石灰、水泥熟料等碱性激发剂发生化学反应，生成具有水硬胶凝性能的化合物，因此可以用作水泥的活性混合材。许多国家都制定了用作水泥混合材的粉煤灰品质标准。

在制备水泥生料时，应根据所用原料的化学成分，经过计算确定生料的配料方案。由于粉煤灰中氧化铝含量较高，可以采用氧化铝和氧化钙高一些、氧化铁低一些的配料方案。

用粉煤灰配料烧制的水泥熟料，质轻而且多孔，因而易磨性较好，可提高磨机的产量。下面分别叙述两种常用的粉煤灰水泥。

第一种为制粉煤灰硅酸盐水泥。我国从 20 世纪 50 年代开始用粉煤灰生产水泥，在 1979 年第一次将粉煤灰水泥列为水泥五大品种之一。如今，粉煤灰水泥在品种、数量、应用范围等方面都有了很大的发展。

粉煤灰水泥也叫粉煤灰硅酸盐水泥，其定义为：凡由硅酸盐水泥熟料和粉煤灰，加入适量石膏磨细制成的水硬胶凝材料，称为粉煤灰水泥。所谓硅酸盐水泥熟料，就是通常所说的硅酸盐水泥。

粉煤灰硅酸盐水泥具有如下特性：对硫酸盐浸蚀和水浸蚀具有抵抗能力，对碱骨料反应能起一定抑制作用；水化热低；干缩性好。粉煤灰硅酸盐水泥的早期强度不高，但其后期强度不断增加。

粉煤灰硅酸盐水泥适用于一般民用和工业建筑工程、大体积水工混凝土工程、地下和水下混凝土构筑等方面。

我国把粉煤灰硅酸盐水泥划归通用水泥类，通用水泥划分成 6 个品种 3 个等级 [《通用水泥质量等级》（JC/T 452—2009）]，具体见表 5.8。

表 5.8　通用水泥质量分级标准

项目	等级			
	优等品		一等品	合格品
	硅酸盐水泥 普通硅酸盐水泥	矿渣硅酸盐水泥 火山灰硅酸盐水泥 粉煤灰硅酸盐水泥 复合硅酸盐水泥	硅酸盐水泥 普通硅酸盐水泥	矿渣硅酸盐水泥 火山灰硅酸盐水泥 粉煤灰硅酸盐水泥 复合硅酸盐水泥	硅酸盐水泥 普通硅酸盐水泥 矿渣硅酸盐水泥 火山灰硅酸盐水泥 粉煤灰硅酸盐水泥 复合硅酸盐水泥
3 d 抗压强度/MPa	≥24	≥22	≥20	≥17	符合通用水泥中各品种的技术要求
28 d 抗压强度/MPa	≥48	≥48	≥46	≥38	
	≤1.1 R*				
初凝时间/min	≤300	≤330	≤360	≤420	
Cl-含量/%	≤0.06				

注：R*为同品种同强度等级水泥 28 d 抗压强度，具体规定见 JC/T 452—2009。

第二种为制粉煤灰无熟料水泥：将干燥的粉煤灰掺入 10%～30% 的生石灰或消石灰和少量石膏混合粉磨，或分别磨细后再混合均匀制成的水硬性胶凝材料，称为石灰粉煤灰水泥，即无熟料水泥的一种。为了提高水泥的质量，也可适当掺配一些硅酸盐水泥熟料，一般不超过 25%。

石灰粉煤灰水泥主要适用于制造大型墙板、砌块和水泥瓦等；适用于农田水利基本建设工程和低层的民用建筑工程，如基础垫层、砌筑砂浆等。

（2）制粉煤灰混凝土。混凝土是以硅酸盐水泥为胶结料，砂、石等为骨料，加水拌和而成的构筑材料。粉煤灰混凝土是粉煤灰取代部分水泥拌和而成的混凝土。

（3）生产各类粉煤灰砖块。主要包括如下两种利用途径。

第一种是粉煤灰蒸养砖。粉煤灰蒸养砖是以电厂粉煤灰和生石灰或其他碱性激发剂为主要原料，也可以掺入适量的石膏，并加入一定量的煤渣或水淬矿渣等骨料，经原材料加工、搅拌、消化、轮碾、压制成型、常压或高压蒸汽养护后而制成的一种墙体材料。其生产工艺流程见图 5.28。

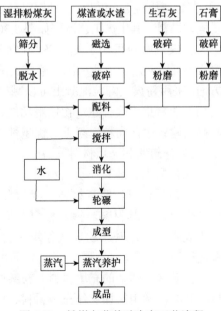

图 5.28　粉煤灰蒸养砖生产工艺流程

第二种是粉煤灰烧结砖。粉煤灰烧结砖是利用粉煤灰、黏土及其他工业废料掺合而生产的一种墙体材料。其生产工艺和黏土烧结砖的生产工艺基本相同，只需在生产黏土砖的工艺上增加配料和搅拌设备即可。

粉煤灰烧结砖与一般黏土砖相比较有以下优点：利用了工业废渣且节省了部分土地；

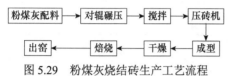

图 5.29　粉煤灰烧结砖生产工艺流程

粉煤灰中含有少量的炭，可节省燃料；粉煤灰可作黏土瘦化剂，这样在干燥过程中裂纹少，损失率低；烧结粉煤灰砖比普通黏土砖轻 20%，可减轻建筑物自重和造价等。其工艺流程如图 5.29 所示。

除了用于生产蒸养砖和烧结砖外，通过加入一定量的石灰和泡沫剂，粉煤灰还可用来生产蒸压泡沫粉煤灰保温砖；与黏土配合，通过烧结可生产轻质黏土耐火材料——轻质耐火保温砖等。粉煤灰轻质耐火保温砖的特点是热导率小，保温效率高，耐火度高；质量轻，能减轻炉墙厚度；烧成时间短，燃料消耗少，制造成本低。现已被广泛应用于电力、钢铁、机械、军工、化工、石油、航运等工业方面。

（4）生产粉煤灰陶粒。粉煤灰陶粒是用粉煤灰作为主要材料，掺加少量黏结剂和固体燃料，经混合、成球、高温焙烧而制得的一种人造轻骨料。粉煤灰陶粒一般是圆球形，表皮粗糙而坚硬，内部有细微气孔。其主要特点是质量轻、强度高、热导率低、耐火率高、化学稳定性好等，因而比天然石料具有更为优良的物理力学性能。

生产粉煤灰陶粒是粉煤灰综合利用的有效途径之一。据估计，每生产 1 t 粉煤灰陶粒需用干粉煤灰 800～850 kg（湿粉煤灰 1100～1200 kg）。一个年产 10 万 m³ 的粉煤灰陶粒厂，每年可处理干粉煤灰 6 万 t 左右（湿粉煤灰 10 万 t 左右）。

粉煤灰陶粒的生产一般包括原材料处理、配料及配合、生料球制备、焙烧、成品处理等工艺过程，其重要原料是粉煤灰，辅助原料是黏结剂和少量固体燃料，其生产工艺流程如图 5.30 所示。

粉煤灰陶粒可用于配置各种高强度轻质混凝土，可以应用于工业和民用建筑、桥梁等许多方面。采用粉煤灰陶粒混凝土可以减轻建筑结构

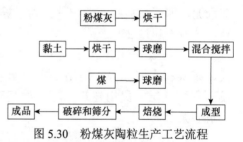

图 5.30　粉煤灰陶粒生产工艺流程

及构件的自重，改善建筑物使用功能，节约材料用量，降低建筑造价，特别是在大跨度和高层建筑中，陶粒混凝土的优越性更为显著。

3）作筑路和充填材料

代替黏土、砂石作筑路材料。粉煤灰成分和结构与黏土相似，它与适量石灰混合，加水拌匀后，可作路基材料。我国公路，尤其是高速公路常采用粉煤灰、黏土、石灰掺合作公路路基材料。掺入粉煤灰后，公路路面的隔热性能、防水和板体性能变好，利于处理软弱地基。粉煤灰作筑路材料使用简单、消化量大，是粉煤灰利用的主要途径之一。

作矿区、洼地的充填材料。在某些地区存在天然洼地，在煤矿等矿区有许多煤坑、塌陷区等。利用粉煤灰作充填材料，回填煤坑、煤井、塌陷区等，既可消化掉大量粉煤灰，还可复垦土地，开发土地资源，减少农户搬迁和改善矿区生态环境。

4）用作农业肥料

粉煤灰具有质轻、疏松多孔的物理特性，还含有磷（1.2%～1.6%）、钾（约 2.3%）、镁（2.72%～5.04%）、钙（3.29%～8.66%）、硼、钼、锰、铁、硅等植物所需要的元素，因此广泛地应用于农业生产。研究表明，对黏质土壤，每公顷施用粉煤灰 300～600 t，可增产 15%～20%。使用中只要用量适当、方法正确，粉煤灰不仅不会对环境造成污染，而且粮食的品质也不会降低。

粉煤灰应用于农业一般有两种途径，即直接施用于农田或利用粉煤灰生产化肥。粉煤灰直接施用于农田主要有如下几方面的作用：直接提供营养元素、增加土壤孔隙度、改善土壤团粒结构、提高保水性能和增加作物产量。

由于粉煤灰中含有一定量的钙、镁、硅等，因此可用来生产钙镁磷肥和硅钙肥。通过添加适量的磷矿粉，并利用白云石作助熔剂，以增加钙和镁的含量，就可以达到钙镁磷肥的质量要求。

5）其他用途

（1）制分子筛。利用粉煤灰制分子筛所用的原料有 3 种，即粉煤灰、工业氢氧化铝和工业纯碱。配料经焙烧后，通过筛孔、洗涤、交换、成型、活化等处理即可制出分子筛。与用其他化工原料制分子筛相比，利用粉煤灰制分子筛具有节约化工原料、工艺简单、质量好等特点。

（2）作吸附剂和过滤介质。将粉煤灰作为吸附剂用于废水处理方面已有不少成功的经验。粉煤灰的吸附性能较好，能有效地从废水中除去重金属和可溶性有机物。粉煤灰作为过滤介质，用于造纸废水的过滤净化，处理效果也很好。粉煤灰用于处理含汞废水，除汞率可达 99.99%以上。与其他处理方法相比，用粉煤灰处理含汞废水具有来源广泛、成本低廉、汞吸附与回收率高、操作简便等优点。粉煤灰为化工、冶金、环境保护提供了一种新的吸附材料。

5.4.4　废石与尾矿

目前，我国有 95%以上的能源、80%以上的工业原料、70%以上的农业生产材料等都来自矿产资源。矿产资源的日益开采，使得排放的矿业固体废物量逐年增多。据不完全统计，全世界每年排出的矿业固体废物在 100 亿 t 以上。大量矿业固体废物的排放和堆存，不仅占用大量的土地，破坏生态平衡，而且造成严重的环境污染。矿业固体废物主要是指废石和尾矿。

1. 矿业固体废物的来源与组成

废石为矿山开采过程中剥离及掘进时产生的无工业价值的矿床围岩和岩石，尾矿是矿石选出精矿后剩余的废渣。矿业固体废物中的矿物组成与原矿大致相同。原矿通常由多种矿物组成，主要的有自然元素矿物、硫化物及其类似化合物矿物、含氧盐矿物、氧化物和氢氧化物矿物、卤化物矿物等，而对矿业固体废物而言，量大面广的组成矿物为含氧盐矿物、氧化物和氢氧化物矿物等。

含氧盐矿物占已知矿物总数的 2/3 左右，在地壳里的分布极为广泛。含氧盐矿物分为硅酸盐矿物、碳酸盐矿物、硫酸盐矿物和其他含氧盐矿物等。

氧化物和氢氧化物矿物是地壳的重要组成矿物，是由金属和非金属的阳离子与阴离子 O^{2-} 和 OH^- 相结合的化合物，如石英 SiO_2、氢氧镁石 $Mg(OH)_2$ 等。它们的化合物有 200 种左右，约为地壳总质量的 17%，其中 SiO_2（石英、石髓、蛋白石）分布最广，约占 12.6%，铁的氧化物和氢氧化物占 3.9%，其次是 Al、Mn、Ti、Cr 的氧化物和氢氧化物。

2. 废石与尾矿的资源化

废石与尾矿的综合利用主要包括两方面：一是其作为二次资源再选、再回收有用矿物，精矿作为冶金原料，如铁矿、铜矿、锡矿、铅锌矿等的尾矿再选，继续回收铁精矿、铜精矿、锡精矿、铅锌精矿或其他矿物精矿；二是直接利用，也叫整体利用，是指未经过再选的尾矿直接利用，即将按其成分归类为某一类或几类非金属矿来进行利用。如筑路，制备建筑材料，作采空区填料，作为硅铝质、硅钙质、钙镁质等重要非金属矿用于生产高新制品。

1）有价组分的提取

我国共生、伴生矿产多，矿物嵌布粒度细，以采选回收率计，铁矿、有色金属矿、非金属矿分别为 60%～67%、30%～40%、25%～40%，尾矿中往往含有铜、铅、锌、铁、硫、钨、锡等，以及钪、镓、钼等稀有元素及金、银等贵金属。尽管这些金属的含量甚微、提取难度大、成本高，但由于废物产量大，从总体上看这些有价金属的数量相当可观。

（1）铁矿尾矿。铁矿选厂主要采用高梯度磁选机，从弱磁选、重选和浮选尾矿中回收细粒赤铁矿。例如，鞍山地区一些磁铁矿尾矿含铁 20%，经强磁选机回收可获得品位达 60% 的铁精矿。采用 HS-ϕ1600×8 磁选机对铁矿石尾矿进行再磨再选后，可获得品位高达 65.76% 的优质铁精矿，年产铁精矿量达 3.92 万 t，经济效益良好。

除从尾矿中回收铁精矿外，还可回收其他有用组分。芬兰用 Skimair 型浮选机以"闪速"浮选法从磁铁矿中回收铜；巴西从含铁石英岩中回收金；我国攀枝花铁矿从其尾矿中回收了钒、钛、钴、钪等多种有色金属和稀有金属。

（2）有色金属矿山尾矿。美国犹他州阿尔丘尔和马格纳铜选矿处理堆积的尾矿，日处理矿量 10.8 万 t，可得到含铜 20% 及少量钼的精矿；澳大利亚布罗肯希尔公司从堆积60 多年的老尾矿中回收锌，可得到品位为 44.7% 的锌精矿，回收率达 87.7%；我国丰山铜矿对其尾矿经重选-浮选-磁选-重选联合工艺试验，可得含铜 20.5% 的铜精矿、含硫43.61% 的硫精矿、含铁 55.61% 的铁精矿，含 WO_3 82.7% 的钨粗精矿。

（3）金矿尾矿。黄金价值高，但在地壳中含量很低，所以从金矿尾矿中回收金就显得更为重要。我国湘西某金矿对老尾矿采用浮选-尾矿氰化选冶联合流程，金总回收率达到 74%；黑龙江某金矿采用浮选法从氰化尾矿中回收铜，回收率达 89.1%；我国南方某金矿采用浮选-尾矿氰化-浸渣浮选的工艺，从老尾矿中回收金、锑、钨，回收率分别达到 81.18%、20.17%、61.00%。

2）整体利用

（1）做土壤改良剂及磁化复合肥。我国磁铁矿矿石约占铁矿总储量的 1/3，尾矿中磁铁矿具有载磁性能，加入土壤中可引起磁团粒结构尾矿中有价组分提取的活化，使土壤的结构、孔隙度和透气性得到改善。利用这一性能开发研制出了土壤改良剂，经小区种植对比试验和大区示范试验，农作物增产效果明显：早稻、中稻和大豆的增产率分别为 12.63%、11.06% 和 15.5%。建成的复合磁肥生产线，年产磁化复合肥 5000 t，以加磁后的尾矿代替膨润土作复合肥的黏结剂，既节约了成本又增加了肥效。湖北某选铁尾矿中 K_2O 含量为 5%，目前该矿山已利用这种尾矿成功地配制出钾钙肥；黑龙江鸡西选矿厂用尾矿研制出镁钾肥；河南一选矿厂用尾矿作主要原料生产出钙镁磷肥。

（2）利用细粒尾矿生产多种建筑制品。细粒尾矿是选矿厂经过破碎磨矿分选后排弃的尾矿，约占全国尾矿排放总量的 2/3 以上，目前这种尾矿仍以尾矿库的堆存为主。经实验研究，以细粒尾矿作主要原料可生产出多种建筑产品。尤其是以石英为主要成分的尾矿，不仅可以生产免烧墙体砖、贴墙砖、人造大理石、水磨石、加气混凝土和仿花岗岩等，也可作为玻璃和陶瓷的生产原料。目前已建成投产的黄梅山铁矿装饰面砖厂，年生产饰面砖达 100 000 m^2，年处理尾矿 4000 t，该厂的建成已为矿山带来明显的经济和社会效益。

（3）尾矿制作硅酸盐水泥。在水泥的原料中一般配入 20% 的黏土和铁粉，如以尾矿代替，既可节约土地，也可省去开采和加工的能耗。马钢桃冲铁矿便利用这一技术建立起一座年产 20 万 t 的水泥厂。另外，尾矿中含有氟化钙的包头矿和湖南铅锌矿，可用尾矿作矿化剂加入到原料中，使水泥熟料烧成时温度降低到 150 ℃ 左右，有利于熟料的节能增产。

（4）利用尾矿库造林复垦。首钢在尾矿综合利用方面做了大量的工作，从 20 世纪 90 年代起，开始利用尾矿库造林复垦。首先是治理废弃排土场。对废弃的排土场进行全面整平后，覆盖预先储备的风化岩土 400 mm 厚，然后在其上精心栽植紫穗槐，一次成活率高达 95%。其次是尾矿坝覆土植被。先将尾矿坝沿坝面等高线堆成 10～15 m 宽的平台，每个平台都砌上纵、横排水沟，使整个坝面形成纵横贯通的排水网络。再在坝体平台上覆盖 200～300 mm 厚的山坡土，植树造林。这样，从根本上防止了水土流失，同时，对尾矿坝的安全生产也起到了重要作用。目前，用这种方法种植的 53.3 hm^2（800 亩）尾矿库绿树成荫，已成为首钢露天矿区的一道风景。最富创新的还是在尾矿库上直接植绿。上述提及的那座 6700 万 m^3 的尾矿库，如按传统的覆土植被方式进行处理，千亩（1000 亩≈66.67 hm^2）沙滩需回填用土千万立方米，不仅耗资巨大，异地取土又会造成新的生态破坏。面对难题，首钢提出了无覆土种植沙棘的设想，并进行大胆尝试。采取沙棘、桑树、紫穗槐 3 种植物混交，高密度种植的方法，成功地在贫瘠的沙滩上建起了一座绿洲。

（5）矿业尾矿微晶玻璃制品的开发利用。陈吉春以低硅铁尾矿为主要原料，在实验室条件下，制备了高性能、低成本的微晶玻璃，对低硅铁尾矿的高附加值综合利用进行了有益的探索。

实验采用烧结法，实验工艺流程为：配料→熔制→水淬→研磨过程→压制成型→核化晶化→抛光→成品。

通过对低硅铁尾矿成分的研究，选择微晶玻璃的主晶相为透辉石，在低硅铁尾矿中添加适量的氧化镁，使其成为 $CaO\text{-}Al_2O_3\text{-}MgO\text{-}SiO_2$ 系统。在相图的基础上，确定基础玻璃的组成设计，使尾矿的利用率达到 60%。最终确定的低硅铁尾矿微晶玻璃组成范围如下。SiO_2，50%～60%；Al_2O_3，6%～9%；CaO，8%～13%；MgO，7%～10%；Fe_2O_3/FeO，2%～5%；K_2O，3%～8%；B_2O_3，0～4%；Sb_2O_3，0～1%；BaO，0～1%；晶核剂，2%～6%。

5.4.5　冶炼渣

1. 概述

冶炼渣一般包括钢铁冶炼渣和有色金属冶炼渣两大类。

钢铁冶炼渣简称"钢渣"，是钢铁冶炼过程中产生的废渣，包括高炉炼铁渣、转炉钢渣、平炉钢渣和电炉钢渣。其主要成分是钙、铁、硅、镁的氧化物和少量铝、锰、磷的氧化物等。可回收其中的金属或进行综合利用，如作为筑路材料、建筑材料或改良土壤等。

有色金属冶炼渣简称"有色金属渣"，是有色金属矿物冶炼过程中产生的废渣。按生产工艺分为火法冶炼中形成的熔融炉渣和湿法冶炼中排出的残渣；按金属矿物的性质分为重金属渣（铜渣、铅渣、锌渣、铬渣、镍渣等）、轻金属渣（如提炼氧化铝产生的赤泥）和稀有金属渣。可回收其中的金属或处理后用作筑路材料、建筑材料等。如管理不当，易造成较严重的环境污染。

近年来，随着我国经济的发展，钢铁产量增加，钢渣的排放量也随之增加，而我国钢渣利用率较低，目前尚未利用的钢渣存放量高达 10 亿 t。国内对钢的需求量还将进一步增加，钢渣的排放量也将随之增加。钢渣的堆放会占用土地，而且钢渣中化学物质的挥发和渗透会污染周边的空气和河流。合理利用钢渣不仅能变废为宝，同时可保护环境，因此钢渣的资源化利用具有重大意义。

下面主要介绍高炉渣、钢渣的资源化。

2. 高炉渣的资源化

1）高炉渣的来源

高炉渣是冶金行业中产生数量最多的一种废渣。它是冶炼生铁时从高炉中排出的废物，当炉温为 1300～1500 ℃时，炉料熔融，矿石中的脉石、焦炭中的灰分和助溶剂和其他不能进入生铁中的杂质形成以硅酸盐和铝酸盐为主浮在铁水上面的熔渣。其排出率随着矿石品位和冶炼方法不同而变化。例如，用贫铁矿炼铁时，每吨生铁产出 1.0～1.2 t 高炉矿渣，而用富矿，则只产出 0.25 t 高炉矿渣。随着现代选矿和冶炼技术的提高，每吨生铁产生的高炉矿渣量已经大大减少。根据我国目前矿石品位和冶炼水平，冶炼 1 t 铁将产生高炉渣 0.6～0.7 t，年均排出高炉渣量达 2000 多万 t，而西方工业先进国家每吨铁产生高炉渣仅为 0.27～0.23 t。

大量的高炉渣经不适当的处理或堆放，已成为人类社会的一种负担，严重地污染环境，威胁人类健康。为了妥善处理和处置高炉渣，人们花费了大量的人力和财力，已从过去的单一处理和污染防治转向资源再利用方面。

2）高炉渣的组成成分

由于矿石品位和冶炼方法不同，产生的高炉渣化学成分十分复杂，一般含有 15 种以上的化学成分，且波动范围较大。但其主要成分有 4 种，即 CaO、MgO、SiO_2 和 Al_2O_3，它们约占高炉渣总重的 90%以上。其中，Al_2O_3 和 SiO_2 来自矿石中的脉石和焦炭中的灰分，CaO 和 MgO 主要来自熔剂。高炉渣主要就是由这 4 种氧化物组成的硅酸盐和铝酸盐。一些特殊的高炉渣还含有 TiO_2、V_2O_5、Na_2O、BaO、P_2O_5、Cr_2O_3、Ni_2O_3 等成分。高炉渣部分化学成分如表 5.9 所示。

表 5.9　高炉渣部分化学组分（质量分数）　　　单位：%

名称	CaO	SiO_2	Al_2O_3	MgO	MnO	Fe_2O_3	S	TiO_2	V_2O_5	F
普通渣	38~49	26~42	6~17	1~13	0.1~1	0.15~2	0.2~1.5	—	—	—
高钛渣	23~46	20~35	9~15	2~10	<1	—	<1	20~29	0.1~0.6	—
锰铁渣	28~47	21~37	11~24	2~8	5~23	0.1~1.7	0.3~3	—	—	—
含氟渣	35~45	22~29	6~8	3~7.8	0.1~0.8	0.15~0.19	—	—	—	7~8

根据碱度的比值，可表示不同类型的高炉渣，如比值大于 1 为碱性渣，小于 1 为酸性渣，等于 1 为中性渣。

在冶炼钢铁生铁和铸造生铁，若炉渣中 Al_2O_3 和 MgO 含量变化不大（一般 Al_2O_3 为 8%~14%，MgO 为 7%~11%）时，高炉渣碱度可简单用 CaO 与 SiO_2 之比表示。

碱性高炉渣中最常见的矿物有黄长石、硅酸二钙、橄榄石、硅钙石、硅晶石和尖晶石。酸性高炉渣中主要矿物相是甲型硅灰石和钙长石，其生成与其冷却的速度有关，当快速冷却时全部凝结成玻璃体；当缓慢冷却时（特别是弱酸性的高炉渣）往往出现洁净的矿物相，如黄长石、假硅灰石、辉石和斜长石。

3）高炉渣的性能

高炉渣的性能依赖于高温熔渣的处理方法。目前对高炉排出的熔融渣流采用的处理方法有 3 种，即急冷法（水淬法）、慢冷法（热泼法）和半急冷法，得到的成品渣分别为水淬渣、重矿渣和膨珠，其性能也不相同。高炉渣的密度与渣的形态、类型紧密相关，其值分布见表 5.10。

表 5.10　不同高炉渣的密度　　　单位：t/m³

种类	液态渣	固态渣
普通渣	2.20~2.50	2.30~2.60
含氟渣	2.62~2.75	3.25
含钛渣	3.00~3.20	—

（1）水淬渣。水淬渣是一种不稳定的化合物，具有一定的活性。酸性水渣中除硅酸

二钙外，Al_2O_3 的含量高于其在碱性水渣中的含量，Al_2O_3 有利于矿渣在急冷过程中形成不稳定的玻璃态矿物。所以，不管是碱性水渣还是酸性水渣都具有良好的活性。

（2）重矿渣。重矿渣也叫块渣，是高炉熔渣在指定的渣坑或渣场自然冷却或淋水冷却形成的较为致密的矿渣后，再经挖掘、破碎、磁选和筛分而得到的一种类石料矿渣。其矿物组成不同于水渣，由于许多化学成分在慢冷过程转变成稳定的结晶相，因而构成的矿物绝大多数不具备活性，如表 5.11 所示。

表5.11　重矿渣的物理性能

重矿渣组成	容重/(kg/cm^3)	孔隙率/%	吸水率/%	抗压强度/(kg/m^2)	松散容重/(kg/m^3)	稳定性	热稳定性	耐磨性	抗冻性	抗冲击性
密实体	2.5~2.8	16~7	2~0.5	1200~2500	1.15~1.4	绝大部	较天然	接近	—	—
密实多孔体	1.5~2.4	50~20	9~1	250~1000	95~1.15	分良好	碎石差	石灰	合	良
混合体	—	—	—	—	—	岩和	—	—	—	—
多孔体	—	—	—	100~200	0.7~1.0	—	—	砂岩	格	好
玻璃体	2.6	13	—	—	~1.1	—	—	—	—	—

重矿渣中含有多晶型硅酸二钙、铁锰硫化物和游离石灰（CaO），当其含量较高时，会导致矿渣结构破坏，称为重矿渣分解。其分解有硅酸盐分解，铁、锰分解，石灰分解。

（3）膨珠。膨珠也叫膨胀矿渣珠，是热熔矿渣进入流槽后经喷水急冷，又经高速旋转的滚筒击碎、抛甩并继续冷却，在这一过程中熔渣即自行膨胀，并冷却成珠，具体形成示意图见图 5.31。

膨珠外观大多呈球形，表面有釉化玻璃质光泽，珠内有微孔，孔径大的有 350~400 μm，小的 80~100 μm，除孔洞外，其他部分都是玻璃体。膨珠呈现由灰白到黑的颜色，颜色越浅，玻璃体含量越高。灰白色膨珠，玻璃体含量达 95%。有的膨珠表面呈开放性孔穴，无釉化玻璃质光泽。

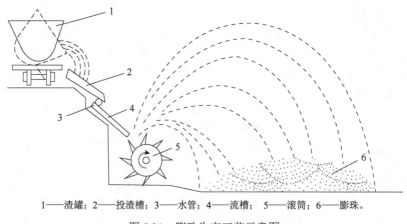

1——渣罐；2——投渣槽；3——水管；4——流槽；5——滚筒；6——膨珠。
图 5.31　膨珠生产工艺示意图

由于膨珠具有多孔、质轻、表面光滑的特点，松散容重大于陶粒、浮石等轻骨料，粒径大小不一，强度随容重增加而增大，自然级配的膨珠强度均在 3.5 MPa 以上，其孔互不相通，不用破碎，可直接用作轻混凝土骨料。

4）高炉渣的处理与利用

（1）水渣的利用。水渣具有潜在的水硬胶凝性能，在水泥熟料、石灰、石膏等激发剂作用下，可显示出水硬胶凝性能，是优质的水泥和混凝土原料。我国高炉水渣主要用于生产水泥和混凝土，它是我国处理高炉矿渣的主要方法。

第一，矿渣硅酸盐水泥。利用水渣的水硬胶凝性，将水渣与硅酸盐水泥熟料混合，再加入 3%～5% 的石膏，磨细即可制成矿渣硅酸盐水泥。其中，水渣的掺量视生产的水泥标号而定，一般为 30%～70%。目前，我国大多数水泥厂采用 1 t 水渣与 1 t 水泥熟料和适量石膏配合生产 400 号以上矿渣水泥。矿渣硅酸盐水泥具有抗侵蚀性好、水化热低、成本低等优点，其在硫酸盐介质中的稳定性优于硅酸盐水泥，故应用在大体积构筑物和抗硫酸盐侵蚀的工程上。

第二，矿渣砖和矿渣混凝土。用直径小于 8 mm 的水渣加一定量的水泥，经搅拌成型，并在 80～100 ℃ 条件下蒸汽养护 12 h，即可制成矿渣砖，其强度可达 100 MPa 左右，可用于建筑。

矿渣混凝土是以水渣为原料，配入激发剂（水泥熟料、石灰和石膏），然后放入轮碾机中加水碾磨，再与骨料拌和而成。这种矿渣混凝土的主要优点是抗渗性好，可作防水混凝土；耐热性好，可用于工作温度较高的热工工程中。

（2）重矿渣的利用。重矿渣碎石的用途很广，用量也很大，主要用于公路、机场、地基工程、铁路道碴、混凝土骨料和沥青路面等。特别是安定性好的重矿渣，经破碎、分级后，可以代替碎石作骨料和路材。

作骨料配制混凝土：从我国主要钢铁厂的矿渣碎石质量看，绝大部分属密实和一般带孔的结晶矿物，松散容重在 1100 kg/m³ 以上，且很少有玻璃状矿物；矿渣的含硫量也不高，一般在 2% 以下，对钢筋不会产生腐蚀。因此，大多可以用于配制混凝土。

矿渣碎石混凝土除具有与普通混凝土相当的基本力学性能外，还具有良好的保温隔热和抗渗性能。目前，我国已将矿渣碎石混凝土用在 500 号以下各种混凝土和防水工程上，包括有承重要求的部位以及同时要求有抗渗、耐热、抗振动等的部位。一些大型设备的混凝土，如高炉基础、轧钢机基础、桩基础等，也都可以用重矿渣碎石作骨料。关于矿渣碎石混凝土的配合比设计，可以按《普通混凝土配合比设计规程》（JGJ 55—2011）进行。

作地基材料和路材：由于重矿渣的块体强度一般都超过 50 MPa，相当或超过一般质量的天然岩石，因此，重矿渣碎石可作建筑物的地基材料和道路的垫层。例如，我国矿渣碎石用在钢铁企业的铁道线上作道碴，已有数十年历史，且已得到了广泛的应用；用在沥青碎石道路和混凝土道路工程上，也已收到了较好的经济技术效果。

（3）膨胀矿渣和膨珠的利用。膨胀矿渣的松散容重一般为 500～900 kg/m³，主要用作混凝土轻骨料、防火隔热材料。用膨胀矿渣也可制成轻质混凝土，它不仅可作建筑物的围护结构，还可作承重结构。膨珠的松散容重较低，直径大于 3 mm 者为 800～1000 kg/m³，直径小于 3 mm 者为 500～600 kg/m³。由于膨珠内孔隙封闭、吸水少，混凝土干燥时产生的收缩较小，故适用于制作轻混凝土制品及其结构件。若用膨珠作粗、细骨料，与水泥、粉煤灰掺合配制混凝土，强度可达 100～300 号，容重却比普通混凝土轻1/4 左右，且保温性能好、弹性模量高、成本低，适合制作内墙板和楼板等。

膨珠混凝土的配合设计，一般是采用设计与试配相结合的方法进行。膨珠用量可以根据其容重确定，即膨珠松散容重乘以振实系数。水泥用量根据混凝土标号选择，一般每立方米混凝土用量控制在 250～400 kg，粉煤灰用量控制在 100～150 kg。

（4）高炉渣的其他利用。除了以上所举出的高炉矿渣的主要用途之外，它还可以生产一些用量不大但价值高的具有特殊性能的产品，如矿渣棉（以矿渣为主要原料，在熔化炉中熔化后获得熔融物，再加以精制而得到的一种白色棉状矿物纤维）、微晶玻璃和铸石等。它们可用于各种容器设备的防腐层、金属表面的耐磨层，以及制造溜槽、管材等。此外，高炉矿渣作为硅酸盐类物质，还可作为肥料用于农业生产等。

3. 钢渣的资源化

1）钢渣的来源与组成

钢渣是炼钢过程中排除的废渣，是炼钢过程中必然的副产物。钢渣的产量在冶金工业中仅次于高炉渣，据统计，我国堆放的钢渣大约有 2 亿 t，占地约 1400 hm^2。此外，每年还要产生约 1000 万 t 新渣。这些废渣未得到及时处理，已直接占用了大量土地，污染了环境。钢渣中含有丰富的资源，灼热的钢渣有丰富的热能，1 kg（1600 ℃）钢渣热含量达 2000 kJ，这些热量随着钢渣排放冷却而丧失。钢渣中废钢含量为 10%，可大量回收废钢。钢渣中还含有 FeO、CaO、SiO$_2$ 等有用化合物，可作为生产砖、砌块、水泥、肥料等原料。

钢渣产生率为粗钢的 15%～20%，主要来自以下 4 个方面：①金属炉料中的 Si、MnO、P 和少量 Fe 氧化后生成的氧化物；②为了使炉渣具备所需要的性质，向炉内加入的各种造渣材料如石灰石、白云石、铁矿石、硅石等，它们是炉渣的主要来源；③被侵蚀、剥落下来的炉衬材料和补炉炉料如 CaO、MgO 等；④金属炉料带入的杂质如泥沙等。

根据炼钢所用的炉型的不同，钢渣可分为平炉钢渣（初钢渣、后期渣）、电炉渣（氧化渣、还原渣）和转炉渣。在我国，转炉渣约占钢渣总量的 65%。钢渣的形成温度为 1500～1700 ℃，在此温度下呈液体状态，缓慢冷却后呈块状或粉状。转炉渣和平炉渣一般为深灰、深褐色，电炉渣多为白色。

钢渣的化学组成：钢渣是由钙、铁、硅、镁、铝、锰、磷等氧化物所组成，其化学组成为 CaO、SiO$_2$、Al$_2$O$_3$、FeO、Fe$_2$O$_3$、MgO、MnO、P$_2$O$_5$，有的还含有 V$_2$O$_5$ 和 TiO$_2$等。其中，钙、铁、硅氧化物占绝大部分，其主要化学成分如表 5.12 所示。各种成分的含量依炉型、钢种不同而异，波动范围较大。以氧化钙（CaO）为例，在一般平炉熔化时的前渣中，CaO 含量在 20%左右；在精炼和出钢时的钢渣中，含量一般在 40%以上；转炉渣中含量则可达 50%；在电炉氧化渣中，含量为 30%～40%，在电炉还原渣中则可达 50%以上。

表 5.12 我国主要钢厂钢渣的化学成分（质量分数） 单位：%

种类	CaO	SiO$_2$	Fe$_2$O$_3$	Al$_2$O$_3$	MgO	MnO	FeO	P$_2$O$_5$
首钢转炉渣	52.66	12.26	6.12	3.04	9.12	10.42	0.62	4.59
鞍钢转炉渣	45.37	8.84	8.79	3.29	7.98	2.31	21.38	0.72
太钢转炉渣	52.35	13.22	7.26	2.81	6.29	1.06	13.29	1.30
武钢转炉渣	58.22	16.24	3.18	2.37	2.28	4.48	7.90	1.17
马钢转炉渣	43.15	15.55	5.19	3.84	3.42	2.31	19.22	4.08

钢渣的矿物组成：钢渣的主要矿物组成为硅酸三钙、硅酸二钙、钙镁橄榄石、钙镁蔷薇辉石、铁酸二钙、RO（RO 代表镁、铁、锰等的氧化物，即 FeO、MgO、MnO 等形成的固熔体）、游离石灰（fCaO）。钢渣的矿物组成与钢渣的化学成分有关，尤其取决于钢渣的碱度。

在不同碱度的钢渣中，硅酸二钙和硅酸三钙的含量都比较高，加工适当，可以保存较高的活性，适于生产水泥。氧化镁在低碱度钢渣中，以镁蔷薇辉石矿物的形式存在；在高碱度钢渣中，存在于 RO 相中，不会引起安定性不良问题，是钢渣适于生产水泥的又一个特性。

2）钢渣的资源化

根据钢渣的不同性质，其具有多种用途，主要包括冶金、建筑材料、农业利用、回填等。例如，含磷高的钢渣适宜作磷肥，含磷低的钢渣可作炼铁溶剂，碱度高的钢渣适宜作水泥原料等。国外经济发达国家，把钢渣大部分制成钢渣碎石，应用在各种混凝土的粗细骨料、筑路、填坑等方面，其次用作炼铁原料、钢渣水泥和钢渣棉等。目前经济效果较好的是将钢渣作高炉、转炉炉料，在钢铁厂内循环使用。

（1）作钢铁冶炼溶剂。转炉钢渣一般含有 40%～60% CaO，1 t 钢渣相当于 0.7～0.75 t 的石灰石。把钢渣破碎成小于 10 mm 的钢渣粉，便可代替部分石灰石作烧结配料用。配加量依矿石品位和含磷量而定，一般品位高、含磷量低的精矿，可配加 4%～5%。由于钢渣软化温度低、物相均匀，可使烧结矿液相生成得早，并能迅速向周围扩散，与周围物质反应，使黏结相分布均匀，因而有利于烧结造球和提高烧结速度，并能提高烧结矿质量和降低燃料消耗。

除此之外，钢渣作烧结熔剂还可回收钢渣中的 Ca、Mg、Mn、Fe 等元素，实现钢渣中部分资源的回收利用。

钢渣中含有 10%～30% Fe、40%～60% CaO、2%～9% MgO 以及其他有用成分。若将其作炼铁熔剂，不仅可以回收钢渣中的 Fe 等，还可以将 CaO、MgO 等作为助熔剂，从而节约大量石灰石、白云石等资源。此外，钢渣中的 Ca、Mg 等均以氧化物形式存在，不需要经过碳酸盐的分解过程，因而可节约大量热能。钢渣作高炉炼铁熔剂时，需把钢渣破碎成 10～40 mm 的渣粒，其配加量依具体情况而定。

（2）生产钢渣水泥。利用钢渣生产水泥，是目前钢渣利用的主要方面，也是比较容易的利用方法。由于钢渣中含有和水泥类似的硅酸三钙、硅酸二钙及铁铝酸盐等活性矿物，具有水硬胶凝性，因此，可作为无熟料或少熟料水泥的生产原料，也可作水泥的掺合料。钢渣水泥具有生产简便、投资少、能耗低、成本低等特点。

我国目前生产的钢渣水泥有两种。一种是无熟料钢渣水泥，它以石膏作激发剂，配合比（质量比）为钢渣 40%～45%、高炉水渣 40%～45%、石膏 8%～12%，标号为 275～325。由于此种水泥早期强度低，仅用于砌筑砂浆、墙体材料、预制混凝土构件和农田水利工程等方面。另一种是熟料钢渣水泥，它以水泥熟料作激发剂，配合比为钢渣 35%～45%、高炉水渣 40%～45%、水泥熟料 10%～15%、石膏 3%～5%，标号为 325 以上。由于这种水泥中掺有水泥熟料，所以，它比无熟料钢渣水泥的早期和后期强度都要高。

应用钢渣水泥可配 200 和 400 号混凝土，分别用于民用建筑的梁、板、楼梯、抹面、砌筑砂浆、砌块等方面；也可以配制成 200～400 号混凝土，用于工业建筑和设备基础、吊车梁等方面。钢渣水泥具有微膨胀性能和抗掺性能，所以，又被广泛地用于防水混凝土工程方面。

（3）作筑路和回填材料。利用钢渣修筑道路和作回填工程材料，具有料源充足，节约石灰、石料，成本较低，施工方便等优点，是钢渣应用的一个重要方面。

钢渣碎石具有容重大、强度高、表面粗糙、不滑移、稳定性强、耐侵蚀和耐久性好、与沥青结合牢固等优良性能，因而特别适于在铁路、公路、工程回填、修筑堤坝和填海造地等方面代替天然碎石使用。钢渣碎石作公路路基，用材量大，道路的渗水、排水性能好，对保证道路质量和消纳钢渣具有重要意义；钢渣碎石作沥青混凝土路面，既耐磨又防滑；钢渣作铁道路渣，还具有导电性小、不会干扰铁路系统的电信工作，不易被雨水、洪水冲刷等优点。

用钢渣代替碎石的一个重要技术问题是体积稳定性问题。由于钢渣中 fCaO 的分解，会导致钢渣碎石体积膨胀，出现碎裂、粉化等，在作路材时，必须采取相应措施使 fCaO 分解，经安定性检验合格后方可使用。我国对钢渣作工程材料有相应要求，并严禁用钢渣碎石作混凝土骨料使用。国外一般是在堆放过程中向堆内撒水，堆高 20 m，堆放半年后再使用。此法虽不一定能使 fCaO 完全分解，但可减少体积膨胀，在使用时再加以注意，分解问题便可基本得到控制。

（4）用作农业肥料。钢渣是一种以钙、硅为主，含磷等多种养分，既有速效又有后劲的复合矿物质肥料。由于钢渣在冶炼过程中经高温煅烧，所含主要成分的溶解度已大大改变，故更容易被植物吸收利用；钢渣内含有的微量元素如锌、锰、铁、铜等，对土壤和作物也有不同程度的肥效作用；特别是平炉初期钢渣和转炉钢渣，其五氧化二磷含量可达 5%～7%，是良好的生产磷肥的原料。

钢渣可作为肥料直接施于土壤中，也可用作肥料的生产原料。例如，碱性侧吹转炉钢渣可用来生产磷肥，平炉钢渣可代替纹石制钙镁磷肥等。钢渣肥料对改良酸性土壤、增加作物产量和提高作物抗病虫害能力等都有一定的作用。

5.4.6 工业副产石膏

1. 概述

工业副产石膏是指在工业化生产过程中排出的副产品石膏，包括各个行业所排出的如脱硫石膏、磷石膏、柠檬酸石膏、盐石膏、氟石膏、铜石膏等。现在工业副产石膏这种称谓是比较科学的：一是大部分工业副产石膏都能利用，不再是废渣；二是它的确是各工业行业主产品以外的副产品，副产品也是产品，有利用价值。

我国工业副产石膏年产生量约 1.18 亿 t，综合利用率仅为 38%。其中，脱硫石膏约4300 万 t，综合利用率约 56%；磷石膏约 5000 万 t，综合利用率约 20%；其他副产石膏约 2500 万 t，综合利用率约 40%。目前工业副产石膏累积堆存量已超过 3 亿 t，其中，脱硫石膏 5000 万 t 以上，磷石膏 2 亿 t 以上。工业副产石膏大量堆存，既占用土地，又浪费资源，含有的酸性及其他有害物质容易对周边环境造成污染，已经成为制约我国燃煤机组烟气脱硫和磷肥企业可持续发展的重要因素。

2. 工业副产石膏资源化的必要性和可行性

工业副产石膏粒径较细，粒径一般均在 5～300 μm，生产石膏粉时，可节省破碎、粉磨费用，会产生大量的粉尘，增加除尘的费用。工业副产石膏一般所含成分较为复杂，含有量少但对石膏水化硬化性能有较大影响的化学成分，pH 值呈酸或碱性而非中性，给化学石膏的有效利用带来较大难度。工业副产石膏产量都较大，在产生过程中，大多都高于其主产品的产量。工业副产石膏大多都不能采用常规天然石膏处理工艺生产，利用难度较大，对环境有一定的污染，利用量极少，大多采用圈地堆放的方式处理。工业副产石膏中，有效成分二水石膏含量一般均较高，可达 75%～95%，相当于二级以上石膏的有效成分含量。如果单论其有效成分含量而不计其有害杂质的影响，工业副产石膏都可作为优质的石膏生产原料。磷石膏中 $CaSO_4 \cdot 2H_2O$ 含量一般在 75%～90%；脱硫石膏 $CaSO_4 \cdot 2H_2O$ 含量一般在 85%～96%，柠檬酸石膏 $CaSO_4 \cdot 2H_2O$ 含量也在 75%～90%。因此，如果采用合适的技术和设备，能够消除工业副产石膏中有害成分的影响，工业副产石膏就会成为一种廉价、高品位、环保的优质生产原料。

3. 工业副产石膏资源化

工业副产石膏主要用在建材行业。建材行业是"吃渣"量包括吃工业副产石膏最大的行业，被人誉为工业化的"清道夫"，是对固体废弃物实现循环经济的主力军。在建工、建材行业主要有以下几种。

1）水泥缓凝剂

代替天然石膏用于水泥缓凝剂，如果按全国水泥产量 10.2 亿 t 计，需消耗水泥缓凝剂 4000 万 t 左右。

2）纸面石膏板

纸面石膏板现在主要用于装饰装修工程。我国目前纸面石膏板仅有 10 亿 m^2，年消耗天然石膏 70 万 t 左右，可以全部用工业副产石膏来替代（现已有部分企业使用脱硫石膏）。

3）自流平石膏

自流平石膏目前在我国尚未得到大规模应用，但自流平石膏是一种非常具有发展前途的新型建筑材料，如果完全使用工业副产石膏、采用新技术，将生产成本降到 250～350 元/t，自流平石膏可大规模在建筑工程中使用，年使用量可达到 300 多万 t 规模。

4）陶模粉

利用脱硫石膏，采用新技术生产陶筑用模具粉完全是可能的，有关科研单位已在做这方面的研究开发，如果这一目标实现，将可替代 40%的天然石膏，用量也将达到 60 万 t 左右。

5.4.7　建筑垃圾

1. 概述

建筑垃圾是指建设、施工单位或个人对各类建筑物、构筑物、管网等进行建设、铺设或拆除、修缮过程中所产生的渣土、弃土、弃料、淤泥及其他废弃物。按产生源分类，建筑垃圾可分为工程渣土、装修垃圾、拆迁垃圾、工程泥浆等；按组成成分分类，建筑垃圾中可分为渣土、混凝土块、碎石块、砖瓦碎块、废砂浆、泥浆、沥青块、废塑料、废金属、废竹木等。

随着工业化、城市化进程的加速，建筑业也同时快速发展，相伴而产生的建筑垃圾日益增多，我国每年新建房屋 6.5 亿 m^2，每平方米排出垃圾约 0.5～0.6 t，全年仅施工建设产生和排出的建筑垃圾近 4000 万 t，该数量已占到城市垃圾总量的 1/3 以上。

我国建筑垃圾的数量已占到城市垃圾总量的 30%～40%。绝大部分建筑垃圾未经任何处理，便被施工单位运往郊外或乡村，露天堆放或填埋，耗用大量的征用土地费、垃圾清运费等建设经费，同时，清运和堆放过程中的遗撒和粉尘、灰沙飞扬等问题又造成了严重的环境污染。具体危害有如下几个方面。

（1）建筑垃圾随意堆放易产生安全隐患。大多数城市建筑垃圾堆放地的选址在很大程度上具有随意性，留下了不少安全隐患。施工场地附近多成为建筑垃圾的临时堆放场所，由于只图施工方便和缺乏应有的防护措施，在外界因素的影响下，建筑垃圾堆出现崩塌，阻碍道路甚至冲向其他建筑物的现象时有发生。在郊区，坑塘沟渠多是建筑垃圾的首选堆放地，这不仅降低了对水体的调蓄能力，也将导致地表排水和泄洪能力的降低。

（2）建筑垃圾对水资源污染严重。建筑垃圾在堆放和填埋过程中，由于发酵和雨水的淋溶、冲刷，以及地表水和地下水的浸泡而渗滤出的污水——渗滤液或淋滤液，会造成周围地表水和地下水的严重污染。垃圾堆放场对地表水体的污染途径主要有：垃圾在搬运过程中散落在堆放场附近的水塘、水沟中；垃圾堆放场淋滤液在地表漫流，流入地表水体中；垃圾堆放场中淋滤液在土层中会渗到附近地表水体中。垃圾堆放场对地下水的影响则主要是垃圾污染随淋滤液渗入含水层，其次由受垃圾污染的河湖坑塘渗入补给含水层造成深度污染。垃圾渗滤液内不仅含有大量有机污染物，还含有大量金属和非金属污染物，水质成分很复杂。一旦饮用这种受污染的水，将会对人体造成很大的危害。

（3）建筑垃圾影响空气质量。随着城市的不断发展，大量的建筑垃圾随意堆放，不仅占用土地，而且污染环境，并且直接或间接地影响着空气质量。建筑垃圾在堆放过程中，在温度、水分等作用下，某些有机物质发生分解，产生有害气体，如建筑垃圾废石膏中含有大量硫酸根离子，硫酸根离子在厌氧条件下会转化为具有臭鸡蛋味的硫化氢，废纸板和废木材在厌氧条件下可溶出木质素和单宁酸并分解生成挥发性有机酸，这种有害气体排放到空气中就会污染大气；垃圾中的细菌、粉尘随风飘散，造成对空气的污染；少量可燃建筑垃圾在焚烧过程中又会产生有毒的致癌物质，造成对空气的二次污染。

（4）建筑垃圾占用土地、降低土壤质量。随着城市建筑垃圾量的增加，垃圾堆放点也在增加，而垃圾堆放场的面积也在逐渐扩大。垃圾与人争地的现象已到了相当严重的地步，大多数郊区垃圾堆放场多以露天堆放为主，经历长期的日晒雨淋后，垃圾中的有害物质（其中包含由城市建筑垃圾中的油漆、涂料和沥青等释放出的多环芳烃构化物质）通过垃圾渗滤液渗入土壤中，从而发生一系列物理、化学和生物反应，如过滤、吸附、沉淀，或为植物根系吸收或被微生物合成吸收，造成郊区土壤的污染，从而降低了土壤质量。此外，露天堆放的城市建筑垃圾在种种外力作用下，较小的碎石块也会进入附近的土壤，改变土壤的物质组成，破坏土壤的结构，降低土壤的生产力。另外，城市建筑垃圾中重金属的含量较高，在多种因素的作用下，其将发生化学反应，使土壤中重金属含量增加，这将使作物中重金属含量提高。受污染的土壤，一般不具有天然的自净能力，也很难通过稀释扩散办法减轻其污染程度，必须采取耗资巨大的改造土壤的办法来解决。

2. 建筑垃圾的简单处理方法

目前，建筑垃圾简单的处理方法有如下 8 个方面。

（1）利用废弃建筑混凝土和废弃砖石生产粗细骨料，可用于生产相应强度等级的混凝土、砂浆或制备诸如砌块、墙板、地砖等建材制品。粗细骨料添加固化类材料后，也可用于公路路面基层。

（2）利用废砖瓦生产骨料，可用于生产再生砖、砌块、墙板、地砖等建材制品。

（3）渣土可用于筑路施工、桩基填料、地基基础等。

（4）对于废弃木材类建筑垃圾，尚未明显破坏的木材可以直接再用于重建建筑，破损严重的木质构件可作为木质再生板材的原材料或造纸等。

（5）废弃路面沥青混合料可按适当比例直接用于再生沥青混凝土。

（6）废弃道路混凝土可加工成再生骨料用于配制再生混凝土。

（7）废钢材、废钢筋及其他废金属材料可直接再利用或回炉加工。

（8）废玻璃、废塑料、废陶瓷等建筑垃圾视情况区别利用。

3. 建筑垃圾资源化

建筑垃圾资源化是指通过先进技术、设备和管理措施，将建筑垃圾转化为各类可利用资源，既解决建筑垃圾处置、消纳问题，又实现资源回收利用的过程。对建筑垃圾的资源化利用可以"变废为宝"，提高自然资源的利用效率，最大限度地减少环境污染，是实现可持续发展的重要途径。主要资源化途径有如下 3 个方面。

（1）建筑垃圾再生混凝土及砂浆。根据中华人民共和国建筑工程行业标准《再生骨料应用技术规程》（JGJ/T 240—2011）的规定，在配制过程中掺用了再生骨料的混凝土称为再生骨料混凝土。在配制过程中掺用了再生细骨料的砂浆，称为再生骨料砂浆。再生骨料经过处理，各方面性能均有提高，在配制再生骨料砂浆时，可全部采用整形强化后的细骨料，与用天然砂配制的砂浆相比，各项性能变化不大。

（2）建筑垃圾应用于道路工程。道路工程的路基工程需土方量比较大，这就为建筑垃圾的综合利用提供了契机，可以将建筑垃圾作为土方填筑路基。因建筑垃圾含有一定含量的有机物，如先把建筑垃圾中的有机成分及其不适宜用作道路工程的不利成分剔除，剔除不利成分后的建筑垃圾粗细骨料可以和石灰或水泥结合成结石，可作为半刚性或刚性基层。这样，既处理了建筑垃圾，又减少了土方的开挖。

（3）再生砖生产。建筑垃圾通过两级破碎，经过筛分、水洗，生产出再生骨料，然后配料拌制、压制成型为再生砖。同样是生产 15 亿块标砖，使用建筑垃圾制造，可减少取土 24 万 m^3，节约耕地约 180 亩（12 hm^2），消纳建筑垃圾 40 多万 t，节约堆放垃圾占地 160 亩（约 10.67 hm^2），两项合计节约土地 340 亩（22.67 hm^2）。在制砖过程中，还可消纳粉煤灰 4 万 t，节约标准煤 15 万 t，减少烧砖排放的二氧化硫 360 t。

5.4.8　农作物秸秆

秸秆是成熟农作物茎叶（穗）部分的总称。通常指小麦、水稻、玉米、薯类、油菜、棉花、甘蔗和其他农作物（通常为粗粮）在收获籽实后的剩余部分。农作物光合作用的产物有一半以上存在于秸秆中，秸秆富含氮、磷、钾、钙、镁和有机质等，是一种具有多用途的可再生的生物资源，秸秆也是一种粗饲料。特点是粗纤维含量高（30%～40%），并含有木质素等。木质素、纤维素虽不能为猪、鸡所利用，但却能被反刍动物牛、羊等牲畜吸收和利用。

自古以来，我国就是农业大国，而农作物秸秆作为农业生产过程中的主要副产品之一，数量十分庞大，而之前最多的处理方式就是焚烧。随着污染的加重，如今人们的环保意识越来越强，秸秆焚烧早已被列为严厉打击对象，对于秸秆焚烧的监管，国家可是下了大功夫。秸秆主要资源化技术介绍如下。

1. 秸秆的农业利用技术

1）秸秆肥料利用技术

我国农业发展历史上有应用有机肥的传统，主要包括秸秆直接还田、堆沤还田等。秸秆中含有 C、N、P、K 以及各种微量元素，秸秆还田后可以增加土壤有机质，这对维持土壤养分平衡起着积极作用，同时还可以改善土壤团粒结构和理化性状，增加土壤肥力，增加作物产量，节约化肥用量，促进农业可持续发展。秸秆覆盖还对干旱地区的节水农业有特殊意义。

堆沤还田由于经过一定的处理，其还田效果优于直接还田。堆沤还田的技术主要包括：催腐剂堆肥技术、速腐剂堆肥技术和酵素菌堆肥技术等。这些技术都是利用化学制剂或微生物加速秸秆中有机物的分解，从而提高土壤吸收秸秆中养分的效率和效果。

2）秸秆饲料利用技术

秸秆用作饲料，在我国目前主要是以秸秆养畜、过腹还田的方式进行。我国农村素有利用秸秆作粗饲料养畜的传统，但其中绝大部分不经过处理，只是铡切至 3～5 cm 长就饲喂牲畜。未经处理的秸秆不仅消化率低，粗蛋白含量低，而且适口性差，采食量也不高，饲养牲畜的效果不好，为此，科技人员研制出一系列秸秆处理方法。处理后的秸秆，其营养价值与中等水平的牧草相当。

秸秆生产饲料的技术主要有：秸秆青贮技术、秸秆微贮技术、秸秆氨化处理技术、固态发酵制取粗蛋白饲料技术、农作物秸秆生产单细胞蛋白技术、农村废弃物生产饲料用复合酶技术等。这些技术可以提高饲料中蛋白质的含量，易于牲畜消化，促进牲畜生长，提高饲料的利用率。

秸秆养畜、过腹还田，不仅可以增产畜产品，为农田增加大量有机肥，降低农业生产成本，还可以改善农村环境质量，是实现资源永续利用和农牧结合的有效途径。

2. 秸秆优质能源利用技术

目前，秸秆能源利用技术包括秸秆气化技术、秸秆液化技术、秸秆压块成型技术及秸秆直接燃烧供热技术。

（1）秸秆气化技术。秸秆类生物质热解气化是以秸秆为原料，采用固体热载体流态化热解气化技术，在缺氧状态下进行燃烧和还原反应的能量转换过程，从而获得中热值煤气的新技术。秸秆生物质气化技术是生物质能高品位利用的一种主要转换技术，它将有机废弃物高效地转化为高品质的能源，既可供民用燃气，也可供煤气发电机组发电。

（2）秸秆液化技术。液化技术是指通过化学方式将生物质转换成液体产品的过程，分为间接液化和直接液化两类。目前秸秆液化技术研究的重点是利用秸秆生产酒精（甲醇和乙醇）和秸秆热解技术。

利用秸秆生产乙醇的工艺包括：酶解法、稀酸水解法和浓酸水解法。据经济评估，以秸秆为原料生产乙醇的成本低于用粮食发酵法生产乙醇的成本。

利用秸秆生产乙醇的基本工艺流程见图 5.32。

洗涤水解 → 蒸煮软化 → 糖化发酵 → 蒸馏、气提

图 5.32　利用秸秆生产乙醇的基本工艺流程

秸秆生产甲醇的工艺是将秸秆通过裂解生产燃气，利用燃气制备出合成气，在一定的条件和催化剂的作用下利用合成气合成甲醇。

秸秆热解技术是生物质在隔绝或少量给氧条件下加热分解的过程，通常称为热解，热解产物主要有燃料气、燃料油和炭黑。稻草秸秆在 300～500 ℃温度和常压条件下热解可以产生焦炭、焦油和煤气这 3 种燃料。生物质在 600～700 ℃温度热解时，液体的产量最大；添加 $ZnCl_2$ 会使氢气的产量增加 5～8 倍，活性炭的比表面积也会增大。温度越高，秸秆粒径越小，则焦炭的量越少，但氢气的量会增加。

（3）秸秆压块成型技术。秸秆压块成型技术是将秸秆粉碎，用机械的方法在一定的压力下将其挤压成型。这种技术可提高能源密度，改善燃烧特性，实现优质能源转化。研究发现：压块成型技术的生产能力较低，投资和能耗较高；在秸秆压块成型的过程中按 3∶1（锯屑∶稻草秸秆）加入锯屑后可以改善秸秆压块的耐久性。

（4）秸秆直接燃烧供热技术。秸秆直接燃烧供热技术是以秸秆为燃料，以专用的秸秆锅炉为核心形成供热系统，整个供热系统由秸秆收集、前处理、秸秆锅炉和秸秆灰利用等部分组成。

3. 秸秆工业、建材原料利用技术

1）秸秆造纸技术

利用非木材纤维造纸具有以下优点：秸秆的生长周期比木材的生长周期短；可以对稻草秸秆进行再利用；蒸煮和磨浆能耗低；蒸煮和漂白化学品消耗少。

以秸秆等非木材纤维为原料，利用硫酸盐法、添加碳酸钠的乙醇法、酸式亚硫酸盐法和酸催化的乙醇法 4 种制浆方法生产的纸张和以桦树为原料、利用同样的工艺生产的纸张相比：纸张的抗张强度相当，但撕裂强度较低；击打强度低的非木材纤维生产的纸张表面粗糙度低，且具有非常好的光散射效果；非木纤维纸张的黏结强度与桦树的相似，这与制浆工艺无关，黏结的区域随着光散射效果的降低而增大，随着击打强度的增大而增大；当纸张的密度明显增加时，所有纸浆纤维的柔韧性和密实充填的性能都有所提高。

传统的秸秆造纸工艺投资高且环境污染大，能耗高，但如果在制浆过程中添加有机溶剂可以改善以上情况。例如，添加苯酚和水的混合物后，在 200 ℃下蒸煮 2 h，半纤维素和 α-纤维素的含量最高，而木质素和乙醇-苯的可萃取物浓度较低。

2）秸秆板材的制造技术

目前主要利用稻草秸秆生产中密度纤维板和麦秸刨花板。国内制造稻草板的主要工艺为湿法工艺和干法工艺。

制造中密度秸秆的工艺中，黏合剂的选择十分重要，它将对板材的性能产生影响。常用的胶黏剂有脲醛树脂（UF）和异氰酸酯（MDI）。以异氰酸酯为胶黏剂生产的板材具有优异的机械性能和防水效果，但制造成本较高，且制造过程中易发生黏结现象。而以大豆为原料的胶黏剂，采用漂白处理过的稻草为原料生产的板材，其机械强度与采用脲醛树脂生产的板材的机械强度相似，甚至比后者更好，但比异氰酸酯的板材要差。因此，室内用的板材可采用大豆为原料的胶黏剂替代脲醛树脂，减少甲醛的释放。

现在国际上还在积极研究利用稻草秸秆和其他废物混合来生产人造板，既可以改善稻草秸秆的某些性质，还可以实现多种废物的综合利用。

3）秸秆包装材料

秸秆具有良好的柔韧性，富含纤维素和木质素等有机物，因此可以利用秸秆加工生产包装材料，且有可能加工出可降解的环境材料。

采用"生物菌化"技术对秸秆进行生物处理，处理后析出纤维素、蛋白质、脂肪、无氮浸出物等，而半纤维素、木质素和不溶解的盐类等仍保持原样。这种处理后的原料被称为"生物料"，为原料进一步加工调整结构状态。采用"蛋白变性"技术改变外界条件，破坏蛋白质的空间构型，使之处于紊乱而又松散的状态，使蛋白质的黏度增高，同时使分子的扩散系数降低。经过以上两步技术处理后，原料的性质发生了根本性的变化，完成了原料的处理，进一步对原材料进行机械加工定型，即可制成可降解的包装材料。

4）秸秆生产可降解餐盒

利用秸秆生产快餐盒的基本工艺流程如图 5.33 所示。

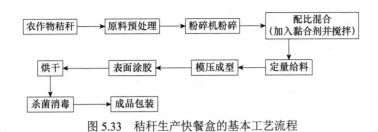

图 5.33　秸秆生产快餐盒的基本工艺流程

5）秸秆复合材料

以秸秆为主要原料，通过以下流程来生产酚醛树脂/秸秆复合材料：秸秆的碳化→球磨混合→压力成型→1000 ℃烧结。

有研究者利用秸秆纤维为增强材料，以淀粉为基体，研制出一次性可降解秸秆纤维增强复合材料。采用土埋法研究了该复合材料的可降解性能，实验发现这种材料土埋 3 个月后就分解成小碎片和粉状，一些小碎片已与土壤结合在一起，因此，这种材料可以用来制造植物育苗用的花盆。

此外，还可以将秸秆与某些热塑性塑料复合，开发能替代木材使用的秸秆/塑料复合材料，如秸秆/聚丙烯复合材料等。

6）利用秸秆治理环境污染

秸秆治理环境污染主要是利用秸秆制备吸附剂，代替活性炭对金属离子或高浓度有机废水进行吸附处理。秸秆吸附剂最主要的制备方法是利用水蒸气爆炸技术处理秸秆。

北京采用一种由玉米秸秆制成的环保覆盖剂治理施工工地扬尘，这种绿色环保扬尘覆盖剂能够在长达 1 个月左右的时间里有效控制建筑工地、房屋拆迁场地和料场等处产生的扬尘，并且这种扬尘覆盖剂不怕短时大风和雨水的冲刷。

4. 秸秆高附加值的深加工技术

1）秸秆生产羧甲基纤维素和纤维素

羧甲基纤维素（CMC）是最重要的纤维素类之一，由于 CMC 具有优良的胶体化学性质，所以在工业中有广泛的应用。稻草秸秆生产羧甲基纤维素一般要经过预处理、蒸煮、碱化、醚化和烘干粉碎等处理过程。以下是一种可工业应用的生产工艺流程，如图 5.34 所示。

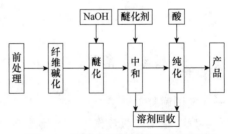

图 5.34　羧甲基纤维素生产工艺流程

纤维素的生产主要采用水解法，分为稀酸水解、浓酸水解和酶水解。由于酸水解能耗大、污染环境，所以目前研究的重点是酶法水解。实验表明，最佳反应条件为：酶/小麦秸秆=0.04，秸秆浓度为 5%，反应时间 3 d，在线控制 pH 值=4.8，在此条件下，酶解率可达 60.4%。

2）秸秆制备单细胞蛋白（SCP）

农作物秸秆是制备单细胞蛋白的主要原料，成本较其他原料低。利用纤维质资源发酵生产 SCP，从本质上看都是利用还原糖来培养微生物。利用纤维素为碳源生产 SCP 有两条路线：一是预处理→酶解→发酵路线；二是酸解→发酵路线。这两条路线的关键是酸解和酶解。酶解比酸解成本低，易于工业推广应用，而酶解法中最大的影响因素就是酶解效率。

3）秸秆制备木糖醇

在工业上，以玉米芯、甘蔗渣、秸秆等富含多缩戊糖的原料，经水解、净化、加氢、浓缩、结晶、分离、烘干包装等一系列加工工序得到木糖醇，该方法已基本成熟。国内木糖醇的生产企业已有十几家，具有相当大的规模，市场反应良好。

除羧甲基纤维素和纤维素、单细胞蛋白和木糖醇外，秸秆还可以加工生产膳食纤维和低聚木糖等具有高附加值的产品。

小　　结

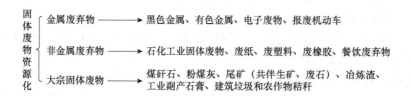

固体废物资源化
├─ 金属废弃物 ──→ 黑色金属、有色金属、电子废物、报废机动车
├─ 非金属废弃物 ──→ 石化工业固体废物、废纸、废塑料、废橡胶、餐饮废弃物
└─ 大宗固体废物 ──→ 煤矸石、粉煤灰、尾矿（共伴生矿、废石）、冶炼渣、工业副产石膏、建筑垃圾和农作物秸秆

 **知识链接**

 思考与练习题

一、名词解释

废弃金属　报废汽车　餐厨废弃物（垃圾）　废电池　大宗固体废弃物　建筑垃圾

二、填空题

1. 废钢铁回收资源化常用的处理工艺与方法有：_____、_____、_____、_____。

2. 废旧钢桶的回收利用一般有 3 种方法，一是_____；二是_____；三是_____。

3. 废有色金属回收的分选方法有：_____、_____、_____和_____。

4. 废电线、电缆的预处理方法主要有 4 种：_____、_____、_____、_____。

5. 餐厨垃圾资源化主要有以下 4 种模式：_____、_____、_____、_____。

6. 电子废物分为三大类，即_____、_____、_____。

7. 废石为矿山开采过程中剥离及掘进时产生的无工业价值的＿＿＿＿＿＿和＿＿＿＿＿＿。

8. 尾矿是矿石选出精矿后剩余的＿＿＿＿＿＿。

三、选择题

1. 以下不属于黑色金属的是（　　　）。

    A. 铁　　　　　　　B. 锰　　　　　　　C. 铅　　　　　　　D. 铬

2. （　　　）是为了去除废纸中的灰分、细小纤维以及小的油墨颗粒。

    A. 制浆　　　　　　B. 除渣　　　　　　C. 洗涤　　　　　　D. 筛选

3. 煤矸石资源化回收过程用作燃料不包括（　　　）。

    A. 回收煤炭　　　　B. 沸腾炉燃料　　　C. 制煤气　　　　　D. 建筑材料

4. 粉煤灰主要来自（　　　）。

    A. 冶炼生铁　　　　B. 炼钢　　　　　　C. 炼铜　　　　　　D. 火力发电厂

5. 我国工业固体废物中产生量最大的是（　　　）。

    A. 高炉渣　　　　　B. 污泥　　　　　　C. 粉煤灰　　　　　D. 化工残渣

6. 高炉渣在大量冷却水作用下形成的海绵状浮石类物质是（　　　）。

    A. 水渣　　　　　　B. 重矿渣　　　　　C. 膨珠　　　　　　D. 沉珠

7. 以下属于秸秆的高附加值利用方式的是（　　　）。

    A. 做饲料　　　　　B. 做燃料　　　　　C. 造纸　　　　　　D. 制木糖醇

8. 聚氯乙烯的英文缩写是（　　　）。

    A. PE　　　　　　　B. PVA　　　　　　C. PVC　　　　　　D. PET

四、简答题

1. 固体废物资源化原则有哪些？资源化途径有哪些？

2. 简述废纸的再生技术的主要工艺。

3. 简述废塑料的熔融再生工艺。

4. 简述餐厨废弃物典型预处理工艺。

5. 贵金属有哪八种金属？大宗固体废弃物有哪七种？

6. 建筑垃圾的资源化途径有哪些？

7. 试分析电子废物的两重性，并介绍废电路板的回收利用技术有哪些。

第6章　固体废物的焚烧处理技术

6.1　焚烧技术概述

6.1.1　焚烧法的概念及特点

焚烧法是一种高温热处理技术。该法将被处理的可燃性固体废物作为燃料送入焚烧炉中，在高温条件下（850～1200 ℃），废物中的可燃成分与空气中的氧进行剧烈氧化燃烧反应，释放出热量，转化成高温烟气和性质稳定的固体残渣，是一种可同时实现废物无害化、减量化、资源化的处理技术。

　　焚烧法适宜处理有机成分多、热值高的固体废物。当废物中所含可燃有机组分很少、废物热值较低时，则需要额外补充辅助燃料以维持高温条件。焚烧法应用十分广泛，可以处理固态、液态和气态各种形态的可燃废物，也可以处理性质不一的城市生活垃圾、一般工业废物以及危险废物。

　　焚烧法具有突出优点，具体表现如下：

　　（1）减容效果好。废物焚烧后，体积可减少 85%～95%，质量减少 20%～80%。以生活垃圾为例，通过填埋约可减容 30%，通过堆肥约可减容 60%，而通过焚烧约可减容 90%。

　　（2）无害化程度深。高温焚烧可彻底消除有害细菌和病毒，破坏毒性有机物。

　　（3）能源利用高。废物焚烧所产生的热能可被废热锅炉吸收转变为蒸汽，用来供热或发电，充分实现垃圾处理的资源化。焚烧 1 t 生活垃圾可发电 300 kW·h 左右，大约每 5 个家庭产生的生活垃圾，通过焚烧发电可满足 1 个家庭的日常用电需求。

　　（4）处理速度快。垃圾在填埋场中需 10～30 年才能完成分解，而垃圾焚烧只需 2 h 左右就能处理完毕。

　　（5）项目选址灵活用地省。焚烧厂的选址要求相比于填埋场要低，可靠近市区建厂。另外，同样的垃圾处理量，垃圾焚烧厂需要的用地面积仅为垃圾卫生填埋场的 1/10 左右。

　　（6）污染排放低。据德国权威环境研究机构研测，如采用同样严格的欧盟污染控制标准，垃圾焚烧产生的污染仅为垃圾卫生填埋的 1/50 左右。

　　（7）减碳能力强。据《中国温室气体自愿减排项目监测报告》显示，"垃圾焚烧项目通过焚烧方式替代填埋方式处理生活垃圾，避免了垃圾填埋产生以甲烷为主的温室气体排放；同时利用垃圾焚烧产生热能进行发电，替代以火力发电为主所产生的同等电量，从而实现温室气体（greenhouse gas，GHG）减排"。据测算，其碳净减排能力可达 0.50 t CO_2 当量/t 垃圾以上。

　　（8）应急作用大。由于其特有的快速和彻底的高温杀毒灭菌效果，在面对各种突发疫情时，不管是应急处理疫区生活垃圾，还是协同处置医疗垃圾，垃圾焚烧厂都可发挥不可或缺的重要作用。

　　焚烧法远非完善，其不足之处主要表现在以下方面：

　　（1）焚烧厂建设投资大，运行费用高，占用资金周期长。

　　（2）对废物的热值有一定要求，一般不能低于 3360 kJ/kg，限制了它的应用范围。适宜处理有机成分多、热值高的废物，当处理可燃有机物组分很少的废物时，需补加大量的燃料。

　　（3）管理水平和设备维修要求较高，对从业人员技术水平要求高，存在技术风险问题。

　　（4）焚烧产生的烟气、焚烧飞灰及渗滤液等含有高毒性物质，若处理不当，很容易对环境造成二次污染，而对这些污染物质进行治理则需要投入较大的成本。

　　（5）目前焚烧炉的热灼减率一般为 3%～5%，尚有潜力可挖。

　　（6）垃圾焚烧的经济性和资源化仍有改善的余地。

6.1.2 焚烧技术的发展

1. 国外焚烧技术的发展历程

焚烧的实践应用起源于火的发现和可燃性物质的产生，现代垃圾焚烧技术的历史可以追溯到 19 世纪的英国和美国，最早的固体废物焚烧装置是 1874 年和 1885 年分别建于英国和美国的间歇式固定床垃圾焚烧炉。随后，德国（1896 年）、法国（1898 年）、瑞士（1904 年）也相继建成。

20 世纪初，欧美一些工业发达国家开始建造较大规模的连续式垃圾焚烧炉。但当时条件下焚烧技术原始且垃圾中可燃物的比例低，焚烧过程中产生的浓烟和臭味对环境的二次污染相当严重。20 世纪 70 年代以后，随着社会经济的发展和生活水平的提高，城市垃圾中有机物含量越来越多，城市垃圾热值逐年上升，烟气处理技术和焚烧设备高新技术也不断发展，焚烧技术逐步成熟，加上能源危机问题，越来越多的发达国家开始广泛应用焚烧法处理生活垃圾。

到如今，生活垃圾焚烧技术经过 100 多年的发展，已非常成熟可靠。垃圾焚烧厂通过提高焚烧烟气的排放要求来减少对环境的影响，将焚烧厂建设为环保教育基地，以及采取一些"利邻"政策（如房价、电价的优惠等），使垃圾焚烧发电厂为附近居民所接受。

2. 我国焚烧技术的发展

我国由于受技术和经济条件的限制，焚烧垃圾起步较晚。1988 年 6 月，深圳市市政环卫综合处理厂从日本三菱重工成套引进 2 台日处理能力为 150 t/台的马丁型倾斜往复炉排焚烧炉，成为我国第一个现代化垃圾焚烧发电厂。2000 年，《当前国家鼓励发展的环保产业设备（产品）目录（第一批）》（国经贸资源〔2000〕159 号）还将城市生活垃圾焚烧处理成套设备纳入当前鼓励发展的环保产业设备目录中。但由于生活垃圾焚烧过程会产生二噁英等有害气体，很多人谈之色变，极力反对采用焚烧方式处理生活垃圾。在"十一五"和"十二五"期间，在很多地区（如北京六里屯，广东番禺、清远等地）都发起了"邻避运动"，反对当地焚烧厂的选址。因此，焚烧技术的发展受到了较大的阻力。

为了支持垃圾焚烧的发展，国家出台了一系列扶持政策：①垃圾焚烧发电企业享受并网、上网电价优惠，并且电网企业应当全额收购垃圾焚烧项目的上网电量；②当城市生活垃圾用量占发电燃料比例达 80%以上（含 80%），垃圾焚烧企业享受增值税即征即退（后续退税比例更改为 70%）；③垃圾焚烧企业所得税享受 3 年免征 3 年减半的优惠。《关于完善垃圾焚烧发电价格政策的通知》（发改价格〔2012〕801 号）进一步规范了垃圾焚烧发电价格，以生活垃圾为原料的垃圾焚烧发电项目，均先按其入厂垃圾处理量折算成上网电量进行结算，每吨生活垃圾折算上网电量暂定为 280 kW·h，并执行全国统一垃圾发电标杆电价每千瓦时 0.65 元（含税），其余上网电量执行当地同类燃煤发电机组上网电价。2012 年，我国发布的《"十二五"全国城镇生活垃圾无害化处理设施建设规划》（国办发〔2012〕23 号）提出，"到 2015 年底，全国城镇生活垃圾焚烧处理设施能力达到无害化处理总能力的 35%以上，其中东部地区达到 48%以上"。2016 年发布的

《"十三五"全国城镇生活垃圾无害化处理设施建设规划》(发改环资〔2016〕2851 号)
提出,"到 2020 年年底,设市城市生活垃圾焚烧处理能力占无害化处理总能力的 50%以
上,其中东部地区达到 60%以上"。

受到设备更新、技术发展与政策扶持等因素影响,我国生活垃圾焚烧技术进入了
快速发展阶段,垃圾焚烧处理能力由 2011 年的 9.4 万 t/d 增长至 2019 年的 45.6 万 t/d,
2019 年 4 月底有 428 家垃圾焚烧发电厂投入运行,并且 216 家正在建设。截至 2020 年
年底,全国拥有在运行垃圾焚烧项目的省份共 29 个(西藏、青海两地暂时是空白地区)
(图 6.1 和图 6.2),214 个地级市拥有一个以上的在运行垃圾焚烧项目。在垃圾焚烧产能
增长的同时,垃圾焚烧发电技术也在不断进步。我国垃圾焚烧厂采用的工艺以及排放标
准都跟国际接轨,甚至有一些工艺、设备、标准是达到国际先进水平的,并且也特别注
重外观设计,致力于打造与大自然和谐一体的垃圾焚烧发电厂。

图 6.1　长沙市生活垃圾清洁焚烧项目　　　　图 6.2　杭州临江环境能源工程项目

由于"十三五"后期垃圾焚烧发电项目呈"跃进"式发展,有些地方出现了产能过
剩现象,再加上垃圾分类的不断推动,进入焚烧处理厂的垃圾数量有所减少等多因素影
响下,垃圾焚烧市场在进入"十四五"以后增速放缓。"十四五"期间,垃圾焚烧市场新
增市场需求 51.8 万 t/d,但结合各类政策落地考量,预测实际可落地约 22.4 万 t/d。另外,
从各地的长期规划中可以看出,未来垃圾焚烧项目将继续走向小型化,大体量的优质项
目将越来越少。

6.1.3　固体废物焚烧处理相关政策

1. "装、树、联"

生态环境部非常重视垃圾焚烧企业环境监管工作,强调督促生活垃圾焚烧企业落实
主体责任,提升行业环境管理整体水平,全面推进环境信息公开透明,推动实现稳定达
标排放,不仅是加快解决突出环境问题、获得群众认可的重要基础,也是法律法规的明
确要求,更是贯彻落实党中央、国务院决策部署的具体行动。

2017 年 4 月 20 日,生态环境部印发《关于生活垃圾焚烧厂安装污染物排放自动监
控设备和联网有关事项的通知》(环办环监〔2017〕33 号),并于 4 月 24 日组织召开全

国视频会，要求垃圾焚烧企业于 2017 年 9 月 30 日前全面完成"装、树、联"3 项任务，即依法依规安装污染物排放自动监测设备、厂区门口树立电子显示屏实时公布污染物排放和焚烧炉运行数据、自动监测设备与生态环境主管部门联网。

烟气在线监测指标应至少包括烟气中一氧化碳、颗粒物、二氧化硫、氮氧化物和氯化氢等 5 项污染物指标和工况指标炉膛焚烧温度。目前，二噁英类不能达到在线监测的技术水平，主要通过对运行工况进行在线监控，间接控制二噁英类排放水平。

2.《生活垃圾焚烧发电厂自动监测数据应用管理规定》（生态环境部令第 10 号）

为规范生活垃圾焚烧发电厂自动监测数据使用，推动生活垃圾焚烧发电厂达标排放，依法查处环境违法行为，生态环境部于 2019 年 10 月 11 日审议通过《生活垃圾焚烧发电厂自动监测数据应用管理规定》，2020 年 1 月 1 日起施行。

该规定要求垃圾焚烧厂应当按照生活垃圾焚烧发电厂自动监测数据标记规则，及时在自动监控系统企业端如实标记每台焚烧炉工况和自动监测异常情况。自动监测设备发生故障或者进行检修、校准的，垃圾焚烧厂应当按照标记规则及时标记；未标记的，视为数据有效。生态环境主管部门可以利用自动监控系统收集环境违法行为证据。自动监测数据可以作为判定垃圾焚烧厂是否存在环境违法行为的证据。

当生活垃圾焚烧厂存在"污染物排放超标"、违反规定"导致自动监测数据缺失或者无效"、"未按照标记规则虚假标记"或"篡改、伪造自动监测数据"等行为时，都将依照《中华人民共和国大气污染防治法》相应规定进行处罚。

3.《关于核减环境违法垃圾焚烧发电项目可再生能源电价附加补助资金的通知》（财建〔2020〕199 号，简称《通知》）

垃圾焚烧发电项目是可再生能源发电项目中的重要组成部分，也是社会关注的焦点。近年来，在垃圾焚烧发电行业发展的同时，部分项目在环境管理上的欠缺也带来了一些环境影响问题。为促进整个可再生能源发电项目的绿色发展，助力打好污染防治攻坚战，《通知》规定：垃圾焚烧发电项目应依法依规完成"装、树、联"后，方可纳入国家可再生能源电价附加补助资金补贴清单范围；垃圾焚烧厂因污染物排放超标等环境违法行为被依法处罚的，核减或暂停拨付国家可再生能源电价附加补助资金；垃圾焚烧发电项目篡改、伪造自动监测数据的，自公安、生态环境部门做出行政处罚决定或人民法院判决生效之日起，电网企业应将其移出可再生能源发电补贴清单。

4. 排污许可管理

2016 年国务院办公厅发布《控制污染物排放许可制实施方案》（国办发〔2016〕81 号），推行对固定污染源的管理实施排污许可制度，并陆续发布了各行业技术规范，指导排污许可证申请、审核、发放、管理等流程，各地有序推进了排污许可证核发和排污登记工作。《排污许可管理条例》（国令第 736 号）已于 2020 年 12 月 9 日国务院第 117 次常务会议通过，2021 年 3 月 1 日起施行。

《排污许可证申请与核发技术规范　生活垃圾焚烧》（HJ 1039—2019）和《排污许可

证申请与核发技术规范　危险废物焚烧》（HJ 1038—2019）分别规定了生活垃圾和危险废物焚烧排污单位排污许可证申请与核发的基本情况填报要求、许可排放限值确定、实际排放量核算和合规判定的方法，以及自行监测、环境管理台账与排污许可证执行报告等环境管理要求，提出了排污单位污染防治可行技术要求。

5. 水泥窑协同处置

水泥窑协同处置固体废物是指将满足或经过预处理后满足入窑要求的固体废物投入水泥窑，在进行水泥熟料生产的同时实现对固体废物的无害化处置过程。处置固体废物的类型主要包括危险废物、生活垃圾、城市和工业污水处理污泥、动植物加工废物、受污染土壤、应急事件废物等。

水泥窑协同处置属于焚烧法中的一种，但与传统焚烧法在建设流程、工艺技术、效益等方面有所不同，利用水泥回转窑焚烧固体废物（主要是危险废物）的优点如下：①进料适应性广，能焚烧不同物态（固体、液体、污泥）、形状（粉末、颗粒、块状）及置于容器中的废物；②窑内温度高（物料温度 1450 ℃以上），停留时间长（1300 ℃以上气体停留时间 4 s 以上），热惯性大，燃烧状态稳定，供氧充分，危险废物及医疗废物杀菌、灭活、毁形和分解彻底，有害物质破坏去除率可达 99.999%以上；③水泥窑内工作状态呈碱性，危险废物焚烧产生的酸性物质可以和窑内碱性物料（石灰石、氧化钙）中和，可减少尾气净化负担；④惰性灰渣进入水泥产品中，不需要另行处理；⑤有机废物在水泥窑内燃烧可提供部分水泥生产过程所需的热能，可降低燃料费用和生产成本。

我国鼓励利用水泥窑协同处置固体废物，并出台了一系列法律、法规和标准：《水泥窑协同处置工业废物设计规范》（GB 50634—2010）、《水泥窑协同处置固体废物技术规范》（GB 30760—2014）、《水泥工业大气污染物排放标准》（GB 4915—2013）、《水泥窑协同处置固体废物环境保护技术规范》（HJ 662—2013）、《水泥窑协同处置固体废物污染控制标准》（GB 30485—2013）、《水泥窑协同处置固体废物污染防治技术政策》（公告2016 年　第 72 号）、《水泥窑协同处置危险废物经营许可证审查指南（试行）》（公告 2017年　第 22 号）以及《排污许可证申请与核发技术规范　水泥工业》（HJ 847—2017）。这些法律、法规和标准有利于推动水泥窑协同处置固体废物技术装备和污染防治技术进步，促进水泥行业的绿色循环低碳发展，有利于防治环境污染，保障生态安全和人体健康。

6.2　固体废物的焚烧原理

6.2.1　固体废物的焚烧特性

能否采用焚烧技术处理固体废物，主要取决于固体废物是否具有满足条件的燃烧特性。物质最主要的燃烧特性包括固体废物的组分和热值。

1. 固体废物的组分

固体废物的组分，即水分、可燃分和灰分，是废物焚烧炉设计的关键因素。

水分含量是指某固体废物样品烘干至恒重时所失去的质量，它与当地气候条件有密切关系。水分含量是一个重要的燃料特性，因为物质含水率太高就无法点燃。与一般的燃料相比，家庭垃圾的水分含量高达 40%～70%。不同国家或地区的城市生活垃圾水分含量不一样，例如，美国和西欧国家的城市垃圾含水率为 25%～40%；日本和地中海国家的城市垃圾含水率可达 50%或更高。

固体废物的可燃分包括挥发分和固定碳，挥发分是指标准状态下加热废物所失去的质量分数，剩下部分为炭渣或固定碳。挥发分含量与燃烧时的火焰有密切关系，如焦炭和无烟煤含挥发分少，燃烧时没有火焰；相反，煤气和烟煤挥发分含量高，燃烧产生很大火焰。

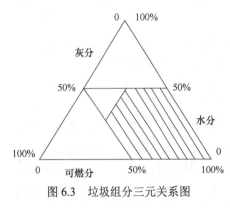

图 6.3 垃圾组分三元关系图

固体废物的灰分变化很大，多含有惰性物质，如玻璃和金属。一般来说，灰分熔点介于 1050～2000℃，化合物的熔点有时也会发生在低温阶段。

根据固体废物三组分的定义，三组分这种在任何情况下都应为 100%，其关系可以用一个三元关系图表示，如图 6.3 所示，在斜线覆盖区近似为不用辅助燃料而能维持燃烧的废物组分，在这个区域界线上或以外的区域，表示废物水分太多或灰分含量太高，其燃烧必须掺加辅助燃料。

2. 热值

固体废物的热值是指单位质量的固体废物完全燃烧所释放出来的热量，单位一般采用 kJ/kg。热值是设计固体废物焚烧处理设备最重要的指标之一。根据热值基本可以判断固体废物燃烧性的好坏，可以进行热平衡计算。固体废物的热值有高位热值（也称为粗热值）和低位热值（也称为净热值）两种表示法。固体废物的低位热值为高位热值和水分凝结热之差，可用下式计算：

$$LHV = HHV - 2420\left[m_{H_2O} + 9\left(m_H - \frac{m_{Cl}}{35.5} - \frac{m_F}{19} \right) \right] \tag{6.1}$$

式中，LHV——低位热值，kJ/kg；

HHV——高位热值，kJ/kg；

m_{H_2O}——焚烧产物中水的质量百分率，%；

m_H、m_{Cl}、m_F——废物中氢、氯和氟含量的质量百分率，%。

高位热值可用氧弹测热仪测量出：一定量燃料样品在热弹中与氧完全燃烧，精确测出所释放的热量，就是高位热值。

低位热值为燃料的较实际测试热量，因为它考虑了烟气中水蒸气的凝结而带走的一部分显热，有热损失。

理论上，一般当固体废物热值高于 4000 kJ/kg（约 955 kcal/kg）时，无须加辅助燃料就可直接燃烧，但在废物的实际焚烧过程中，往往需要的热值比该值要高一些。

6.2.2　固体废物的焚烧及影响因素

对于相态不同的物料，其焚烧过程有所区别。气态废物能与空气互相扩散混合，可直接发生气相反应。气相反应为均相反应，反应迅速而充分。液态废物的燃烧过程一般由蒸发、扩散混合、化学反应 3 个部分组成。在常温常压下，蒸发过程相对缓慢，为控制步骤，因而提高蒸发速率是保证液态废物燃烧顺利进行的关键。固态废物的燃烧过程最为复杂，大致可以分为预热、水分蒸发、升温，热分解、挥发析出、着火、固定碳燃烧、燃尽等过程。其燃烧历程大致如图 6.4 所示。

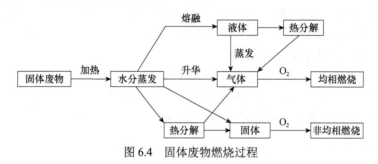

图 6.4　固体废物燃烧过程

影响固体废物焚烧效果的因素有很多，通常将焚烧温度（temperature）、烟气停留时间（time）、烟气湍流强度（turbulence）及过剩空气（excess air）合称为焚烧四大影响因素，简称"3T1E 原则"，也是焚烧炉控制的主要参数。

1. 焚烧温度

炉膛内控制的焚烧温度条件需要使炉膛内固体废物中的有害组分在高温下氧化分解直至被破坏，它一般比废物的着火温度高得多。焚烧温度取决于燃烧特性（如热值、燃点、含水率）以及焚烧炉结构、空气量等。焚烧温度是固体废物在焚烧室中进行干燥、蒸发、热解和焚烧过程中最重要的参数，对反应的速率、反应产物以及污染物的生成控制均起着十分重要的作用，也是焚烧炉炉衬结构设计与选材的重要依据。焚烧温度高低决定着废物燃烧是否完全，一般来说，提高焚烧温度，有利于废物中的有机毒物的分解和破坏，并可抑制黑烟的产生。但是，如果温度过高（高于 1300 ℃），不仅增加了燃料的消耗量，还会对炉体内的耐火材料产生影响，可能发生炉排结焦等问题，而且会增加废物中金属的挥发量及氧化氮的生成数量；如果温度太低（低于 700 ℃），则易导致不完全燃烧，产生有毒的副产物。炉膛温度最低应保持在物料的燃点温度。

合适的焚烧温度是在一定的停留时间下由实验确定的，大多数有机物的焚烧温度范围为 800～1100 ℃。根据《生活垃圾焚烧污染控制标准》（GB 18485—2014），我国生活垃圾焚烧炉要求在二次空气喷入点所在断面、炉膛中部断面和炉膛上部断面中至少选择两个断面分别布设监测点，实行热电偶实时在线测量，控制焚烧炉炉温不低于 850 ℃。《危险废物焚烧污染控制标准》（GB 18484—2020）则规定危险废物焚烧高温段温度不低于 1100 ℃。

2. 烟气停留时间

烟气停留时间是指燃烧所产生的烟气处于高温段的持续时间，可通过焚烧炉高温段有效容积和烟气流量的比值计算。烟气停留时间不等于固体废物在焚烧炉内的停留时间，但烟气停留时间的长短直接影响固体废物焚烧的完善程度。同时，烟气停留时间还是焚烧炉设计的重要依据，决定了焚烧炉体的容积。

固体废物在炉内焚烧所需停留时间是由许多因素决定的，应根据废物本身的特性、燃烧温度、燃料颗粒大小及搅拌程度而定。如废物进入炉内的形态（固体废物颗粒大小，液体雾化后液滴的大小以及黏度等）对焚烧所需停留时间影响甚大。当废物的颗粒粒径较小时，与空气接触表面积大，则氧化、燃烧条件就好，停留时间就较短些。因此，尽可能通过生产性模拟试验来获得数据。

为了保证废物中有害组分完全燃烧分解，需控制适宜的烟气停留时间。在《生活垃圾焚烧污染控制标准》（GB 18485—2014）和《危险废物焚烧污染控制标准》（GB 18484—2020）中均要求烟气停留时间不少于 2 s。

3. 烟气湍流强度

烟气湍流强度主要取决于气流扰动方式及其产生的湍流程度，反映了固体废物与助燃气接触和混合的程度，因此也被通俗地表达为搅拌混合程度。烟气湍流强度大则有利于促进空气和废物或辅助燃料或其焚烧尾气之间的混合，达到完全燃烧。

目前，焚烧炉所采用的扰动方式有空气流扰动、机械炉排扰动、流态化扰动及旋转扰动等，其中，以流态化扰动方式效果最好。

4. 过剩空气

废物焚烧所需空气量是由废物燃烧所需的理论空气量和为了供氧充分而加入的过剩空气量两部分组成的。空气量供应是否足够，将直接影响焚烧的完全程度。过剩空气率过低会使燃烧不完全，甚至冒黑烟，有害物质焚烧不彻底；但过高时则会增加燃料消耗量，燃烧温度降低，影响燃烧效率，造成燃烧系统的排气量和热损失增加。因此，控制适当的过剩空气量是很有必要的。

其相关参数可定义如下。

（1）过剩空气系数。过剩空气系数（m）用于表示实际空气与理论空气的比值，定义如下：

$$m=\frac{A}{A_0} \tag{6.2}$$

式中，A——实际供应空气量，m^3；

　　A_0——理论空气量，m^3。

（2）过剩空气率。过剩空气率由下式求出：

$$过剩空气率＝（m-1）\times100\% \tag{6.3}$$

烟气含氧量是间接反映过剩空气多少的指标。由于过剩氧气可由烟囱排气测出，工程上可以根据过剩氧气量估计燃烧系统中的过剩空气系数。

表 6.1 列出了一般工业炉及焚烧炉的过剩空气系数。根据经验选取过剩空气量时，应视所焚烧废物种类选取不同数据。焚烧废液、废气时过剩空气量一般取 20%～30%的理论空气量；但焚烧固体废物时则要取较高的数值，通常占理论需氧量的 50%～90%，过剩空气系数为 1.5～1.9，有时甚至要在 2 以上才能达到较完全的焚烧效果。

表 6.1　一般工业炉及焚烧炉的过剩空气系数

燃烧系统	过剩空气系数	燃烧系统	过剩空气系数
小型锅炉及工业炉（天然气）	1.2	大型工业窑炉（燃油）	1.3～1.5
小型锅炉及工业炉（燃料油）	1.3	废气焚烧炉	1.3～1.5
大型工业锅炉（天然气）	1.05～1.10	液体焚烧炉	1.4～1.7
大型工业锅炉（燃料油）	1.05～1.15	流化床焚烧炉	1.31～1.5
大型工业锅炉（燃煤）	1.2～1.4	固体焚烧炉（旋窑、多层炉）	1.5～2.5
流化床锅炉（燃煤）	1.2～1.3		

5. 4 个燃烧控制参数的互动关系

在焚烧系统中，焚烧温度、烟气停留时间、烟气湍流强度和过剩空气率 4 个焚烧控制参数相互影响，其互动关系如表 6.2 所示。

表 6.2　四参数互动关系

参数变化	烟气湍流强度	停留时间	温度	燃烧室负荷
燃烧温度上升	可减少	可减少	—	会增加
过剩空气率增加	会增加	会减少	会降低	会增加
烟气停留时间增加	可减少	—	会降低	会降低

焚烧温度与废物在炉内的停留时间有密切关系。若停留时间短，则要求较高的焚烧温度；若停留时间长，则可采用略低的焚烧温度。设计时不宜采用提高焚烧温度的办法来缩短停留时间，而应从技术经济角度确定焚烧温度，并通过试验确定所需的停留时间。同样，也不宜片面地以延长停留时间而达到降低焚烧温度的目的。因为这不仅使炉体结构设计较为庞大，增加炉子占地面积和建造费用，甚至会使炉温不够，使废物焚烧不完全。

废物焚烧时如能保证供给充分的空气，维持适宜的温度，使空气与废物在炉内均匀混合，且炉内气流有一定扰动作用，保持较好的焚烧条件，则所需停留时间就可少一点。

6.2.3　固体废物焚烧技术指标

1. 减量比

减量比是用于衡量焚烧处理废物减量化效果的指标，通常用 MRC 表示。其计算公式如下：

$$MRC = \frac{m_b - m_a}{m_b - m_c} \times 100\% \tag{6.4}$$

式中，MRC——减量比，%；

m_a——焚烧残渣的质量，kg；

m_b——投加废物的质量，kg；

m_c——残渣中不可燃物的质量，kg。

2. 热灼减率

热灼减率（P）是指焚烧炉渣经灼烧减少的质量占原焚烧炉渣质量的百分数。其计算公式如下：

$$P = \frac{A - B}{A} \times 100\% \tag{6.5}$$

式中，P——热灼减率，%；

A——焚烧炉渣经 110 ℃干燥 2 h 后冷却至室温的质量，g；

B——焚烧炉渣经 600 ℃（±25 ℃）灼烧 3 h 后冷却至室温的质量，g。

我国现行生活垃圾和危险废物焚烧标准中，均要求焚烧炉渣热灼减率不大于 5%。

3. 燃烧效率

燃烧效率（CE）主要用于评估城市垃圾及一般工业废物燃烧是否可以达到预期处理要求。

$$CE = \frac{c_{CO_2}}{c_{CO_2} + c_{CO}} \times 100\% \tag{6.6}$$

式中，CE——燃烧效率，%；

c_{CO_2}——烟气中二氧化碳的浓度；

c_{CO}——烟气中一氧化碳的浓度。

4. 焚毁去除率

焚毁去除率（DRE）主要用于评估危险废物中特殊化学物质或有机性有害成分（POHC）的破坏去除效率是否达到预期处理要求。

$$DRE = \frac{W_{POHC 进} - W_{POHC 出}}{W_{POHC 进}} \times 100\% \tag{6.7}$$

式中，DRE——焚毁去除率，%；

$W_{POHC 进}$——进入焚烧炉中有机性有害成分的质量流率，mg/s；

$W_{POHC 出}$——从焚烧炉流出的该种物质的质量流率，mg/s。

5. 烟气污染物排放浓度限值指标

固体废物焚烧过程产生的烟气中含有颗粒物、一氧化碳、氮氧化物、二氧化硫、氯化氢、重金属化合物、二噁英等污染物，为了避免造成二次污染，需要对其排放浓度进行控制。表 6.3 所示为我国《生活垃圾焚烧污染控制标准》（GB 18485—2014）规定的烟气生活垃圾焚烧炉排放烟气中污染物限值。

表 6.3　生活垃圾焚烧炉排放烟气中污染物限值

序号	污染物项目	限值	取值*
1	颗粒物/(mg/m³)	30	1 h 均值
		20	24 h 均值
2	氮氧化物（NOₓ）/(mg/m³)	300	1 h 均值
		250	24 h 均值
3	二氧化硫（SO₂）/(mg/m³)	100	1 h 均值
		80	24 h 均值
4	氯化氢（HCl）/(mg/m³)	60	1 h 均值
		50	24 h 均值
5	汞及其化合物（以 Hg 计）/(mg/m³)	0.05	测定均值
6	镉、铊及其化合物（以 Cd+Ti 计）/(mg/m³)	0.1	测定均值
7	锑、砷、铅、铬、钴、铜、锰、镍及其化合物（以 Sb+As+Pb+Cr+Co+Cu+Mn+Ni 计）/(mg/m³)	1.0	测定均值
8	二噁英类/(ngTEQ/m³)**	0.1	测定均值
9	一氧化碳（CO)/(mg/m³)	100	1 h 均值
		80	24 h 均值

*改为：取值。
**改为：二噁英类毒性当量（TEQ)/(ng/m³)。

该排放标准相对欧盟标准［《欧盟工业排放指令》（2010/75/EC）］较为宽松，部分省/直辖市/地市大幅提升地标（比欧盟标准严格），其中，上海［《生活垃圾焚烧大气污染物排放标准》（DB 31/768—2013）］、深圳［《深圳市生活垃圾处理设施运营规范》（SZDB/Z 233—2017）］已实施，福建、海南也分别于 2018 年和 2019 年公布征求意见稿，污染物质排放要求将更加严格。

6.3　生活垃圾焚烧系统

6.3.1　生活垃圾焚烧炉入炉废物要求

根据《生活垃圾焚烧污染控制标准》（GB 18485—2014），进入生活垃圾焚烧炉的入炉废物需要满足如下要求。

（1）下列废物可以直接进入生活垃圾焚烧炉进行焚烧处置：
- 由环境卫生机构收集或者生活垃圾产生单位自行收集的混合生活垃圾。
- 由环境卫生机构收集的服装加工、食品加工以及其他为城市生活服务的行业产生的性质与生活垃圾相近的一般工业固体废物。

· 生活垃圾堆肥处理过程中筛分工序产生的筛上物，以及其他生化处理过程中产生的固态残余组分。

· 按照 HJ 228、HJ 229、HJ 276 要求进行破碎毁形和消毒处理并满足消毒效果检验指标的《医疗废物分类目录》中的感染性废物。

（2）在不影响生活垃圾焚烧炉污染物排放达标和焚烧炉正常运行的前提下，生活污水处理设施产生的污泥和一般工业固体废物可以进入生活垃圾焚烧炉进行焚烧处置，焚烧炉排放烟气中污染物浓度执行表 6.3 规定的限值。

（3）下列废物不得在生活垃圾焚烧炉中进行焚烧处置：

· 危险废物（满足可直接入炉焚烧处置的医疗废物中的感染性废物除外）。

· 电子废物及其处理处置残余物。

（4）国家环境保护行政主管部门另有规定的除外。

6.3.2 生活垃圾焚烧工艺系统

生活垃圾的焚烧不是单个设备就可以完成的，它需要多个设备组成一个完整的系统，包含了若干个子系统，如贮存与进料系统、焚烧炉、助燃空气系统、余热回收系统、烟气净化系统、废水处理系统、灰渣收集与处理系统以及自动控制系统等。

生活垃圾焚烧处理工艺的主流程都差不多，包括卸料贮存、进料、焚烧、排渣、余热利用、烟气净化等基本环节，各生活焚烧厂具体工艺的差别主要在于设备的不同、根据垃圾焚烧情况对焚烧工艺参数的控制不同以及烟气净化工艺的不同。图 6.5 所示为典型的生活垃圾焚烧处理工艺流程。生活垃圾由垃圾车载入厂区后，经地磅称量，进入倾卸平台，将垃圾倾倒入垃圾贮坑。垃圾在垃圾贮坑中发酵 3～7 d 后，通过抓斗抓入进料斗，从滑槽进入炉内，由进料器推至炉床，在炉排的机械运动下，在炉床上翻转、干燥、燃烧，直至烧成灰烬，落入冷却设备，通过输送带送入灰坑。冷却后的炉渣可用于制造免烧砖或水泥等建筑材料，也可送至填埋场填埋处置。垃圾贮存过程中产生的臭气通过引风机送入焚烧炉，垃圾渗滤液经收集后进行集中处理。焚烧产生的高温烟气经余热锅

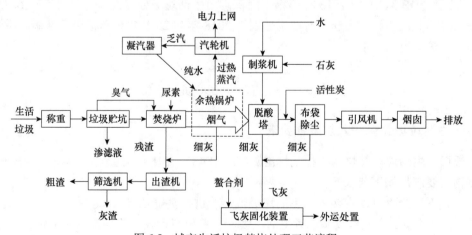

图 6.5　城市生活垃圾焚烧处理工艺流程

炉系统回收余热后，用引风机抽至脱酸塔去除酸性气体，然后进入布袋除尘器除尘，再经烟囱达标排放。为了进一步控制焚烧过程产生的氮氧化物及二噁英类物质，焚烧厂还采取了往炉内喷入尿素或氨水以及在袋式除尘之前喷入活性炭等措施。烟气净化系统产生的焚烧飞灰属于危险废物，通常加入螯合剂进行稳定化处理后，交由有资质的单位进行处置。锅炉产生的高温高压蒸汽则通过汽轮发电机转换为电能并入国家电网输出。

1. 贮存及进料系统

本系统由称重系统、卸料大厅、垃圾贮坑、垃圾吊、破碎机（有时可无）、进料斗等设备组成，如图 6.6 所示。

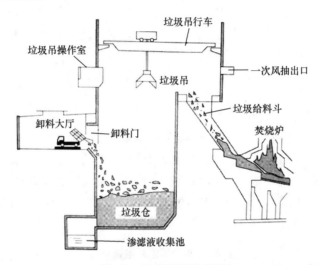

图 6.6　贮存及进料系统

垃圾称重系统负责对进厂垃圾车进行称重，统计进场垃圾数据并形成记录。卸料大厅（图 6.7）需采用负压设计，以防止臭气外溢，影响周边环境。现阶段，我国大部分城市垃圾分类还处于起步阶段，生活垃圾中厨余垃圾含量较高，这导致垃圾含水率高、热值偏低，不利于垃圾焚烧。通常需要将垃圾置于垃圾贮坑中发酵 3~7 d，使垃圾堆体随着发酵的进行温度升高、热值增大。这就要求垃圾贮坑有足够的容积，同时还能顺畅排出垃圾贮存过程产生的渗滤液。此外，为了防止臭味和甲烷气体的积聚，通常使垃圾池呈负压状态，并设抽风系统抽取池中臭气作焚烧炉助燃空气。

每一座焚烧炉均对应一个进料口，垃圾贮坑上方通常有 1~2 座垃圾吊负责供料。如图 6.8 所示，操作人员操作抓斗对各区垃圾进行移料、混料、堆料和破料，尽可能使入炉垃圾组分均匀；当发现有大件不宜燃烧的垃圾组分时，还应将其及时抓出垃圾贮坑。垃圾吊的稳定运行直接影响到生活垃圾焚烧厂的稳定运行。

2. 焚烧炉

焚烧炉是整个焚烧系统的核心设备，焚烧炉类型不同，往往整个焚烧反应的焚烧效果不同。焚烧炉的构造大致可分成承载炉床和燃烧室两部分。以广泛应用的机械炉排焚

图 6.7　卸料大厅　　　　　　　　图 6.8　进料抓斗

烧炉为例，其炉床为机械可移动式炉排，垃圾在炉床上翻转、受热分解、燃烧，炉床正上方的炉膛空间为燃烧室，可提供燃烧废气数秒的停留时间。由炉床下方往上喷入的一次空气可与炉床上的垃圾层充分混合，由炉床正上方喷入的二次空气可以提高废气的搅拌时间。

　　焚烧炉具体的结构形式与废物的种类、性质和燃烧形式等因素有关，不同的焚烧方式有相应的焚烧炉与之相配合。目前世界上固体废物焚烧炉的型号已有 200 多种，其中较广泛应用的炉型按照燃烧方式主要可分成机械炉排焚烧炉、流化床式焚烧炉、热解气化焚烧炉、回转窑式焚烧炉、立式多段炉以及模组式固定床焚烧炉等。各式焚烧炉型的优缺点列于表 6.4，在实际工作中，可以根据不同的处理对象、运行所需要的条件、污染物性能控制要求、建设投资及运行费用等加以选用。

表 6.4　典型焚烧炉的优缺点

焚烧炉种类	优点	缺点
机械炉排焚烧炉（混烧式焚烧炉）	技术成熟；适用大容量；未燃分少；二次污染易控制；余热利用率高	造价高；操作及维修费用高；须连续运转；操作运转技术高；不适于低熔点废物
流化床式焚烧炉	适用小型焚烧厂（单座容量 50～200 t/d）；燃烧温度较低（750～850 ℃）；传热传质快；燃烧效率好；公害低	操作运转技术高；燃料的种类受到限制；须添加载体（石英砂或石灰石）；进料颗粒较小（约 5 cm 以下）；单位处理量所需动力高；炉床材料易冲蚀损坏
热解气化焚烧炉	适用于处理热值高、毒性强、含多种难燃物质的固体废物，投资低、运行费用低，设备结构紧凑，垃圾无需预处理，二燃室温度高，二次污染小	实际应用较少；燃烧时间长；热效率低；温度变化频率高（一天一次），对耐火材料有很大的影响；对热回收不实用
回转窑式焚烧炉	进料适应性广；垃圾搅拌及干燥性佳；可适用大、中容量（单座容量 100～400 t/d）；残渣颗粒小、可进入产品中	热效率偏低；炉内的耐火材料易损坏
立式多段炉	炉内热利用率高；燃烧产生的烟气可直接与湿污泥接触，适合处理含水率高、热值低、小容量（单座容量 50 t/d 左右）的污泥	机械设备及辅助部件多、易出故障、维修保养费用高；不适合处理热值高且易燃性废物
模组式固定床焚烧炉	适用小容量（单座容量 50 t/d）；构造简单；装置可移动、机动性大	燃烧不完全，燃烧效率低；使用年限短；平均建造成本高

3. 助燃空气系统

生活垃圾焚烧可分为一次燃烧和二次燃烧。生活垃圾在炉内的燃烧主要以分解燃烧为主，仅靠送入一次助燃空气难以完成整个燃烧反应。一次燃烧过程产生的可燃性气体和颗粒态碳素等产物需要进入二次燃烧室进一步燃烧完全。二次燃烧为气态的燃烧，多为均相燃烧。二次燃烧是否完全，可根据 CO 浓度来判断，二次燃烧对于抑制二噁英的产生非常重要。对应两次燃烧过程，由送风机送入垃圾焚烧炉的助燃空气也分为一次助燃空气和二次助燃空气。

一次助燃空气的作用：提供适量的风量和风温来烘干垃圾，为垃圾着火准备条件；提供垃圾充分燃烧和燃尽的空气量，使挥发性组分中易燃部分燃烧，同时使高分子成分分解；促使炉膛内烟气的充分扰动，使炉膛出口 CO 含量降低。在一次燃烧中，燃烧产物 CO_2 有时也会被还原，燃烧反应受温度的影响很大。

二次助燃空气送风从二燃室供入，辅助挥发气体（主要是未完全燃烧的物质）再次燃烧和热分解。合理配置二次风，能使炉内的氧与不完全燃烧产物充分混合，使化学不完全燃烧损失和炉膛过剩空气系数降低。

除了一次助燃空气和二次助燃空气，助燃空气还包括辅助燃油所需的空气以及炉墙密封冷却空气等。

4. 余热回收系统

焚烧余热可回收利用，这样不仅能满足垃圾焚烧厂自身设备运转的需要、降低运行成本，还能向外界提供热能和动力，以获得较为可观的经济效益。焚烧处理垃圾的余热利用方式有回收热能（如热气体、蒸汽、热水）、余热发电及热电联用等。一般小型焚烧设施的热利用方式以通过热交换产生热水为主，大型焚烧装置则以直接发电或直接利用蒸汽为主。

我国的生活垃圾焚烧厂大多数都利用了余热回收系统将热能转化为电能输出。余热回收系统主要包括余热锅炉、汽轮机、主蒸汽及再热蒸汽和凝汽设备的连接系统、给水回热系统、除氧系统、给水系统等。其中，余热锅炉由部署在燃烧室四周的锅炉炉管（即蒸发器）、过热器、省煤器、炉管吹灰设备、蒸汽导管、安全阀以及发电装置等构成。

利用余热进行发电的工艺流程如图 6.9 所示。经给水处理系统处理过的锅炉炉水通过管壁被加热为高温高压过热蒸汽，过热蒸汽被导入汽轮发电机后膨胀做功，将热能转

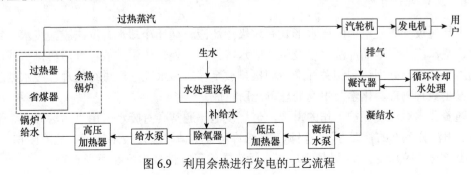

图 6.9　利用余热进行发电的工艺流程

化为机械能，使叶片转动而带动发电机发电，做功后的乏汽经凝汽器、循环水泵、凝结水泵、给水加热装置等送回锅炉循环使用。发电机中的蒸汽也可抽出一小部分作次级用途，如助燃空气预热等工作。炉水每日需冲放以泄出管内污垢，损失的水则由给水系统补充。

给水系统对垃圾电厂的安全、经济、灵活运行至关重要。给水系统事故会使锅炉给水中断，造成紧急停炉或降负荷运行，严重时会威胁锅炉的安全运行。因此，对给水系统的要求是在垃圾电厂任何运行方式和发生任何事故的情况下，都能保证不间断地向锅炉供水。此外，为防止锅炉氧腐蚀和结垢，给水系统还需采用高级用水处理程序（如活性炭吸附、离子交换、反渗透等）将锅炉用水处理到纯水或超纯水的品质，再注入给水泵前的除氧器中，除氧器以特殊的机械构造将溶于水中的氧去除，防止炉管腐蚀。

焚烧发电厂通常利用循环冷却水使汽轮机排气凝结成水。随着冷却水不断循环，冷却水会因蒸发产生损耗，冷却水中无机离子的浓度逐渐增加，水中的镁、钙等金属离子会在装置的内壁不断沉淀产生水垢。同时，冷却水的温度和流速非常适宜菌藻的滋生，循环冷却水的使用逐步增多，会导致水中逐步产生大量菌藻，而这些菌藻的滋生会导致冷却水中产生悬浮物和胶体黏泥。这些沉淀物将会导致换热器的内壁传热率降低，致使冷却效率降低，严重情况下会导致装置堵塞甚至腐蚀，最后影响整个系统的正常运转。因此，需在冷却水循环的过程中加入处理器，达到销蚀水垢、杀菌灭藻以及减缓装置腐蚀的效果。处理剂类型主要有阻垢剂、灭藻剂以及缓蚀剂等。

5. 烟气净化系统

固体废物燃烧过程产生烟气，其主要成分为 N_2、O_2、CO_2、H_2O，同时还含有颗粒物、酸性气体（HCl、HF、SO_x、NO_x 等）、恶臭气体、有机剧毒性污染物（二噁英等）以及重金属化合物等。烟气的产生和组成与生活垃圾组成及性质、焚烧炉炉型、焚烧工况等密切相关。

这些污染组分如果不加以处理就排入大气环境，势必会带来严重的二次污染。因此，焚烧烟气在排放前必须先行处理达到符合排放标准。烟气净化系统主要包括烟气通道、烟气净化设施、烟囱、引风机及其他辅助系统等。

具体的烟气净化技术将在后文详细介绍。

6. 废水处理系统

生活垃圾焚烧发电厂的废水形式有垃圾渗滤液、循环冷却水、湿法脱酸废水、锅炉排水、洗车废水、地面冲洗水以及生活废水等，需经处理达到排放标准后再排放或回收再利用，或经预处理达到相关标准后间接排放至城市污水处理厂进行处理。废水处理系统一般由数种物理、化学及生物处理单元所组成。

随着我国对环境保护工作的重视，焚烧发电厂通常会对废水采用"污污分流、清污分流、雨污分流"的管理办法。根据《排污许可证申请与核发技术规范　危险废物焚烧》（HJ 1038—2019），生活垃圾焚烧厂废水污染防治可行性技术可参考表 6.5。

表 6.5　废水污染防治可行性技术参考表

排放方式	废水类别	污染物种类	可行技术
循环回用	垃圾渗滤液、地面冲洗水及初期雨水（卸料大厅、垃圾运输通道、地磅）	色度、化学需氧量、五日生化需氧量、悬浮物、总氮、氨氮、总磷、粪大肠菌群、总汞、总镉、总铬、六价铬、总砷、总铅	预处理＋厌氧＋好氧＋超滤（纳滤）＋反渗透
			浓缩液（浓水）喷入焚烧炉、浓缩液（浓水）干化后送至焚烧炉处置、浓缩液（浓水）用于石灰制浆
	生活污水	pH 值、悬浮物、化学需氧量、五日生化需氧量、氨氮、总磷、动植物油	与渗滤液合并处理
			一级处理（过滤、沉淀）＋二级处理（生物接触氧化工艺、活性污泥法、A/O、A²/O、其他）＋消毒
	工业废水（包括化学水处理系统废水、锅炉排污水）	pH 值、悬浮物、化学需氧量、石油类	pH 值调节＋絮凝沉淀（气浮、过滤）
排入城镇污水集中处理站	湿法脱酸废水	pH 值、悬浮物、化学需氧量、硫化物、氟化物、总汞、总镉、总铬、六价铬、总砷、总铅	中和＋沉淀＋絮凝＋澄清＋超滤＋反渗透
	垃圾渗滤液、地面冲洗水及初期雨水（卸料大厅、垃圾运输通道、地磅）	色度、化学需氧量、五日生化需氧量、悬浮物、总氮、氨氮、总磷、粪大肠菌群、总汞、总镉、总铬、六价铬、总砷、总铅	预处理＋厌氧＋好氧＋超滤（纳滤）
			浓缩液（浓水）喷入焚烧炉、浓缩液（浓水）干化后送至焚烧炉处置、浓缩液（浓水）用于石灰制浆
	生活污水	pH 值、悬浮物、化学需氧量、五日生化需氧量、氨氮、总磷、动植物油	与渗滤液合并处理
			一级处理（过滤、沉淀、气浮等）
	工业废水（包括化学水处理系统废水、锅炉排污水）	pH 值、悬浮物、化学需氧量、石油类	pH 值调节＋沉淀
直接排放地表水体	垃圾渗滤液、地面冲洗水及初期雨水（卸料大厅、垃圾运输通道、地磅）	色度、化学需氧量、五日生化需氧量、悬浮物、总氮、氨氮、总磷、粪大肠菌群、总汞、总镉、总铬、六价铬、总砷、总铅	预处理＋厌氧＋好氧＋超滤（纳滤）＋反渗透
			浓缩液（浓水）喷入焚烧炉、浓缩液（浓水）干化后送至焚烧炉处置、浓缩液（浓水）用于石灰制浆
	生活污水	pH 值、悬浮物、化学需氧量、五日生化需氧量、氨氮、总磷、动植物油	一级处理（过滤和沉淀）＋二级处理（生物接触氧化工艺、活性污泥法、A/O、A²/O、其他）
			与渗滤液合并处理
	工业废水（包括化学水处理系统废水、锅炉排污水）	pH 值、悬浮物、化学需氧量、石油类	pH 值调节＋絮凝沉淀（气浮、过滤）

注：在采用本表所列技术基础上，增加其他成熟措施（如超滤、反渗透等）仍视为可行技术。

7.　灰渣处理系统

生活垃圾经过焚烧处理后，有机物被分解以气态物质形式排放，而无机物质则大部分成为固态残渣，需要从炉床尾部排出，小部分细颗粒物随烟气气流带入烟道，再加上一部分重新合成的大分子物质，在烟气净化过程中被捕集下来，称为飞灰。焚烧炉炉渣与飞灰合称为灰渣，需要进行收集处理，以免带来二次污染，但二者带来的环境风险不同，应分别收集、贮存、运输和处置。生活垃圾焚烧飞灰应按危险废物进行管理，如果进入生活垃圾填埋场处置，应满足《生活垃圾填埋场污染控制标准》（GB 16889—2008）的要求，如果进入水泥窑处置，应满足《水泥窑协同处置固体废物污染控制标准》（GB 30485—2013）的要求。

灰渣处理系统主要包括灰渣的收集、冷却、储运、处理处置及资源化等。灰渣处理系统的主要设施有排渣机械、通道、水槽、渣池、抓提设备、输送机械、分选机械及灰仓等。

8. 自动控制系统

垃圾焚烧厂内自动控制系统的正常运行是整个焚烧厂安全、稳定、高效运行的重要保证，同时自控系统可减轻操作人员的劳动强度，最大限度地发挥工厂性能。通过监视整个厂区各设备的运行，将各操作过程的信息迅速集中，并做出在线反馈，为工厂的运行提供最佳的运行管理信息。

垃圾焚烧厂典型的自动控制包括称重及车辆管制自动控制，吊车的自动运行，炉渣吊车的自动控制，自动燃烧系统、焚烧炉的自动启动和停炉，以及实现多变量控制的模糊数学控制。对焚烧过程的控制参数有空气量、炉温、压力、冷却系统、集尘器容量、烟气浓度等。

6.3.3 典型的生活垃圾焚烧设备

1. 机械炉排焚烧炉

机械炉排焚烧炉的发展历史最长，技术也最成熟。炉排的类型很多，其应用占全世界垃圾焚烧市场 80%以上。机械炉排焚烧炉燃烧过程如图 6.10 所示，垃圾在焚烧炉中的

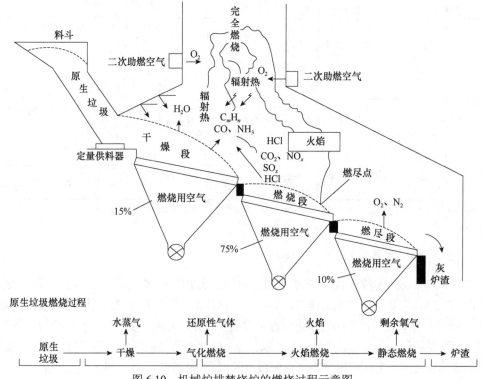

图 6.10 机械炉排焚烧炉的燃烧过程示意图

燃烧可分为干燥阶段、燃烧阶段、燃尽阶段 3 个阶段，炉排也通常分为预热段、燃烧段和燃尽段。生活垃圾在炉排炉内的焚烧过程：垃圾落入炉排后，被吹入炉排的热风烘干；与此同时，吸收燃烧气体的辐射热，使水分蒸发；干燥后的垃圾逐步点燃，运行中将可燃物质燃尽；其灰分与其他不可燃物质一起排出炉外。

机械炉排焚烧炉的心脏是机械炉排及燃烧室。炉排的构造及性能和燃烧室几何形状，决定了焚烧炉的性能及固体废物焚烧处理的效果。

炉排的主要作用是承载并运送固体废物和炉渣通过炉体，还可以不断地搅动固体废物，并在搅动的同时使从炉排下方吹入的空气穿过固体废物燃烧层，使燃烧反应进行得更加充分。炉排的形式多种多样，不同生产厂商有不同形式的炉排。炉排可水平布置，也可倾斜布置；有一体布置，也有分段布置。炉排的类型非常多，常用的炉排种类有以下几种。

1）移动式炉排

移动式炉排又称链条式炉排，如图 6.11 所示，通常使用持续移动的传送带装置。点燃后垃圾通过调节炉排的速度可控制垃圾的干燥和点燃时间。点燃的垃圾在移动反转过程中完成燃烧，燃烧的速度可根据垃圾组分性质及其焚烧特性进行调整。

2）滚筒式炉排

滚筒式炉排如图 6.12 所示，构造为 5～7 个圆桶形滚轮，呈倾斜式排列，各有独立的一次空气导管，由圆桶底部经滚筒表面的送气孔达到垃圾层。垃圾因圆桶的滚动而往下移动，并可充分搅拌混合。此形式炉排冷却效果良好，但滚筒的空气送气口易阻塞而造成气锁。

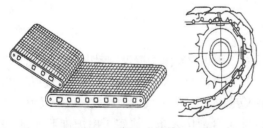
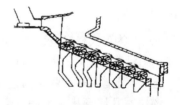

图 6.11　移动式炉排　　　　　　　　　图 6.12　滚筒式炉排

3）逆动式炉排

逆动式炉排如图 6.13 所示，其长度固定，宽度可依炉床所需面积调整。固定炉条和可动炉条采用横向交错配置。可动炉条逆向移动，使废物因重力而滑落，使废物层达到良好的搅拌。

4）往复式炉排

往复式炉排如图 6.14 所示，可分固定和活动两部分。固定和活动炉排交替放置。活动炉排的往复运动使固体废物沿炉排表面移动，并将料层翻动扒松。这种炉排对固体废物适应较强，已得到越来越广泛的应用。

焚烧炉本体由水冷壁管、耐火砖墙、空冷风箱和钢结构等组成，结构如图 6.15 所示，其炉体两侧为钢构支柱，侧面设置横梁，以支持炉排及炉壁。燃烧室炉壁依吸热方式的

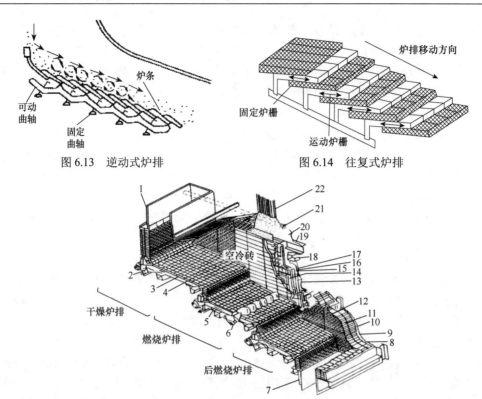

图 6.13　逆动式炉排　　　　　图 6.14　往复式炉排

1——进料漏斗；2——液压缸；3——移动炉条；4——固定炉条；5——滑动板；6——切断刀刃；7——灰渣导槽；8——外壳；9——保温材料；10——保温砖；11——耐火砖；12——膨胀节缝；13——外侧壳体；14——转支撑板；15——风箱；16——第二层壳体；17——第一层壳体；18——空气入口；19——钢结构支架；20——外侧壳体；21——锅炉集管器；22——水管墙。

图 6.15　燃烧室及炉床构造图

不同，可分为耐火材料型炉壁与水冷式炉壁两种。耐火材料型炉壁仅靠耐火材料隔热，所有热量均由设于对流区的锅炉传热面吸收，热传递效率较低。水冷式炉壁是在燃烧室顶部和侧壁位置配置水管，以吸收炉内辐射及增加锅炉传热面积，为现代大型垃圾焚烧炉采用。

　　燃烧室几何形状与焚烧后废气被导引的流态有密切关系，决定了由炉排下方导入的助燃空气与垃圾在炉排上运动的方向，根据气流的运动方向，可将焚烧炉气流模式分为逆流式、交流式、顺流式及复流式 4 种，见图 6.16。

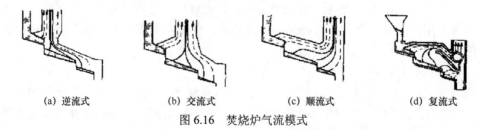

(a) 逆流式　　　　(b) 交流式　　　　(c) 顺流式　　　　(d) 复流式

图 6.16　焚烧炉气流模式

　　机械炉排焚烧炉因其特殊的传动部件构造而具有以下特点。

（1）技术成熟，运行稳定可靠，焚烧操作连续化、自动化，处理量大。

（2）垃圾燃尽率高，热值利用较彻底。

（3）适应性广，对进料无形态上的要求，无须破碎。

（4）设备复杂，传动部件多，维修费用也高。

（5）塑料及其他低熔点化合物会因熔融烧结而损坏设备。

2. 流化床式焚烧炉

流化床焚烧炉是国内目前应用较为广泛的垃圾焚烧炉的一种，适用于处理多种废物，如城市生活垃圾、有机污泥、有机废液、化工废物等。对于城市生活垃圾，为了保证其在炉内的流化效果，焚烧前应破碎至一定尺寸。因此，与前述机械炉相比，预处理费用将占一定的比例，但由于物料混合均匀，传热、传质和燃烧速度快，因此单位面积的处理能力大于机械式焚烧炉，灰渣的热灼减量几乎为零。

流化床焚烧炉炉体是一垂直的衬耐火材料的钢制容器，其结构如图 6.17 所示。在焚烧炉的下部安装气流分布板，板上装有载热的惰性颗粒（如石英砂）。空气从焚烧炉的下部进入，经过气流分布板使床层产生流态化。固体废物多由炉侧进入炉内，与高温载热体及气流交换热量而被干燥、破碎并燃烧，产生的热量贮存于载热体中，并将气流的温度提高。向上的气流流速控制着颗粒流体化的程度，气流流速过大会造成热载体被上升气流带入烟气净化系统，通过外装旋风除尘器可将大颗粒的介质捕集再返送回炉膛内。

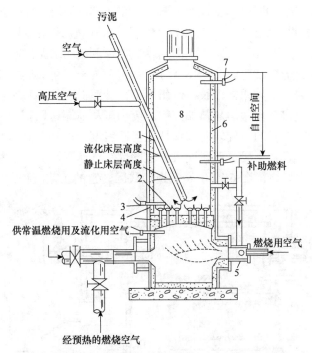

1——污泥供料管；2——泡罩；3——热电偶；4——分配板（耐火材料）；

5——补助燃烧喷嘴；6——耐火材料；7——热电偶；8——燃烧室。

图 6.17　流化床焚烧炉

流化床焚烧炉的燃烧原理是借助高压气流流态化和砂介质的均匀传热与蓄热效果以达到完全燃烧的目的。由于介质之间所能提供的孔道狭小，无法接纳较大的颗粒，因此若是处理粒度大的固体废物，必须先破碎成小颗粒，以利于反应的进行。

流化床焚烧炉因其特殊的工作原理而具有以下特点。

（1）焚烧时，流化床内粒子处于激烈运动状态，气固混合强烈，粒子与气体之间的传热与传质速度很快，燃烧效率高，因而单位面积的处理能力很大，且所需过剩空气系数较小。

（2）因流化床内处于完全混合状态，所以加到流化床的固体废物，除特别粗大的块体之外，都可以瞬间分散均匀，从而传热均匀，床温易于控制。

（3）流化床构造简单，造价低，故障率也低，适用于气态、液态、固体废物的焚烧。

（4）通常情况进炉的垃圾颗粒不能大于 50 mm，大块物料需预破碎，废气中粉尘含量高，需要较复杂的除尘设施。

（5）垃圾在炉内沸腾的状态会全部依靠大风量高压的空气，动力消耗很大。

（6）流化床焚烧炉在运行及操作的过程中，专业性要求相对较高。

3. 回转窑式焚烧炉

回转窑式焚烧炉原来是用于水泥和石灰等烧制工艺的专用设备，目前被广泛应用于固体废物，特别是危险废物的焚烧处理。"十一五"期间，我国在推进落实《全国危险废物和医疗废物处置设施建设规划》（环境〔2004〕16 号）时，明确提出：鼓励采用回转窑焚烧炉集中处置危险废物。利用水泥窑协同处理固体废物时所利用的水泥窑也都是水泥回转窑。

逆流式回转窑焚烧炉结构如图 6.18 所示，其窑身为一个可旋转的略微倾斜而内衬耐火砖的钢制空心圆筒，窑体通常很长，倾斜度小，转速低。大多数废物物料是由燃烧过程中产生的气体以及窑壁传输的热量加热的。废物可从前端送入窑中进行焚烧，以定速旋转来达到搅拌废物的目的。旋转时须保持适当倾斜度，以利于固体废物下滑。此外，废液及废气可以从前段、中段、后段同时配合助燃空气送入，甚至于整桶装的废物（如污泥）也可送入窑中燃烧。图 6.19 所示为逆流式回转窑的工艺流程。

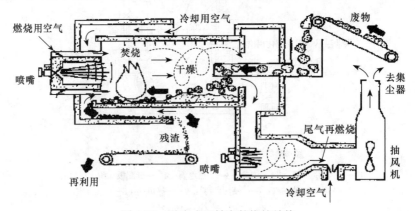

图 6.18　逆流式回转窑焚烧炉结构

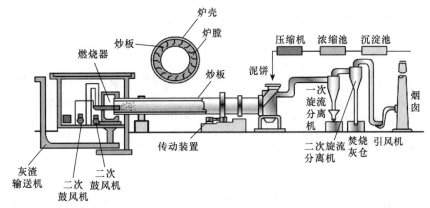

图 6.19　逆流式回转窑的工艺流程

回转窑式焚烧炉的适应范围广，因其独特的炉身构造而具有以下特点。

（1）进料适应性广，能焚烧不同物态（固体、液体、污泥）及形状（粉末、颗粒、块状）的废物，可在熔融态下工作，还可以焚烧容器盛装的废物。

（2）工作连续，且可通过调节转速来控制停留时间。

（3）结构简单，故障少，可长期连续运转，维修费用低。

（4）炉膛温度可达到 1400～1600 ℃ 的高温，适于处理 PCBs 等危险废物和一般工业废物。

（5）过剩空气系数大，故热效率偏低（35%～40%）。

（6）不宜处理球形废物，因其易在完全燃烧之前滚出回转窑。

（7）用于处理城市生活垃圾时，由于动力消耗大，处理成本较高。

6.4　焚烧烟气污染控制技术

焚烧处理厂的污染主要是由烟气和炉渣排放过程所带来的。焚烧烟气中含有大量粒状污染物、一氧化碳、酸性气体、氮氧化物、重金属、有机氯化物以及臭味等。炉渣中主要可能带来重金属污染，这和被处理对象的组成性质有比较大的关联。另外，生产和生活过程还会产生一部分废水，主要是通过收集系统排入废水处理系统进行处理，此处不再赘述。以下主要就烟气及炉渣污染物的产生和控制方面的内容进行介绍。

6.4.1　酸性气体控制技术

焚烧产生的酸性气体，主要包括氯化氢、卤化氢（氯以外的卤素，氟、溴、碘等）、硫氧化物（二氧化硫及三氧化硫）、氮氧化物（NO_x），以及五氧化磷（PO_5）和磷酸（H_3PO_4）。这些污染物都是直接由废物中的硫、氮、氯、氟等元素经过焚烧反应而形成。诸如含氯的 PVC 塑料会形成氯化氢，含氟的塑料形成 HF，而含硫的煤焦油燃烧会产生二氧化硫。一般城市垃圾中硫含量为 0.12%，其中 30%～60% 转化为二氧化硫，其余则残留于底灰或被飞灰吸收。

对酸性气体的净化手段主要是采用中和法。常用的碱性药剂有消石灰、碳酸氢钠、氢氧化钠、氨水等。根据其状态可将净化工艺分为湿式、干式和半干式洗气法。

1. 湿式洗气法

焚烧尾气处理系统中最常用的湿式洗气塔是对流操作的填料吸收塔。经静电除尘器或布袋除尘器去除颗粒物的尾气由填料塔下部进入，首先喷入足量的液体使尾气降到饱和温度，再与向下流动的碱性溶液不断地在填料空隙及表面接触和反应，使尾气中的污染气体有效地被吸收。图 6.20 为排烟脱硫的湿式处理流程。

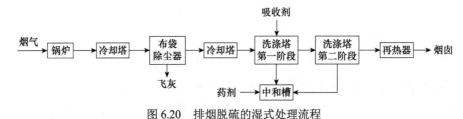

图 6.20　排烟脱硫的湿式处理流程

2. 干式洗气法

干式洗气法是用压缩空气将碱性固体粉末（多采用消石灰）直接喷入烟管或烟管上某段反应器内，使碱性消石灰粉与酸性废气充分接触和反应，从而达到中和废气中的酸性气体并加以去除的目的。图 6.21 为排烟脱硫的干式处理流程。

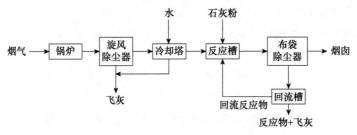

图 6.21　排烟脱硫的干式处理流程

3. 半干式洗气法

半干式洗气塔实际上是一个喷雾干燥系统，利用高效雾化器将消石灰泥浆从塔底向上或从塔顶向下喷入干燥吸收塔中。尾气与喷入的泥浆可成同向流或逆向流的方式充分接触并产生中和作用。由于雾化效果佳（液滴的直径可低至 30 μm 左右），气、液接触面大，不仅可以有效降低气体的温度，中和气体中的酸气，并且喷入的消石灰泥浆中水分可在喷雾干燥塔内完全蒸发，不产生废水。

图 6.22 为排烟脱硫的半干式处理流程。其化学方程式如下：

$$CaO + H_2O \longrightarrow Ca(OH)_2$$
$$Ca(OH)_2 + SO_2 \longrightarrow CaSO_3 + H_2O$$
$$Ca(OH)_2 + 2HCl \longrightarrow CaCl_2 + 2H_2O$$

或者

$$CaO + SO_2 + 1/2H_2O \longrightarrow CaSO_3 \cdot 1/2H_2O$$

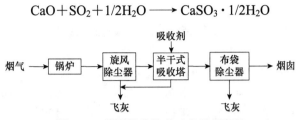

图 6.22　排烟脱硫的半干式处理流程

表 6.6 对 3 种控制技术的优缺点进行了比较。

表 6.6　3 种控制技术优缺点的比较

控制技术	药剂类型	设备	优点	缺点
湿式洗气法	溶液（NaOH、氢氧化钙等）	填料吸收塔	酸性气体的去除率高，附带有去除高挥发性重金属（如 Hg）的潜力	造价较高，用电量、用水量较高，会产生废水需要进一步处理
干式洗气法	碱性固体粉末（石灰、碳酸氢钠、硫化钠等）	烟道、反应器	设备简单，检修方便，造价便宜	碱性药剂的消耗量较大
半干式洗气法	浆液（石灰浆等）	喷雾干燥塔	污染物去除效率高、石灰耗量低、废水零排放	喷嘴容易堵塞，塔内壁容易发生化学物质的附着与堆积

6.4.2　NO_x 控制技术

氮氧化物（NO_x）的形成主要与炉内温度的控制及废物化学成分有关。燃烧产生的 NO_x 可分成两大类：一类是高温（通常火焰温度在 1000 ℃以上）下氮气和氧气反应形成 NO_x，称为热氮氧化物；另一类是废物中含氮组分转化成的 NO_x，称为燃料氮转化氮氧化物。

焚烧产生的 NO_x 中 95%以上是 NO，其余是 NO_2。

降低废气中 NO_x 的方法如下。

去除 NO_x 的湿式法与去除 HCl 及 SO_2 的湿式法类似，但因占 NO_x 中大部分的 NO 不易被碱性溶液吸收，必须以臭氧（O_3）、次氯酸钠、高锰酸钾等氧化剂将 NO 氧化成 NO_2 后，再以碱性液中和、吸收。目前常采用的方法如下。

1. 燃烧控制法

通过控制较低的炉温、短停留时间以及低氧浓度有利于控制 NO_x 的产生，但需注意：炉温过低、停留时间过短容易产生二噁英；氧气浓度低时容易引起不完全燃烧，产生 CO，进而产生二噁英。

另外，控制输入焚烧炉进行焚烧的空气布置和输入流量，使反应能够处于尽可能少产生有害气体的反应环境中。例如，采用多级或分级输入空气焚烧的方法，可以大幅减少 NO_x 的生成。

2. 氧化还原法

净化 NO_x 常用的氧化还原法有选择性催化还原法（SCR 法）和选择性非催化还原法（SNCR 法）。

1）选择性催化还原法（selective catalytic reduction，SCR 法）

在众多的脱硝技术中，SCR 法是脱硝效率最高、应用最广泛、技术最成熟、运行最可靠的一种烟气脱硝工艺，在我国应用于垃圾焚烧行业的时间不长，但发展迅速。该法是在催化剂（铁、钒、铬、钴或钼等碱金属）存在的条件下，在烟气中加入还原剂使 NO_x 被还原为 N_2 的净化方法。由于催化剂的作用，反应在不高于 400 ℃ 的条件下即可完成。还原剂可以选择液氨、尿素和氨水。以 NH_3 作为还原剂，在反应温度为 277~427 ℃，以 Cu、Cr 等金属作催化剂时，相应反应如下：

$$4NO+4NH_3+2O_2 \longrightarrow 4N_2+6H_2O$$
$$NO_2+NO+2NH_3 \longrightarrow 2N_2+3H_2O$$

SCR 脱硝系统可以布置在余热锅炉尾部的不同位置，通常有 3 种布置方式：袋式除尘器前部、除尘器后烟气段以及除尘器后尾部烟气段。该法的优点是脱硝效率高，选择性好，使用了催化剂，降低了 NO_x 还原温度，占地小，技术成熟可靠；缺点是烟气成分复杂，某些污染物可使催化剂中毒，高分散的颗粒物可覆盖催化剂表面，使其活性降低，系统中未反应的 NH_3 和 SO_2 反应生成易腐蚀和堵塞设备的硫酸铵和亚硫酸铵，同时降低了氨的利用率，相比 SNCR 系统，投资运行费用较高，管理较复杂。

2）选择性非催化还原法（selective noncatalytic reduction，SNCR 法）

SNCR 法脱硝是一种相对简单的化学反应过程，是在高温（900~1200 ℃）条件下，将氨水或尿素 $[CO(NH_2)_2]$ 喷入焚烧炉内，使 NO_x 还原为 N_2 和 H_2O。由于不使用催化剂，其还原反应所需的温度要高很多，且喷入药剂过多时会产生氯化铵，烟囱的烟气变紫。还原反应如下：

$$2NO+(NH_2)_2CO+\frac{1}{2}O_2 \longrightarrow 2N_2+2H_2O+CO_2$$
$$2NO+2NH_3+O_2+H_2O+H_2 \longrightarrow 2N_2+5H_2O$$

如不加入 H_2，NH_3 为还原剂的反应温度低限为 870 ℃。当温度高于 1200 ℃，主要发生以下反应：

$$4NH_3+5O_2+4H_2O \longrightarrow 4NO+10H_2O$$

由于生成的 NO 有毒，可危害人体健康，故操作中必须小心控制以防止 NO 形成。

与 SCR 法相比，SNCR 法系统简单，不需额外设反应器，不使用催化剂，投资及运行成本低，占地面积小；缺点是脱硝效率低，在 40%~60% 范围内，还原剂和运载介质（压缩空气）的消耗量大，氨逃逸量大，反应生成的硫酸铵和亚硫酸铵会腐蚀和堵塞下游的 SCR 催化剂和设备。

6.4.3 二噁英和呋喃控制技术

废物焚烧过程中产生的毒性有机氯化物主要为二噁英类，主要有多氯二苯并二噁英

（PCDDs）和多氯二苯并呋喃（PCDFs）两大类。其结构式如图 6.23 所示。它包括 210 种化合物，其中 PCDDs 有 75 种异构体，PCDFs 有 135 种异构体。二噁英的毒性十分大，是砒霜的 900 倍，有"世纪之毒"之称。国际癌症研究中心已将其列为人类一级致

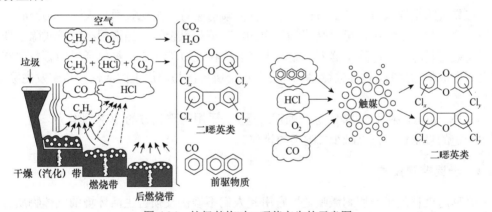

癌物。不同的异构体的毒性差别很大，这 210 种化合物之中，2,3,7,8-四氯代二苯并-对-二噁英（TCDD）毒性最强，是迄今为止人类发现的无意识合成的副产品中毒性最强的物质，只要 1 盎司（28.35 g），就可以杀死 100 万人，相当于氰化钾（KCN）的 1000 倍。另外，二噁英还具有很强的稳定性，自然界的微生物和水解作用对二噁英的分子结构影响较小，耐酸碱，一般在 705 ℃以下非常稳定，705 ℃以上开始分解，不易燃烧，难溶于水，易溶于二氯苯，常温下在二氯苯中溶解度高达 1400 mg/L，故二噁英易溶于脂肪，会在身体内积累，并难以排除。

图 6.24 为垃圾焚烧时二噁英产生的示意图。废物焚烧时的二噁英来自 3 条途径：废物本身含有；与氯苯酚、氯苯、多氯联苯（PCBs）等结构相近的物质在炉内反应形成；在废气冷却过程中，前驱体等有机物再次合成，特别是在 300～500 ℃温度条件下最易生成。

图 6.24 垃圾焚烧时二噁英产生的示意图

控制焚烧厂产生二噁英，可从控制来源、燃烧控制、避免炉外低温再合成和吸附法 4 个方面着手。

1. 控制来源

通过废物分类收集，加强资源回收，避免含二噁英物质及含氯成分高的物质（如 PVC 塑料等）进入垃圾中。

2. "3T1E"燃烧控制

该法是指通过控制炉膛内焚烧温度不低于 850 ℃、烟气停留时间不少于 2 s、燃烧中合理配风，合理调整一次风、二次风和烟气再循环，使烟气形成旋流，保证烟气燃烧完全、充分，以利于焚烧中有害物质、不完全燃烧产物的分解并抑制焚烧中二噁英等污染

物生成。

二噁英的生成与一氧化碳的浓度有很大关系，根据垃圾低位热值及垃圾量的大小，调节送风量，保证炉膛内适当的含氧量（O_2 浓度为 6%～9%），调整过剩空气系数在合理的范围内。同时通过炉排运动，对垃圾进行充分的翻转、搅拌，使垃圾燃烧更加充分，从而控制烟气中一氧化碳、氮氧化物的含量及二噁英的生产量。

3. 避免炉外低温再合成

当烟气温度降到 300～500 ℃范围内时，有少量已经分解的二噁英将重新生成。二噁英炉外再合成现象多发生在锅炉内（尤其在节热器的部位）或在粒状污染物控制设备前。因此，焚烧炉在设计上应考虑尽量减小余热锅炉尾部的截面面积，使烟气流速提高，尽量减少烟气从高温到低温过程的停留时间，以减少二噁英的再生成。一般情况下，此温度区域烟气流速为 4.5 m/s。在危险废物的焚烧处理系统中，通常设置急冷塔，使烟气温度在 1 s 内从 500 ℃降低到 200 ℃以下，以此来控制二噁英的炉外再合成。

4. 吸附法

在袋式除尘器入口烟道上布置一个活性炭喷射装置，把比表面积大于 1000 m^2/g 的活性炭粉末喷入烟气中，可以吸附烟气中的二噁英和重金属。当选用高效袋式除尘器，采用高效滤料时，控制除尘器入口处的烟气温度在 150 ℃左右，烟气通过由颗粒物在滤袋表面形成的滤层时，残存的微量二噁英和重金属再次与滤层中的活性炭粉末发生吸附，进一步净化。

此外，还可以利用 SCR 法协同处理二噁英，采用特殊配方的 SCR 催化剂，对二噁英产生一定的吸附作用，以减少二噁英的排放。

6.4.4 恶臭控制技术

恶臭污染物是指一切刺激嗅觉器官引起人们不愉快及损害生活环境的气体物质。从广义上说，我们把散发在大气中的一切有味物质统称为恶臭气体。恶臭属于感觉公害，直接作用于嗅觉，给人们造成危害。轻者给人以不愉快的感觉；重者使人呼吸困难，恶心呕吐，流泪，甚至会引起中毒。其中有些是"三致"（致畸、致癌、致突变）物质，有些会影响神经系统和造血系统，有些则会引起机体的变态反应。

焚烧厂的恶臭污染主要是由垃圾发酵和未完全燃烧带来的，其主要成分包括含硫化合物（如硫化氢、硫醇类、硫醚类等）、含氮的化合物（如氨、胺类、酰胺、吲哚类等）、卤素及其衍生物（如氯气、卤代烃等）、烃类（如烷烃、烯烃、炔烃、芳香烃等）以及含氧的有机物（如酚、醇、醛、酮、有机酸等）。

针对垃圾运输和贮存过程中外溢的臭气，可采取以下防控措施。

（1）采用密闭性好、可自动装卸、车况干净整洁的压缩式运输车运输垃圾。

（2）在垃圾卸料大厅出入口设置空气幕和封闭通道，并在垃圾运输车卸料前后关闭电动卸料门。

（3）垃圾池采用密闭式结构，在垃圾池上方设置吸风口，将恶臭气体作为二次燃烧空气引至焚烧炉内高温分解，并保持垃圾池和卸料大厅处于负压状态。

（4）设置备用的活性炭废气净化设施，在全厂停炉检修期间，垃圾池内臭气须经活性炭废气净化设施处理达标后排放。

（5）渗滤液处理系统设置为密闭结构，并在顶部设导气管，将产生的沼气和臭气通过火炬系统安全排放，或通过导气管导入焚烧厂垃圾池。

恶臭气体常见的净化方法见表 6.7。

表 6.7　恶臭气体的净化方法

脱臭方法	原理	适用恶臭物质
水洗法	将恶臭气体溶于水中	易溶于水的臭气，如脂肪酸、胺类
冷却法	将含有水蒸气的恶臭气体冷却溶解于凝结水中	含有大量水蒸气的高温排气，如易溶于水的脂肪酸等
吸附法	恶臭气体用活性炭、硅胶、白土等吸附	脂肪酸、胺类及其他易溶于水的臭气
空气稀释法	恶臭气体用大量的空气稀释，降低臭气强度	适用于所有的臭气
酸碱吸收法	酸性气体用 NaOH 或 $Ca(OH)_2$ 水溶液吸收；碱性气体用稀硫酸吸收	脂肪酸、胺类及其他易溶于水的臭气
臭氧氧化法	利用臭氧的强氧化作用氧化分解	不饱和有机化合物，硫化氢、硫醇类、醛类等
燃烧法	将可燃性恶臭气体燃烧分解	适用于所有恶臭气体
生物膜法	恶臭气体通过滤层由细菌分解	大部分恶臭气体

6.4.5　灰渣及其控制

焚烧灰渣是生活垃圾焚烧过程中一种必然的副产物，根据垃圾组成及焚烧工艺的不同，灰渣的产生量一般为垃圾焚烧前总质量的 5%～30%。

焚烧灰渣根据收集位置的不同，可分为底灰和飞灰。底灰是指由炉床尾端排出的残余物，主要含有焚烧后的灰分和未完全燃烧的残渣，一般经水冷却后排出，属于一般工业固体废物。

飞灰是指由烟气净化系统所收集的细微颗粒，约占灰渣总量的 20%。飞灰的粒径较小，大小不均，基本在 100 μm 以下，是由颗粒物、反应产物、未反应产物和冷凝产物聚集而成的不规则物体，呈浅灰色粉末状，表面粗糙，呈多角质状，孔隙率较高，比表面积较大，容易吸附重金属及二噁英类有毒有害物质，导致飞灰中重金属含量较高，还可能含有二噁英、多氯联苯等微量有机污染物，属危险废物，根据《国家危险废物名录》（2021 年版），其代码为 772-002-18。

焚烧过程产生的飞灰主要来自如下 3 种途径。

（1）燃料或废物中的矿物质、金属、盐类、有机金属化合物及有机物质都可能在燃烧系统中形成细小的粉尘，被排气夹带出去。

（2）部分熔点低的盐类在燃烧室挥发成蒸气，被气体带出燃烧室外，在排气管或烟气处理系统中因温度降低，凝结成固体。

（3）部分可燃物在低温时重新组合成大分子。

飞灰的危害性主要表现在颗粒细小以及含有重金属及二噁英等有害成分。因此，需要通过各种除尘手段将其从尾气中去除，并且应当将收集的飞灰进行妥善处置。除尘设备的种类主要包括重力沉降室、旋风（离心）除尘器、喷淋塔、文式洗涤器、静电除尘器及布袋除尘器等。重力沉降室、旋风除尘器和喷淋塔等无法有效去除 5～10 μm 的粉尘，只能视为除尘的前处理设备。表 6.8 所示是几种常用除尘设备的综合技术性能指标的比较。这些除尘设备各有特点，在选用过程中应按照飞灰的特性和除尘的具体要求，选择适当的除尘方式，然后配置相应的设备。布袋除尘器是固体废物焚烧系统中最常用的除尘设备。

表 6.8　几种常用除尘设备综合技术性能指标的比较

种类		有效去除颗粒直径/μm	压差/kPa	处理单位气体所需水量/（L/m³）	体积	是否受气体流量变化影响		运转温度/℃	特性
						压力	效率		
文式洗涤塔		0.5	98～2500	0.9～1.3	小	是	是	70～90	构造简单，投资及维护费用低，能耗大，废水须处理
静电除尘器		0.25	1.3～2.5	0	大	否	是		受粉尘含量、成分、气体流量变化影响大，去除率随使用时间下降
湿式电离洗涤塔		0.15	7.4～20	0.5～11	大	是	否		效率高，产生废水须处理
布袋除尘器	传统型	0.4	7.4～15	0	大	是	否	100～250	受气体湿度影响大，布袋选择为主要设计参数，如选择不当，维护费用高
	反转喷射式	0.25	7.4～15	0	大	是	否		

飞灰和底灰具有不同的特性，对它们的处理方法也不尽相同。焚烧灰渣的处理、处置和再利用技术是近年来发展迅速的一门新兴研究课题，各国都有针对国情制定的灰渣处理处置及再利用的技术政策；综合各国的情况，焚烧灰渣的处理和处置的技术种类如图 6.25 所示。

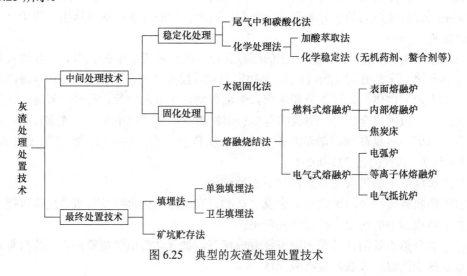

图 6.25　典型的灰渣处理处置技术

针对焚烧灰渣所开发的各种资源化利用技术如图 6.26 所示。

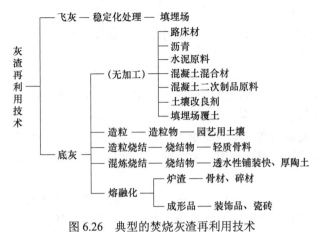

图 6.26 典型的焚烧灰渣再利用技术

6.4.6 重金属控制技术

1. 重金属污染物质的去除机理

焚烧厂排放尾气中所含重金属量的多少，与废物组成、性质、重金属存在形式、焚烧炉的操作及空气污染控制方式有密切关系。去除尾气中重金属污染物质的机理有如下 4 种。

（1）重金属降温达到饱和，凝结成粒状物后被除尘设备收集去除。

（2）饱和温度较低的重金属元素无法充分凝结，但飞灰表面的催化作用会形成饱和温度较高且较易凝结的氧化物或氯化物，而易被除尘设备收集去除。

（3）仍以气态存在的重金属物质，因吸附于飞灰或喷入的活性炭粉末而被除尘设备一并收集去除。

（4）部分重金属的氯化物为水溶性，即使无法在上述的凝结及吸附作用中去除，也可利用其溶于水的特性，由湿式洗气塔的洗涤液自尾气中吸收下来。

2. 重金属污染物质的去除效果

当尾气通过热能回收设备及其他冷却设备后，部分重金属会因凝结或吸附作用而附着在细尘表面，可被除尘设备去除，温度越低，去除效果越佳。但挥发性较高的铅、镉和汞等少数重金属则不易被凝结去除。焚烧厂运转经验总结如下。

（1）单独使用静电除尘器对重金属物质去除效果较差，因为尾气进入静电除尘器时的温度较高，重金属物质无法充分凝结，且重金属物质与飞灰间的接触时间也不足，无法充分发挥飞灰的吸附作用。

（2）湿式处理流程中所采用的湿式洗气塔，虽可降低尾气温度至废气的饱和露点以下，但去除重金属物质的主要机理仍为吸附作用。且因对粒状物质的去除效果甚低，即使废气的温度可使重金属凝结（汞仍除外），除非装设除尘效率高的文式洗涤器或静电除尘器，否则凝结成颗粒状物的重金属仍无法被湿式洗气塔去除。以汞为例，废气中的汞金属大部分为汞的氯化物（如 $HgCl_2$），具有水溶性，由于其饱和蒸气压高，通过除尘设备后在洗气塔内仍为气态，与洗涤液接触时可因吸收作用而部分被洗涤下来，但会再挥发随废气释出。

（3）布袋除尘器与干式洗气塔或半干式洗气塔并用时，除了汞之外，对重金属的去除效果均十分优良，且进入除尘器的尾气温度越低，去除效果越好。但为维持布袋除尘器的正常操作，废气温度不得降至露点以下，以免引起酸雾凝结，造成滤袋腐蚀，或因水汽凝结而使整个滤袋阻塞。汞金属由于其饱和蒸气压较高，不易凝结，只能靠布袋上的飞灰层对气态汞金属的吸附作用而被去除，其效果与尾气中飞灰含量及布袋中飞灰层厚度有直接关系。

（4）为降低重金属汞的排放浓度，在干法处理流程中，可在布袋除尘器前喷入活性炭，或于尾气处理流程尾端使用活性炭滤床加强对汞金属的吸附作用，或在布袋除尘器前喷入能与汞金属反应生成不溶物的化学药剂（如喷入 Na_2S 药剂），使其与汞作用生成 HgS 颗粒而被除尘系统去除，喷入抗高温液体螯合剂可达到 50%～70% 的去除效果。在湿式处理流程中，在洗气塔的洗涤液内添加催化剂（如 $CuCl_2$），促使更多水溶性的 $HgCl_2$ 生成，再以螯合剂固定已吸收汞的循环液，确保吸收效果。

3. 焚烧灰渣中重金属控制思路

（1）普及环境教育，推进垃圾分类，避免重金属含量高的废弃物（如废灯管、废电池、电子废弃物等）进入生活垃圾焚烧炉。

（2）垃圾进入焚烧炉前进行预处理。飞灰浸出毒性实验表明，金属氯化物最易浸出。通过控制入炉垃圾中的金属氯化物含量，就有可能大大减少飞灰中可溶性的金属物质含量，降低飞灰的浸出毒性，从而降低飞灰的处理成本。

（3）改进焚烧工艺（如高温焚烧），重新分配重金属在底灰和飞灰中的比例，提高重金属在飞灰中的含量，降低底灰中的重金属含量，使底灰实现无害化，只需对飞灰进行集中处理，这也是生态型焚烧技术的指导思想。

6.4.7　烟气净化处理系统

固体废物焚烧烟气的净化处理系统一般按照焚烧时烟气中的污染物质的组成特性以及具体的净化处理要求进行设计，满足环保排放标准，并适当优于现行的《生活垃圾焚烧污染控制标准》（GB 18485—2014）。对于微型或小型焚烧炉的烟气净化处理，由于其烟气产量较小，不适宜采用大规模的净化处理设备进行处理，可以有针对性地采用某些特殊用途的净化装置进行直接综合处理，而不必采用全部种类的净化设备一步一步地处理。对于大中型烟气净化系统，则应严格按照处理的要求进行，尽量选择技术先进、污染物排放浓度低、成本适当的工艺路线，《排污许可证申请与核发技术规范　生活垃圾焚烧》（HJ 1039—2019）附录 A 中列出的废气污染防治可行技术参考表见表 6.9。配置完善的垃圾焚烧发电厂烟气处理系统如图 6.27 所示。

表 6.9　废气污染防治可行技术参考表

废气产污环节名称	污染物种类	可行技术
焚烧烟气	颗粒物	袋式除尘器、袋式除尘器＋电除尘器
	氮氧化物	SNCR 法、SNCR 法＋SCR 法、SCR 法
	二氧化硫、氯化氢	半干法＋干法、半干法＋湿法、干法＋湿法、半干法＋干法＋湿法、半干法[①]
	汞及其化合物	活性炭喷射＋袋式除尘器
	镉、铊及其化合物	
	锑、砷、铅、铬、钴、铜、锰、镍及其化合物	
	二噁英类	"3T1E"燃烧控制＋活性炭喷射＋袋式除尘器
	一氧化碳	"3T1E"燃烧控制

① 适用于采用高品质脱酸剂或高性能雾化器等的改进技术。

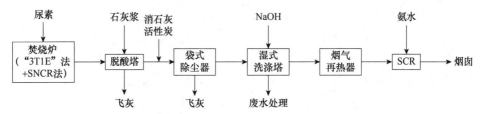

图 6.27　配置完善的垃圾焚烧发电厂烟气处理系统

小　结

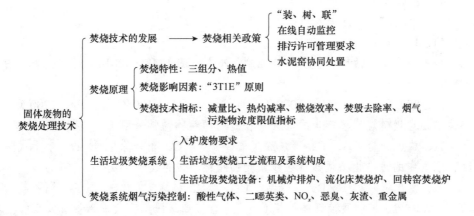

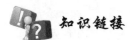 知识链接

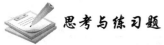 **思考与练习题**

一、名词解释

热值 三组分 热灼减率

二、填空题

1．"装、树、联"中的"树"是指_____。

2．焚烧因素"3T1E"是指_____、_____、_____及过剩空气率。

3．废物焚烧过程中，PCDDs/PCDFs 的产生主要来自_____、_____、_____。

三、单选题

1．在焚烧厂设置垃圾贮坑对垃圾进行暂存的目的不包括（   ）。

A．机械对垃圾进行破碎减小粒径 　　　 B．对垃圾脱水

C．搅拌垃圾使组分均匀 　　　 D．使垃圾发酵提高热值

2．目前，我国生活垃圾焚烧发电厂大多数采用的是技术比较成熟的（   ）。

A．机械炉床焚烧炉 　　　 B．流化床焚烧炉

C．回转窑焚烧炉 　　　 D．立体多段式焚烧炉

3．机械炉床焚烧炉炉排的作用有（   ）。

A．通过炉膛输送废物及灰渣

B．搅拌和混合物料

C．使从炉排下方进入的一次空气顺利通过燃烧层

D．以上都是

4．根据我国《生活垃圾焚烧污染控制标准》（GB 18485—2014）规定：炉膛内焚烧温度应当在（   ）以上。

A．850 ℃ 　　 B．1000 ℃ 　　　 C．1100 ℃ 　　 D．1200 ℃

5．生活垃圾焚烧处理产生的烟气中含有的颗粒物通常采用（   ）进行捕集。

A．旋风除尘器 　 B．湿法除尘器 　　 C．布袋除尘器 　 D．半干式除尘器

6．烟气中的污染物必须实行在线监测的指标不包括（   ）。

A．氯化氢 　　 B．二噁英 　　　 C．二氧化硫 　　 D．颗粒物

7．干式洗烟法控制酸性气体是将（   ）直接通过压缩空气喷入烟管或烟管上某段反应器内，使其与酸性气体充分接触而达到中和及去除的目的。

A．尿素 　　 B．硫酸铵 　　　 C．硝酸铵 　　 D．消石灰

8．半干式洗烟法控制酸性气体喷入的药剂为（   ）。

A．胶体 　　 B．乳泥状 　　　 C．粉末状 　　 D．颗粒状

9．半干式洗烟法控制酸性气体采用的药剂一般为（   ）。

A．尿素 　　 B．石灰系物质 　　 C．氨 　　　 D．硫酸铵

10．半干式洗烟法控制酸性气体的特点是（　　）。

　　A．结合了干式法与湿式法的优点　　　B．较干式法的去除效率低

　　C．难以避免湿式法产生过多废水的困扰　　D．设备构造简单，不易阻塞

11．选择性非催化还原法降低烟气中 NO_x，使用的还原剂有（　　）。

　　A．一氧化碳　　　B．氢气　　　　　　C．尿素　　　　　D．氨

12．危险废物水泥窑协同处置的特点有（　　）。

　　A．焚烧状态稳定　　　　　　　　　　B．废气处理效果好

　　C．建设投资小　　　　　　　　　　　D．以上都是

四、简答题

1．常用的焚烧炉有哪些种类？各自的优缺点是什么？

2．影响固体废物焚烧处理的因素有哪些？

3．简述生活垃圾焚烧处理工艺流程。

4．生活垃圾焚烧中控制酸性气体产生的技术途径有哪些？试比较各方法的特点。

5．二噁英的产生途径有哪些？在垃圾焚烧过程中应如何控制二噁英的产生？

五、思考题

我国提出"2030 年前碳达峰，2060 年前碳中和"，试分析生活垃圾焚烧发电是否能助力这一目标的实现。

第7章　固体废物填埋处置

☞ **学习目标**

知识目标

- 掌握固体废物的最终处置方法。
- 理解填埋场分类。
- 熟悉一般工业固体废物、生活垃圾及危险废物对填埋场的要求。
- 掌握卫生填埋场及安全填埋场的选址原则。

能力目标

- 掌握一般工业固体废物、生活垃圾及危险废物填埋场对固体废物的入场要求。
- 掌握填埋场封场后的管理及监测要求。

素质目标

- 熟悉填埋场填埋工艺。
- 理解填埋场运行管理要求及内容。
- 能够对填埋场进行日常管理及污染监督。

☞ **必备知识**

- 掌握生活垃圾、一般工业固体废物与危险废物对填埋场的不同要求。
- 掌握填埋场的分类。
- 掌握填埋场废物入场要求及填埋工艺。
- 掌握填埋场防渗结构。
- 掌握填埋场的污染控制。

☞ **选修知识**

- 了解固体废物的其他处置方式。
- 了解填埋场的平面布局设计。
- 了解填埋场的安全运行。
- 了解填埋场的封场及监测。
- 了解填埋场的可持续发展。

7.1　土地填埋简介

　　土地填埋是一种按工程理论和土木工程标准，对固体废物进行有效管理的综合性科学管理方法，具有工艺简单、成本较低和适合处置多类固体废物的优点。土地填埋技术常常用于固体废物污染控制的末端环节，可解决固体废物的归宿问题。

　　新的法律法规对固体废物的土地填埋方式提出了更高要求。

7.1.1　填埋场功能

　　土地填埋技术的目的是防止固体废物所带来的潜在污染，保护周围环境免受污染。填埋场的主要功能表现在 3 个方面，即贮留、隔离和处理。

　　贮留功能是指利用自然地形或人工构筑而成的空间，将产生的废物贮存在其中，待空间充满后封闭，再修复其原貌。这是填埋场的基本功能而不是主要功能，随着技术进步和环境保护要求的提高，这一功能所占的比重将越来越小。应该注意的是，填埋场的贮留功能与贮存设施的贮存功能是有区别的。填埋场的贮留是废物的最终处置，而贮存设施的贮存往往是固体废物进一步处理处置前的暂时贮存。

　　隔离功能是填埋场的一个非常重要的功能，符合环境保护建设要求的填埋场之所以"卫生"和"安全"都依赖于此功能的发挥。填埋场应设有完善的防护衬层和渗滤液、填埋场气体收集处理系统，可有效地避免固体废物填埋处置对环境造成的污染。

　　填埋场的处理功能是越来越受到重视的一种功能，即通过填埋场的规划建设，创造有利条件，使固体废物被填埋后，在微生物活动及其他物理化学作用下，能加快降解转化，使填埋场尽快达到稳定化。填埋场的处理功能主要是通过生物处理，近年来，人们提出了"生物反应器"型垃圾填埋场和"填埋生物反应器"概念。其基本原理是把每个填埋单元当作一个小型的可控"生物反应器"，许多这样的填埋单元构成的填埋场就是一个大的生物反应器，通过渗滤液的循环、水分调节、养分调理等措施，为微生物提供尽可能适宜的生长条件，使每个填埋单元中的微生物数量和活性大大提高，从而加快垃圾的生物降解速度，缩短稳定化时间，提高填埋气体的产量。

7.1.2　填埋场分类

1. 按构造类型分

　　（1）自然衰减型。自然衰减型土地填埋场是允许部分渗滤液由填埋场基部渗透，利用下伏包气带土层和含水层的自净功能来降低渗滤液中污染物的浓度，使其达到能接受的水平。其结构如图 7.1 所示。

　　由于该类型填埋场结构简单，主要是对地下水的影响，适宜处理少量、危害性低、性质相对

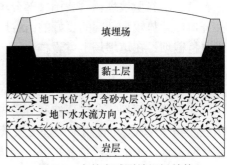

图 7.1　自然衰减型填埋场结构

稳定的一般固体废物。

（2）全封闭型。全封闭型填埋场是采用妥善的隔离措施将废物及产生的渗滤液与环境隔离。该系统的基础、边坡和顶部均需设置密封系统，对渗滤液和填埋场气体进行妥善控制，并且认真执行封场、监测及善后管理工作，从而达到使处置的废物与环境隔绝的目的。其剖面图如图 7.2 所示。

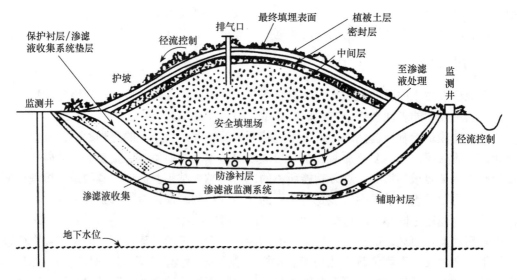

图 7.2　全封闭型填埋场剖面图

该系统结构完善，管理严格，能有效隔离被处置的废物，适宜大规模以及危险性大的固体废物的处置。

（3）半封闭型。半封闭型填埋场介于自然衰减型填埋场和全封闭型填埋场之间。顶部密封系统一般要求不高，大气降水仍会部分进入填埋场，底部一般设置单密封系统和在密封衬层上设置渗滤液收排系统，大部分渗滤液可被收集排出。

2．按填埋方式分

按填埋区所利用自然地形条件的不同，填埋场可大致分为山谷型填埋场、平原型填埋场和滩涂型填埋场 3 种类型。

（1）山谷型填埋场。我国大部分填埋场为山谷型。垃圾填埋区一般为三面环山、一面开口，地势较为开阔的良好的山谷地形，山谷比降大约在 10%以下。一般在山谷出口设置拦截坝，在填埋场上方设挡水坝，在填埋场四周开挖排洪沟，严格控制地表水进入填埋场。填埋场的防渗措施可采用垂直密封技术或水平基础密封和斜坡密封技术。在水文地质条件较好的山谷可在拦截坝下面设置垂直防渗帷幕。填埋场一般采用斜坡作业法，由低往高分层填埋、分层压实和分层覆盖。这种类型填埋场的特点是填埋区库容量大，填埋废物深度大，单位用地处理垃圾量多，沉降作用的废物和大气界面形成了一些小孔，空气易侵入，表面释放物易扩散，经济效益、环境效益较好，资源化建设明显，符合国家卫生填埋场建设的总目标要求。长沙黑糜峰固体废弃物处置场、杭州天子岭垃圾卫生填埋场、广州市兴丰生活垃圾卫生填埋场都属于此类型填埋场。

（2）平原型填埋场。平原型填埋场可分为地上式和地下式。地上式适用于地下水埋藏较浅或者地形不适合挖掘的地方，填埋场采用高层埋放垃圾的方式，作业的边坡比通常为 1∶4，填埋场顶部的面积要求能保证垃圾车和推铺压实机械设备在上面进行安全作业，覆盖材料紧缺目前已成为该种填埋场作业一个比较突出的问题。地下式适用于地下水埋藏较深的地区，利用挖掘坑、现有的深坑或低凹的地形来处置固体废物。地下式填埋场与山谷型填埋场类似，底部及边坡应有良好的天然密封层或铺设密封层，防止渗滤液和填埋场气体从底部及四周渗透扩散到环境中。北京的阿苏卫填埋场、青岛市小涧西生活垃圾卫生填埋场都属于平原型填埋场。

（3）滩涂型填埋场。滩涂型填埋场地处海边或江边滩涂地形，采用围堤筑路，排水清基，将滩涂废地辟建为填埋场区。它的场底标高低于正常的地面。启用该类型填埋场时，首先将规划填埋区域并筑设人工防渗堤坝。由于这一类型填埋场底部距离地下水位较近，因此，关键点在于地下水防渗系统的设置。垃圾填埋常采用平面作业法，按单元填埋垃圾，分层夯实、单元覆土、终场覆土。这种类型填埋场的特点是填埋场去库容量较大，土地复垦效果明显。上海的老港废弃物处置场、大连的毛茔子填埋场就属于这一类型。

3. 按填埋场的状态分

根据填埋场中垃圾降解的机理，按填埋场内部状态可将填埋场分为厌氧填埋场、好氧填埋场和准好氧填埋场 3 种类型。

（1）厌氧填埋场。厌氧填埋场在垃圾填埋体内无须供氧，基本上处于厌氧分解状态。由于无须强制鼓风供氧，简化结构，降低了电耗，使投资和运营费大幅减少，管理变得简单，同时，不受气候条件、垃圾成分和填埋高度限制，适应性广。该法在实际应用中，不断完善发展成改良型厌氧卫生填埋，是目前世界上应用最广泛的类型。我国上海老港、杭州天子岭、广州大田山、北京阿苏卫、深圳下坪等填埋场属于该类型。

改良型厌氧垃圾卫生填埋场除选择合理的场址外，通常还应有下列 4 类配套设施。

第一类，阻止垃圾外泄，使垃圾能按一定要求的高填堆的垃圾坝、堤等设施。

第二类，排除场外地表径流及垃圾体覆盖面雨水的排洪、截洪、场外排水等沟渠。

第三类，为防止垃圾渗滤液对地下水、地表水系的污染而采用场底及周边的防渗设施，渗滤液的导出、收集和处理设施。

第四类，为防止厌氧分解产生的沼气引发安全事故和将沼气作为能源回收利用而设置沼气的导出系统和收集利用系统。

（2）好氧填埋场。好氧填埋场是在垃圾体内布设通风管网，用鼓风机向垃圾体内送入空气。垃圾有充足的氧气，使好氧分解加速，垃圾性质较快稳定，堆体迅速沉降，反应过程中产生较高温度（60 ℃左右），使垃圾中的大肠杆菌等得以消灭。由于通风加大了垃圾体的蒸发量，可部分甚至完全消除垃圾渗滤液。因此，填埋场底部只需做简单的防渗处理，不需布设收集渗滤液的管网系统。好氧填埋适应于干旱少雨地区的中小型城市；适应于填埋有机物含量高，含水率低的生活垃圾。该类型的填埋场，通风阻力不宜太大，故填埋体高度一般都较低。好氧填埋场结构较复杂，施工要求较高，单位造价也较高，有一定的局限性，故其应用不是很普遍。包头市有一填埋场就属于该类型。

（3）准好氧填埋场。准好氧填埋场结构的集水井末端敞开，利用自然通风，空气通过集水管向填埋层中流通。如填埋层含有有机废弃物，因最初和空气接触，由于好氧分解，产生二氧化碳气体，气体经排气设施或立渠放出。随着堆积的废物越来越厚，空气被上层废弃物和覆盖土挡住无法进入下层，下层生成的气体穿过废弃物间的空隙，由排气设施排出。这样，在填埋层中形成与放出的空气体积相当的负压，空气便从开放的集水管口吸进来，向填埋层中扩散，从而扩大有氧范围，促进有机物分解。但是，空气无法到达整个填埋层，当废弃物层变厚以后，填埋地表层、集水管附近、立渠或排气设施左右部分成为好氧状态，而空气接近不了的填埋层中央部分等处则成为厌氧状态。

在厌氧状态领域，部分有机物被分解，还原成硫化氢，废弃物中含有的镉、汞和铅等重金属与硫化氢反应，生成不溶于水的硫化物，存留在填埋层中。这种期望在好氧领域有机物分解、厌氧领域部分重金属截留，即好氧厌氧共存的方式，称为"准好氧填埋"。"准好氧性填埋"在费用上与厌氧性填埋没有大的差别，而在有机物分解方面又不比好氧性填埋逊色，因而得到普及。

4. 按填埋废物危害程度分

（1）Ⅰ类一般工业固体废物填埋场。Ⅰ类一般工业固体废物是指按照《固体废物浸出毒性浸出方法　水平振荡法》（HJ 557—2010）规定方法获得的浸出液中任何一种特征污染物浓度均未超过《污水综合排放标准》（GB 8978—1996）最高允许排放浓度（第二类污染物最高允许排放浓度按照一级标准执行），且 pH 值在 6～9 范围之内的一般工业固体废物。

Ⅰ类一般工业固体废物毒性小，该类填埋场要求设置防止粉尘污染、防止雨水进入渗滤液排水设施。对封场和日常管理没有特殊要求，是填埋场中防护要求最低的一种。

（2）Ⅱ类一般工业固体废物填埋场。Ⅱ类一般工业固体废物是按照《固体废物浸出毒性浸出方法　水平振荡法》（HJ 557—2010）规定方法获得的浸出液中有一种或一种以上的特征污染物浓度超过《污水综合排放标准》（GB 8978—1996）最高允许排放浓度（第二类污染物最高允许排放浓度按照一级标准执行），或 pH 值在 6～9 范围之外的一般工业固体废物。

该类填埋场要求比Ⅰ类一般工业固体废物填埋场高，要求设置相当于渗滤液系数为 1.0×10^{-7} cm/s 和厚度为 1.5 m 黏土层的防渗层以及渗滤液处理、地下水污染监测井等设施，封场时要求设置防渗覆土层，日常维护中要求地下水水质监测和防渗衬层的维护。

（3）生活垃圾填埋场。生活垃圾是指在日常生活中或者为日常生活提供服务的活动中产生的固体废物，以及法律、行政法规规定视为生活垃圾的固体废物。与一般工业固体废物相比，生活垃圾具有成分复杂且不稳定、有机物含量高等特点，其防护要求比一般工业固体废物填埋场都要高。生活垃圾卫生填埋场是指用于处理处置城市生活垃圾的，带有阻止垃圾渗滤液泄漏的人工防渗膜，带有渗滤液处理或预处理设施设备，运行、管理及维护、最终封场关闭符合卫生要求的垃圾处理场地。

根据环保措施（如场底防渗、分层压实、每天覆盖、填埋气排导、渗滤液处理、虫害防治等）是否齐全、环保标准是否满足来判断，我国的生活垃圾填埋场可分为简易填埋场、受控填埋场及卫生填埋场 3 个等级。目前，我国在运行的生活垃圾填埋场都是卫生填埋场。

卫生填埋场要求渗透系数小于 1.0×10^{-7} cm/s 的防渗衬层、渗滤液收集/处理/排放系统、填埋气体收集/处理排放系统、雨水/地下水控制系统、每日覆盖和最终封场系统，并且对渗滤液和填埋气体的排放提出了限制要求。

（4）危险废物安全填埋场。由于危险废物中的有毒有害组分往往具有难降解的特性，因此，填埋危险废物的安全填埋场的防护要求最高且没有稳定期。这要求安全填埋场在尽可能长的时间内保持安全和无破损。安全填埋场选址要求严格，要求地下水水位在不透水层下 3 m，有足够的基础防渗层，要求废物分区填埋，入场废物达到进场要求，封场与日常维护也有非常高的要求。

7.2　一般工业固体废物填埋场

根据《一般工业固体废物贮存和填埋污染控制标准》（GB 18599—2020），一般工业固体废物贮存和填埋污染控制涉及选址、技术、入场、运行、充填及回填利用、封场及土地复垦、污染物监测、实施与监督八大要求。

7.2.1　填埋场选址要求

（1）一般工业固体废物贮存场、填埋场应符合环境保护法律法规及相关法定规划要求。

（2）贮存场、填埋场的位置与周围居民区的距离应依据环境影响评价文件及审批意见确定。

（3）贮存场、填埋场不得选在生态保护红线区域、永久基本农田集中区域和其他需要特别保护的区域内。

（4）贮存场、填埋场应避开活动断层、溶洞区、天然滑坡或泥石流影响区以及湿地等区域。

（5）贮存场、填埋场不得选在江河、湖泊、运河、渠道、水库最高水位线以下的滩地和岸坡，以及国家和地方长远规划中的水库等人工蓄水设施的淹没区和保护区之内。

（6）上述选址规定不适用于一般工业固体废物的充填和回填。

7.2.2　填埋场技术要求

1. 一般规定

（1）根据建设、运行、封场等污染控制技术要求不同，填埋场分为Ⅰ类场和Ⅱ类场。

（2）贮存场、填埋场的防洪标准应按重现期不小于 50 年一遇的洪水位设计，国家已有标准提出更高要求的除外。

（3）贮存场、填埋场一般应包括以下单元：防渗系统、渗滤液收集和导排系统；雨污分流系统；分析化验与环境监测系统；公用工程和配套设施；地下水导排系统和废水处理系统（根据具体情况选择设置）。

（4）贮存场和填埋场施工方案中应包括施工质量保证和施工质量控制内容，明确环保条款和责任，作为项目竣工环境保护验收的依据，同时可作为建设环境监理的主要内容。

（5）填埋场在施工完毕后应保存施工报告、全套竣工图、所有材料的现场及实验室检测报告。采用高密度聚乙烯膜作为人工合成材料衬层的贮存场及填埋场还应提交人工防渗衬层完整性检测报告。上述材料连同施工质量保证书作为竣工环境保护验收的依据。

（6）贮存场及填埋场渗滤液收集池的防渗要求应不低于对应贮存场、填埋场的防渗要求。

（7）食品制造业、纺织服装和服饰业、造纸和纸制品业、农副食品加工业等为日常生活提供服务的活动中产生的与生活垃圾性质相近的一般工业固体废物，以及有机质含量超过 5%的一般工业固体废物（煤矸石除外），其直接填埋处置应符合《生活垃圾填埋场污染控制标准》（GB 16889—2008）的要求。

2. Ⅰ类场技术要求

（1）当天然基础层饱和渗透系数不大于 1.0×10^{-5} cm/s，且厚度不小于 0.75 m 时，可以采用天然基础层作为防渗衬层。

（2）当天然基础层不能满足第（1）条防渗要求时，可采用改性压实黏土类衬层或具有同等以上隔水效力的其他材料防渗衬层，其防渗性能应至少相当于渗透系数为 1.0×10^{-5} cm/s 且厚度为 0.75 m 的天然基础层。

3. Ⅱ类场技术要求

（1）Ⅱ类场应采用单人工复合衬层作为防渗衬层，并符合以下技术要求：
- 人工合成材料应采用高密度聚乙烯膜，厚度不小于 1.5 mm，并满足《土工合成材料 聚乙烯工膜》（GB/T 17643—2011）规定的技术指标要求。采用其他人工合成材料的，其防渗性能至少相当于 1.5 mm 高密度聚乙烯膜的防渗性能。
- 黏土衬层厚度应不小于 0.75 m，且经压实、人工改性等措施处理后的饱和渗透系数不应大于 1.0×10^{-7} cm/s。使用其他黏土类防渗衬层材料时，应具有同等以上隔水效力。

（2）Ⅱ类场基础层表面应与地下水年最高水位保持 1.5 m 以上的距离。当场区基础层表面与地下水年最高水位距离不足 1.5 m 时，应建设地下水导排系统。地下水导排系统应确保Ⅱ类场运行期间地下水水位维持在基础层表面 1.5 m 以下。

（3）Ⅱ类场应设置渗漏监控系统，监控防渗衬层的完整性。渗漏监控系统的构成包括但不限于防渗衬层渗漏监测设备、地下水监测井。

（4）人工合成材料衬层、渗滤液收集和导排系统的施工不应对黏土衬层造成破坏。

7.2.3　入场要求

（1）进入Ⅰ类场的一般工业固体废物应同时满足以下要求：

- 第Ⅰ类一般工业固体废物（包括第Ⅱ类一般工业固体废物经处理后属于第Ⅰ类一般工业固体废物的）。
- 有机质含量小于 2%（煤矸石除外），测定方法按照《固体废物　有机质的测定　灼烧减量法》（HJ 761—2015）进行。
- 水溶性盐总量小于 2%，测定方法按照《土壤检测　第 16 部分：土壤水溶性盐总量的测定》（NY/T 1121.16—2006）进行。

（2）进入Ⅱ类场的一般工业固体废物应同时满足以下要求：

- 有机质含量小于 5%（煤矸石除外），测定方法按照《固体废物　有机质的测定　灼烧减量法》（HJ 761—2015）进行。
- 水溶性盐总量小于 5%，测定方法按照《土壤检测　第 16 部分：土壤水溶性盐总量的测定》（NY/T 1121.16—2015）进行。

（3）食品制造业、纺织服装和服饰业、造纸和纸制品业、农副食品加工业等为日常生活提供服务的活动中产生的与生活垃圾性质相近的一般工业固体废物，以及有机质含量超过 5%的一般工业固体废物（煤矸石除外），其经处理并满足上述第（2）条要求后仅可进入Ⅱ类场贮存、填埋。

（4）不相容的一般工业固体废物应设置不同的分区进行贮存和填埋作业。

（5）危险废物和生活垃圾不得进入一般工业固体废物贮存场及填埋场。国家及地方有关法律法规、标准另有规定的除外。

7.2.4　贮存场和填埋场运行要求

（1）贮存场、填埋场投入运行之前，企业应制定突发环境事件应急预案或在突发事件应急预案中制定环境应急预案专章，说明各种可能发生的突发环境事件情景及应急处置措施。

（2）贮存场、填埋场应制订运行计划，运行管理人员应定期参加企业的岗位培训。

（3）贮存场、填埋场运行企业应建立档案管理制度，并按照国家档案管理等法律法规进行整理与归档，永久保存。档案资料主要包括但不限于以下内容：

- 场址选择、勘察、征地、设计、施工、环评、验收资料。
- 废物的来源、种类、污染特性、数量、贮存或填埋位置等资料。
- 各种污染防治设施的检查维护资料。
- 渗滤液、工艺水总量以及渗滤液、工艺水处理设备工艺参数及处理效果记录资料。
- 封场及封场后管理资料。
- 环境监测及应急处置资料。

（4）贮存场、填埋场的环境保护图形标志应符合《环境保护图形标志　固体废物贮存（处置）场》（GB 15562.2—1995）的规定，并应定期检查和维护。

（5）易产生扬尘的贮存或填埋场应采取分区作业、覆盖、洒水等有效抑尘措施防止扬尘污染。尾矿库应采取均匀放矿、洒水抑尘等措施防止干滩扬尘污染。

（6）污染物排放控制要求：

- 贮存场、填埋场产生的渗滤液应进行收集处理，达到《污水综合排放标准》（GB 8978—1996）要求后方可排放。已有行业、区域或地方污染物排放标准规定的，应执行相应标准。
- 贮存场、填埋场产生的无组织气体排放应符合《大气污染物综合排放标准》（GB 16297—1996）规定的无组织排放限值的相关要求。
- 贮存场、填埋场排放的环境噪声、恶臭污染物应符合《工业企业界环境噪声排放标准》（GB 12348—2008）、《恶臭污染物排放标准》（GB 14554—93）的规定。

7.2.5 充填及回填利用污染控制要求

（1）第Ⅰ类一般工业固体废物可按下列途径进行充填或回填作业。

- 粉煤灰可在煤炭开采矿区的采空区中充填或回填。
- 煤矸石可在煤炭开采矿井、矿坑等采空区中充填或回填。
- 尾矿、矿山废石等可在原矿开采区的矿井、矿坑等采空区中充填或回填。

（2）第Ⅱ类一般工业固体废物以及不符合上述第（1）条充填或回填途径的第Ⅰ类一般工业固体废物，其充填或回填活动前应开展环境本底调查，并按照《建设用地土壤污染风险评估技术导则》（HJ 25.3—2019）等相关标准进行环境风险评估，重点评估对地下水、地表水及周边土壤的环境污染风险，确保环境风险可以接受。充填或回填活动结束后，应根据风险评估结果对可能受到影响的土壤、地表水及地下水开展长期监测，监测频次至少每年 1 次。

（3）不应在充填物料中掺加除充填作业所需要的添加剂之外的其他固体废物。

（4）一般工业固体废物回填作业结束后应立即实施土地复垦（回填地下的除外），土地复垦应符合本标准封场及土地复垦要求第（9）条的规定。

（5）食品制造业、纺织服装和服饰业、造纸和纸制品业、农副食品加工业等为日常生活提供服务的活动中产生的与生活垃圾性质相近的一般工业固体废物以及其他有机物含量超过 5%的一般工业固体废物（煤矸石除外）不得进行充填、回填作业。

7.2.6 封场及土地复垦要求

（1）当贮存场、填埋场服务期满或不再承担新的贮存、填埋任务时，应在 2 年内启动封场作业，并采取相应的污染防治措施，防止造成环境污染和生态破坏。封场计划可分期实施。尾矿库的封场时间和封场过程还应执行闭库的相关行政法规和管理规定。

（2）贮存场、填埋场封场时应控制封场坡度，防止雨水侵蚀。

（3）Ⅰ类场封场一般应覆盖土层，其厚度视固体废物的颗粒度大小和拟种植物种类确定。

（4）Ⅱ类场的封场结构应包括阻隔层、雨水导排层、覆盖土层。覆盖土层的厚度视拟种植物种类及其对阻隔层可能产生的损坏确定。

（5）封场后，仍需对覆盖层进行维护管理，防止覆盖层不均匀沉降、开裂。

（6）封场后的贮存场、填埋场应设置标志物，注明封场时间以及使用该土地时应注意的事项。

（7）封场后渗滤液处理系统、废水排放监测系统应继续正常运行，直到连续 2 年内没有渗滤液产生或产生的渗滤液未经处理即可稳定达标排放。

（8）封场后如需对一般工业固体废物进行开采再利用，应进行环境影响评价。

（9）贮存场、填埋场封场完成后，可依据当地地形条件、水资源及表土资源等自然环境条件和社会发展需求并按照相关规定进行土地复垦。土地复垦实施过程应满足《土地复垦质量控制标准》（TD/T 1036—2013）规定的相关土地复垦质量控制要求。土地复垦后用作建设用地的，还应满足《土壤环境质量　建设用地土壤污染风险管控标准（试行）》（GB 36600—2018）的要求；用作农用地的，还应满足《土壤环境质量　农用地土壤污染风险管控标准（试行）》（GB 15618—2018）的要求。

（10）历史堆存一般工业固体废物场地经评估确保环境风险可以接受时，可进行封场或土地复垦作业。

7.2.7　污染物监测要求

1）一般规定

（1）企业应按照有关法律和《环境监测管理办法》（国家环境保护总局令　第 39 号）、《企业事业单位环境信息公开办法》（环境保护部令　第 31 号）等规定，建立企业监测制度，制定监测方案，对污染物排放状况及对周边环境质量的影响开展自行监测，并公开监测结果。

（2）企业安装、运维污染源自动监控设备的要求，按照相关法律法规规章及标准的规定执行。

（3）企业应按照环境监测管理规定和技术规范的要求，设计、建设、维护永久性采样口、采样测试平台和排污口标志。

2）废水污染物监测要求

（1）采样点的设置与采样方法，按《污水监测技术规范》（HJ 91.1—2019）的规定执行。

（2）渗滤液及其处理后排放废水污染物的监测频次，应根据废物特性、覆盖层和降水等条件加以确定，至少每月 1 次。废水污染物的监测分析方法按照《污水综合排放标准》（GB 8978—1996）的规定执行。

3）地下水监测要求

（1）贮存场、填埋场投入使用之前，企业应监测地下水本底水平。

（2）地下水监测井的布置应符合以下要求：

① 在地下水流场上游应布置 1 个监测井，在下游至少应布置 1 个监测井，在可能出现污染扩散区域至少应布置 1 个监测井。设置有地下水导排系统的，应在地下水主管出

口处至少布置 1 个监测井，用于监测地下水导排系统排水的水质。

② 岩溶发育区以及环境影响评价文件中确定地下水评价等级为一级的贮存场、填埋场，应根据环境影响评价结论加大下游监测井布设密度。

③ 当地下水含水层埋藏较深或地下水监测井较难布设的基岩山区，经环境影响评价确认地下水不会受到污染时，可减少地下水监测井的数量。

④ 监测井的位置、深度应根据场区水文地质特征进行针对性布置。

⑤ 监测井的建设与管理应符合《地下水环境监测技术规范》（HJ 164—2020）的技术要求。

⑥ 已有的地下水取水井、观测井和勘测井，如果满足上述要求可以作为地下水监测井使用。

（3）贮存场、填埋场地下水监测频次应符合以下要求：

① 运行期间，企业自行监测频次至少每季度 1 次，每两次监测之间间隔不少于 1 个月，国家另有规定的除外；如周边有环境敏感区应增加监测频次，具体监测点位和频次依据环境影响评价结论确定。当发现地下水水质有被污染的迹象时，应及时查找原因并采取补救措施，防止污染进一步扩散。

② 封场后，地下水监测系统应继续正常运行，监测频次至少每半年 1 次，直到地下水水质连续 2 年不超出地下水本底水平。

（4）地下水监测因子由企业根据贮存及填埋废物的特性提出，必须具有代表性且能表征固体废物特性。常规测定项目应至少包括：浑浊度、pH 值、溶解性总固体、氯化物、硝酸盐（以 N 计）、亚硝酸盐（以 N 计）。地下水监测因子分析方法按照《地下水质量标准》（GB/T 14848—2017）执行。

4）地表水监测要求

（1）应在满足废水排放标准与环境管理要求基础上，针对项目建设、运行、封场后等不同阶段可能造成地表水环境影响制订地表水监测计划。

（2）地表水监测点位、分析方法、监测频次应按照《排污单位自行监测技术指南 总则》（HJ 819—2017）执行，岩溶地区应增加地表水的监测频次。

5）大气监测要求

（1）无组织气体排放的监测因子由企业根据贮存及填埋废物的特性提出，必须具有代表性且能表征固体废物特性。采样点布设、采样及监测方法按《大气污染物综合排放标准》（GB 16297—1996）的规定执行，污染源下风方向应为主要监测范围。

（2）运行期间，企业自行监测频次至少每季度 1 次。如监测结果出现异常，应及时进行重新监测，间隔时间不得超过 1 周。

（3）企业周边应安装总悬浮颗粒物（TSP）浓度监测设施，并保存 1 年以上数据记录。总悬浮颗粒物（TSP）浓度的测定方法按照《环境空气 总悬浮颗粒物的测定 重量法》（GB/T 15432—1995）执行。

6）土壤监测要求

（1）贮存场、填埋场投入使用之前，企业应监测土壤本底水平。

（2）应布设 1 个土壤监测对照点，对照点应尽量保证不受企业生产过程影响，对照点作为土壤背景值。

（3）依据地形特征、主导风向和地表径流方向，在可能产生影响的土壤环境敏感目标处布设土壤监测点。

（4）运行期间，土壤监测点的自行监测频次一般每 3 年 1 次，采样深度根据可能影响的深度适当调整，以表层土壤为重点采样层。

（5）土壤监测因子由企业根据贮存及填埋废物的特性提出，必须具有代表性且能表征固体废物特性。土壤监测因子的分析方法按照《土壤环境质量　建设用地土壤污染风险管控标准（试行）》（GB 3660—2018）的规定执行。

7.2.8　实施与监督

在任何情况下，企业均应遵守本标准的污染物排放控制要求，采取必要措施保证污染防治设施正常运行。各级生态环境主管部门在对其进行监督检查时，对于水污染物，可以现场即时采样或监测，其结果可以作为判定排污行为是否符合排放标准以及实施相关生态环境保护管理措施的依据；对于无组织排放的大气污染物，可以采用手工监测并按照监测规范要求测得的任意 1 h 平均浓度值，作为判定排污行为是否符合排放标准以及实施相关生态环境保护管理措施的依据。

7.3　卫生填埋场

7.3.1　概述

卫生填埋是指按卫生填埋工程技术标准对城市垃圾和废物在卫生填埋场进行的填埋处置。其目的主要是防止对地下水及周围环境的污染，区别于过去的裸卸堆弃和自然填垫等旧式的垃圾处理法。

我国现有 200 个大、中城市，700 多座中等以上城市，2400 多座县城以及 31 000 座小镇。2018 年，仅 200 个大、中城市生活垃圾产生量就达到 21 147.3 万 t，处置量 21 028.9 万 t，处置率达 99.4%。其中，生活垃圾产生量排在前三位的省份为江苏、广东和浙江，产量均在 1500 万 t 以上；排名前十的城市产生的城市生活垃圾总量为 6256 万 t，占全部城市产生总量的 29.6%。"十三五"期间，全国新建垃圾无害化处理设施 500 多座，城镇生活垃圾设施处理能力超过 127 万 t/d，生活垃圾无害化处理率达到 99.2%，全国城市和县城生活垃圾基本实现无害化处理。随着城市规模的扩大和城市人口的增加，城市垃圾产生量仍呈上升趋势。如此大量的城市生活垃圾如果不能得到有效处理，将对城市及周边环境造成严重污染。

"十三五"期间，全国共建成生活垃圾焚烧厂 254 座，累计在运行生活垃圾焚烧厂超过 500 座，焚烧设施处理能力 58 万 t/d。全国城镇生活垃圾焚烧处理率约 45%，初步形成了新增处理能力以焚烧为主的垃圾处理发展格局。

2021 年 5 月印发的《"十四五"城镇生活垃圾分类和处理设施发展规划》（发改环资〔2021〕642 号）中，严格适度规划建设兜底保障填埋设施。原则上地级及以上城市和具备焚烧处理能力或建设条件的县城，不再规划和新建原生垃圾填埋设施，现有生活垃圾填埋场剩余库容转为兜底保障填埋设施备用。西藏、青海、新疆、甘肃、内蒙古等人口稀疏地区，受运输距离、垃圾产生规模等因素制约，经评估暂不具备建设焚烧设施条件的，可适度规划建设符合标准的兜底保障填埋设施。

由此可以看出，大中型城市生活垃圾填埋今后将越来越重视生活垃圾分类、综合利用和焚烧等手段，填埋将成为一种兜底保障技术。经分类、综合利用后的生活垃圾的主要处理技术为填埋、焚烧及堆肥等，表 7.1 对 3 种分类处理方法进行了比较。

表 7.1　3 种城市生活垃圾处理方式比较

内容	卫生填埋	焚烧	堆肥
操作安全性	较好，注意防火	好	好
技术可靠性	可靠	可靠	可靠，国内比较有经验
占地	大	小	中等
选址	较困难，要考虑地形、地质条件，防止地表水、地下水污染，一般远离市区，运输距离较远	容易，可靠近市区建设，运输距离较近	较易，仅需避开居民密集区，气味影响半径小于 200 m，运输距离适中
适用条件	无机物>60%；含水量<30%；密度>0.5 t/d	垃圾低位热值>3300 kJ/kg 时不需添加辅助燃料	从无害化角度，垃圾中可生物降解有机物≥10%，从肥效出发应>40%
最终处置	无	仅残渣需做填埋处理，为初始量的 10%	非堆肥物需做填埋处理，为初始量的 20%~25%
产品市场	可回收沼气发电	能产生热能或电能	建立稳定的堆肥市场较困难
建设投资	较低	较高	适中
资源回收	无现场分选回收实例，但有潜在可能	前处理工序可回收部分原料，但取决于垃圾中可利用物的比例	前处理工序可回收部分原料，但取决于垃圾中可利用物的比例
地表水污染	有可能，但可采取措施减少可能性	在处理厂区无，在炉灰填埋时，其对地表水污染的可能性比填埋小	在非堆肥物填埋时与卫生填埋相仿
地下水污染	有可能，虽可采取防渗措施，但仍然可能发生渗漏	灰渣中无有机质等污染物，仅需填埋时采取固化等措施就可防止污染	重金属等可能随堆肥制品污染地下水
大气污染	有，但可用覆盖压实等措施控制	可以控制，但二噁英等微量剧毒物需采取措施控制	有轻微气味，污染指标可能性不大
土壤污染	限于填埋场区域	无	需控制堆肥制品中重金属含量

卫生填埋技术处理城市生活垃圾表现出以下优点：垃圾填埋处理操作设备简单、适应性和灵活性强；填埋法与其他方法相比具有建设投资少、运行费用低、可回收沼气、对垃圾热值无特殊要求、土地可还原、技术要求不高、综合效益好等。

卫生填埋也存在一些缺陷。一是占地面积大，场址选择困难。每个垃圾填埋场都有一定的库容与处理年限，一旦达到极限就要封场，而一个垃圾填埋场，占用土地动辄数百亩。比如，长沙固体废物处理厂总占地 2610 亩（约 174 hm^2），库容 4500 万立方米。二是操作管理不当，容易产生二次污染。垃圾降解产生的渗滤液水质复杂，含有多种有毒有害的无机物和有机物，COD_{cr}、BOD_5 浓度最高值可达数千至几万，和城市污水相比浓度高得多，很难处理。三是垃圾在填埋过程中分解产生的沼气、二氧化碳、硫化氢等气体，操作不当容易给环境带来污染，并存在安全隐患。四是含重金属等有毒有害物质的填埋将造成填埋场土地污染严重，给填埋场的开发再利用带来难题。五是某些地区的填埋场管理不严，出现在填埋场或堆放场放牧或饲养畜禽的情况，有毒有害物质被动物食用吸收，后果非常严重。

因此，卫生填埋场是否真正"卫生"，应符合以下标准：垃圾进场管理是否符合环境管理要求；渗滤液是否收集处理，是否达到了国家规定的防渗与地下水导排要求；是否落实了卫生填埋作业工艺，如推平、压实、覆盖等；是否完善了雨污分流设施，污水是否处理达标排放；恶臭是否得到有效控制、填埋场气体是否得了收集利用或有效治理；蚊蝇是否得到有效的控制；是否考虑终场利用。在建设和运行卫生填埋场的过程中，如果严格按照卫生填埋场的标准执行，可以有效解决渗滤液以及填埋场气体的污染问题，避免产生二次污染。因此，如何确保卫生填埋的卫生、可靠、安全是我国首要考虑的问题。

7.3.2　填埋场选址及设计

1. 填埋场选址

垃圾卫生填埋处理是一项综合的工程技术，涉及多学科领域。科学选择适宜的场地，采用成熟、有效勘察方法和手段，正确评价场地的主要工程地质问题，为填埋场的设计、施工和安全运营提供可靠的工程参数，是选择最佳安全填埋场、严谨设计填埋场结构和保证整个系统正常运转的关键。它影响到填埋场的构造、布局、建设和运行管理，关系到填埋处置是否能真正实现垃圾处理的减量化、资源化和无害化要求。选址有利将降低对工程防渗密封的依赖性，大大减少整个工程造价以及垃圾填埋费用。

1）选址有关标准

关于卫生填埋场的选址，现行国家标准《生活垃圾卫生填埋处理技术规范》（GB 50869—2013）和《生活垃圾填埋场污染控制标准》（GB 16889—2008）均对填埋场选址应满足的要求做了具体的规定。对于这些标准中强制性规定，必须严格执行。

2）选址要求

场址的选择主要遵循两个原则：一是从防止污染角度考虑的安全原则；二是从经济角度考虑的经济合理原则。也就是说，要以合理的技术、经济方案，尽量少的投资达到最理想的经济效果，实现环保目的。总的来说，应当满足《生活垃圾填埋场污染控制标准》（GB 16889—2008）选址的基本要求：

（1）生活垃圾填埋场的选址应符合区域性环境规划、环境卫生设施建设规划和当地的城市规划。

（2）生活垃圾填埋场场址不应选在城市工农业发展规划区、农业保护区、自然保护区、风景名胜区、文物（考古）保护区、生活饮用水水源保护区、供水远景规划区、矿产资源储备区、军事要地、国家保密地区和其他需要特别保护的区域内。

（3）生活垃圾填埋场选址的标高应位于重现期不小于 50 年一遇的洪水位之上，并建设在长远规划中的水库等人工蓄水设施的淹没区和保护区之外。

拟建有可靠防洪设施的山谷型填埋场，并经过环境影响评价证明洪水对生活垃圾填埋场的环境风险在可接受范围内，前款规定的选址标准可以适当降低。

（4）生活垃圾填埋场场址的选择应避开下列区域：破坏性地震及活动构造区；活动中的坍塌、滑坡和隆起地带；活动中的断裂带；石灰岩溶洞发育带；废弃矿区的活动塌陷区；活动沙丘区；海啸及涌浪影响区；湿地；尚未稳定的冲积扇及冲沟地区；泥炭以及其他可能危及填埋场安全的区域。

（5）生活垃圾填埋场场址的位置及与周围人群的距离应依据环境影响评价结论确定，并经地方环境保护行政主管部门批准。

在对生活垃圾填埋场场址进行环境影响评价时，应考虑生活垃圾填埋场产生的渗滤液、大气污染物（含恶臭物质）、滋养动物（蚊、蝇、鸟类等）等因素，根据其所在地区的环境功能区类别，综合评价其对周围环境、居住人群的身体健康、日常生活和生产活动的影响，确定生活垃圾填埋场与常住居民居住场所、地表水域、高速公路、交通主干道（国道或省道）、铁路、飞机场、军事基地等敏感对象之间合理的位置关系以及合理的防护距离。环境影响评价的结论可作为规划控制的依据。

在满足上述要求前提下，还应满足《生活垃圾卫生填埋处理技术规范》（GB 50869—2013）的要求：

（1）应与当地城市总体规划和城市环境卫生专业规划协调一致。

（2）应与当地的大气防护、水土资源保护、自然保护及生态平衡要求相一致。

（3）应交通方便，运距合理。

（4）人口密度、土地利用价值及征地费用均应合理。

（5）应位于地下水贫乏地区、环境保护目标区域的地下水流向下游地区及夏季主导风向的下风向地区。

（6）选址应有建设项目所在地的建设、规划、环保、环卫、国土资源、水利、卫生监督等有关部门和专业设计单位的有关专业技术人员参加。

（7）应符合环境影响评价的要求。

3）选址影响因素

卫生填埋场选址是一项综合性工作，技术强、难度大。影响选址的因素有环境学、工程学、经济学以及社会和法律等多个方面。

建设卫生填埋场是为了妥善处理垃圾，改善环境质量，因此，在卫生填埋场的选址和建设过程中也要充分考虑对周围环境的影响。在场址选择过程中，应当考虑到尽可能地减少对周围景观、地形地貌、生态环境等的破坏，也需要考虑与居民区的距离，避免对周边居民造成饮用水、大气以及安全等方面的影响。

工程学影响因素是填埋场选址中的主要影响因素，包括自然地理因素、地质因素、水文地质因素以及工程地质因素等。这些因素决定了填埋场的建设工程会对填埋场的正常运行以及周围环境的影响。

从选址角度来看，经济学因素主要包括填埋场的建设费用、垃圾运输费用、土地的征用费和土地资源化等方面。

另外，社会和法律影响因素主要是指要考虑填埋场的选址应不妨碍城市、区域的发展规划，考虑公众的反应，以及符合现行的环境保护有关法律和法规。

　　4）选址准则

　　综合考虑选址过程的影响因素，要符合选址要求，选址过程可参考以下准则。

　　（1）城市总体规划。卫生填埋场的建设规模应当与城市建设规模和经济发展水平相一致，其场址的选择应服从当地城市总体规划，符合当地城市区域环境总体规划要求，符合当地城市环境卫生事业发展规划要求。对周围环境不应产生超过国家相关现行标准规定的不良影响。填埋场应与当地的大气保护、水土资源保护、大自然保护及生态平衡要求相一致。

　　（2）库容量。选址过程应根据垃圾的来源、种类、性质和数量确定场地的规模，填埋处置场地要有足够的库容量，可满足一定年限的填埋量。一般填埋场合理使用年限不少于 10 年，特殊情况下不少于 8 年。应选择填埋库容量大的场址，单位库区面积填埋容量大，单位库容量投资小，效益好。

　　填埋场建设规模按总容量可分为以下 4 类：

　　Ⅰ类：总容量为 1200 万 m^3 以上。

　　Ⅱ类：总容量为 500 万～1200 万 m^3。

　　Ⅲ类：总容量为 200 万～500 万 m^3。

　　Ⅳ类：总容量为 100 万～200 万 m^3。

　　另外，填埋场建设规模按日处理能力分为以下 4 级：

　　Ⅰ级：日处理量为 1200 t 以上。

　　Ⅱ级：日处理量为 500～1200 t。

　　Ⅲ级：日处理量为 200～500 t。

　　Ⅳ级：日处理量为 200 t 以下。

　　（3）地质条件。选择的场址应具有较小的渗透系数，最好在 1×10^{-7} cm/s 以下，并具有一定的厚度，如黏土、致密的岩层等。场地应避开地震、滑坡、泥石流、坍塌等不利地质条件地带。填埋场地还应当避免选址建在砾石、石灰岩溶洞发育地区。

　　（4）地形、地貌及土壤条件。场地地形地貌决定了地表水分布，同时也决定了地下水的流向和流速。废物运往场地的方式也需要进行地貌评价才能确定。场地地形坡度应有利于填埋场施工和其他建筑设施的布置，不宜选在地形坡度起伏较大的地方和低洼汇水处，一般自然坡度不大于 5%。场址的周围应有相当数量的土石料，即用于天然防渗层和覆盖层的黏土和用于排水层的砂石。黏土的 pH 值和离子交换能力越大越好。

　　（5）气象条件。场址应避开高寒区以及龙卷风和台风经过的地区，宜设在暴风雨发生率较低的地区。场址还应选择位于具有较好的大气混合扩散作用的下风口，避开人口密集地区。

　　（6）水文条件。场址选择应考虑渗滤液对地表水及地下水的影响。所选场地必须在超过 50 年一遇的地表水域的洪水标高泛滥区之外，或历史最大洪泛区之外，场地基础应位于地下水最高丰水位标高至少 1 m（参照德国标准），应避开湿地、地下水集中供水水源地及补给区，同时远离供水水源。

　　（7）对居民区的影响。考虑到施工期间飘尘、噪声以及营运期间渗滤液、填埋场气体及臭味对周围居民带来的不利影响，应依据环境影响评价结论确定生活垃圾填埋场场址的位置及与周围人群的距离。另外，场址应尽量位于居民区的下风向。

（8）其他。根据有关资料，垃圾填埋处理费用中 60%～90%为垃圾清运费，缩短清运距离将降低垃圾处理费用。因此，填埋场场址交通应方便，具有能在各种气候条件下运输的全天候公路，宽度合适，承载力适宜。还应综合评价场址征地费用和垃圾运输费用，择其最低费用者为优选场址。对于一个城市唯一建设的卫生填埋场，其与城市生活垃圾的产生源中心距离最好不超过 15 km。否则，将需要增设大型垃圾压缩中转站，以提高单位车辆的运输效率；或者分散建设几个填埋场。

为了方便选址及工程设计，表 7.2 列出了卫生填埋场选址的影响因素及指标，以供参考。

表 7.2 卫生填埋场选址的影响因素及指标

项目	名称	推荐性指标	排除性指标	参考资料
地质条件	基岩深度	>15 m	<9 m	参照日本资料
	地质性质	页岩、非常细密均质且透水性差的岩层	有裂缝的、破裂的碳酸岩层，任何破裂的其他岩层	相关资料
	地震	0～1 级地区（其他震级或烈度在 4 级以上应有防震抗震措施）	3 级以上地震区（其他震级或烈度在 4 级以上应有防震抗震措施）	
	地壳结构	距现有断层>1600 m	距现有断层<1600 m，在考古、古生物学方面的重要意义地区	
自然地理条件	场址位置	高地、黏土盆地	湿地、洼地、洪水、漫滩	
	地势	平地或平缓的坡地，平面作业法坡度<10%为宜	石坑、沙坑、卵石坑、与陡坡相邻或冲沟，坡度>25%	
	土壤层深度	>100 cm	<25 cm	《生活垃圾卫生填埋处理技术规范》（GB 50869—2013）
	土壤层结构	淤泥、沃土、黄黏土渗透系数 $K<10^{-7}$ cm/s	经人工碾压后渗透系数 $K>10^{-7}$ cm/s	
	土壤层排水	较通畅	很不通畅	
水文条件	排水条件	易于排水的地质及干燥地表	易受洪水泛滥、受淹地区、洪泛平原	
	地表水影响	离河岸距离>1000 m	湿地、河岸边的平地及 50 年一遇的洪水漫滩	《地表水环境质量标准》（GB 3838—2002）标准Ⅰ～Ⅴ类
	分隔距离	与湖泊、沼泽至少>1000 m 与河流相距至少 600 m	与任何河流距离<50 m，至流域分水岭半径 8 km 以内	《地表水环境质量标准》（GB 3838—2002）
	地下水	地下水较深地区	地下水渗漏、喷泉、沼泽等	《地下水质量标准》（GB/T 14848—2017）
	地下水水源	具有较深的基岩和不透水覆盖层厚度>2 m	不透水覆盖层厚度<2 m，$K>10^{-7}$ cm/s	《生活饮用水卫生标准》（GB 5749—2006）《地下水质量标准》（GB/T 14848—2017）
	水流方向	流向场址	流离场址	相关资料
	距水源距离	距自备饮水水源>800 m	距自备饮水水源<800 m	《生活饮用水水源水质标准》（CJ 3020—1993）

续表

项目	名称	推荐性指标	排除性指标	参考资料
气象条件	降雨量	蒸发量超过降雨量 10 cm	降雨量超过蒸发量地区应做相应处理	相关资料
	暴风雨	发生率较低的地区	位于龙卷风和台风经过地区	
	风力	具有较好的大气混合扩散作用下风向，白天人口不密集地区	空气流不畅，在下风向 500 m 处有人口密集区	参照德国标准
交通条件	距离公用设施	>25 m	<25 m	相关资料
	距离国家主要公路	>300 m	<50 m	
	距离飞机场	>10 km	<8 km	参照苏联资料
资源条件	黏土资源	丰富、较丰富	贫土、外运不经济	相关资料
	人文环境条件、人口位置	人口密度较低地区>500 m，离城市水源>10 km	与公园文化娱乐场<500 m，距饮水井 800 m 以内，距地表水取水口 1000 m 以内	《生活饮用水水源水质标准》（CJ 3020—1993）《生活饮用水卫生标准》（GB 5749—2006）
	生态条件	生态价值低，不具有多样性、独特性的生态地区	在生态保护红线区域、永久基本农田集中区域和其他需要特别保护的区域内	《固废法》
	使用年限	>10 年	≤8 年	《生活垃圾卫生填埋处理技术规范》（GB 50869—2013）

注：上述采用标准如有更新，以最新标准为准。

5）选址顺序

填埋场选址应按下列顺序进行。

（1）场址候选。应在全面调查与分析的基础上，初定 3 个或 3 个以上候选场址，通过对候选场址进行踏勘，对场地的地形、地貌、植被、地质、水文、气象、供电、给排水、覆盖土源、交通运输及场址周围人群居住情况等进行对比分析，宜推荐 2 个或 2 个以上预选场址。

（2）场址确定。应对预选场址方案进行技术、经济、社会及环境比较，推荐一个拟定场址。对拟定场址进行地形测量、选址勘查和初步工艺方案设计，完成选址报告或可行性研究报告，通过审查确定场址。

2. 填埋场设计

1）设计的主要工程内容

填埋场总图中的主体设施设计内容应包括：计量设施、基础处理与防渗系统、地表水及地下水导排系统、场区道路、垃圾坝、渗滤液导流系统、渗滤液处理系统、填埋气体导排及处理系统、封场工程及监测设施等。

填埋场配套工程及辅助设施和设备设计应包括：进场道路，备料场，供配电，给排水设施，生活和管理设施，设备维修、消防和安全卫生设施，车辆冲洗、通信、监控等附属设施或设备。填埋场宜设置环境监测室、停车场，并宜设置应急设施（包括垃圾临时存放、紧急照明等设施）。

生产、生活服务设施设计包括：办公、宿舍、食堂、浴室、交通、绿化等。

图 7.3 所示为填埋场典型布置设计图。

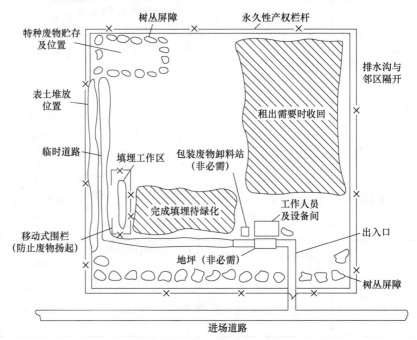

图 7.3 填埋场典型布置设计图

2) 设计步骤

进行填埋场设计时，首先应进行填埋场地的初步布局，勾画出填埋场主体及配套设施的大致方位，然后根据基础资料确定填埋区容量、占地面积及填埋区构造，并做出填埋作业的年度计划表。再分项进行渗滤液控制、填埋气体控制、填埋分区、防渗工程、防洪及地表水导排、地下水导排、土方平衡、进场道路、垃圾坝、环境监测设施、绿化及生产生活服务设施、配套设施的设计，提出设备的配置表，精心规划合理布局，最终形成总平面布置图，并提出封场的规划设计。垃圾填埋场由于所处的自然条件和垃圾性质的不同，其堆高、运输、排水、防渗等各有差异，工艺上也有一些变化。这些外部的条件造成填埋场的投资和运营费用相差很大，需精心设计。总体设计思路见图 7.4。

3) 设计参考标准

填埋场设计、施工可参考以下标准进行：

（1）《生活垃圾填埋场污染控制标准》（GB 16889—2008）。

（2）《生活垃圾卫生填埋处理技术规范》（GB 50869—2013）。

（3）《生活垃圾卫生填埋场环境监测技术要求》（GB/T 18772—2017）。

（4）《城市生活垃圾卫生填埋处理工程项目建设标准（试行）》（建标〔2001〕101 号）。

（5）《环境空气质量标准》（GB 3095—2012）。

（6）《大气污染物综合排放标准》（GB 16297—1996）。

（7）《恶臭污染物排放标准》（GB 14554—1993）。

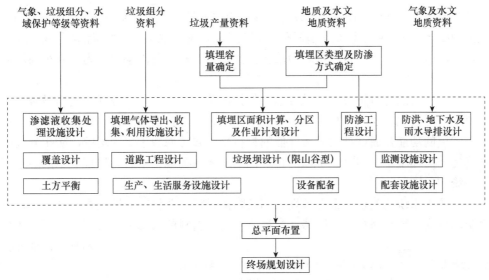

图 7.4 填埋场总体设计思路

(8)《污水综合排放标准》(GB 8978—1996)。

(9)《地表水环境质量标准》(GB 3838—2002)。

(10)《地下水质量标准》(GB/T 14848—2017)。

(11)《土壤环境质量 农用地土壤污染风险管控标准（试行）》(GB 15618—2018)。

(12)《工业企业厂界环境噪声排放标准》(GB 12348—2008)。

(13)《生活垃圾采样和分析方法》(CJ/T 313—2009)。

(14)《堤防工程设计规范》(GB 50286—2013)。

(15)《厂矿道路设计规范》(GBJ 22—1987)。

(16)《室外排水设计标准》(GB 50014—2021)。

(17)《供配电系统设计规范》(GB 50052—2009)。

4）场地防渗系统设计

在填埋场设计中，衬层的处理是一个关键问题。其类型取决于当地的工程地质和水文地质条件。为了阻隔渗滤液和填埋气体污染周围的水体、空气和土壤环境，常常在填埋场底部和周边铺设低渗透性材料建立衬层系统来达到密封目的。一般来说，无论是哪种类型的填埋场都必须加设一种合适的防渗层，除非在干旱地区，那里的填埋场能确保不污染地下水。

（1）防渗系统的功能。

第一，尽量将渗滤液封闭于填埋场之中，使其进入渗滤液收集系统，防止其渗透流出填埋场之外，造成对土壤和地下水的污染。

第二，控制填埋场气体的扩散，防止其侧向或者向下迁移到填埋场之外，使填埋场气体得到有效控制。

第三，控制地下水，防止其形成过高的上升压，防止地下水进入填埋场中，因为地下水进入填埋场将使渗滤液的产生量增加。

（2）防渗系统的构成。填埋场防渗系统从上至下通常包括过滤层、排水层（包括渗滤液收集系统）、保护层和防渗层等。

过滤层的作用是保护排水层，过滤掉渗滤液中的悬浮物和其他固态、半固态物质，否则这些物质会在排水层中积聚，造成排水系统堵塞，使排水系统效率降低甚至完全失效。

排水层的作用是及时将被阻隔的渗滤液排出，减轻对防渗层的压力，减少渗滤液外渗可能性。

保护层的功能是对防渗层提供合适的保护，防止防渗层受到外界影响而被破坏。如石料或垃圾对其上表面的刺穿、应力集中造成膜破损、黏土等矿物质受侵蚀等。

防渗层的功能是通过铺设渗透性低的材料来阻隔渗滤液于填埋场中，防止其迁移到填埋场之外的环境中，同时也可以防止外部的地表水和地下水进入填埋场中。防渗层是衬层系统的关键层。

（3）防渗系统的类型。根据填埋场场底防渗设施（或材料）铺设方向的不同，可将场底防渗分为垂直防渗和水平防渗，根据所用防渗材料的来源不同又可将水平防渗分为自然防渗和人工防渗两种，详细分类见图 7.5。

- 场底防渗系统
  - 垂直防渗
  - 水平防渗
    - 自然防渗
    - 人工防渗
      - 单层衬层防渗系统
      - 单复合衬层防渗系统
      - 双层衬层防渗系统
      - 双复合衬层防渗系统

图 7.5　填埋场场底防渗系统分类

第一，垂直防渗系统。填埋场的垂直防渗系统是根据填埋场的工程、水文地质特征，利用填埋场基础下方存在的独立水文地质单元、不透水或弱透水层等，在填埋场一边或周边设置垂直的防渗工程（如防渗墙、防渗板、注浆帷幕等），将垃圾渗滤液封闭于填埋场中进行有控导出，防止渗滤液向周围渗透污染地下水和填埋场气体无控释放，同时也有阻止周围地下水流入填埋场的功能。

垂直防渗系统在山谷型填埋场中应用较多，这主要是由于山谷型填埋场大多数具备独立的水文地质单元条件，在平原区填埋场中也有应用，但应用时必须十分谨慎。垂直防渗系统可以用于新建填埋场的防渗工程，也可以用于老填埋场的污染治理工程；尤其对不准备清除已填垃圾的老填埋场，其基底防渗是不可能的，此时周边垂直防渗就特别重要。

根据施工方法的不同，通常采用的垂直防渗工程有土层改性法防渗墙、打入法防渗墙和工程开挖法防渗墙等。

第二，水平防渗系统。填埋场的水平防渗系统是在填埋场场底及其四壁基础表面铺设防渗衬层（如黏土、膨润土、人工合成防渗材料等），将垃圾渗滤液封闭于填埋场中进行有控导出，防止渗滤液向周围渗透污染地下水和填埋场气体无控释放，同时也有阻止周围地下水流入填埋场的功能。

自然防渗系统主要是利用黏土来作为防渗衬层，一般可分为单层与双层黏土防渗系统。

人工防渗系统是指采用人工合成有机材料（柔性膜）与黏土结合作为防渗衬层的防渗系统。根据填埋场渗滤液收集系统、防渗系统和保护层、过滤层的不同组合，一般可分为单层衬层防渗系统、单复合衬层防渗系统、双层衬层防渗系统和双复合衬层防渗系统，如图 7.6～图 7.9 所示。

单层衬层防渗系统只有一层防渗层，其上埋设了渗滤液收集管道的排水层和保护层，必要时其下有一个地下水收集系统和一个保护层。

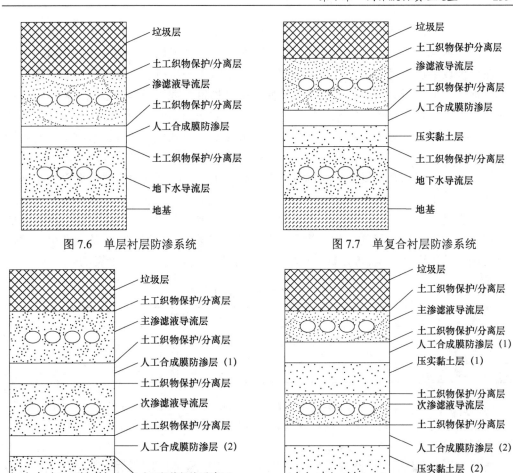

图 7.6　单层衬层防渗系统　　　　　　　图 7.7　单复合衬层防渗系统

图 7.8　双层衬层防渗系统　　　　　　　图 7.9　双复合衬层防渗系统

单复合衬层防渗系统整体结构与单层衬层防渗系统相似，但采用的是复合防渗层，即由两种防渗材料相贴而成的防渗层。比较典型的复合结构是上为柔性膜，其下为黏土层。复合衬层系统综合了物理、水力特点不同的两种材料的优点。当柔性膜局部破损渗漏时，黏土层还能阻滞渗滤液的下渗。

双层衬层防渗系统有两层防渗层，主次渗滤液导流层和两层防渗层相间安排，有利于渗滤液的进一步收集，防渗效果优于单层防渗系统，但土方工程费用很高。

双复合衬层防渗系统整体结构与双层衬层防渗系统相似，但采用的是复合防渗层。这种结构结合了单复合衬层系统和双层系统的优点，防渗效果最好，还具有抗损坏能力强、坚固性好等优点，但其造价也最为昂贵。

（4）填埋场防渗材料。任何材料都有一定的渗透性，填埋场所选用的防渗衬层材料通常可分为 3 类。

第一类是无机天然防渗材料。无机天然防渗材料主要有黏土、亚黏土、膨润土等。在有条件的地区，黏土衬层较为经济，曾被认为是废物填埋场唯一的防渗衬层材料，至今仍在填埋场中被广泛采用。在实际工程中还广泛将该类材料加以改性后作为防渗层材料，统称为黏土衬层。天然黏土和人工改性黏土是构筑填埋场结构的理想材料，但严格地说，黏土只能延缓渗滤液的渗漏，而不能阻止渗滤液的渗漏，除非黏土的渗透性极低（通常为 10^{-7} cm/s 或更小）且有较大的厚度。天然黏土单独作为防渗材料时必须符合一定的标准，黏土的选择主要根据现场条件下所能达到的压实渗透系数来确定。

第二类是天然和有机复合防渗材料。天然和有机复合防渗材料主要有聚合物水泥混凝土（PCC）、沥青水泥混凝土。

第三类是人工合成有机材料。人工合成有机材料主要有塑料卷材、橡胶、沥青涂层等，这类人工合成有机材料通常称为柔性膜。高密度聚乙烯（HDPE）是最常用的柔性膜，渗透系数达到 10^{-12} cm/s，甚至更低。几种主要柔性膜的性能列于表7.3。

表7.3　几种主要柔性膜的性能

项目	密度/(g/cm³)	热膨胀系数	抗拉强度/MPa	抗刺穿强度/Pa
高密度聚乙烯	>0.935	1.25×10^{-5}	33.08	245
氯化聚乙烯	1.3~1.37	4×10^{-5}	12.41	98
聚氯乙烯	1.24~1.3	4×10^{-5}	15.16	1932

（5）衬层系统的选择。填埋场场地防渗系统的选择应根据环境标准要求，场区地质、水文、工程地质条件，衬层系统材料来源，废物的性质及衬层材料的兼容性，施工条件，经济可行性等因素进行综合考虑。

一般来说，垂直防渗系统的造价比水平防渗系统的低，自然防渗系统的造价比人工防渗系统的低，单层衬层防渗系统、单复合衬层防渗系统、双层衬层防渗系统和双复合衬层防渗系统的造价依次增大。在场区地质、水文、工程地质满足要求的条件下，尤其是场区具有单独的水文地质条件，可选择垂直防渗系统。如果在场区附近有黏土，应使用黏土作衬层系统的防渗层和保护层，以降低工程投资；如果没有质量高的黏土，但有粉质黏土，则衬层可采用质量较好的膨润土来改性粉质黏土，使其达到防渗设计要求；如果没有足够的天然防渗材料，则采用有柔性膜或天然与人工合成材料组成的人工防渗系统。

如果填埋场场地高于地下水水位，或场地低于地下水但地下水的上升压力不至于破坏衬垫层时，可采用单层衬层防渗系统。如果填埋场场地的工程、水文地质条件不理想，或者对场地周边环境质量要求严格，则应选择单复合衬层防渗系统。双层衬层防渗系统和双复合衬层防渗系统一般用于危险废物安全填埋场，在我国目前的经济、技术条件下，这两种防渗系统近期很难在我国生活垃圾填埋场中得到广泛应用。

另外，根据填埋场地质情况，可采用垂直与水平防渗相结合的技术。例如，上海老港填埋场地处沿海，地下水水位很高，由于地下水的浮托作用，水平防渗很难施工，其防渗层极易被破坏。因此，在老港填埋场四期，采用了垂直与水平相结合的工程措施，确保防渗膜的安全。

人工衬层如果失效，其主要原因是铺设过程造成的，只有底面具备一定规定铺设条件才能进行铺设作业，常采用的保护措施包括排出场底积水、用下垫料防止地基的凹凸不平、用上垫料防止外来的机械损伤，以及在坡脚和坡顶处的锚固沟等。表 7.4 为可能影响衬层可靠性的主要因素。

表 7.4　可能影响衬层可靠性的主要因素

不利因素		可能会引起的问题
水文地质条件	地震地带	不稳定，衬层易破坏
	地面沉降地区	黏土层裂缝，人造衬层接缝处开裂
	地下水位高	衬层被抬高或破裂
	有孔隙	衬层破裂
	灰岩坑	衬层破坏
	浅表水层有气体	回填之前衬层被抬升
	上层渗透性高	地基需要铺设管道
气候条件	冰冻	裂缝、破裂
	大风	衬层扬起和撕裂
	日晒	使黏土层过于干裂，裂缝进一步扩大，某些人工衬层受紫外线影响而被破坏
	温度高	由于溶剂吸收水分而引起衬层接缝不牢固

物理性损坏一般是由底部地基不理想、下层土壤的移动、不适当的操作以及水力压差的改变等因素造成的；化学性损坏则是由垃圾与衬层材料的化学性质不相容造成的。衬层应铺设在能够支撑其上部和下部耐力发生变化的地基上，防止由于废物的堆压或底层上升造成的垫层损坏。在铺设衬层以前，应清理基础上可能损坏衬层的物质，如树桩、树根、硬物、尖石块等；地基应保持一定的干燥度，以承受在铺设衬层过程中的压力；应检查材料本身的质量是否均匀，有无破损和缺陷，如洞眼、裂缝等，铺设后，应立即检查衬层的接缝是否焊接牢固。

（6）衬层系统设计。衬层设计的步骤：①确定填埋场类型；②确定场区地下水功能和保护等级；③确定衬层材料及衬层构造；④在现场水文地质勘查的基础上，根据场址降雨量及场内渗滤液产生的情况，建立废物浸出液分配模型，以确定防渗层的有关设计参数；⑤考虑衬层的施工及其对衬层质量的影响。

7.3.3　填埋工艺与污染控制

1. 填埋废物的入场要求

（1）以下为可直接进入生活垃圾填埋场填埋处置的废物：

① 由环境卫生机构收集或者自行收集的混合生活垃圾，以及企事业单位产生的办公废物。

② 生活垃圾焚烧炉渣（不包括焚烧飞灰）。

③ 生活垃圾堆肥处理产生的固态残余物。

④ 服装加工、食品加工以及其他城市生活服务行业产生的性质与生活垃圾相近的一般工业固体废物。

（2）感染性废物。《医疗废物分类目录》（卫医发〔2003〕287 号）中的感染性废物经过下列方式处理后，可以进入生活垃圾填埋场填埋处置：

① 按照《医疗废物化学消毒集中处理工程技术规范》（HJ/T 228—2021）要求进行破碎毁形和化学消毒处理，并满足消毒效果检验指标。

② 按照《医疗废物微波消毒集中处理工程技术规范》（HJ/T 229—2021）要求进行破碎毁形和微波消毒处理，并满足消毒效果检验指标。

③ 按照《医疗废物高温蒸汽消毒集中处理工程技术规范》（HJ/T 276—2021）要求进行破碎毁形和高温蒸汽处理，并满足处理效果检验指标。

④ 医疗废物焚烧处置后的残渣的入场标准按照相关条例执行。

（3）生活垃圾焚烧飞灰和医疗废物焚烧残渣。生活垃圾焚烧飞灰和医疗废物焚烧残渣（包括飞灰、底渣）经处理后满足下列条件，可以进入生活垃圾填埋场填埋处置：

① 含水率小于 30%。

② 二噁英含量或等效毒性量低于 3 μg/kg。

③ 按照《固体废物 浸出毒性浸出方法 醋酸缓冲溶液法》（HJ/T 300—2007）制备的浸出液中污染物浓度低于表 7.5 规定的限值。

表 7.5 浸出液污染物浓度限值

序号	污染项目	浓度限值/（mg/L）	序号	污染项目	浓度限值/（mg/L）
1	汞	0.05	7	钡	25
2	铜	40	8	镍	0.5
3	锌	100	9	砷	0.3
4	铅	0.25	10	总铬	4.5
5	镉	0.15	11	六价铬	1.5
6	铍	0.02	12	硒	0.1

（4）一般工业固体废物经处理后，按照《固体废物 浸出毒性浸出方法 醋酸缓冲溶液法》（HJ/T 300—2007）制备的浸出液中危害成分浓度低于表 7.5 规定的限值，可以进入生活垃圾填埋场填埋处置。

（5）经处理后满足第（3）条要求的生活垃圾焚烧飞灰和医疗废物焚烧残渣（包括飞灰、底渣）和满足第（4）条要求的一般工业固体废物在生活垃圾填埋场中应单独分区填埋。

（6）厌氧产沼等生物处理后的固态残余物、粪便经处理后的固态残余物和生活污水处理厂污泥经处理后含水率小于 60%，可以进入生活垃圾填埋场填埋处置。

（7）处理后分别满足第（2）、第（3）、第（4）和第（6）条要求的废物应由地方环境保护行政主管部门认可的监测部门检测、经地方环境保护行政主管部门批准后，方可进入生活垃圾填埋场。

（8）下列废物不得在生活垃圾填埋场中填埋处置：

① 除符合第（3）条规定的生活垃圾焚烧飞灰以外的危险废物。

② 未经处理的餐饮废物。

③ 未经处理的粪便。

④ 禽畜养殖废物。

⑤ 电子废物及其处理处置残余物。

⑥ 除本填埋场产生的渗滤液之外的任何液态废物和废水。

国家环境保护标准另有规定的除外。

2. 填埋工艺

垃圾处理总体要求是减量化、资源化、无害化。垃圾处理作业程序是计量—倾倒—摊铺—压实—消杀—日覆盖—封场—绿化。具体来说是垃圾进入填埋场，首先经地磅称重计量，再按规定的速度、线路运至填埋作业单元，在管理人员指挥下进行卸料、摊铺、压实并覆盖，最终完成填埋作业。其中，摊铺由推土机操作，压实由垃圾专用压实机完成。每天垃圾作业完成后，应及时进行覆盖操作，填埋场单元操作结束后，及时进行终场覆盖，以利于填埋场地的生态恢复和终场利用。生活垃圾卫生填埋典型工艺如图 7.10所示。

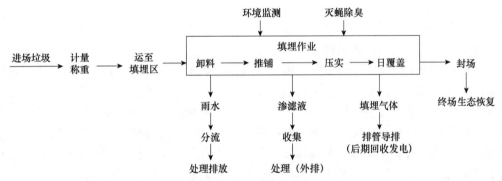

图 7.10　生活垃圾卫生填埋典型工艺

1）计量称重

城市垃圾清运车由城区各地进入填埋场，必须先经过填埋场的地磅房称重（刷卡、每车一卡、全程录像监控）后方可沿指定线路进入指定作业区倾倒，倾倒完成后，经清洗干净方可刷卡换票出场。地磅房计量计算机储存每日每辆垃圾清运车的净清运垃圾量、运输单位、进出场时间、垃圾来源及性质，同时计算累计出每日全市各清运公司及各车的垃圾量，并储存原始数据于资料库，为政府核拨计算各清运公司的年度经费和垃圾场年度经费提供依据。同时，可通过每年每月的垃圾量反映出当地城市生活垃圾的产生量和增减趋势，为日后垃圾的处理处置提供科学的原始数据。另外，地磅房应与垃圾场环境监测人员配合不定期地对进场垃圾进行垃圾成分的检测，严禁违禁废物进入填埋库区，并将检测结果及时上报场部，以便及时发现问题及时处理。

2）卸料

通过控制垃圾运输车辆倾倒垃圾的位置，可以使垃圾推铺、压实和覆盖作业变得规划，且更加有序。如果运输车辆通过以前填平的区域，这个区域将被压得更实。

采用填坑作业法卸料时，往往设置过渡平台和卸料平台。而采用倾斜面作业法时，则可直接卸料。

3）推铺

卸下的垃圾的推铺由推土机完成，一般每次垃圾推铺厚度达到 30～60 cm 时进行压实。垃圾推填摊铺作业方法有 3 种：上行法、下行法和平推法。上行法压实密度强，但设备损耗大、耗油量多、成本较高、作业难度较大；下行法压实密度强、设备损耗小、耗油量少、成本较低；平推法使操作面前部形成陡峭的垃圾断面，垃圾堆体稳固性差，压实密度达不到要求，难以形成堆体坡度的要求，此方法为错误作业法。

4）压实

压实是填埋场作业中一道重要工序。填埋体垃圾的初始密度因废物组成、压实程度等因素有所不同，一般介于 $300～800 \, kg/m^3$ 之间，通过实施压实作业，容重可达到 $1000 \, kg/m^3$，这能有效增加填埋场的容量，延长填埋场的使用年限以及对土地资源的开发利用。通过压实作业还能减小垃圾孔隙率，有利于形成厌氧环境，减少渗入垃圾的降水量及蚊蝇、蛆的滋生；还有利于运输车辆进入作业区。另外，充分压实对填埋场的不均匀沉降现象也有一定的抑制作用。

5）日覆盖

卫生填埋场与露天垃圾堆放场的根本区别之一就是对填埋区域进行覆盖，具体包括日覆盖、中间覆盖以及最终覆盖。

日覆盖是指填埋场在每日作业结束后对裸露的垃圾作业面进行覆盖操作，其主要目的是阻止臭气的散发、减少降水进入填埋场内部、控制垃圾飞扬及蚊蝇的滋生。为确保填埋层稳定且不阻碍垃圾的生物分解，以前一般使用具有良好的透气性能的砂质土，其覆盖厚度不小于 15 cm。如今普遍的做法是采用高密度聚乙烯膜作为日覆盖材料，与覆土相比，柔性膜对防止雨水进入填埋场内部和阻止臭气散发具有更好的效果，且柔性膜很薄，又可以反复使用，有利于节约填埋空间。不足之处是柔性膜造价较高，每日需进行反复的揭开和封闭操作。

中间覆盖常用于填埋场的部分区域需要长期维持开放（2 年以上）的特殊情况，它的作用是可以防止填埋气体的无序排放，防止雨水下渗，将层面的降雨排出填埋场外等。

终场覆盖是填埋场运行的最后阶段，也是最关键阶段，它可减少雨水和其他外来水渗入填埋场内，能控制填埋场气体从填埋场上部释放，抑制病原菌的繁殖，避免地表径流水的污染及垃圾的扩散，避免垃圾与人和动物的直接接触，还有利于表面景观美化和土地再利用等。卫生填埋场的终场覆盖系统一般为多层结构，从上至下包括表层、保护层、排水层、防渗层和排气层等。

6）灭蝇除臭

当填埋场温度条件适宜时，幼虫在垃圾层被覆盖之前就能孵出，以致在倾倒区附近出现成群的苍蝇，以新鲜垃圾处最多，应作为灭蝇重点。灭蝇措施包括喷洒灭蝇药剂、对垃圾进行压实、日覆盖以及针对性地种植一些驱蝇诱蝇植物等。灭蝇药物中混剂相对于单剂具有明显的增效作用，但药物的使用会给环境带来一定的污染，因此需掌握药物传播途径，正确使用药剂，控制药剂污染，尽可能减少药剂使用。

为了减少填埋作业过程中恶臭气体散发对周边环境产生影响,每日填埋作业过程需要往垃圾堆体上喷洒除臭剂。

3. 填埋作业与管理

1) 填埋作业准备

(1) 填埋场对作业人员应经过技术培训和安全教育,熟悉填埋作业要求及填埋气体安全知识。运行管理人员应熟悉填埋作业工艺、技术指标及填埋气体的安全管理。

(2) 制定完备的填埋作业规程、填埋气体引起火灾和爆炸等意外事件处置预案。

(3) 应根据填埋区域地形制定分区、分单元填埋作业计划,分区应注意采取有利于雨污分流的措施。

(4) 按设计要求完成填埋作业分区的工程设施和满足作业的其他主体工程、配套工程及辅助设施。

(5) 填埋作业区应设置雨季卸车平台,并应准备充足的垫层材料,以确保填埋作业全天候运行。

(6) 应按填埋日处理规模和作业工艺设计要求配置装载、挖掘、运输、摊铺、压实、覆盖、消杀等作业设备。

2) 填埋作业要求

垃圾填埋应采用分区、分单元、分层作业方法进行。分区是指管理者应根据填埋库区的地形,划定若干个片区。每个片区确定若干个填埋单元,每一单元的垃圾高度一般为 2~4 m,最高不得超过 6 m。填埋作业时应将工作面尽可能控制到最小,以减少垃圾裸露面,单元作业宽度应根据垃圾进场高峰期车辆数量和作业设备的情况来确定,最小宽度不宜小于 6 m,单元的坡度不宜大于 1∶3。每一单元作业完成后,应及时进行覆盖;每一作业区完成阶段性高度后,暂时不在其上继续进行垃圾填埋时,应进行中间覆盖。分层是指垃圾倾倒后要进行摊铺,摊铺厚度应根据压实设备性能、压实次数及垃圾的可压缩性确定。厚度一般不超过 50 cm,压实次数不少于 3~4 次,确保垃圾压实密度大于 600 kg/m^3。

图 7.11 为填埋场剖面示意图。

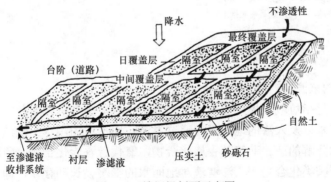

图 7.11　填埋场剖面示意图

一个区段完工以后,可以重复上述过程进行下一个区段的作业。由于固体废物中有机物的分解，完工的区段可能会发生沉降。因此，填埋场的建设工作必须包括沉降表面的再填置和修补，以保证设计要求。所有的填埋工作都完成以后，在铺设最终覆盖层时，要对填埋场表面进行复垦和绿化处理。

4. 填埋设备

为了使填埋场日常操作规范化、标准化，填埋场应该配备完整的填埋机械设备。常用的填埋设备有推土机、铲运机、压实机、挖土机等。表 7.6 列出了一些土地填埋设备的性能特点。

表7.6　一些土地填埋设备的性能特点

设备	固体废物		覆盖材料			
	铺撒	压实	挖掘	铺撒	压实	运输
履带式推土机	优	良	优	优	良	不适应
履带式装卸机	良	良	优	良	良	不适应
轮胎推土机	优	良	优	良	良	不适应
轮胎装卸机	良	良	中	良	良	不适应
填筑压实机	优	优	差	良	优	不适应
铲运机	不适应	不适应	良	优	不适应	优
拉铲挖土机	不适应	不适应	优	中	不适应	不适应

填埋场主要工艺设备应根据日处理垃圾量和作业区、卸车平台的分布，可参照表 7.7 选用。

表7.7　填埋场工艺设备选用表　　　　　　　　　　单位：台

日处理规模	推土机	压实机	挖掘机	装载机
Ⅰ级	2～3	2～3	2	2～3
Ⅱ级	2	2	2	2
Ⅲ级	1～2	1～2	1～2	1～2
Ⅳ级	1～2	1～2	1～2	1～2

注：（1）卫生填埋机械使用率不得低于65%。

（2）不使用压实机的，可两倍数量增配推土机。

5. 渗滤液的产生及控制

1）渗滤液的来源及产生量

垃圾渗滤液是指垃圾在填埋和堆放过程中由于垃圾中有机物质分解产生的水和垃圾中的游离水、降水以及入渗的地下水，通过淋溶作用形成的污水。渗滤液成分复杂，其中含有难以生物降解的奈、菲等芳香族化合物，氯代芳香族化合物，磷酸酯、邻苯二甲酸酯、酚类和苯胺类化合物等。渗滤液对地面水的影响会长期存在，即使填埋场封闭后一段时期内仍有影响。渗滤液对地下水也会造成严重污染，主要表现在使地下水水质混浊，有臭味，COD、氨氮含量高，油、酚污染严重，大肠菌群超标等。

渗滤液的产生来源主要有降水入渗、外部地表水入渗、地下水入渗、垃圾自身的水分、覆盖材料含水以及有机物分解生成水等，如图 7.12 所示，其中降水是渗滤液产生的主要来源。

从图 7.12 中可分析出，填埋场渗滤液的控制思路主要是尽可能减小渗滤液的产生量，而对形成的渗滤液则需要采取措施进行收集处理，并设置隔离措施，避免其进入地表径流或对地下水造成污染。

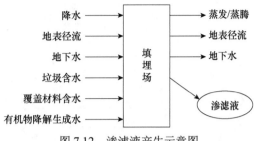

图 7.12　渗滤液产生示意图

填埋场渗滤液的产生量主要由以下 5 个相互作用的因素决定：①区域降水及气候状况；②场地地形、地貌及水文地质条件；③填埋垃圾的性质与组分；④填埋场构造；⑤操作条件等，并受其他一些因素制约。

在填埋场的实际设计与施工中，可采用由降雨量和地表径流的关系式所推算的经验模型来简单计算渗滤液产生量。

$$Q = C \times I \times A / 1000 \tag{7.1}$$

式中，Q——渗滤液水量，m^3/d；

　　　C——浸出系数，填埋区为 0.4～0.6，封场区为 0.2～0.4；

　　　I——降雨量，mm/d；

　　　A——填埋面积，m^2。

2）渗滤液性质

垃圾填埋场渗滤液的水质随垃圾组成、当地气候、水文地质、填埋时间和填埋方式等因素的影响而显著不同，主要包含大量有机物、常见的 $Mg/Fe/Na/NH_3/CO_3^{2-}/SO_4^{2-}$ 等无机金属元素和离子、$Mn/Cr/Ni/Pb$ 等微量金属元素以及微生物，水质复杂，难以处理。总体来说，渗滤液具有以下特征。

（1）有机污染物浓度高，尤以 5 年内的"年轻"填埋场的渗滤液为最。

（2）氨氮含量较高，在"中老年"填埋场渗滤液中尤为突出，有研究表明渗滤液中的氨氮占总氮含量的 85%～90%。

（3）磷含量普遍偏低，尤其是溶解性的磷酸盐含量更低。

（4）金属离子含量较高，其含量与所填埋的废物组分及时间密切相关。

（5）色度高，以淡茶色、暗褐色或黑色为主，具有较浓的腐败臭味。

（6）水质历时变化大，废物填埋初期，其渗滤液的 pH 值较低，而 COD、BOD_5、TOC（总有机碳）、SS（悬浮物）、硬度、金属离子含量较高；而后期，上述组分浓度则明显下降。

垃圾填埋场的结构与垃圾填埋技术直接影响到渗滤液的降解和稳定，表 7.8 中列出了垃圾填埋场结构与垃圾渗滤液水质的关系。

从表 7.8 中可以看出，好氧垃圾填埋场能够使垃圾渗滤液中污染物快速降解，并能使垃圾渗滤液水质很快达到稳定。但是，好氧垃圾填埋场的建设和维护费用是相当高的，而且对运行操作要求十分严格。准好氧填埋场利用填埋场底部的渗滤液收集系统导入空

表 7.8 垃圾填埋场结构与垃圾渗滤液性质的关系

填埋场结构	项目	填埋期间	封场后 6 个月	封场后 1 年	封场后 2 年
厌氧填埋场	BOD_5	40 000~50 000	40 000~50 000	30 000~40 000	10 000~20 000
	COD	40 000~50 000	40 000~50 000	30 000~40 000	10 000~20 000
	NH_3-N	800~1 000	1 000	800	600
	pH 值	约 6.0	约 6.0	约 6.0	约 6.0
	透明度	0.9~1.0	1.0~2.0	2.0~3.0	2.0~3.0
好氧填埋场	BOD_5	40 000~50 000	7 000~8 000	300	200~300
	COD	40 000~50 000	10 000~20 000	1 000~2 000	1 000~2 000
	NH_3-N	800~1 000	800	500~600	500~600
	pH 值	约 6.0	约 7.5	7.0~7.5	7.0~7.5
	透明度	0.9~1.0	1.0~2.0	1.5~2.0	1.0~2.0
准好氧填埋场	BOD_5	40 000~50 000	5000~6000	100~200	50
	COD	40 000~50 000	10 000	1 000~2 000	1 000
	NH_3-N	800~1 000	500	100~200	100
	pH 值	约 6.0	约 8.0	约 7.5	7.0~8.0
	透明度	0.9~1.0	1.0~2.0	3.0~4.0	5.0~6.0

注：除 pH 值和透明度外其余单位均为 mg/L。

气，靠垃圾分解产生的发酵热造成内外温差，使空气流自然通过填埋体，不需强制通风，节省能量。与好氧填埋场相比，准好氧垃圾填埋场较容易建设，维护费用也低，并且也能使垃圾渗滤液中污染物质快速降解，从而使垃圾渗滤液水质稳定期明显缩短。由于准好氧垃圾填埋场在费用上与厌氧填埋场没有大的差别，而在垃圾稳定速率上又与好氧填埋场相近，因此，得到越来越广泛的应用。目前我国一些按这种思想设计的填埋场已在建设中。

另外，垃圾渗滤液的化学性质还取决于以下几个方面：

（1）垃圾的组成。

（2）垃圾的预处理。填埋前将垃圾破碎能增大垃圾的表面积，增加填埋场的密度，降低垃圾对水的渗透性，增大垃圾的持水能力，从而延长垃圾与水的接触时间，加速垃圾的降解，使渗滤液中污染物的含量增加。

（3）填埋时间。垃圾填埋后，其填埋年龄不同，降解速率及持水能力和水的渗透性能均不相同，所以，产生的渗滤液的组成及其含量也不相同。一般来讲，填埋时间越长，渗滤液中污染物的含量越低。

（4）填埋场的供水率。填埋场供水率的大小直接决定了填埋场内垃圾的湿度。当供水率很小时，填埋场内垃圾的湿度小于 60%，垃圾的降解速率不能达到最大值。当供水率很大时，填埋场的渗滤液就会被供水所稀释。

（5）填埋场的深度。当垃圾的透水性能相同时，填埋场越深，渗滤液在填埋场内的滞留时间越长，则渗滤液的强度越大（所含组分浓度越高）。

3）渗滤液的污染控制

渗滤液的污染控制包括渗滤液产生量控制和渗滤液收集系统控制。

（1）渗滤液产生量控制措施主要有以下 3 个方面。

① 控制入场垃圾含水率。垃圾进行压实处理后可去除相当一部分的垃圾含水。一般要求控制入场垃圾的含水率小于 30%（质量分数）。

② 控制地表水。地表水的渗入是渗滤液的主要来源之一，对包括降水、地表径流、间歇河和上升泉等在内的所有地表水进行有效控制，可以减少填埋场渗滤液的产生量。可采取的措施如下：对间歇暴露地区产生的临时性侵蚀和淤塞进行控制；最终覆盖区域采取土壤加固、植被整修边坡等控制侵蚀；设置截洪沟、溢洪道、排水沟、导流渠、涵洞、雨水贮存塘等阻滞降水进入填埋场区，实行清污分流等。

③ 控制地下水的入渗量。通过设置隔离层、地下水排水管以及抽取地下水等方法来控制浅层地下水的横向流动，使之不进入填埋区。

（2）渗滤液收集系统控制措施主要有以下几个方面。

渗滤液收集系统的主要功能是将填埋库区内产生的渗滤液收集起来，并通过调节池输送至渗滤液处理系统进行处理，同时向填埋堆体供给空气，以利于垃圾体的稳定化。

渗滤液收集系统一般布置于防渗系统的排水层，通常由导流层、收集沟（盲沟）、多孔收集管、集水池、提升多孔管、潜水泵和调节池组成。如果渗滤液收集管直接穿过垃圾主坝接入调节池，则集水池、提升多孔管和潜水泵可省略。

导流层的目的就是将全场的渗滤液顺利导入收集沟内的渗滤液收集管内，防止渗滤液在填埋库区场底积蓄。其厚度不小于 300 mm，由粒径 40~60 mm 的卵石铺设而成。在卵石来源困难的地区，可考虑用碎石代替，但碎石表面粗糙，易使渗滤液中的颗粒物沉积下来，长时间情况下可能堵塞碎石之间的空隙，对渗滤液的下渗不利。

收集沟设置于导流层的最低标高处，并贯穿整个场底，断面通常采用等腰梯形或菱形，铺设于场底中轴线上的为主沟，在主沟上依间距 30~50 m 设置支沟，支沟与主沟的夹角采用 15 的倍数（通常采用 60°），以利于将来渗滤液收集管弯头的加工与安装，同时在设计时应尽量把收集管道设置成直管段，中间不要出现反弯折点。收集沟中填充卵石或碎石，粒径按上大下小形成反滤，一般上部卵石粒径采用 40~60 mm，下部采用 25~40 mm。

多孔收集管按照埋设位置分为主管和支管，分别埋设在主沟和支沟中，管道需进行水力和静力作用测定或计算以确定管径和材质，其公称直径应不小于 100 mm。开孔率为 2%~5%，为了使垃圾体内的渗滤液水头尽可能低，管道安装时要使开孔的管道部分朝下，但孔口不能靠近起拱线，否则会降低管身的纵向刚度和强度。典型的渗滤液多孔收集管断面见图 7.13。

渗滤液集水池位于垃圾主坝的最低洼处，以砾石堆填来支承上覆废弃物、覆盖封场系统等荷载，全场的垃圾渗滤液汇集到此并通过提升系统越过垃圾主坝进入调节池。山谷型填埋场可利用自然地形的坡降采用渗滤液收集管直接穿过垃圾主坝的方式，穿坝管不开孔，采用与渗滤液收集管相同的管材，管径不小于渗滤液收集主管的直径。

调节池是渗滤液收集系统的最后环节，主要作用是对渗滤液进行水质和水量的调节，平衡丰水期和枯水期的差异，为渗滤液处理系统提供恒定的水量，同时可对渗滤液水质起到预处理的作用。

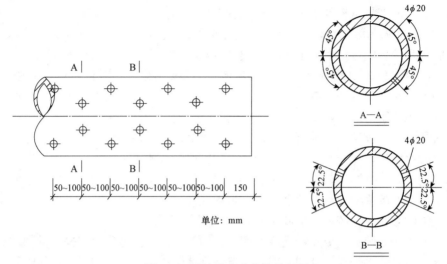

图 7.13　渗滤液多孔收集管断面

4）渗滤液的处理方式

卫生填埋场产生的渗滤液是一种成分复杂的高浓度有机废水，如果未经有效处理直接排放，必然会对周边环境造成恶劣影响。因此，需要采取有效措施对渗滤液进行处理。根据《生活垃圾填埋场污染控制标准》（GB 16889—2008）规定，现有全部生活垃圾填埋场应自行处理生活垃圾渗滤液并执行该标准中表 2 规定的水污染排放质量浓度限值。

渗滤液处理常用方法有生物法、物化法、土地法以及综合处理法。目前，我国大多数城市生活垃圾处理使用的是综合处理方法，即综合了生物法、物化法等技术工艺，确保渗滤液能达标排放。下面是某卫生填埋场的渗滤液处理工艺，其技术路线为"生化＋MBR＋Fenton（芬顿）＋BAF（曝气生物滤池）"，如图 7.14 所示。此外，也有不少填埋场采用的是"MBR 膜生物反应系统+膜深度处理系统"，膜深度处理系统主要是利用超滤、纳滤及反渗透等膜技术对渗滤液出水进行控制。

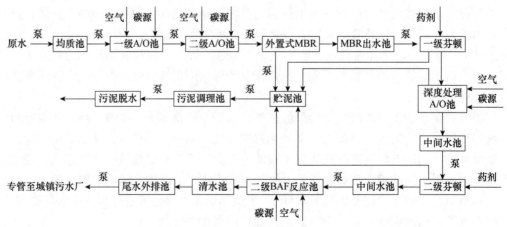

图 7.14　某卫生填埋场渗滤液处理工艺流程

6. 填埋场气体的污染与控制

1）填埋场气体的产生、组成与性质

垃圾填埋场可以概括为一个生态系统，其主要输入项为垃圾和水，主要输出项为渗滤液和填埋气体，二者的产生是填埋场内生物、化学和物理过程共同作用的结果。填埋场气体主要是填埋垃圾中可生物降解有机物在微生物作用下的产物，其中，填埋气体主要含有氨气、二氧化碳、一氧化碳、氢气、硫化氢、甲烷、氮气和氧气等，此外，还含有很少量的微量气体。填埋气体的典型特征为：温度 43～49 ℃，相对密度为 1.02～1.06，为水蒸气所饱和，高位热值为 15 630～19 537 kJ/m^3。填埋场气体的典型组分见表 7.9。当然，随着填埋场的条件、垃圾的特性、压实程度和填埋温度等的不同，所产生的填埋气体各组分的含量会有所变化。

表 7.9　填埋场气体的典型组分

组分	体积分数（干基）/%	组分	体积分数（干基）/%	组分	体积分数（干基）/%
甲烷	45～60	氧气	0.1～1.0	氢气	0～0.2
二氧化碳	40～60	硫化氢	0～1.0	一氧化碳	0～0.2
氮气	2～5	氨气	0.1～1.0	微量气体	0.01～0.6

填埋场气体中的主要成分是甲烷和二氧化碳。这两种气体不仅是影响环境的温室气体，而且是易燃易爆气体。甲烷和二氧化碳等在填埋场地面上聚集过量会使人窒息。当甲烷在空气中的浓度达到 5%～15% 时会发生爆炸。填埋气体中含有少量的有毒气体，如硫化氢、硫醇氨等，对人畜和植物均有毒害作用。填埋气体还会影响地下水水质，溶于水中的二氧化碳会增加地下水的硬度和矿物质的成分。另外，填埋气的恶臭气味会引起人的不适，其中还含有多种致癌、致畸的有机挥发物。这些气体如不采取适当措施加以回收处理，而直接向场外排放，会对周围环境和人员造成伤害。因此，必须对填埋气体进行有效的控制。

2）填埋场气体的运动

废物中的有机物经生物降解不断产生气体，使垃圾内部压力增加且通常超过大气压。一旦填埋场内部压力和大气压相同或超过大气压，将发生填埋场气体的迁移和排放。影响填埋场气体迁移排放的主要因素有覆盖及垫层材料、填埋场的构造、地质条件、水文条件、大气压等。填埋场气体的运动方向除了向上迁移扩散外，还可能向下或在地下横向扩散。

（1）向上迁移。填埋场中 CO_2 和甲烷可以通过对流和扩散释放到大气圈。

（2）向下迁移。CO_2 的密度是空气的 1.5 倍，是甲烷的 2.8 倍，有向填埋场底部运动的趋势，最终可能在填埋场的底部聚集。对于采用天然土壤衬层的填埋场，CO_2 可能通过扩散作用穿过衬层，从填埋场底部向下运动，并最终扩散进入且溶于地下水，与水反应生成碳酸，使地下水 pH 值降低，通过溶解钙碳酸盐、镁碳酸盐增加地下水的硬度和矿化度。

（3）地下迁移。填埋场气体通过填埋场周边可渗透地质介质的横向水平迁移，可使

填埋场气体迁移到离填埋场较远的地方才释放进入大气，或通过树根造成的裂隙、人造或风化或侵蚀造成的洞穴、疏松层、旧通风道和公共线路组成的人造管道、地下公共管道以及地表径流造成的地表裂缝等途径，迁移和释放到环境，有时会进入建筑物。

3）填埋场气体的控制系统

填埋场气体的控制系统的作用是减少填埋场气体向大气的排放量和在地下的横向迁移，并回收利用甲烷气体。填埋场气体的导排方式一般有两种，即主动导排和被动导排。

（1）主动导排。主动导排是采用抽真空的方法来控制气体的运动，其方法是在填埋场内铺设一些垂直导气井或水平的盲沟（抽气沟），用这些管道连接至抽气设备，从而将填埋场气体导排出来。主动导排系统示意图见图 7.15。主动导排系统中，抽气流量和负压可以随产气速率的变化进行调整，可最大限度地将填埋气体导排出来，抽出的气体可直接利用，具有一定的经济效益，但由于利用机械抽气，运行成本较大。

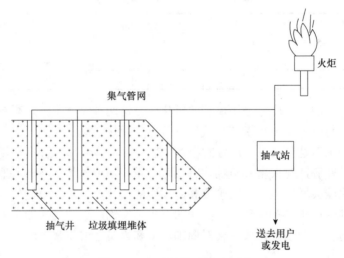

图 7.15　主动导排系统示意图

主动导排系统主要由抽气井、集气管、冷凝水收集井和泵站、真空源、气体处理站（回收或焚烧）以及气体监测设备等组成。

填埋废气可用竖井或水平沟从填埋场抽出，典型的垂直抽气井和水平抽气沟的剖面示意图分别见图 7.16 和图 7.17。竖井应先在填埋场中打孔，水平暗沟则必须与填埋场的垃圾层一样成层布置。在井或槽中放置部分有孔的管子，然后用砾石回填，形成气体收集带，在井口表面套管的顶部应装上气流控制阀，也可以装气流测量设备和气体取样口。集气管井相互连接形成填埋场抽气系统。

抽气需要的真空压力和气流均通过预埋管网输送至抽气井，主要的气体收集管应设计成环状网络，如图 7.18 所示。这样可调节气流的分配和降低整个系统的压差。

从气流中控制和排除冷凝水对气体收集系统的有效使用非常重要。通常，垃圾填埋场内部填埋场气体温度范围为 16～52 ℃，收集管道系统内的填埋场气体温度则接近周边环境温度。在输送过程中，填埋场气体会逐渐冷却，冷凝液含多种有机和无机化学物质，

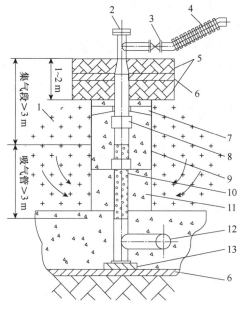

1——垃圾；2——接点火燃烧器；3——阀门；4——柔性管；
5——膨润土；6——HDPE 薄膜；7——导向块；
8——管接头；9——外套管；10——多孔管；11——砾石；
12——渗滤液收集管；13——基座。

图 7.16　垂直抽气井剖面示意图

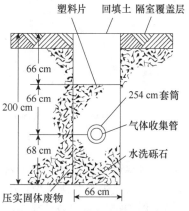

图 7.17　水平抽气沟剖面示意图

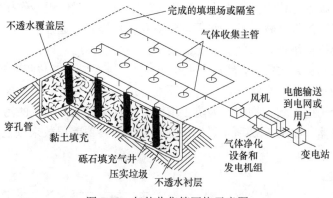

图 7.18　气体收集管网络示意图

具有腐蚀性。填埋废气中的冷凝液集中在气体收集系统的低处，会切断气井中的真空，破坏系统的正常运行。冷凝水分离器可以促进液体水滴的形成并将其从气流中分离出来，重新返回到填埋场或收集到收集池中，每隔一段时间将冷凝液从收集池中抽出一次，处理后排入下水系统。每产生 $10^4 \ m^3$ 气体可产生 $70 \sim 800 \ L$ 冷凝水，每间隔 $60 \sim 150 \ m$ 设置 1 个冷凝水收集井，及时将这些随气流移动的冷凝水从集气管中分离出来，以防止管子堵塞。

　　如果填埋场气体收集井群调配不当，填埋废气就会迁离填埋场向周边土层扩散。由于填埋气体易引起爆炸，因此，沿填埋场周边的天然土层内均应埋设气体监测设备。

（2）被动导排系统。被动导排就是不用机械抽气设备，填埋气体依靠自身的压力沿导排井和盲沟排向填埋场外。被动导排系统示意图见图7.19。被动导排系统适用于小型填埋和垃圾填埋深度较小的填埋场，可用于填埋场的内部和外部。该系统不需要机械抽气设备，运行费用低，但排气效率低，有一部分气体仍可能无序迁移，导排出的气体无法利用，也不利于火炬排放，只能直接排放，对环境的污染较大。

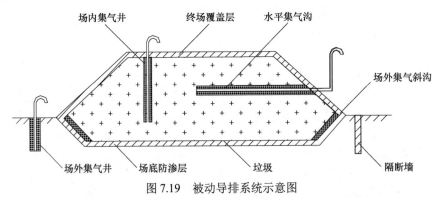

图 7.19　被动导排系统示意图

被动导排系统需要在填埋场周边设置排气沟和管路来阻止气体通过土体侧向迁移排放，也可根据填埋场的土体类型，在排气沟外侧设置实体的透水性很小的隔墙、柔性膜、泥浆墙等来增加排气沟的被动排气。

被动排气设施根据设置方向分为竖向收集方式（图7.20）和水平收集方式（图7.21）两种类型。多孔收集管置于废物之上的砂砾排气层内，一般用粗砂作排气层，但有时也用土工布和土工网的混合物代替。水平排气管和垂直提升管通过 90°的弯管连接，气体经过垂直提升管排至场外。排气层的上面要覆盖一层隔离层，以使气体停留在土工膜或黏土的表面并侧向进入收集管，然后向上排入大气。排气口可以与侧向气体收集管连接，也可不连接。为防止霜冻膨胀破坏，管子要埋得足够深，要采取措施保护好排气口，以防地表水通过管子进入到废物中。为防止填埋气体直接排放对大气的污染，在竖井上方常安装气体燃烧器，如图7.22所示。燃烧器可高出最终覆盖层数米以上，可人工或连续

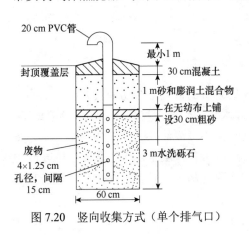

图 7.20　竖向收集方式（单个排气口）

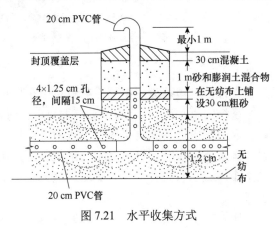

图 7.21　水平收集方式

引燃装置点火。

4）填埋气体导排要求

填埋气体导排总体要求：必须设置有效的填埋气体
导排设施，填埋气严禁自然聚集、迁移等，防止引起火
灾和爆炸。填埋场不具备填埋气体利用条件时，应主动
导出并采用火炬法集中燃烧处理。未达到安全稳定的旧
填埋场应设置有效的填埋气体导排和处理设施。

具体要求：一是填埋库区除应按安全生产的火灾
危险性分类等级采取防火措施外，还应在填埋场设置
消防贮水池，配备洒水车，储备干粉灭火剂和灭火沙
土；二是应配置填埋气体监测及安全报警仪器，严格
控制填埋场上方甲烷气体，含量必须小于 5%，建（构）
筑物内甲烷气体含量严禁超过 1.25%；三是填埋库区
周围应设安全防护设施及 10 m 宽度的防火隔离带；
四是填埋场达到稳定安全期前的填埋库区及防火隔
离带范围内，严禁设置封闭式建（构）筑物，严禁堆
放易燃、易爆物品；五是严禁将火种带入填埋库区，
进入库区的作业车辆、设备应保证其具有良好的机械

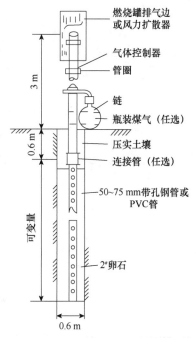

图 7.22　标准井式填埋气体燃烧器

性能，应避免产生火花；六是及时充填密实填埋体中不均匀沉降的裂隙，防止填埋气
体在局部聚集。

填埋气体导排设施应符合下列规定。一是填埋气体导排设施宜采用竖井（管），也可
采用横管（沟）或横竖相连的导排设施。二是竖井可采用穿孔管制作石笼，穿孔管在石
笼中间，外围用相应级别的石料等粒状物填充。竖井应根据填埋作业层的增高分段设置
和连接；竖井设置的水平间距不应大于 50 m；管口应高出垃圾堆体 1 m 以上。应考虑垃
圾分解和沉降过程中堆体的变化对气体导排设施的影响，严禁设施阻塞、断裂而失去导
排功能。三是填埋深度大于 20 m，采用主动导气时，宜设置横管。四是有条件进行填埋
气体回收利用时，宜设置填埋气体利用设施。

5）填埋气体的利用

（1）填埋气体的净化。填埋场气体一般在前期甲烷浓度较低时进入火炬燃烧系统燃
烧后排空，在后期才进行开发利用。填埋场气体在利用或直接燃烧前，常需要进行净化
处理，去除其中的水、二氧化碳、氮气以及硫化氢等一些有害物质。

现有的填埋气体净化技术都是从天然气净化工艺及传统的化工处理工艺发展而来，
按反应类型和净化剂种类，填埋气体的净化技术见表 7.10。

（2）填埋气体的利用。填埋场释放气体会对环境和人类造成严重的危害，但填埋气
体中甲烷约占 50%。甲烷是一种宝贵的清洁能源，具有很高的热值。表 7.11 为填埋气体
与气体燃料发热量比较。

由表 7.11 可见，填埋场气体的热值与城市煤气的热值接近，每升填埋场气体中所含
的能力约相当于 0.45 L 柴油、0.6 L 汽油的能量。

表 7.10　填埋气体的净化技术

净化技术	水	硫化氢	二氧化碳
固体物理吸附	活性氧化铝 硅胶	活性炭	—
液体物理吸收	氯化物 乙二醇	水洗 丙烯酯	水洗
化学吸收	固体： 生石灰 氯化钙	固体： 生石灰 熟石灰	固体： 生石灰
化学吸收	液体： 无	液体： 氢氧化钠 碳酸钠 铁盐 乙醇氨 氧化还原法	液体： 氢氧化钠 碳酸钠 乙醇氨
其他	冷凝 压缩和冷凝	膜分离 微生物氧化	膜分离 分子筛

表 7.11　填埋气体与气体燃料发热量比较

燃料种类	纯甲烷	填埋气体	煤气	汽油	柴油
发热量/(kJ/m³)	35 916	9 395	6 744	30 557	39 276

　　常用的填埋气体利用方式有以下几种：用于锅炉燃料，用于民用或工业燃气，用于汽车燃料，用于发电，等等。填埋气体，即沼气，作内燃发动机的燃料，通过燃烧膨胀做功产生原动力，使发动机带动发电机进行发电。目前尚无专用沼气发电机，大多是由柴油或汽油发电机改装而成。容量为 5～120 kW 不等。每发 1kW·h 电消耗 0.6～0.7 m³ 沼气，热效率为 25%～30%。沼气发电的成本略高于火电，但比油料发电便宜得多，如果考虑到环境因素，它将是一个很好的利用方式。沼气发电的简要流程为：沼气→净化装置→贮气罐→内燃发动机→发电机→供电。

7. 土壤污染防治

　　城市生活垃圾中含有大量的玻璃、电池、塑料制品，它们直接进入土壤，会对土壤环境和农作物生长构成严重威胁，其中，废电池污染最为严重。资料表明，1 节一号电池可以使 1 m² 的土地失去使用价值，废旧电池中含有的镉、锰、汞等重金属进入土壤和地下水源，最终对人体健康造成严重危害。大量不可降解的塑料袋和塑料餐盒被埋入地下，难以降解，影响了土地的利用价值。

　　对土壤污染采取的防治措施主要有以下 3 个方面。

　　（1）搞好垃圾源头控制。垃圾减量化、无害化是解决城市生活垃圾问题的关键。大力推行清洁生产，倡导绿色消费，推广使用可降解餐盒及包装材料，通过"少用一点、回收一点、降解一点、替代一点"的办法，消除"白色污染"。

　　（2）实行垃圾分类回收。城市垃圾中含有大量污染物，也含有大量可回收再利用的资源，实行垃圾分类回收，不仅可以解决垃圾污染问题，还可以创造可观的经济效益。

（3）搞好填埋区植被覆盖。在填埋过程中，应边填埋边绿化，尽量减轻污染。对建成封场后的填埋场，要大力搞好植被覆盖，为填埋区的重新开发利用创造良好条件。

7.3.4　封场及污染管控

1. 最终封场

垃圾卫生填埋场要求当填埋区垃圾达到设计填埋高度后，需按有关规定进行封场和后期管理。其目的是减少渗滤液产生、抑止病原菌及其传播媒体蚊蝇的繁殖和扩散、控制填埋场恶臭气体和可燃气体散发、提高垃圾堆体安全性、加快填埋场生态修复与开垦利用的速度。封场后的垃圾填埋场能否安全运行是衡量封场方案是否实用的重要标志。因此，在封场方案设计中必须对径流控制、填埋气控制及垃圾渗滤液收集和处理、环境监测等方面进行长期规划。

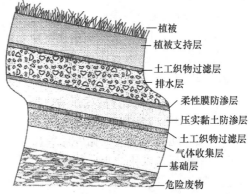

图 7.23　填埋场最终覆盖层结构布置示意图

填埋场的最终覆盖层为多层结构，从上至下包括表层、保护层、排水层、防渗层（包括底土层）和排气层。其结构布置示意图见图 7.23。

表层的设计取决于填埋场封场后的土地利用规划。表层土壤层的厚度要保证植物根系不造成下部密封工程系统的破坏，一般由一层 20～30 cm 厚、渗透率不大于 10^{-7} cm/s 的黏土和一层 45～50 cm 厚的自然土共同构成。如果种植浅根植物，应在最终覆土之上加营养土 15 cm；如果种植深根植物，则应适当加厚营养土，总覆土厚度应在 1 m 以上。在黄黏土贫乏地区宜用高强度防渗透土工布替代黄黏土。此外，在冻结区，表层土壤层的厚度必须保证防渗层位于霜冻带以下，表层管道最小厚度不应小于 50 cm。在干旱地区可以使用鹅卵石替代植被层，鹅卵石层的厚度为 10～30 cm。

保护层的功能是防止上部植物根系以及挖洞动物对下层的破坏，保护防渗层不受干燥收缩、冻结解冻等的破坏，防止排水层的堵塞，维持稳定等，一般由天然黏土构成，可以和表层合并使用一种材料。

排水层并不一定要有，只有当通过保护层入渗的水量（包括雨水、融化雪水、地表水、回灌渗滤液等）较多或者对防渗层的渗透压力较大时才要设置。其功能是排泄入渗的地表水，降低入渗水对下部防渗层的水压力。常用材料有砂、砾石、土工网格、土工布等。

防渗层是终场覆盖系统中最为重要的部分。其功能是防止入渗水进入填埋场内部，也防止填埋场气体逃逸至场外。防渗层的渗透系数要求不大于 10^{-7} cm/s，可使用压实黏土、柔性膜、人工改性防渗材料和复合材料等。

排气层用于将填埋场气体导入填埋气体收集设施以进行处理或利用，属于非必需设置的一层。常用材料与排水层一致。

2. 环境监测

生活垃圾卫生填埋的根本目的是实现生活垃圾的无害化，因此，填埋场对周围环境不应产生二次污染或对周围环境造成污染，严格做到不超过国家有关法律法令和现行标准允许的范围，并且应与当地的空气防护、水资源保护、环境生态保护及生态平衡要求相一致，不引起空气、水和噪声的污染，不危害公共卫生。填埋场地在填埋前应进行水、空气、噪声、蝇类滋生等的本底测定，填埋后应进行相应的定期污染监测。在污水调节池下游约 30 m、50 m 处设污染监测井，在填埋场两侧设污染扩散井，同时在填埋场上游设本底井。

1）大气监测

每月一次，每次布点 4 个：大坝（污染区）2 个，管理中心（侧下风向）1 个，污水处理站（正下风向）1 个。监测方法按《生活垃圾卫生填埋场环境监测技术要求》（GB/T 18772—2008）进行。监测项目：总悬浮物、甲烷、硫化氢、氨、二氧化碳、一氧化碳和二氧化硫。

2）填埋气监测

一般要随时监测，根据各自条件不同可适时调整，采样点在气体收集输导系统的排气口和甲烷气易聚集处。监测项目：二氧化碳、一氧化碳、二氧化硫、氧气、甲烷、硫化氢、氨。

3）地下水监测

根据当地气候情况，按丰、平、枯水期每年不少于 3 次，监测点不少于 5 个进行。监测点：1 个环境本底井，2 个污染监视井，2 个污染扩散井。监测项目：pH 值、肉眼可见物、浊度、臭味、色度、总悬浮物、化学需氧量、硫酸盐、硫化氢、总硬度、挥发酚、总磷、总氮、胺、硝酸盐氮、亚硝酸盐氮、大肠菌群、细菌总数、铅、铬、镉、汞和砷。

4）渗滤液监测

调节池的渗滤液为取样点，规范要求一月一次，但一般根据渗滤液处理和当地降雨情况来调节监测频率。监测项目：pH 值、色度、总悬浮物、化学需氧量、五日生化需氧量、硬度、总磷、总氮、胺、硝酸盐、亚硝酸盐氮、大肠菌群、细菌总数、铅、铬、镉、汞和砷。

5）处理后渗滤液尾水监测

应在当地生态环境主管部门认可的排放口取样，一般一日一次。监测项目：色度、化学需氧量、五日生化需氧量、悬浮物、总氮、氨氮、总磷、粪大肠菌群数、总铅、总铬、总镉、总汞、总砷和六价铬。

除此之外，还要对噪声、苍蝇密度、进场垃圾成分、垃圾堆体沉降性、消杀药物残留物和垃圾压实密度等进行监测。

3. 封场后的维护

垃圾填埋场封场后，不再有新鲜生活垃圾补充进来，但是封场覆盖层下面的原有生活垃圾在相当长一段时间内仍然进行着各种生化反应。场地仍会产生不同程度的沉降，垃圾渗滤液及填埋气仍然会产生。因此，为了封场后填埋场的安全运行，必须进行封场后各种维护。封场后的维护主要包括填埋场地的连续视察、基础设施的不定期维护以及场内及周边环境的连续监测。

据统计，垃圾填埋场对周围环境造成污染的主要因素是垃圾渗滤液污染地下水，封场后在日常的监测过程中如发现渗滤液对地下水造成污染，可采用以下补救措施。

（1）在填埋场顶部铺设一层新的高效防渗的覆盖层，使流经填埋场的水量减小，从根本上减少垃圾渗滤液量以减少对地下水的污染。该方式适用于封场时间较短的垃圾填埋场。

（2）设置防渗墙、竖向隔离墙、深层搅拌桩墙、灌浆帷幕、高压喷浆板墙等措施或控制、改善地下水条件的水质恢复井以限制或切断填埋场被污染地下水的转移。该方法适用于填埋场底部有较好隔水层的含水层污染。

（3）采取人工补给或抽水。人工补给方法可以加快被污染地下水的稀释和自净作用，也可用抽水设备将填埋场周围被污染的地下水抽至地上处理设施进行处理，然后将处理后的水回灌至地下。

（4）利用原位生物修复技术。在不进行搅动的条件下，利用微生物的生物降解作用对被污染的水体在原位或者残留部位进行现场处理，使污染物转变为无害物，从而达到治理地下水污染的目的。该方法适用于含水层中物质吸附的污染物的去除，对饱和带和包气带中污染物均可使用，是一种效果良好的地下水污染修复技术。

4. 污染管控

《生活垃圾卫生填埋场封场技术规范》（GB 51220—2017）对封场后管理提出了原则性的要求。在对填埋场封场后长达几十年的维护管理期间，填埋场场地条件污染物释放强度都将发生变化，导致污染管控要求也应做相应调整，同时最初选址与后来土地总体规划变化，部分填埋场封场后成为城市中心或敏感区，污染管控要求明显提高，适用的管理措施也需要进行调整，否则将严重阻碍城市的整体发展。因此，应在填埋场作业期和封场前进行污染情况和当地土地利用规划调研，科学确定填埋场地的最终利用方案，根据土地利用方案，确定作业期管理方案与封场后污染管控方案，逐步形成填埋各阶段相互协调、相互衔接的污染管控制度，实现填埋场封场后的土地有效利用，达到科学、经济、安全填埋效果。

7.4　安全填埋场

7.4.1　概述

安全填埋是危险废物集中处置必不可少的手段之一。2019 年出台了《危险废物填埋污染控制标准》（GB 18598—2019），加大危险废物安全填埋场污染管控日益重要。

安全填埋主要是针对有毒有害固体废物的处置，其作用是将危险废物同生物圈隔离，使其对人体健康的危害以及对环境的影响降低到最小。安全填埋场从填埋结构上更强调对地下水的保护、对渗滤液的处理以及填埋场的安全监测。填埋场地主要要求有：必须设置防渗层，防渗层渗透系数不得大于 10^{-8} cm/s，最底层要高于地下水位，配置渗滤液收集、处理及监测系统，记录入场废物的来源、性质、数量，分开处置不相容的废物；填埋场一般由若干个处置单元和构筑物组成，单元之间采用工程措施或天然黏土相互隔离，有效限制有害组分纵向或水平方向的迁移。

安全填埋场的建设是一个复杂的系统工程，如图 7.24 所示，其选址、设计、筹建、运行管理、封场以及后期管理等与卫生填埋场有很多的相似之处，但由于其处置的为危险废物，故也有其独特之处，一般要求比卫生填埋场更为严苛，应严格按照国家有关法律法规和标准的要求执行，其构造类型一般为全封闭型。

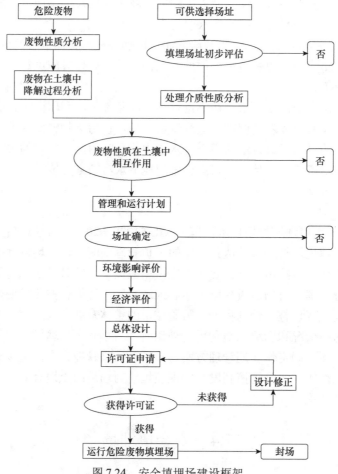

图 7.24　安全填埋场建设框架

7.4.2　选址与设计

1. 选址

选址应满足以下要求：

（1）填埋场选址应符合环境保护法律法规及相关法定规划要求。

（2）填埋场场址的位置及与周围人群的距离应依据环境影响评价结论确定。在对危险废物填埋场场址进行环境影响评价时，应重点考虑危险废物填埋场渗滤液可能产生的风险、填埋场结构及防渗层长期安全性及其由此造成的渗漏风险等因素，根据其所在地区的环境功能区类别，结合该地区的长期发展规划和填埋场设计寿命期，重点评价其对周围地下水环境、居住人群的身体健康、日常生活和生产活动的长期影响，确定其与常住居民居住场所、农用地、地表水体以及其他敏感对象之间合理的位置关系。

（3）填埋场场址不应选在国务院和国务院有关主管部门及省、自治区、直辖市人民政府划定的生态保护红线区域、永久基本农田和其他需要特别保护的区域内。

（4）填埋场场址不得选在以下区域：破坏性地震及活动构造区，海啸及涌浪影响区；湿地；地应力高度集中，地面抬升或沉降速率快的地区；石灰溶洞发育带；废弃矿区、塌陷区；前塌、岩堆、滑坡区；山洪、泥石流影响地区；活动沙丘区；尚未稳定的冲积扇、冲沟地区及其他可能危及填埋场安全的区域。

（5）填埋场选址的标高应位于重现期不小于 100 年一遇的洪水位之上，并在长远规划中的水库等人工蓄水设施淹没和保护区之外。

（6）填埋场场址地质条件应符合下列要求，刚性填埋场除外：①场区的区域稳定性和岩土体稳定性良好，渗透性低，没有泉水出露；②填埋场防渗结构底部应与地下水有史记录以来的最高水位保持 3 m 以上的距离。

（7）填埋场场址不应选在高压缩性淤泥、泥炭及软土区域，刚性填埋场选址除外。

（8）填埋场场址天然基础层的饱和渗透系数不应大于 1.0×10^{-5} cm/s 且其厚度不应小于 2 m，刚性填埋场除外。

（9）填埋场场址不能满足上述第（6）～第（8）条的要求时，必须按照刚性填埋场要求建设。

实践证明，要做好选址工作则必须按以下步骤进行：

（1）确定选址的区域范围，该范围必须根据所要处置的废物产生源的分布情况来确定，要尽量使选择的区域与产生源的距离尽可能短。

（2）收集该区域有关的资料，包括区域地形图（1∶10 000）、地质图（比例尺最好是 1∶50 000，如果没有，则至少需要收集到 1∶20 000 地质图）以及相应的水文地质和工程地质图件、地震资料、气象资料、发洪情况、市政公用设施的分布情况、土地利用和开发现状及其远景规划、区内名胜古迹及各类保护区的分布以及工厂和居民区的分布情况等。

（3）根据选址标准，对该区域的上述资料进行全面分析，在此基础上筛选出几个预选场址。

（4）对所选择的预选场址进行实际踏勘，同时进行一些必要的访问调查，以补充资料的不足。

（5）根据掌握的情况，对几个预选场址做进一步筛选，优选出 1～2 个场址进行初步地质勘探，通过初勘主要了解基底含水层特征。

（6）根据初勘结果，结合以前的资料，对两个预选场址进行技术经济方面的综合评价和对比，通过对比优选出较为理想的安全填埋场场址。

（7）场址一经确定，应立即进行委托设计，着手详细勘探工作；详细探勘时必须充分利用先进的技术手段查清场址的天然地质、水文地质和工程地质等条件，提交相应的勘探报告和各种图件。

（8）由负责选择的技术人员根据上述工作成果，撰写出选址技术报告，为填埋场工程的环境影响评价、场地规划及其总体机构设计提供依据。

2. 设计

安全填埋场应包括接收与贮存设施、分析与鉴别系统、预处理设施、填埋处置设施（其中包括防渗系统、渗滤液收集和导排系统、填埋气体控制设施）、环境监测系统（其中包括人工合成材料衬层渗漏检测、地下水监测、稳定性监测和大气与地表水等的环境检测）、封场覆盖系统（填埋封场阶段）、应急设施及其他公用工程和配套设施。同时，应根据具体情况选择设置渗滤液和废水处理系统、地下水导排系统。因此，安全填埋场在进行初步设计时需要综合考虑更多的因素，主要有以下几个方面的因素：

（1）填埋场平面规划。在填埋场总体布置过程中，需要考虑以下设施与设备的位置：进场道路；车库与设备间；地磅房；场地办公楼；中转站位置；预处理设施区域，如固化稳定化车间；废物、固化剂仓库；排水设施；渗滤液处理设施；监测井位置；绿化区域等。图 7.25 为典型安全填埋场总平面布置示意图。

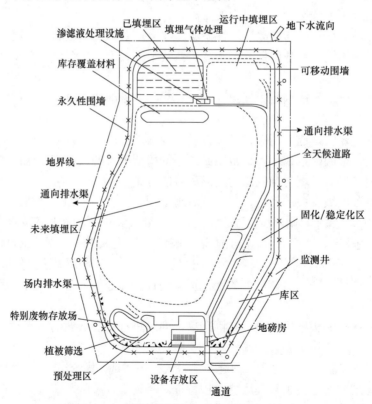

图 7.25　典型安全填埋场总平面布置示意图

（2）填埋场应建设封闭性的围墙或栅栏等隔离设施、专人管理的大门、安全防护和监控设施，并且在入口处标识填埋场的主要建设内容和环境管理制度。

（3）填埋场处置不相容的废物时应设置不同的填埋区，分区设计要有利于以后可能的废物回取操作。

（4）柔性填埋场应设置渗滤液收集和导排系统，包括渗滤液导排层、导排管道和集水井。渗滤液导排层的坡度不宜小于 2%。渗滤液导排系统的导排效果要保证人工衬层之上的渗滤液深度不大于 30 cm，并应满足下列条件：

① 渗滤液导排层采用石料时应采用卵石，初始渗透系数应不小于 0.1 cm/s，碳酸钙含量应不大于 5%。

② 渗滤液导排层与填埋废物之间应设置反滤层，防止导排层淤堵。

③ 渗滤液导排管出口应设置端头井等反冲洗装置，定期冲洗管道，维持管道通畅。

④ 渗滤液收集与导排设施应分区设置。

（5）柔性填埋场应采用双人工复合衬层作为防渗层。双人工复合衬层中的人工合成材料采用高密度聚乙烯膜时应满足《垃圾填埋均用高密度聚乙烯土工膜》（CJ/T 234—2006）规定的技术指标要求，并且厚度不小于 2.0 mm。双人工复合衬层中的黏土衬层应满足下列条件：

① 主衬层应具有厚度不小于 0.3 m，且其被压实、人工改性等措施后的饱和渗透系数小于 1.0×10^{-7} cm/s 的黏土衬层。

② 次衬层应具有厚度不小于 0.5 m，且其被压实、人工改性等措施后的饱和渗透系数小于 1.0×10^{-7} cm/s 的黏土衬层。

（6）黏土衬层施工过程应充分考虑压实度与含水率对其饱和渗透系数的影响，并满足下列条件：

① 每平方米黏土层高度差不得大于 2 cm。

② 黏土的细粒含量（粒径小于 0.075 mm）应大于 20%，塑性指数应大于 10%，不应含有粒径大于 5 mm 的尖锐颗粒物。

③ 黏土衬层的施工不应对渗滤液收集和导排系统、人工合成材料衬层、渗漏检测层造成破坏。

（7）柔性填埋场应设置两层人工复合衬层之间的渗漏检测层，它包括双人工复合衬层之间的导排介质、集排水管道和集水井，并应分区设置。检测层渗透系数应大于 0.1 cm/s。

（8）刚性填埋场设计应符合以下规定：

① 刚性填埋场钢筋混凝土的设计应符合《混凝土结构设计规范（2015 年版）》（GB 50010—2010）的相关规定，防水等级应符合《地下工程防水技术规范》（GB 50108—2008）一级防水标准，见图 7.26。

② 钢筋混凝土与废物的接触面上应覆有防渗、防腐材料。

③ 钢筋混凝土抗压强度不低于 25 N/mm^2，厚度不小于 35 cm。

④ 应设计成若干独立对称的填埋单元，每个填埋单元面积不得超过 50 m^2 且容积不得超过 250 m^2。

⑤ 填埋结构应设置雨棚，杜绝雨水进入。

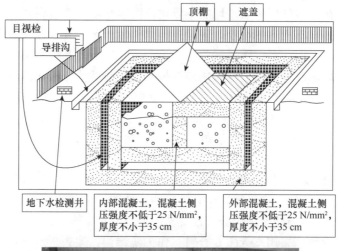

图 7.26　刚性填埋场示意图

⑥ 在人工目视条件下能观察到填埋单元的破损和渗漏情况，并能及时进行修补。

（9）填埋场应合理设置集排气系统。

（10）高密度聚乙烯防渗膜在铺设过程中要对膜下介质进行目视检测，确保平整性，确保没有遗留尖锐物质与材料。对高密度聚乙烯防渗膜进行目视检测，确保没有质量瑕疵。高密度聚乙烯防渗膜焊接过程中，应满足《生活垃圾填埋场气体收集处理及利用工程技术规范》（CJJ 133—2009）相关技术要求。在填埋区施工完毕后，需要对高密度聚乙烯防渗膜进行完整性检测。

（11）填埋场施工方案中应包括施工质量保证和施工质量控制内容，明确环保条款和责任，作为项目竣工环境保护验收的依据，同时可作为填埋场建设环境监理的主要内容。

（12）填埋场施工完毕后应向当地生态环境主管部门提交施工报告、全套竣工图，所有材料的现场和试验室检测报告，采用高密度聚乙烯膜作为人工合成材料衬层的填埋场还应提交防渗层完整性检测报告。

（13）填埋场应制定到达设计寿命期后的填埋废物的处置方案，并依据《危险废物填埋污染控制标准》中第 7.10 条的评估结果确定是否启动处置方案。

7.4.3　填埋工艺

1.　填埋废物的入场要求

医疗废物、与衬层具有不相容性反应的物质、液态废物不得进入填埋场填埋等；除此之外，满足下列条件或经预处理满足下列条件的废物，可进入柔性填埋场：

（1）根据《固体废物　浸出毒性　浸出方法　硫酸硝酸法》（HJ/T 299—2007）制备的浸出液中有害成分浓度不超过表 7.12 中允许填埋控制限值的废物。

表 7.12　危险废物允许填埋的控制限值

序号	项目	稳定化控制限值/（mg/L）	检测方法
1	烷基汞	不得检出	GB/T 14204
2	汞（以总汞计）	0.12	GB/T 15555.1、HJ 702
3	铅（以总铅计）	1.2	HJ 766、HJ 781、HJ 786、HJ 787
4	镉（以总镉计）	0.6	HJ 766、HJ 781、HJ 786、HJ 787
5	总铬	15	GB/T 15555.5、HJ 749、HJ 750
6	六价铬	6	GB/T 15555.4、GB/T 15555.7、HJ 687
7	铜（以总铜计）	120	HJ 751、HJ 752、HJ 766、HJ 781
8	锌（以总锌计）	120	HJ 766、HJ 781、HJ 786
9	铍（以总铍计）	0.2	HJ 752、HJ 766、HJ 781
10	钡（以总钡计）	85	HJ 766、HJ 767、HJ 781
11	镍（以总镍计）	2	GB/T 15555.10、HJ 751、HJ 752、HJ 766、HJ 781
12	砷（以总砷计）	1.2	GB/T 15555.3、HJ 702、HJ 766
13	无机氟化物（不包括氟化钙）	120	GB/T 15555.11、HJ 999
14	氰化物（以 CN-计）	6	暂时按照 GB 5085.3 附录 G 方法执行，待国家固体废物氰化物监测方法标准发布实施后，应采用国家监测方法标准

（2）根据《固体废物　腐蚀性测定　玻璃电极法》（GB/T 15555.12—1995）测得浸出液 pH 值在 7.0～12.0 之间的废物。

（3）含水率低于 60%的废物。

（4）水溶性盐总量小于 10%的废物，测定方法按照《土壤检测　第 16 部分：土壤水溶性盐总量的测定》（NY/T 1121.16—2006）执行，待国家发布固体废物中水溶性盐总量的测定方法后执行新的监测方法标准。

（5）有机质含量小于 5%的废物，测定方法按照《固体废物　有机质的测定　灼烧减量法》（HJ 761—2015）执行。

（6）不再具有反应性、易燃性的废物。

除医疗废物、与衬层具有不相容性反应的物质、液态废物，不具有反应性、易燃性或经预处理不再具有反应性、易燃性的废物，可进入刚性填埋场。

砷含量大于 5%的废物，应进入刚性填埋场处置，测定方法按照表 7.12 执行。

2. 填埋工艺

与卫生填埋场类似，安全填埋场也采用分区、分单元、分层作业方法。安全填埋场分区是指对不相容性废物分别设置不同填埋区，每区之间应设有隔离设施。对于面积过小、难以分区的填埋场，不相容性废物可分类用容器盛放后填埋，容器材料与所接触的物质相互不发生化学反应。

1）不相容的废物应分区填埋

由于危险废物的种类较多，成分复杂；某些危险废物之间存在一定程度隐性不相容性，如果不相容的废物在同区填埋，容易发生化学反应，破坏防渗系统，甚至发生灾害性事故。危险废物进入填埋区之前，必须弄清危险废物的种类、形态、组分、物理化学特性、产生的有害物质浓度。化学性质不相容的危险废物禁止同区填埋。如沈阳工业危险废物填埋场为避免化学性质不相容的废物一同填埋，填埋坑内设置了3个填埋区，区与区之间为混凝土隔墙，分别填埋重金属、酸碱废物、金属及有机物。

2）分区应使每个填埋区能在尽量短的时间内得到封闭

安全填埋分区封闭所需的时间短：一方面减少渗滤液产生量，有效实现清污分流；另一方面减少危险废物裸露环境的作业面，使危险废物对环境的影响降到最低。渗滤液产生量的减少，不仅可以减少渗滤液处理区的处理负荷、降低投资，同时可以降低渗滤液对周边环境尤其是对地下水的污染风险，提高填埋场的安全性。

3）分区的顺序应有利于废物运输和填埋

安全填埋场的分区应进行科学论证和综合比较，分区的顺序、大小、位置都应与整个处理场整体布置协调一致。分区的顺序有利于废物的运输和调度；分区大小位置应结合场地的地质和地形、渗滤液导排系统的设计、雨污分流的设计、填埋作业等情况综合考虑，务必做到安全可靠。

填埋作业单元的划分对填埋工艺、渗滤液收集与处理、沼气导排及废物压实、覆盖等内容都有影响，并与填埋作业过程中所用机械设备的性能有关。理论上每个填埋单元越小，对周围环境影响越小，但是工程费用也相应增加，故应合理划分作业单元。

卫生填埋的简易工艺流程见图7.27。

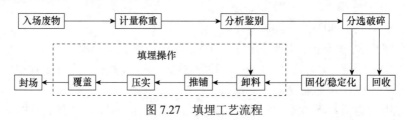

图7.27　填埋工艺流程

废物运抵安全填埋场后先进行称重和检测，符合要求后运至适当的工作面或指定的作业区，或者经过分选破碎、固化/稳定化后再运至填埋作业区。对于废物的检测在于分析鉴别不允许接收废物和难处置废物等。破碎分选有利于物质的回收利用，实现资源化，同时也有利于压实处理后提高填埋体的密度。由于安全填埋操作对象和操作环境的特殊性，对于在安全填埋场内的现场操作人员和工作人员必须配备适当的安全防护器具，为防止可能出现的事故，填埋场中还需设置一些安全设施。

对接纳废物进行分析的项目有废物来源、数量、物理性质、化学成分、生物毒性等。废物之间的化学反应造成的危害作用有：大量放热，一定条件下甚至会引起火灾乃至爆炸；产生有毒气体、易燃气体；含有重金属的毒性化合物的再溶解等。为防止废物之间的化学反应，可采取的措施有：对填埋废物进行现场分析；不相容的废物必须分开处置；严格检测废物的排放等。柔性膜对各种无机废物都相容，但有机化学物品会对柔性膜造成不同程度的危害。当填埋不相容废物时，不能使用厚度小于 1 m 的黏土层，膨润土可以与多种化学物质相容。

适当的负荷量对于保证安全填埋场降解过程的顺利进行十分重要，因此，必须对负荷量进行监测和控制。但由于对每一组分进行精确计量很不现实，因而通常对特定的某些化学物品进行估计、限制和监测。控制的废物有：酸性废物，重金属废物，砷、硒、汞，含酚废物等。

对于安全填埋场而言，有时还需处置下述难处置的废物：尘状废物、废石棉、恶臭性废物、桶装废物等。对此类废物一般要进行外观、气味、pH 值、可燃性、爆炸性和相对密度等的测试，经测试后必须精心选择处置方式进行处置。

尘状废物通常细而轻，因此很容易在安全填埋场内或边界之外产生严重的尘埃问题。填埋操作时必须非常小心，处置时应加以包装或使其充分湿润后填在沟渠内，同时要注意立即回填。沟渠周围地域应保持潮湿以防尘状物质干燥。现场作业人员应配备适宜的呼吸保护器具。含有毒性物质而存在严重危害的尘状废物不能直接进行填埋，应预先进行处理消除危害性后再填埋。

所有纤维状与尘状废物只有在用坚固塑料袋或类似包装进行袋装后才能填埋。包装袋必须坚固，以免在装包、运输和卸料过程中破损。目前，纤维状和尘状废物的处置办法主要是堆置在工作面底部或放置到已开挖好的沟渠内。废石棉包装袋不可乱丢，应仔细处置。袋装松散石棉处置后必须立即铺撒 0.5 m 适当的其他废物。硬性黏结废石棉上面必须立即铺盖 0.2～0.25 m 适当的其他废物。另外，被处置石棉距顶面、工作面表面、侧表面等的距离均不可小于 0.5 m。石棉废物不应在填埋场顶层 2 m 之内处置。

在上述处置过程中，应尽量减少工作人员暴露于飞扬的石棉纤维中的情况。当发生泄漏等危险时，应及时采取应急措施。一般可以采取的应急措施有：对泄漏的废石棉立即进行填埋；填埋后马上用合适的其他废物覆盖，避免扬尘产生；对可能暴露于石棉气氛中的作业人员配备标准的呼吸保护器具；如工作人员不慎被沾污，应立即更换外衣，并对该外衣进行包装浸湿和处置；如运输工具或其他设备沾污，应立即对其进行全面清洗，清洗液用适当方式进行处置。

防止恶臭性废物产生的恶臭散发的最基本方法：配备适宜的废物接收和处置作业设备，运送此类废物时预先通知，选择在适宜的气候条件下接收和处置此类废物，用抑制恶臭的材料直接进行覆盖等。

入场危险废物如发生下述情况时需要进行短时间的贮存：一是为了验证废物的成分；二是有时会有机械故障；三是有时气候条件不适宜填埋，如土壤温度过低、持续降雨等情况。危险废物贮存所需的贮存设施的贮存能力设计要包括如下几个方面：在气候条件不适宜填埋的时间内可能接收的危险废物量；发生机械故障时间内可能接收的危险废物量；接收的危险废物量超过安全填埋处置能力时，超过部分的贮存所需的容积。

如果对危险废物的分析表明可以经过一定的预处理达到处置要求，还必须进行合适的预处理。预处理的方法通常有：强酸性或强碱性的废物通过中和的方法解决；含水率过高的废物用脱水法处理；黏性过强的废物（如煤焦油）可以通过掺入土壤的方法解决。另外，也会用到堆肥、固化/稳定化等处理方法。

另外，必须认真进行登记工作，需要对土壤的 pH 值、防止土壤受到侵蚀的情况、植被情况、危险废物的贮存、危险废物的填埋方式、填埋废物的量和具体成分等进行登记。

因危险废物安全填埋场经常会出现诸如因接触有毒有害物质而造成的伤害、火灾、人员伤亡等问题，因此管理非常重要，危险废物安全填埋场的安全生产管理网络完全可以借鉴生活垃圾填埋场的相关部分，不过对于安全填埋场而言，实施和监控措施必须更为严格。

现场工作人员的防护设施一般包括呼吸防护器具、防护服、防护鞋子等，在不同的情况下要求不同的保护级别。一般要根据对废物和作业环境的危险程度的分析来确定保护级别，不同情况下具体的防护标准可查阅《危险废物填埋污染控制标准》（GB 18598—2019）等有关标准。

7.4.4 渗滤液的污染控制

1. 渗滤液的产生与特性

对安全填埋场而言，渗滤液是重要的污染源。与卫生填埋场类似，渗滤液的来源主要有降水的入渗、外部地表水入渗、地下水入渗、废物含水、覆盖材料含水以及废物中有机物分解生成水等。但由于安全填埋场填埋废物的复杂性，渗滤液水质特性规律较差。通过对不同工业固体废物填埋场的对比，渗滤液水质有以下特点。

1）受废物组成、性质影响大

虽然生活垃圾也具有组成复杂的特性，但与生活垃圾相比，危险废物的组成相对更复杂，因此，安全填埋场的水质也相差更大，特别是在有机性指标和重金属类指标方面。

随着焚烧技术的发展，将使进入危险废物填埋场的有机废物数量越来越少，进入安全填埋场的危险废物主要是焚烧残渣和无机废物。

2）总溶解固体含量高，特别是含盐量高

总溶解固体的含量高也与填埋废物有关系，填埋物以焚烧残渣为主的填埋场渗滤液含盐量偏高，主要是由于焚烧残渣中盐浓度高，造成氯离子浓度达 10^4 mg/L，甚至超过 10^5 mg/L。

3）重金属离子浓度高

填埋的危险废物中无机含重金属废物量大，且不进行预处理会造成重金属离子浓度高。

2. 渗滤液污染控制

对渗滤液污染进行控制，减少其渗漏进入环境的量，主要有 3 种方法：选用渗透系数低的衬垫；减少水头；增加衬垫厚度。在工程上，一是通过衬层的阻隔作用，选用低渗透系数衬垫和加大衬垫厚度（但一般不超过 2 mm），使渗滤液向环境中渗透最小化，减少对环境的影响；二是通过渗滤液控制系统减少渗滤液产生量，并排出渗滤液进行处理，降低填埋场内渗滤液水位。因此，渗滤液控制系统具有与衬层系统同等重要的作用，并与衬层系统协同作用。特别是衬层系统出现破损时，采取的应急措施之一就是加快渗滤液的排出量。

渗滤液收集系统的主要功能是将填埋库区内产生的渗滤液收集起来，并通过调节池输送至渗滤液处理系统进行处理。及时将渗滤液导排出来，可以减少危险废物中有害物质的浸出量，降低渗滤液净化处理的难度，还可以减小渗滤液造成的对下部防渗衬层的荷载。

渗滤液控制系统包括渗滤液集排水系统、雨水集排水系统、地下水集排水系统以及渗滤液处理系统。类似于卫生填埋场，安全填埋场的渗滤液收集系统也通常由导流层、收集沟、多孔收集管、集水池、提升多孔管、潜水泵和调节池等构成，如果渗滤液收集管直接穿过垃圾主坝接入调节池，则集水池、提升多孔管和潜水泵可省略。各层的功能与卫生填埋场的层次相同，布局、施工及选材等都可借鉴卫生填埋场的相关内容。

安全填埋场的渗滤液成分复杂、浓度高、变化大，处理的难度和复杂程度都高于卫生填埋场的渗滤液。一般可采用多种处理技术：对于新近形成的渗滤液，最好的处理方法是好氧和厌氧生物学的处理方法；对于已稳定填埋场产生的渗滤液或重金属含量高的渗滤液来说，最好的处理方法为物理化学处理法；此外，还可选择超滤方式，使渗滤液达标排放，或直接作为反冲洗水用于填埋场回灌；渗滤液也可用超声波振荡，通过电解法处理达标排放。

7.4.5　填埋场气体的污染控制

部分填埋危险废物是有机物或含水量相对较高的废物，在危险废物填埋的最初几周，填埋危险废物中的氧气被好氧微生物消耗掉，形成厌氧环境。有机物在厌氧微生物分解作用下产生以 CH_4 和 CO_2 为主，含有少量 N_2、H_2S、NH_3、VOCs、CFCs（氯氟烃）、乙醛、甲苯、苯甲吲哚类、硫醇、硫醚、硫化甲酯的气体，统称填埋气体。

安全填埋场产生的填埋气体虽没有生活垃圾填埋场的量大，但在大气中排放仍是有害的，不仅其中的挥发性有机物有毒，而且增加了大气温室效应。此外，填埋气体容易聚集迁移，引起垃圾填埋场以及附近地区发生沼气爆炸事故。填埋气体还会影响地下水质，溶于水中的二氧化碳会增加地下水的硬度和矿物质的成分。因此，需要对填埋气体进行导排。

填埋深度较浅或填埋容积较小的填埋场，由于填埋气体中甲烷浓度较低，往往利用导气石笼将填埋气体直接排放。填埋气体导排管理的关键问题是产气量估算、气体收集系统的设计和气体净化系统设计。当然，通过固化/稳定化处理后填埋的危险废物安全填埋场，废物相对稳定，产气量小，所要求的导排系统相对简单，而且不经净化直接排放就能满足要求。

7.4.6　封场与监测

1. 封场

（1）当柔性填埋场填埋作业达到设计容量后，应及时进行封场覆盖。

（2）柔性填埋场封场结构自下而上叙述如下。

① 导气层：由砂砾组成，渗透系数应大于 0.01 cm/s，厚度不小于 30 cm。

② 防渗层：厚度 1.5 mm 以上的精面高密度聚乙烯防渗膜成线性低密度聚乙烯防渗

膜；采用黏土时，厚度不小于 30 cm，饱和渗透系数小于 10×10^{-7} cm/s。

③ 排水层：渗进系数不应小于 0.1 cm/s，边坡应采用土工复合排水网；排水层应与填埋库区四周的排水沟相连。

④ 植被层：山火养植被层和覆盖支持土层组成；被养植被层厚度应大于 15 cm，覆盖支持土层由压实土层构成，厚度应大于 45 cm。

（3）刚性填埋单元填满后应及时对该单元进行封场，封场结构应包括 1.5 mm 以上高密度聚乙烯防渗膜及抗渗混凝土。

（4）当发现渗漏事故及发生不可预见的自然火害使得填埋场不能继续运行时，填埋场应启动应急预案，实行应急封场。应急封场应包括相应的防治衬层破损修补、渗漏控制、防止污染扩散，以及必要时的废物挖掘后异位处置等措施。

（5）填埋场封场后，除绿化和场区开挖回收废物进行利用外，禁止在原场地进行开发或用作其他用途。

（6）填埋场在封场后到达设计寿命期的期间内必须进行长期维护，包括以下方面：

① 维护最终覆盖层的完整性和有效性。

② 继续进行渗滤液的收集和处理。

③ 继续监测地下水水质的变化。

2．环境监测

监测系统的设立主要是为了保证填埋废物的成分与安全填埋场的设计填埋物一致；废物成分没有从填埋场中渗漏出去；填埋场区地下水未受到填埋废物污染；安全填埋场的植被收割不会对食物链造成危害。

监测内容包括入场废物例行监测、地表水监测、气体监测、土壤和植被监测、最终覆盖层的稳定性监测等。具体监测方法、采样方法、频次和测定方法见《危险废物填埋污染控制标准》（GB 18598—2019）及相应监测标准。

<h2 style="text-align:center">小　结</h2>

固体废物填埋处置 {
一般工业固体废物填埋场 ⟶ 选址、技术要求
卫生填埋场 ⟶ 选址及设计、填埋工艺与污染控制、封场及污染管控
安全填埋场 ⟶ 选址及设计、填埋工艺、渗滤液的污染控制、填埋场气体的污染控制、封场与监测
}

知识链接

思考与练习题

一、填空题

1.《城镇生活垃圾分类和处理设施补短板强弱项实施方案》（发改环资〔2020〕1257号）提出：生活垃圾日清运量超过_____t的地区，垃圾处理方式以焚烧为主，_____年基本实现原生生活垃圾零填埋。

2. 填埋场的主要功能表现在三个方面，即_____、_____和_____。

3. 按填埋区所利用自然地形条件不同，填埋场可分为_____、_____和_____3种类型。

4. 根据填埋场中垃圾降解的机理，按填埋场内部状态可将填埋场分为_____、_____和_____3种类型。

5. 一般情况下，有机物含量高的垃圾，宜采用_____方法；无机物含量高的垃圾，宜采用_____方法；垃圾中的可降解有机物多时，宜采用_____方法。

二、选择题

1. 某卫生填埋场建设规模为1200 t/d（按日填埋量），属于（　　）级填埋场。

    A．Ⅰ   B．Ⅱ   C．Ⅲ   D．Ⅳ

2. 生活垃圾填埋场选址的标高应位于重现期不小于（　　）年一遇的洪水位之上，并建设在长远规划中的水库等人工蓄水设施的淹没区和保护区之外。

    A．50   B．60   C．80   D．100

3. 填埋场采用覆膜代替原来的覆土技术，原因主要是（　　）。

    A．覆膜具有更好地防止恶臭气体散发的效果

    B．覆膜可以节约填埋空间

    C．采用覆膜方式，操作便利，成本更低

    D．覆膜可以更有效地防止降水进入填埋场内容

4. 以下措施有利于减少填埋场渗滤液产生量的有（　　）。

    A．在填埋场周围设置截洪沟

    B．减少每日裸露作业面，并及时进行覆膜操作

    C．推行垃圾分类，实行原生垃圾"零填埋"

    D．通过渗滤液收集系统将渗滤液导排至调节池

5. 需要加强对填埋场气体的控制的理由包括（　　）。

    A．减少温室效应   B．填埋场气体会带来火灾风险

    C．填埋场气体会带来中毒风险   D．填埋场气体散发出难闻的恶臭

6. 卫生填埋场可以接收的固体废物类型有（　　）。

    A．餐饮垃圾   B．含水率低于60%的污水厂污泥

    C．焚烧飞灰   D．电子废物

7. 关于卫生填埋场的监测，说法正确的是（　　）。

A．对填埋场的大气监测需每日一次

B．需要设环境本底井、污染监视井及污染扩散井对地下水监测进行随时监测

C．对处理后渗滤液尾水监测一般一日一次

D．对填埋气的监测一般一月一次

8．关于安全填埋场地选址，下列说法不正确的是（　　）。

A．场址不应选择在生态保护红线区域内

B．场址选择应符合国家及地方城乡建设总体规划要求

C．在高压缩性淤泥、泥炭及软土区域可以建设刚性填埋场

D．填埋场场址的位置需保持与周围人群的距离800 m以上

三、简答题

1．简述卫生填埋场的选址要求。

2．卫生土地填埋场地渗滤液的主要来源有哪些？可采用什么方法进行控制？

3．目前我国城市生活垃圾主要有哪些处理方式？谈谈各种处理方式的特点。

4．简述防渗衬层系统的分类。

四、实训题

1．参观生活垃圾填埋场或危险废物填埋场。

2．请画出全封闭型安全填埋场剖面图。

第8章 案　例

☞ **学习目标**

知识目标

- 了解餐厨垃圾、医疗废物、建筑垃圾的特点及资源化利用的途径。
- 理解餐厨垃圾、医疗废物、建筑垃圾处理及资源化利用的工艺及技术路线。
- 掌握生活垃圾填埋场的选址、建设、填埋工艺及污染防控要求。
- 熟悉固体废物污染防治的相关法律法规。
- 掌握《固废法》对餐厨垃圾、医疗废物、建筑垃圾污染防控的要求。

能力目标

- 能运用所学知识对生活垃圾、危险废物（医疗废物）、建筑垃圾的处理处置及资源化利用方式进行分析评价。
- 熟悉并掌握《固废法》相关法律责任条款，明确法律责任。

素质目标

- 能够承担餐厨垃圾、医疗废物、建筑垃圾处理及资源化利用和生活垃圾填埋处理相关工作。
- 理解并掌握固体废物典型案件的处理方法。

☞ **必备知识**

- 掌握固体废物的特征及对环境的影响。
- 掌握固体废物的管理、法律法规及标准。
- 掌握固体废物资源化利用的途径及方法。

☞ **选修知识**

- 了解固体废物的分类、收集、运输和基本处理方法。
- 了解国内外固体废物的管理。

8.1　餐厨垃圾处理

8.1.1　长沙市餐厨垃圾无害化处理项目概述

垃圾分类是城市文明的重要标志，是精细化城市管理的重要内容。随着经济飞速发展，人民生活水平提高，占比城市生活垃圾 10%的餐厨垃圾（易腐垃圾）产生量持续上升，如处置不当或无序处理，将对环境造成严重污染。它是生活垃圾治理中的难题，也是生活垃圾减量化、无害化处理的关键。

餐厨垃圾俗称泔水、潲水，是居民在生活消费过程中形成的生活废物，餐厨垃圾是食物生活垃圾中最主要的一种，包括家庭、学校、食堂及餐饮行业等产生的食物加工下脚料（厨余）和食用残余（泔脚）。其成分复杂，主要是油、水、果皮、蔬菜、米面、鱼、肉、骨头以及废餐具、塑料、纸巾等多种物质的混合物。

为有效解决餐厨垃圾无序收集处理对环境污染的危害，杜绝"地沟油、潲水油"回流餐桌对食品安全的影响，长沙市作为全国第二批餐厨垃圾无害化处理试点城市，2011年正式启动"长沙市餐厨垃圾无害化处理项目"工作，长沙市委市政府采用 BOO 模式公开招标，由湖南省仁和垃圾综合处理有限公司和中联重科股份有限公司联合中标后，注册成立了"湖南联合餐厨垃圾处理有限公司"，公司中标并获得该项目特许经营权，特许经营期 25 年，负责全长沙市餐厨垃圾收集运输、无害化处理和资源化利用的工艺技术开发、投资建设和运营管理。

湖南联合餐厨垃圾处理有限公司位于长沙市开福区东二环三段 218 号，占地面积 56.8 亩（约 3.79 hm²），现有员工 600 余人，项目总投资约 4 亿余元，餐厨垃圾收运处理规模达 800 t/d，最大处理能力可达到 1200 t/d，在 2019 年被湖南省工业和信息化厅评为湖南省小巨人企业。

餐厨垃圾无害化处理项目是在长沙市生活垃圾分类工作中率先垂范，将困扰城市清洁和产生食品危害的餐厨垃圾转变为可循环利用的资源，充分彰显了"创新型发展、可持续发展"的正确理念。

为推动"地沟油"、潲水等餐厨废弃物无害化处理和资源化利用，保障市民食品安全，加快"两型社会"建设，2011 年长沙市人大颁布了《长沙市餐厨垃圾管理办法》（长沙市人民政府令 第 110 号）地方性法规，随后长沙市城管部门出台了《餐厨垃圾管理办法实施方案》，城管部门成立了餐厨垃圾专项执法队伍。

2012 年，长沙市被列为全国第二批餐厨垃圾无害化处理和资源化利用试点城市，但本项目却赶在第一批试点城市之前建成投产，项目高起点规划、高标准建设、高质量运营，逐步形成了餐厨垃圾收集处理"长沙模式"，是全国唯一一个实现餐厨垃圾收集处理全覆盖的城市。

按照"政府主导、市场运作、法制管理、政策保障"的原则，采取"全面覆盖、分步实施"的分期建设方案，于 2012 年 6 月 28 日建成投产，一期工程设计日收运处理规模为 375 t，主要解决长沙市内 15 桌以上约 4000 家大中型饭店、宾馆、企事业单位和政府食堂餐厨垃圾集中收集以及无害化处理、资源化利用问题。2015 年启动二期建设，2015 年 10 月，长沙市在开福区启动小型餐饮单位收集处理全覆盖试点，2016 年 12 月开始在全国率先启动餐厨垃圾全市全覆盖收运工作，公司已与近 30 000 家大中小型餐厨垃圾产生单位签订了餐厨垃圾收运处置合同及承诺书，收集范围覆盖了长沙市内六区、长沙县和宁乡市、浏阳市城区。

餐厨垃圾经各门店、食堂等收集后，公司通过专用设备进行上门收集、密闭运输、称重计量、卸料、组合分拣、破碎制浆、高温灭菌、固液分离、资源利用等流程，将餐厨垃圾中的废油、废水和废渣分离开，餐厨废油脂通过加工制成工业级混合油和生物柴油出口欧洲荷兰等地。餐厨废水通过厌氧发酵处理产生沼气用于发电，每天产生沼气超过 55 000 m^3，日发电量约 70 000 kW·h，每天所发电量除了项目自用约 25 000 kW·h 外，其余约 45 000 kW·h 电量在国家电网上进行销售，沼气发电过程中产生的余热通过余热锅炉回收为厂区供热、制冷，目前沼气发电及余热完全可以满足公司的日常生产和生活的供暖、制冷需求，长沙市餐厨垃圾无害化处理项目已经率先在全国第一个建成餐厨垃圾处理循环利用的分布式能源示范项目。餐厨废渣通过昆虫养殖制成高蛋白饲料原料，沼液沼渣用于农林施肥。2012 年投产至今，联合餐厨公司累计收集处理餐厨垃圾 160 多万 t，回收利用餐厨废油脂 9 万多 t，年发电量近 3000 万 kW·h，无害化处置率和资源化利用率效果良好。

湖南联合餐厨垃圾处理有限公司现已形成餐厨垃圾处理全流程的整套工艺技术方案和成熟的运营管理模式，申报各种餐厨垃圾处理发明和实用新型专利技术 40 余项，并通过了国家高新技术企业认定。长沙市餐厨垃圾无害化处理项目近年来获"中国循环经济协会科学技术奖一等奖""湖南省环卫行业标杆项目""长沙市餐厨废弃物资源化利用和无害化处理项目一等奖"等荣誉。新华通讯社、中央人民广播电台、中央电视台等中央媒体，《湖南日报》、湖南电视台、《长沙晚报》等省市主流媒体多次报道并给予了高度肯定。

8.1.2 餐厨垃圾处理技术路线

其技术路线分为：餐厨垃圾收集、餐厨废水处理等，对提炼的餐厨废油脂、废水处理产生的沼气及沼液沼渣、餐厨残渣等进行资源再利用，长沙市餐厨垃圾由收运车辆收集运输至厂区，经计量系统称重计量后，进入处理车间泔水卸料大厅，通过尾旋式密封排料将泔水卸入投料仓。整个餐厨垃圾无害化处理项目分为预处理、油水渣分离、资源化利用三大模块。餐厨垃圾资源化利用和无害化处理工艺流程图如图 8.1 所示。

由图 8.1 可知，料仓内固形物由无轴螺旋输送机输送至大物质分选机进行初步筛分。经筛分后，尺寸较大的筛上物主要为其他生活垃圾，通过垃圾转运站外运填埋或焚烧处理，尺寸较小的筛下物则落入破碎制浆机进行制浆与二次除杂，形成的浆料再经过除杂机进一步除砂除杂后进入浆料暂存池。料仓内的滤液先进入油水池后泵入浆料暂存池。

浆料暂存池内的浆料在输送过程中，通过蒸汽喷射加热器加热后泵送至暂存罐内，经三相分离机处理后，将浆料分离为废油、废水和废渣。其中，油脂进入油脂暂存罐储存，随后进行加工制成工业级混合油或生物柴油炼制；废水则排入废水暂存池，通过后续的无害化处理工艺对废水进行处理；废渣输送至卸料塔进行暂存，然后送至蝇蛆养殖场或黑水虻养殖基地作为饲养用的原料。

餐厨废水均质搅拌后通过物料输送系统进入厌氧发酵罐，厌氧工艺采用高温（55 ℃±3 ℃）厌氧发酵工艺，在甲烷菌的作用下产生大量的沼气，沼气净化后优先用于燃烧锅炉，多余沼气进行发电上网；厌氧消化产生的沼渣进入出渣间离心脱水间脱水后沼渣外运作农作物肥料。

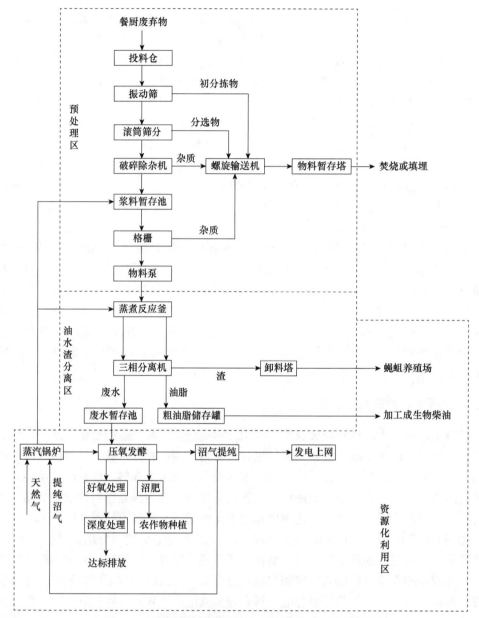

图 8.1　餐厨垃圾资源化利用和无害化处理工艺流程图

1. 餐厨污水处理工艺

　　本案例的生产废水为高浓度有机废水（COD 在 10^5 mg/L 以上），有机物、悬浮物和氨氮浓度高，动植物油含量较高，餐厨污水处理过程包括：餐厨污水均质搅拌后进入厌氧发酵罐，厌氧工艺采用高温厌氧发酵工艺，快速把污水中的有机物分解。厌氧罐外部设有保温层及高效热交换器，保证厌氧罐的温度维持在 55 ℃±3 ℃。污水通过厌氧消化处理后再加入絮凝剂并进行离心脱水，实现固液分离，分离出来的沼液通过好氧处理的方式进一步降低 COD 和氨氮等指标，最后经沉淀、气浮等深度处理后达标排放。该餐厨污水处理工艺可以在经济、有效地处理餐厨污水的同时，产生沼气并进行资源利用。其主要步骤如下。

（1）餐厨污水经除油预处理后进入调节池进行均质搅拌。

（2）均质搅拌后降温进入高温厌氧发酵罐进行高温厌氧发酵，控制发酵罐温度为 52～58 ℃，控制发酵罐的 pH 值在 7.0～8.0，控制发酵罐内挥发性有机酸和总碱度的含量比值，高温厌氧发酵罐停留时间为 22～27 d；高温厌氧发酵处理产生沼气和发酵液。

（3）发酵液进入缓冲罐缓冲，通过离心机进行固液分离，得到沼渣和沼液。

（4）沼液由提升池通过泥水交换器降温至 35 ℃以下，然后进入曝气池采用射流曝气进行好氧处理，控制曝气池溶解氧浓度在 1.5～2.5 mg/L 之间，曝气池的停留时间为 12～18 d。

（5）好氧处理之后进行沉淀、气浮等深度处理后达标排放。

餐厨污水处理工艺，在有效处理餐厨污水的同时，还可以处理在此过程中产生的沼气、沼液和沼渣，实现了资源再生利用。经测算，每处理 1 t 餐厨污水约产生沼气 60 m³，通过沼气发电产生的电能和蒸汽用于日常生产和生活。产生的沼渣、沼液达到有机肥的标准后可用于农作物施肥，实现了资源循环。

2. 餐厨废渣处理工艺

餐厨垃圾通过分拣、破碎、高温除油处理后的尾渣采用蝇蛆养殖和黑水虻养殖技术，快速把残渣中的有机物分解，转化为动物蛋白。将养殖后的废渣和幼虫进行分离后分别进行处理，其中，幼虫可烘干后制备成蛋白原料，废渣则经过高温发酵后可制备成有机肥。该餐厨尾渣的处理方法在经济、有效地处理餐厨尾渣的同时，可以产生蛋白原料，延长餐厨垃圾处理产业链，处理后的废渣也可作有机肥进行蔬菜、花卉的种植等再生资源利用。

1）制蛋白质

蝇蛆、黑水虻中富含大量氨基酸、不饱和脂肪酸、抗菌肽、壳聚糖等多种生物活性物质，其粗蛋白营养价值与鱼粉相当。将餐厨垃圾经除油预处理后所得的餐厨尾渣加入蝇蛆养殖区或黑水虻养殖区，并添加幼虫；根据蝇蛆和黑水虻的不同特性，控制相应的养殖区温度和养殖时间，幼虫成熟后，通过分离技术将成熟的幼虫和残渣分离。

2）制有机复合肥

将收集的幼虫清洗、烘干后作为高蛋白饲料原料；所剩的废渣通过堆积覆盖，并加入厌氧菌，于 55～65 ℃条件下厌氧发酵 1～2 个月，可得到复合有机肥。

通过上述过程，可实现餐厨残渣的循环利用。

3. 餐厨废气处理工艺

在整个餐厨垃圾处理过程中，废气处理是整个生产工艺的难点，因为所产生的气体含硫、醇类且呈酸性等特性，本案例采用"化学喷淋＋生物滤池＋光催化氧化"工艺处理餐厨垃圾预处理车间产生的恶臭气体，来自臭气产生源的臭气经过收集系统进行收集后，依次经过喷淋塔、生物滤池与光催化氧化反应器、离心风机，处理达标后由 25 m 高排气筒排放。

1）化学喷淋

喷淋塔设备的工作原理是采用微分接触逆流式喷淋，将气体中的粉尘、油脂等物质分离出来，以达到净化气体的目的。塔内的填料是气液相接处的基本构件，它能提供足够大的表面积，对气液流动又不致造成过大的阻力；化学药剂是处理废气的主要媒体，它的性质和浓度是根据不同废气的性质来选配，其作用是除去废气中目标污染物。废气由风管吸入，自下而上穿过填料层，循环吸收剂由塔顶通过液体分布器，均匀地喷淋到填料层中，沿着填料层表面向下流动，进入循环水箱。由于上升气流和下降吸收剂在填料中不断接触，上升气流中的污染物浓度越来越低，最后到塔顶时可达到预洗目的，然后通过风管输送至生物滤池做进一步的处理。

2）生物过滤

生物滤池法是把经喷淋塔预处理的臭气先经过预洗区处理，送入填料床。当臭气通过滤池填料时同时发生两个过程：吸着作用（吸附和吸收）和生物转化。臭气被吸收入填料床的表面和生物膜表面，附着在填料表面的微生物（主要是细菌、真菌等）氧化吸附/吸收的气体。臭气被分解为 CO_2 和其他无机物，从而达到除臭目的。生物滤池除臭的能力取决于填料中的水分以及在滤池停留时间内臭气的相对湿度。因此，生物氧化技术除臭要保证滤池中湿度恒定，需要将水量调节到水分吸收速度等于干燥速度平衡的状态。

3）光催化氧化

光催化氧化设备的工作原理是在紫外灯和臭氧发生器的作用下产生具有强氧化作用的臭氧，对恶臭气体进行分解氧化反应，同时，大分子恶臭气体在紫外线作用下使其链结构断裂，使恶臭气体物质转化为无臭味的小分子化合物或者完全矿化，生成水和 CO_2，收集的废气经过一系列处理后经 25 m 高排气筒达标排入大气。

8.1.3 餐厨垃圾处理关键设备

1. 预处理关键设备

主要有大物质分选机、破碎制浆机、除杂机、蒸汽喷射加热器和三相分离机等。

2. 废水处理关键设备

3 个厌氧系统（容积共 20 000 m³）、SBR 系统、曝气池、两相离心机、深度处理系统、双膜气柜等。

3. 废气处理关键设备

化学洗涤塔、生物滤床、循环泵、臭氧发生器、空压机、UV 光催化氧化箱、臭氧水喷淋系统、风机等。

8.1.4 餐厨垃圾收运体系

在我国的餐厨垃圾管理体系建设中，长期以来的工作重点大都在末端治理上，而忽视了对餐厨垃圾收运的研究，餐厨垃圾收运研究滞后，缺乏系统的规划和管理体系；有些地方运输工具相对落后，还在使用手推车、拖拉机、摩托车等运输工具。同时，我国城镇中心人口密度大、居住拥挤、餐馆众多，高油脂、高盐分的火锅淅水随处可见，前端收集容器设置不合理，建设规模不匹配，餐厨垃圾收运设备密闭性较差，收运路线设计不经济等，加之多种运输方式（水运、陆运、机械运输、人力清运等）并存，造成转运能力不足，经济性较差；"洒、落、抛、滴"等现象普遍存在，导致在餐厨垃圾清运过程中垃圾与人体接触概率很大，餐厨垃圾中含有的一些对人体有害的物质或微生物，将影响到收运工作人员及周边居民的身体健康。

湖南联合餐厨有限公司的智慧收运系统建立了数据可视化看板，结合地图、设备等要素，将日常监管系统中的动态运行数据和报警数据集中在一张图中展示，实现收运情况的及时掌控。餐厨垃圾收运处理项目配备有 200 余台专用收集车辆、300 余名专业收集人员，与全市近 30 000 家大中小型餐厨垃圾产生单位签订收运合同及承诺书，投放统一标识的专用泔水桶，规划收运路线。收集车辆按照各路线情况将各店的餐厨垃圾转移至收集车内的垃圾桶，并做好垃圾桶的卫生保洁，如实填写收运台账。各运输车辆均安装有 GPS 导航装置、GPS 定位与行程记录系统，保证处理厂调度人员随时掌握各运输车辆的动向，及时进行收集车辆的指挥、调配及应急方案的实施，实现收运过程的实时监控和管理。餐厨车辆在城市道路穿梭过程中环境卫生形象越来越受到重视。由于车辆在行驶过程中易散发异味，对过往车辆和人群造成一定影响，公司针对餐厨垃圾车辆还安装异味控制装置，消除餐厨收运车辆的环境影响。

1. 餐厨垃圾产生单位管理

智慧收运系统对餐厨垃圾产生单位信息实时管理。如餐厨垃圾主要产生于宾馆、酒店、餐馆饭店、企事业单位食堂、学校食堂等地方，系统实现对所有餐厨单位信息进行登记备案，可进行增、删、改、查等相关操作，系统提供信息维护界面，可随时进行数据维护。

2. 餐厨垃圾桶信息识别

智慧收运系统为每个餐厨垃圾桶安装 RFID 电子标签，通过车载终端对垃圾桶电子标签扫描进行身份识别，身份识别时即对收运桶数进行自动统计。

3. 餐厨垃圾收运过程管理

系统实现对餐厨车垃圾运输过程数据的实时监控，实时监控餐厨车收运餐厨垃圾桶数及收运路线，实时监控废弃油脂流向，系统可根据各餐厨单位的客流量及日产生垃圾量确定餐厨运输车出车频率等。系统实时上报垃圾收运车辆的运行轨迹（GPS 位置信息）。

4. 餐厨垃圾收运路线显示管理

系统可以按餐厨车辆显示行车路线，系统保留 30 d 行驶记录，便于对司机及车辆进行管控。

5. 系统预警管理

系统针对未按规定进行收运的餐厨垃圾桶进行地图预警，通过地图可直观展现未按规定进行收运的餐厨单位地址、名称、垃圾桶身份识别号码等信息。实现可查询可追溯。

6. 自动化考核评价

系统自动生成日报、月报、年报等综合报表系统，并可进行相关数据查询。实现横向数据对比报表、历史数据分析报表、辅助决策分析报表。

智慧收运系统的技术关键在于：①在 Web 管理端建立 RFID 电子标签对商户进行电子立户、绑定，以实时数据采集；②建立商户基础信息库，设置企业、收集点、区域、启用状态等；③建立商户基础管理：提供商户的增删改查功能，维护商户的基础数据；如商户编号、名称、合同编号、开始和结束时间、合同金额、已付款项、待付款项、垃圾桶数等；④实时数据收集与展示：总桶数展示，显示当天的垃圾收集总桶数和区域总桶数，支持 GIS 地图展示和列表展示；⑤收运路线的显示及管理系统可以按餐厨车辆显示行车路线，系统保留 30 d 行驶记录，便于对司机及车辆进行管控；⑥系统预警管理：系统针对未按规定进行收运的餐厨垃圾桶进行地图预警，通过地图可直观展现未按规定进行收运的餐厨单位地址、名称、垃圾桶身份识别号码等信息；⑦图表分析：系统自动生成日报、月报、年报等综合报表系统，并可进行相关数据查询。实现横向数据对比报表、历史数据分析报表、辅助决策分析报表。

长沙市餐厨垃圾收运处理项目建设的智慧监管平台，基于 GPS＋GIS 应用，将整个项目的餐厨垃圾收运、无害化处理和资源化利用进行集成，从收集运输，到回厂计量、无害化处理、污水处理、废气治理和资源利用过程各环节进行信息采集、传输、展示和云存储分析管控，规范餐厨废弃物各个领域的管理，提高废弃物管理的效率，完善公司的基础数据、运营监管、收运监管、处置监管、监控调度等监管功能。该平台数据实时同步传输到长沙市城管局的智慧城管系统，实现政府对餐厨垃圾收集处理全过程 24 h 动态监管。厂区内各个生产核心点均安装了高清在线视频监控，可实现对餐厨垃圾处理过程全方位动态监管。

8.1.5 长沙市餐厨垃圾无害化处理项目小结

1. 环境效益

长沙市餐厨废弃物资源化利用和无害化处理项目具有显著的资源环境效益：一方面，改变了餐厨垃圾直接进入生活垃圾或者流入下水道进入城市污水处理厂，污染水体等现状；另一方面，杜绝了餐厨废弃物直接喂猪，预防传染病经猪进入人体的食物链或被提炼"地沟油、潲水油"回流餐桌；为保障长沙市食品安全城市创建和两型社会建设做出了积极贡献。

2. 循环经济分析

循环经济是可持续的生产和消费模式，其运行遵循"减量化、再利用、循环化"的基本原则，倡导的是一种与地球和谐的经济发展模式。本案例中的餐厨垃圾经收集后，通过预处理工序，将收集的餐厨垃圾分成了 4 个部分：其他生活垃圾、废水、废油、废渣。

分离出的其他生活垃圾同样具有一定的含水率，本项目对其进行破碎、脱水后再运往垃圾焚烧发电厂，含水率低更有利于焚烧。

废水在无害化处理过程中将全部转化为沼气、沼液和沼渣。沼气经过净化后进行发电，产生的电量一部分用于维持厂区的正常运行，一部分并入国家电网；沼液和沼渣经检验符合国家有机肥的相关标准，可用于农林施肥。

废油经提炼加工成工业用油。

废渣则用来饲养蝇蛆和黑水虻，通过这种方式将废渣中的有机质转变为动物蛋白原料，并且养殖后剩余的残渣还可堆肥制有机肥，做到了"吃干榨尽"，较好地实现了餐厨垃圾的资源化利用。

3. 社会效益

长沙，是以湘菜闻名的美食之都，在这里，拥有大小餐饮企业近 30 000 家，其中大、中型餐厨垃圾产生单位近 5000 家，小型餐饮单位近 25 000 家，美食已成为长沙的一张亮丽名片。然而，高人气美食的背后，每天将产生超过 800 t 的餐厨垃圾，随着人口增加和餐饮业的发展，生活垃圾分类处置刻不容缓。本餐厨垃圾无害化处理项目，率先培育了市民生活垃圾分类的习惯，改善了总体环境质量，有益于人们的身心健康，减少疾病的发生，提高了人们的生活质量，降低了医疗费用。同时，餐厨垃圾处理厂的建设与投产，可以安置一批富余劳动力，增加就业机会，促进劳动力的转移，产生良好的社会效益。

4. 行业发展难题

1）餐厨垃圾源头分类问题

在对餐厨垃圾产生单位进行餐厨垃圾收运时发现，餐厨垃圾内往往含有许多的塑料袋、快餐盒、方便筷、玻璃、饮料罐等其他生活垃圾，在餐厨垃圾处理过程中，第一步就是要将混入的其他垃圾分离出来，这大大增加了餐厨垃圾无害化的处理难度和处理成本，做好源头垃圾分类投放是势在必行的。

2）主要收入为政府补贴

餐厨垃圾的收运范围广、处理工序多，工艺复杂，处理难度大，从而导致处理成本较高。餐厨垃圾的资源化利用过程中，沼气发电、制备工业级混合油、蝇蛆养殖等可为本项目带来一定的经济效益，但维持本项目正常运转的最主要收入来自政府的财政补贴，资源利用的市场化推广还需拓宽渠道。

3）沼液和沼渣的推广利用不充分

餐厨垃圾处理生产工艺过程中，在废水的厌氧处理阶段产生的沼液和沼渣经检验是符合国家有机肥的相关标准的。但是由于沼液、沼渣长距离运输成本高，农民储存沼液、沼渣需准备专用的储存池，以及环境难以控制等因素的影响，沼液和沼渣的推广应用一直受限，只有在本项目的周边农户才能使用，以至于资源化利用不彻底。同时，未经利用的沼液和沼渣还需进行无害化处理，进一步增大了餐厨垃圾的处置成本。

5. 建议

（1）加强餐厨垃圾分类的宣传教育。策划相应的宣传活动，举办各类餐厨垃圾分类知识活动，帮助民众建立绿色的消费方式，引导餐厨垃圾产生单位正确做好餐厨垃圾的源头分类。

（2）完善相关法律法规制定。建立健全餐厨垃圾分类回收系统以及相关配套环节的法律法规，完善相关支持政策，引导相关配套工作的开展和高效衔接，推进餐厨垃圾分类工作的开展。

（3）建议推广沼液、沼渣的资源化利用。通过建立各类农作物种植示范基地等措施和相关有利政策，宣传推广沼液、沼渣对农作物的有利作用，提高农户使用沼液、沼渣的积极性。

（4）强化监管力度，严格执法并完善奖惩机制，惩处各类违规行为，引导餐饮单位做好源头分类、构建智能化收运系统。

（5）餐厨垃圾处理行业作为一个新兴热点项目，正处于初步发展阶段，需要大量科技工作者在相关领域展开研究，研发餐厨垃圾处理新技术、新工艺、新设备，提高处理能力和处理效率并降低处理成本。然而研发工作需投入大量研发经费，并且研发周期较长，建议针对餐厨行业的技术创新和研究开发制定相应的激励政策，提高企业自主创新的积极性。

2017 年 12 月 11 日，"新时代可持续的餐厨垃圾资源化处理技术和管理模式研讨会"在长沙举行，全国 100 多个城市的专家及行业代表参加会议。长沙市建立了"政府主导、市场运作、法制管理、政策保障"的餐厨垃圾收集处理"长沙模式"，形成了"全范围覆盖、全社会参与、全自主工艺、全资源利用"的"长沙特色"，赢得了与会代表的充分认可。目前，该案例的成功经验正在向周边城市推广复制。2019 年，湖南联合餐厨垃圾处理有限公司①出资成立了湖南联和有机固废循环利用研究院有限公司，着力有机固废处理和资源利用工艺技术、设备及配套系统的研究与开发，将为固体废物资源化利用及无害化处置做出新的更大贡献。具体案例项目平面图如图 8.2 所示，公司预处理车间如图 8.3 所示。

图 8.2　案例项目平面图

图 8.3　公司预处理车间

---

① 已更名为：湖南仁和环境股份有限公司。

8.2　医疗废物处理

8.2.1　医疗废物处理概述

医疗废物是指医疗卫生机构在医疗预防保健以及其他相关活动中产生的具有直接或者间接感染性、毒性以及其他危害性的废物。根据《医疗废物分类目录》（卫医发〔2003〕287 号）按其危险特性分类，将医疗废物分为感染性废物、病理性废物、损伤性废物、药物性废物、化学性废物 5 类。

依据医疗废物的危险特性，其处理方式有：焚烧、化学消毒、微波消毒和高温蒸汽处理等。长沙市重点针对医疗废物的感染性危险特性采用了高温蒸汽灭菌处置工艺。

长沙汇洋环保技术股份有限公司成立于 2006 年 7 月，是一家专注于医疗废物收集处置和危险废物治理的投资性企业。具备长沙地区医疗废物处置特许经营资质，特许经营年限为 25 年。医疗废物处置中心位于长沙县北山镇北山村万谷岭危废处置中心内。公司注册地为长沙县北山镇北山村万谷岭。经营范围为医疗及药物废弃物治理；污水处理及其再生利用；环保技术咨询、交流服务；环保设备销售；环保技术开发服务等。

长沙医疗废物处置中心为公司独立运营的长沙医疗废物处置项目，项目占地面积约 10.3 亩（约 6867 m^2），建筑总面积为 5330 m^2，道路、场地铺砌面积为 5450 m^2，建设了 4 条处置生产线，可日处理量 60 t 医疗废物，其无害化集中处理医疗废物系统，服务对象为长沙市行政区划内的医疗机构所产生的医疗废物。医疗废物的处置采用高温蒸汽蒸煮处置工艺：依据《医疗废物高温蒸汽消毒集中处理工程技术规范》（HJ 276—2021）中的工艺要求和运行要求进行医疗废物的无害化处理。项目于 2017 年 3 月 9 日开始运营。

8.2.2　医疗废物高温蒸汽灭菌处理工艺

1. 工作原理

高温蒸汽灭菌处理技术是通过高温、高压蒸汽作用于医疗废物表面实现医疗废物无害化处理的过程。高温、高压蒸汽具有温度高、穿透力强的特点，将医疗废物暴露于一定温度的高温、高压蒸汽氛围中并停留适当的时间，利用水蒸气停留期间所释放出的潜热，将医疗废物中致病微生物的蛋白质凝固变性而杀灭，达到医疗废物处置无害化目的的湿热处理过程。依据我国医疗废物无害化处置相关标准，高温蒸汽灭菌参数为：温度一般为 124~150 ℃、压力为 0.2 MPa 左右，维持时间 20~90 min。

我国依据《医疗废物高温蒸汽消毒集中处理工程技术规范》（HJ 276—2021）中规定，高温蒸汽灭菌系统设计参数为：温度为 134 ℃、压力为 0.22 MPa，维持时间 45 min。

2. 性能特征

高温蒸汽灭菌处理技术的优点是没有重金属、二噁英等有毒有害气体和污染物质产生；可以有效杀灭细菌和各类病菌、病毒；工程造价较低、运行维护简单、运行费用较低，是一种简便、可靠、经济、快速的医疗废物灭菌方法。高温蒸汽灭菌处理技术适合处理感染性废物、损伤性废物，不适合处理病理性废物、化学性废物、药物性废物；处理过程中会产生微生物、挥发性有机化合物（VOCs）、难闻气体和酸性废液，废气和废液需要收集并集中处理；处理后的垃圾重量和体积基本不变。因此，医疗废物采用高温蒸汽灭菌处理技术处理医疗废物减容、减重效果不及焚烧处理方式。

3. 处理工艺流程

高温蒸汽灭菌处理医疗废物处理流程为：医疗废物装载→脉动真空→高温蒸汽灭菌→后真空→垃圾卸载→垃圾破碎毁形→送垃圾场填埋或焚烧厂。

医疗废物高温蒸汽灭菌处理工艺流程图如图 8.4 所示。

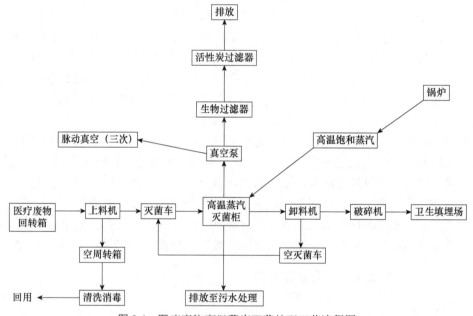

图 8.4　医疗废物高温蒸汽灭菌处理工艺流程图

医疗废物高温蒸汽灭菌处理工艺流程说明如下。

（1）采用自动上料的方式将医废周转箱/桶内的医疗废物装载入专用的防粘连灭菌小车内。

（2）装有医疗废物的小车通过自动输送轨道＋推入机构送入高温蒸汽处理锅内。

（3）灭菌处理：当前门和后门关闭后 PLC 给灭菌器指令开始运行灭菌器已预先设定好的灭菌程序，进行灭菌处理。灭菌步骤如下。

第一步，脉动真空：对灭菌器内室进行抽真空、进蒸汽操作，反复进行几次（一般不少于 3 次），然后再次抽真空，待内室压力到达脉动下限后，程序转升温阶段。经过该阶段后，内室的冷空气排除率达到规范要求，确保内室无死点，保证灭菌的合格（设定的参数为：脉动不少于 3 次，脉动上下限为：±80 kPa。参数可调）。

第二步，升温：蒸汽经过灭菌器夹层进入内室，对废物进行加热，同时内室疏水阀间歇性开启，将蒸汽冷凝后产生的水排出。内室温度达到设定值后（一般取 134 ℃）程序转灭菌阶段。

第三步，灭菌：开始灭菌计时，在此期间内室进汽阀受到内室温度和压力的共同控制，以确保内室保持在一定的温度范围内对废物进行灭菌。当内室温度高于灭菌温度上限（灭菌温度 134±2 ℃）时，进汽阀关闭，低于灭菌温度时，进汽阀打开；当内室压力高于内室压力限度值时，进汽阀关闭，比内室压力限度值低出 10 kPa 时，进汽阀打开。维持此温度 45 min 达到《医疗废物高温蒸汽消毒集中处理工程技术规范》(HJ 276—2021) 规定的灭菌指标后，程序转排汽阶段。

第四步，排汽：排汽阀打开，内室的蒸汽在内外压差的作用下排出，经过换热器的作用，大部分蒸汽冷凝成水，少部分蒸汽经过滤后排至大气。内室压力下降到设定值后，程序转干燥阶段。

第五步，干燥：真空泵打开对内室进行抽真空，同时夹层保持一定的压力和温度，起到烘干内室的作用干燥计时（一般取 12～15 min，可调整）到后，排汽阀和真空泵关闭，回空阀打开，使内室恢复零压。内室压力上升到−10 kPa 时，程序转结束阶段。

第六步，结束：蜂鸣器呼叫，此时门打开，自动装置将灭菌车移出。

在对废物进行灭菌处理的同时，灭菌过程中产生的废气废水也同步进行无害化处理。其中废水经过二次处理装置，实现无菌排放。

以上全部过程要求均为程序自动控制，从而实现程序的自动化运行。

（4）出料：灭菌处理结束后，后门自动开启，推出灭菌车，然后将灭菌车输送到卸料机车筐内，由其将废物倒入破碎机进行破碎处理。

（5）破碎处理：破碎机对处理后的医疗废物进行破碎毁形处理，达到不可回收的效果。

（6）传送收集：残渣直接落入或者经螺旋输送机输送到垃圾运输车内。由残渣运输车运出并送填埋场填埋。

（7）高温蒸汽处理锅内的冷凝水、破碎残液及设备清洗水等收集后直接排放至污水处理系统处理达标后，循环回用或直接排入城镇污水管网。

4. 设备组成

根据医疗废物高温蒸汽灭菌处理系统规范，该套系统应包括装载进料设备单元、高温蒸汽灭菌设备单元、输送设备单元、提升破碎设备单元、自控单元、周转箱自动搬运清洗单元、废气处理设备单元、废液收集设备单元、高温蒸汽供给设备单元等。

1）进料设备单元

进料设备单元主要设备包括：进料导轨、进料输送带、感应元器件、驱动电机、提升翻转到料机构、压料机构、就地控制柜等。

2）高温蒸汽灭菌设备单元

（1）主体。主体采用双面焊接夹层加强、矩形（或圆形）卧式结构，采用防腐蚀性能优良的不锈钢板经专用焊机自动焊接而成，表面经机械抛光处理，光亮滑洁、抗腐蚀、经久耐用、无死角、易清洗，符合美国 FDA 标准和欧洲的 IDF 标准。

夹层采用 Q245R 优质碳钢板，利用严格的技术工艺和检测工艺进行设计制造，符合承受压力高的条件。

主体外表面采用优质保温材料包裹，外敷耐腐蚀的压花铝板。

（2）密封门。密封门为气动＋密封圈密封结构，采用全自动操作。密封门具有安全连锁，采用电气与机械双作用方式，保证灭菌室内有压力时和操作未结束时密封门不能打开。

要安装符合国家质量技术监督局要求的压力安全联锁装置。当门没有关闭、密封时，不会对灭菌室进行加热升温、升压；灭菌室压力没有完全释放时，密封门不能开启。

密封门上应装有以下 3 种保护装置，确保人身和设备的安全：①互锁保护装置；②自锁保护装置；③手动开启装置。

（3）管路系统。管路系统由真空泵、板式换热器、汽水分离器、控制阀门、安全阀及管件等组成，设备的排气孔口设过滤网，排气管设不锈钢过滤器和单向阀。

脉动真空：脉动次数不少于 3 次，真空度达到 -0.08 MPa 或以下，经过该阶段后，内室的冷空气排除，确保内室无死点，保证灭菌的合格率符合规范要求。

干燥：灭菌结束后，废物含水率不大于 20%。

（4）就地电气控制系统。自动控制系统采用先进的 PLC 控制技术，完成整个处理过程的自动控制。控制系统构成包括硬件及软件两部分。在控制室内配有计算机主机、显示器和打印机，可以对灭菌各个过程进行动态的显示和打印。同时，各个阀门的动作和各个数据及趋势图都具有实时显示和打印、远程自动控制和操作功能。

（5）操作安全保证。医废高温高压灭菌器的设计和制造严格按照国家对压力容器的监管进行，确保设备设计和制造质量。设备安全保证方式如下（包含但不限于）。①密封门压力安全连锁——灭菌室内有压力时，密封门不会被打开；密封门未关紧时，灭菌室内不能升压。②密封门互锁保护装置——当一端密封门关闭时，另一侧的密封门才能打开，保证了灭菌前室和后室的有效隔离。③密封门操作安全连锁——密封门未关紧时，控制程序不能运行；程序启动后，密封门不能打开。④灭菌室压力控制——灭菌室内的压力受电气和机械的双重控制，设备正常工作时，当灭菌室内的压力达到设定压力的下限时，所有进汽阀门会自动关闭；达到压力的上限时，所有的排汽阀门会自动打开；达到警戒压力时，机械式安全阀会跳起泄压。

应急保护功能：为了防止突然断电、断水、断气，员工的误操作等事件的发生，系统设有特殊工况下的安全应急保护功能。

（6）灭菌小车。医疗废物专用灭菌车采用全不锈钢结构，设备的设计需考虑对医疗废物灭菌时的承托和防止外溢以及能保证完全灭菌。具体要求如下：①材质一般采用0Cr19Ni10 不锈钢；②承载能力≥400 kg；③灭菌小车内部设计能够有效防止灭菌后医疗垃圾粘连的措施。

（7）冷却水循环辅助单元。冷却水循环辅助单元主要对换热器所用的软化水进行冷却回用，尽最大可能降低水的消耗和能源的浪费。同时配有设备所需的阀门、压力表、温度传感器等，主要有循环水泵、循环水箱、凉水塔和软水机等。

3）输送设备单元

输送设备单元主要设备包括滚筒输送机、链式输送机、转向单元、过渡单元、就地控制柜等。

　　4）提升破碎设备单元

　　提升破碎设备单元主要设备包括提升翻转机、破碎机、螺旋输送机、就地控制柜等。

　　5）周转箱自动搬运清洗单元

　　周转箱自动搬运单元主要设备包括直线输送单元、转向单元、周转箱卸料提升机、180°翻转单元、就地控制柜等组成。

　　6）自控单元

　　自控单元主要设备包括远程控制柜及其电器控制元件、控制电缆、开关、通信接口等。

　　5. 控制方式及要求

　　1）总电源

　　总电源为三级保护：一级保护具有系统短路保护、失压、缺相、接地故障等保护功能；二级保护用总接触器联锁保护，当机构紧急情况或下班时，可切断总电源；三级保护为断路器、接触器，当机构故障时，快速切断该路主电源，防止故障扩大。

　　2）零位保护

　　各机构均装有零位保护。开始运行或失电后重新上电时，必须将各主令控制器手柄重置零位，方可启动。

　　3）超载、过流限制

　　提升机、破碎机、螺旋输送机均有过电流保护。

　　4）安全保护

　　① 紧急停止按钮。整套设备在就近的操作位置及控制柜面上设置系统急停按钮，按钮帽设置为红色，且满足防误操作和挂牌上锁功能。

　　② 控制柜上应有单独的能量隔离开关，断点应明显可视，操作手柄安装在箱体外侧且能满足挂牌上锁要求，保证检修人员安全。

　　③ 提升机：上限位、下限位开关，安全防护门限位开关，小车初始位置限位开关，每个限位设有电气联锁保护。

8.2.3　高温蒸汽灭菌处理工艺废物处理

　　1. 废气处理系统

　　（1）总体要求：废气处理排放满足《大气污染物综合排放标准》（GB 16297—1996）和《恶臭污染物排放标准》（GB 14554—1993）。

　　（2）设备自产废气由自带废气处理系统完成，灭菌器产生的废气采用汽水分离+生物过滤废气处理工艺，处理合格后经 15 m 高排气筒单独排放至大气中。

　　（3）车间负压废气采用分散收集+活性炭吸附处理。微生物、挥发性有机物（VOCs）等污染物的去除率在 99.99%以上，装置过滤效率应在 99.999%以上，处理合格后经 15 m 高排气筒单独排放至大气中。

　　（4）根据现场情况，车间废气收集处理包括灭菌器出入口处、破碎区、轨道区、上料区以及车间的换气，按照每小时换气 6 次，系统设计风量 30 000～80 000 m³/h，废气收集管道布局美观、合理、便于维修。其中，破碎区采用 SUS304 不锈钢全封闭，预留检修门和设备维修空间，顶部开口，开口尺寸按负压吸风罩的尺寸而定。

2. 废液收集处理系统

废液处理系统包括冷凝液消毒装置、循环泵等设备。在预真空过程中形成的冷凝液及在传输过程中产生的废液经过收集管网收集，由循环泵输送进入消毒罐，在消毒罐中经煮沸后达到完全灭菌的效果。消毒装置的设计温度为 125 ℃，维持时间为 30 min。经过消毒处理的废液排放至厂区的污水调节池，经过进一步消毒处理后，与经处理后的生活垃圾填埋场渗滤液一起排入城市污水管网，冷凝水排放标准遵循《污水综合排放标准》（GB 8978—1996）一级标准，医疗废物处理污水执行《医疗机构水污染物排放标准》（GB 18466—2005）标准。

如采用到达回用水处理标准的污水处理设施进行处理，则处理后的清水可以回用至周转箱清洗、车辆清洗、设备冷却用水、车间地面清洗用水等。

3. 残渣处理系统

医疗废物经高温蒸汽灭菌处理工艺处理产生的无毒、无害医疗废物灭菌残渣，采用专用垃圾运输车装载，运送至生活垃圾填埋场填埋处置或生活垃圾焚烧发电厂处理。

本高温蒸汽灭菌处理工艺系统还带有高温蒸汽供给系统，其蒸汽供给系统包括蒸汽锅炉和软化水处理机。蒸汽锅炉用于提供灭菌系统所需的高温蒸汽；而软化水处理设备用于提供给蒸汽锅炉产生蒸汽所需要的软化水。

位于长沙市城北黑麋峰的长沙医疗废物处置中心自投入运营以来，目前每天收运全市大大小小 3000 余家医疗机构的医疗废物，医疗废物处置中心 50 多名收运转运员工每天按照流程穿戴好防护服、护目镜、头套等防护装备，分坐在 20 多台专用医疗废物车到各收集点接收医疗废物。车辆到达医院，医务人员早已将医疗废弃物用专用黄色包装袋分类，并用专用黄色塑料周转箱密封好，统一放置在医疗废物暂存点。其中，确诊、疑似患者以及密切接触新冠肺炎病毒者所产生的医疗废物，在周转箱外侧还贴上两道显眼的红胶带并贴上"新冠"标识标牌。转运人员身穿防护服，先用 2000 mg/L 的含氯消毒剂对周转箱表面进行喷洒消毒后称重登记，最后再搬运至医疗废物专用运输车上，密闭好车厢门。转运人员搬运完医疗废物后，按顺序依次脱下防护用具，将其装入事先准备好的专用包装袋，然后扎紧上车，再对手进行消毒，之后才开车离开。整个流程看起来很琐碎，但每个流程都缺一不可，目的就是尽可能地保证一线转运人员的安全。并且每台车辆都装有 GPS 实时定位监测系统，确保医疗废物收运全过程安全可控。

医疗废物到达长沙医疗废物处置中心后，接收人员先对运输车外部进行喷洒消毒，卸货完成后再对车辆内部进行喷洒消毒。标识"新冠"类的医疗废物被整箱放入蒸煮小车内，并推入高温蒸煮锅维持 134 ℃蒸煮 45 min，达到国家标准规定的消毒灭菌要求。高温消毒灭菌处理后的残渣经过破碎毁形，由专用运输车运到垃圾填埋场处理。

8.3　建筑垃圾处理

8.3.1　建筑垃圾概述

1. 建筑垃圾的定义

建筑垃圾，是指建设单位、施工单位新建、改建、扩建和拆除各类建筑物、构筑物、管网等，以及居民装饰装修房屋过程中产生的弃土、弃料和其他固体废物。

2. 建筑垃圾的分类

1）按建筑垃圾来源分

按建筑垃圾来源分可分为土地开发垃圾、道路开挖垃圾、旧建筑物拆除垃圾、建筑施工垃圾和建材生产垃圾 5 类。主要由渣土、砂石块、废砂浆、砖瓦碎块、混凝土块、沥青块、废塑料、废金属料、废竹木等组成。

土地开发垃圾：分为表层土和深层土，前者可用于种植，后者主要用于回填、造景等。

道路开挖垃圾：分为混凝土道路开挖和沥青道路开挖，包括废混凝土块、沥青混凝土块。

旧建筑物拆除垃圾：主要分为砖和石头、混凝土、木材、塑料、石膏和灰浆、屋面废料、钢铁和非金属等几类，数量巨大。

建筑施工垃圾：分为剩余混凝土、建筑碎料以及房屋装修产生的废料，主要包括碎砖、砂浆、混凝土、桩头、包装材料等。

建材生产垃圾：主要是指为生产各种建筑材料所产生的废料、废渣，也包括建材成品在加工和搬运过程中所产生的碎块、碎片等。

2）按照建筑垃圾回收利用方式分

按照建筑垃圾回收利用方式分可分为可直接利用的材料、可再生利用的材料、没有利用价值的材料 3 类。

可直接利用的材料：如旧建筑材料中可直接利用的窗、梁、尺寸较大的木料等。

可再生利用的材料：如废钢筋、废铁丝、废电线和各种废钢配件等金属，经分拣、集中、重新回炉后，可以再加工制造成各种规格的钢材；砖、石、混凝土等废料经破碎后，可以代替砂，用于砌筑砂浆、抹灰砂浆、打混凝土垫层等，还可以用于制作砌块、铺道砖、花格砖等建材制品。

没有利用价值的材料：如难以回收的或回收代价过高的材料可用于回填或焚烧。

3）按照建筑垃圾的强度分类

将剔除金属类和可燃物后的建筑垃圾（混凝土、石块、砖等）按强度分类：标号大于 C10 的混凝土和块石命名为 Ⅰ 类建筑垃圾；标号小于 C10 的废砖块和砂浆砌体命名为 Ⅱ 类建筑垃圾。为了能更好地利用建筑垃圾，还进一步将 Ⅰ 类细分为 Ⅰ A 类和 Ⅰ B 类，将 Ⅱ 类细分为 Ⅱ A 类和 Ⅱ B 类。各类建筑垃圾的分类标准及用途见表 8.1。

表 8.1　各类建筑垃圾的分类标准及用途

大类	亚类	标号	标志性材料	用途
Ⅰ	Ⅰ A	≥C20	4 层以上建筑的梁、板、柱	C20 混凝土骨料
	Ⅰ B	C10≥C20	混凝土垫板	C10 混凝土骨料
Ⅱ	Ⅱ A	C5≥C10	砂浆或砖	C5 砂浆或再生砖混凝土骨料
	Ⅱ B	<C5	低标号砖	回填土

8.3.2　建筑垃圾的组成

建筑垃圾中土地开挖垃圾、道路开挖垃圾和建材生产垃圾，一般成分比较单一，其再生利用和处置比较简单。建筑施工垃圾和旧建筑物拆除垃圾是在建设过程或旧建筑物维修、拆除过程中产生的，大多为混凝土、砖瓦等废物，回收利用复杂，是资源回收利用研究的重点。

在建筑施工中，不同结构类型建筑物所产生的建筑施工垃圾各种成分的含量有所不同，但基本组成一致，如表 8.2 所示。

表 8.2　建筑施工垃圾的数量与组成

组分	比例/%		
	砖混结构	框架结构	剪力墙结构
碎砖瓦	30～50	15～30	10～20
废砂浆块	8～15	10～20	10～20
废混凝土	8～15	15～30	15～35
包装材料	5～15	5～20	10～20
屋面材料	2～5	2～5	2～5
钢材	1～5	1～5	1～5
木材	1～5	1～5	1～5
其他	10～20	10～20	10～20
合计	100	100	100
单位建筑面积产生量/(kg/m²)	50～200	45～150	40～150

与建筑施工垃圾相比，旧建筑拆除垃圾的组成成分差别较大，单位面积产生的垃圾量更大。旧建筑拆除垃圾的组成与建筑物的结构有关：旧砖混结构建筑中，砖块、瓦砾约占 80%，其余为木料、碎玻璃、石灰渣土等。目前拆除的旧建筑物多属砖混结构的民居；废弃框架、剪力墙结构的建筑，混凝土块占 50%～60%，其余为金属、砖块、砌块、塑料制品等，旧工业厂房、楼宇建筑是此类建筑的代表。

8.3.3　建筑垃圾的预处理

建筑垃圾的预处理是指建筑垃圾在制成再生产品之前的处理技术，主要包括破碎与分选。建筑垃圾的破碎目的是减少其颗粒尺寸、增大其形状的均匀度，以便后续处理工序的进行，其破碎方法主要有压碎、磨碎、劈碎和击碎 4 种方法。

建筑垃圾的分选是将建筑垃圾中可回收或不符合处置工艺要求的物料分离出来。建筑垃圾的分选主要包括重力分选、磁选、光电分选、摩擦与弹性分选，以及最简单有效的人工分选。

建筑垃圾的预处理工艺流程如图 8.5 所示。

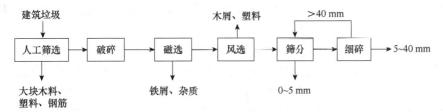

图 8.5　建筑垃圾预处理工艺流程

建筑垃圾收集后，首先进行人工粗分，将可回收利用的大块木料、塑料、钢筋和纸板进行分类回收，经过粗分后的建筑垃圾进行一级破碎，使用磁选机剔除铁屑和杂质，然后对破碎后的建筑垃圾进行烘干和分选，除去木屑、塑料等轻杂质。最后对剩余建筑垃圾进行细分，细分一般采用滚筒筛和风力分选设备。经过细分得到的轻组分是木材、纸片和废塑料片等；重组分主要是混凝土、砖、瓦以及碎金属料等。轻组分可以直接焚烧或填埋处理；重组分则应再进行磁选，以回收其中的金属料，通过建筑垃圾的预处理工艺，最终得到 0～5 mm、5～40 mm 粒径的骨料。

8.3.4　建筑垃圾的再生利用

国家"三线一单"①政策出台，生态保护红线的实施，对山、水、林、田、湖、草及自然保护区保护力度加强的同时，矿业受到各相关部委及地方出台的针对矿权的政策限制，矿产资源开发与自然生态保护矛盾日益凸显。石材的掠夺式开采和脏、乱、差等对生态环境破坏较大的行为将被遏制。伴随着道路建设的发展与投入，碎石使用数量不断加大，作为一种不可再生资源已不能满足道路建设发展的需求。近年来，碎石的价格不断上升，尤其是石灰石的价格早已突破百元大关，道路建设成本不断增大，且材料品质不断降低，高品质材料供不应求。

废旧道路沥青材料通过回收加工、循环利用或其他措施，可直接将其变成产品或转化为再利用的二次原料、替代天然砂石骨料和新的沥青胶结料，既可以减轻甚至避免因道路固体废弃物填埋或堆放产生的危害，还可以替代等量的天然骨料和道路石油沥青，缓解大宗道路工程材料的供需矛盾，避免因开山伐林、开采天然砂石带来的一系列土地占用、环境污染、水土流失的问题并减少相应资金投入。

到 2020 年，我国四级及以上等级公路里程已达 494.45 万千米，高速公路里程 16.10 万千米，每年大约有 12%的沥青道路需大修与中修改造，我国的道路建设已进入建、养并重的时期。每年产生约 3.4 亿 t 废旧道路公路废旧沥青路面材料（RAP）。目前，常用的废旧沥青材料冷、热再生处理技术，许多情况下新石料添加量需 50%以上，并且达不到高等级公路混合料的要求，其废旧沥青路面材料的循环利用率不足 30%，远低于发达国家 90%

---

① "三线一单"指生态保护红线、环境质量底线、资源利用上线和环境准入负面清单。

以上利用率的水平，只能用作垫层，变相浪费了材料，废旧公路沥青材料没有得到合理有效的循环利用。交通运输部发布的《关于加快推进公路路面材料循环利用工作的指导意见》（交公路发〔2012〕489号）中指出2020年全国实现废旧路面料材料"零废弃"。

成立于2007年的湖南云中再生科技股份有限公司，在建筑垃圾资源化回收利用领域深耕十多年，专业从事建筑垃圾资源化处置、再生装备、外掺剂的研发、生产、销售及道路大中修等业务，随着河道砂石、山石被禁采禁挖，云中科技的再生产品迎来了新的历史发展机遇。目前该公司拥有国家专利24项，再生沥青混合料、再生水稳混合料和再生填料3项产品列入湖南省和长沙市"两型"产品与政府采购目录。2020年8月，云中科技中标长沙市岳麓区的建筑垃圾资源化利用特许经营权，成为湖南省首宗成功交易的建筑垃圾资源化特许经营项目。

近年来，云中科技在废旧沥青的再生利用领域取得了骄人成绩。沥青是由一些极其复杂的高分子的碳氢化合物和这些碳氢化合物的非金属衍生物所组成的混合物。一般可分为天然沥青、石油沥青和焦油沥青三大类。道路沥青主要由石油沥青组成，含有饱和分、芳香分、胶质和沥青质。其中饱和分和芳香分统称为油分，沥青的化学组分不是简单的混合和溶解，大多数沥青都是以胶体溶液的形式存在。

回收废旧沥青材料，做热拌沥青路面和做冷拌沥青路面的材料。热拌沥青路面的性能与沥青废料的参与率密切相关，掺入率越高，则路面性能下降较大。一般高等级公路热拌沥青路面中沥青废料的掺入率为5%，低等级道路的热拌沥青路面中沥青废料掺入率为10%～15%。沥青废料用于冷拌操作，比热拌操作更容易，冷拌的沥青废料主要用于填补坑洞、修补车道和桥梁、填充通道等。

废旧沥青路面材料再利用主要是利用其再生产沥青混凝土，用于铺筑路面面层或基层。旧沥青路面经过翻挖回收、破碎筛分后，和再生剂、新骨料、新沥青材料按适当比例重新拌和，形成具有一定路用性能的再生沥青混凝土。废旧沥青混合料的再生工艺有热再生和冷再生两种工艺。热再生法就是提供强大的热量，在短时间内将沥青路面加热至施工温度，通过旧料再生等一些工艺措施，使病害路面达到或接近原路面指标的一种技术。冷再生就是利用铣刨机将旧沥青路面层及基层材料翻挖，将旧沥青混合料破碎后当作骨料，再加入再生剂混合均匀，碾压成型后，主要作为公路基层及底层使用。这两种工艺既可以在现场就地再生，也可以进行厂拌再生。

云中科技为了更好地促进冷再生混合料中新旧沥青融合，研发出一种废旧沥青混合料软化融合再生剂。该乳化剂解决了现有的冷再生乳化沥青微粒粒径大、颗粒分布不均匀、与集料配伍性差、不满足慢裂快凝要求等问题；采用磷酸代替盐酸进行乳化沥青生产，改善了乳化沥青与混合料使用性能，并提出以乳化沥青微粒粒径指标作为冷再生乳化性能评价的关键指标。

废旧沥青混合料软化融合再生剂，在建筑材料拌和、碾压过程中促进新、旧沥青融合，再生剂通过软化、溶解RAP表面的旧沥青，恢复旧沥青的活性与黏结能力，促进RAP中旧沥青与乳化沥青中的沥青微粒相互融合，并对旧的老化沥青进行一定程度上的再生，形成均匀稳定的结构沥青膜，提高了冷再生混合料颗粒间的黏结力，进而提高了乳化沥青厂拌冷再生混合料的力学强度、改善了抗水损害与高温抗变形能力、降低了乳化沥青用量，工艺技术改革后提高了经济效益。

根据再生建筑垃圾密度确定了以 RAP 为"黑石头"的乳化沥青厂拌冷再生混合料工程级配及相应的再生混合料矿料工程级配范围，采用双级配进行乳化沥青厂拌冷再生混合料配合比设计，即再生混合料级配满足新的混合料工程级配范围，同时与再生混合料的矿料级配一起满足相应的混合料矿料工程级配范围。

RAP 从产生地运输到生产基地，然后破碎加工成再生集料，成本大概为 30 元/t，石灰石碎石到场平均最低价格为 120 元/t，在冷再生混合料中 RAP 掺量不低于 80%，可以大幅度降低生产成本，提高经济效益。同时 RAP 的资源化再利用对环境具有显著的效益，将大大减少环境危害的同时还能节约大量的自然资源。

云中科技自主研发的破碎分选与水气综合分选设备，一头"吃"进去的是废弃石块、砖渣、钢筋、木屑、纤维袋、泡沫板等混合在一起的建筑垃圾，一头"吐"出来的是颗粒均匀、洁净如新的碎石——可百分百利用的道路材料，宛如得到了一座优质"矿山"。经过这个水气综合分选设备，碎石杂质可控制在千分之三以内，比新开采的碎石洁净度还要高。优于国家出台的新开采碎石杂质含量小于百分之一的标准。将再生碎石运送至该企业建筑垃圾再生基地的另一条生产线，再运用云中科技的复合增强技术，可生产出再生的水泥稳定碎石料，便可直接用来铺路了。

云中科技采用冷再生技术在潭邵高速公路大修改造、长沙绕城高速西南段 2017 年度路面专项维修、长沙机场高速 2017~2019 年养护、佛山广明高速路面大修改造与佛山一环西拓旧路改造工程中进行了应用，共回收并再生利用 RAP 17.9 万 t，实现经济效益 5852.6 万元，节省造价 2639.2 万元，节约自然资源约 73.5 万 t，节约堆放土地约 18 亩（1.2 hm²），减少 CO_2 气体排放约 2238 t，减少土地污染面积约 90 亩（6 hm²），取得了显著的经济、社会与环保效益。乳化沥青厂拌冷再生混合料主要应用情况（2017~2019 年）如表 8.3 所示。

表 8.3　乳化沥青厂拌冷再生混合料主要应用情况表（2017~2019 年）

单位名称	应用的起止时间	经济、社会效益
潭邵高速公路（湘潭—娄底段）大修工程项目部	2016 年 5~12 月	共实施乳化沥青厂拌冷再生混合料 6 万 t，利用 RAP 4.8 万 t，经济效益为 1620 万元，节省造价 660 万元
长沙绕城高速西南段 2017 年度路面专项维修工程项目部	2017 年 8~12 月	共实施乳化沥青厂拌冷再生混合料 4.2 万 t，利用 RAP 3.6 万 t，经济效益 1134 万元，节省造价 462 万元
湘平路桥长沙机场高速项目部	2018 年 10~11 月	共实施乳化沥青厂拌冷再生混合料 900 t，利用 RAP 760 t，经济效益为 27 万元，节省造价 9 万元
佛山市中策广明高速公路有限公司	2018 年 10~11 月	共实施乳化沥青厂拌冷再生混合料 5.9 万 t，利用 RAP 5.2 万 t，经济效益为 1595.6 万元，节省造价 650 万元
中交路桥建设有限公司佛山一环西拓旧路改造和景观提升工程及金石大道西延线工程施工（SG-01 合同段）项目经理部	2020 年 5~12 月	共实施乳化沥青厂拌冷再生结构层 16.8 万 m²，生产混合料 4.6 万 t，利用 RAP 3.7 万 t，经济效益为 1476 万元，节省造价 858.2 万元

上述工程项目使用乳化沥青厂拌冷再生混合料销售单价为 270~320 元/t，其中，材料成本为 141~172 元/t，施工成本 48~54.8 元/t。

云中科技 RAP 在高速公路大修工程中的大规模应用，提升了国内乳化沥青厂拌冷再生技术的应用水平，为我国高速公路建设大规模应用 RAP 提供理论支持与借鉴意义。据相关专家测算，每回收利用 1 万 t 废旧物资，可节约自然资源 4.12 万 t，节约能源 1.4 万 t 标准煤，减少 6～10 万 t 垃圾处理量，并节约 1 亩（约 666.7 m^2）堆放土地。[①]

社会与环境效益主要体现在以下几个方面。

（1）利用 RAP 替代优质的碎石生产冷再生沥青混合料铺筑路面，可以大量减少碎石的开采量，从而减少矿山开采过程中山体自然环境、森林与植被的破坏、减少水土流失、山体滑坡、堵塞河道等环境影响。

（2）大量 RAP 的堆放与填埋，不仅占用大量的土地，而且存在十分严重的环境污染隐患。RAP 中的沥青含有硫、苯及多环芳烃等有毒有害物质，在雨水作用下有对江河、地表、地下水系污染的风险。RAP 的再生利用可最大限度地消耗 RAP 这种大宗固体废弃物，一方面节约土地资源，另一方面保护了环境，符合国家产业政策要求。

（3）采用乳化沥青厂拌冷再生技术将 RAP 再生用于公路路面结构层，减少了热拌沥青混合料的应用。沥青主要含有烃类及非烃类衍生物，沥青及其烟气对皮肤黏膜具有刺激性，有光毒和致癌作用，而且沥青混合料在生产过程中重油燃烧会产生大量温室和有毒气体，采用厂拌冷再生技术不仅节约了能源，而且减少了有毒有害及温室气体的排放，避免了对大气的污染。

将 RAP 回收再生利用于沥青路面结构层，避免了不可再生资源浪费，降低了生产成本，避免了 RAP 被露天堆放或填埋带来的水土污染，而且减少了热拌沥青混合料的应用，降低了对大气的污染，经济、社会与环境效益显著。因此，该项目获得了湖南省循环经济等奖项。

云中科技主持制定了多项如《乳化沥青厂拌冷再生施工技术指南》（湖南省）、《公路沥青路面热再生施工与验收技术规范》（湖南省）等建筑垃圾再生材料用于道路工程的地方性技术标准；研发的再生沥青混合料（厂拌热再生沥青混合料、厂拌冷再生沥青混合料）、再生水稳混合料、再生填料（再生级配碎石）、再生沥青再生剂、再生水稳复合增强剂、高黏改性乳化沥青等应用广泛；乳化沥青厂拌冷再生混合料预拌工艺，采用双层多步拌和的厂拌冷再生沥青混合料拌和工艺，实现了乳化沥青厂拌冷再生沥青混合料分步、预拌和生产；在第一代双层多步预拌设备与工艺的基础上，开发了双向复合振动拌和机械、双层多步拌和设备和建筑垃圾精准分选成套设备等。在长沙周边建有 8 个再生基地，建筑垃圾年处置能力达 600 万 t。对于废旧沥青块、混凝土等废旧路面材料，再生利用率可达 100%；成分较为复杂的建筑垃圾，再生利用率可达 95%。云中科技成为建筑垃圾资源化利用领域的先进企业。

8.4　生活垃圾填埋处理

8.4.1　株洲市生活垃圾填埋场渗滤液外排入河问题

1. 株洲市生活垃圾填埋（南郊垃圾）场概述

株洲市生活垃圾填埋场位于株洲市荷塘区金山街道办新市村子母塘。距市中心 11 km，

---

① 陈宝泉，2006-01-02. 再制造业：节约型社会的支柱事业：访中国工程院院士徐滨士教授 [N]. 中国教育报（7）.

2000 年 7 月开工建设，2003 年 5 月投入使用。株洲市垃圾场占地约 327 亩（21.8 hm²），库容约 365 万 m³，设计垃圾填埋量 292 万 t，日处理垃圾 800 t，使用年限 16.7 年。

随着城市发展，垃圾数量递增，至 2014 年该垃圾填埋场垃圾总量已达 300 余万 t。2014 年 10 月 26 日株洲市生活垃圾焚烧发电厂试运行，株洲市垃圾场暂停了垃圾填埋，2015 年 1 月起，全市各区生活垃圾均运送至生活垃圾焚烧发电厂进行终端处理。目前株洲市垃圾厂正在做封场准备工作。

株洲市垃圾填埋场建设较早，建设资金有限，没有严格按照国家相关技术规范、质量要求及设计文件执行，填埋场防渗系统薄弱，使用一段时间后，地下防渗层老化、损坏；垃圾堆四周底部污水横流，垃圾污水无法收集处理，一个污水处理设施（容量不足），雨污分流形同虚设，相当一部分垃圾污水没有进入该设施进行处理，而是汇入农灌渠途径 11 km 直排湘江，导致数百亩农田无法耕种荒废；垃圾填埋场有污水混入地下水并从北坝坝体一侧山体漏点渗出，出水呈黄色；北坝坝脚收集池污水回灌时，由于高差压力大，输送管发生过爆裂、脱落以及回灌池溢满等，导致污水混入雨水分流沟；北坝坝脚处原收集池建设时间较长，池内铺设的 HDPE 膜，池体出现裂缝，导致渗滤液从池体渗漏出来。

与全国许多垃圾填埋场类似，株洲市生活垃圾填埋场从建设之初到运行就存在先天不足，周边村民对垃圾场建设中涉及的征地、拆迁及补偿、环境污染等问题一直上访，终因涉及部门众多、难度较大，没有及时得以解决。

2. 中央生态环境保护督察

2018 年中央生态环境保护督察"回头看"期间，群众举报株洲市生活垃圾填埋场污水及渗滤液无组织排放，沿农灌渠道排入湘江，株洲市核查回复称渗滤液已全部按要求规范收集。

2019 年 10 月，《2019 年长江经济带生态环境警示片》披露"株洲市生活垃圾填埋场渗滤液外排入河问题"，现场检测发现该填埋场坝下两侧均有黄褐色水经渠道直接汇入河流。

2019 年 11 月 12 日，中共中央政治局常委、国务院副总理、推动长江经济带发展领导小组组长韩正在安徽马鞍山主持召开长江经济带生态环境突出问题整改现场会暨推动长江经济带发展领导小组全体会议。组织观看《2019 年长江经济带生态环境警示片》，总结长江经济带生态环境突出问题整改情况并部署下一阶段工作。2019 年 11 月 22 日，推动长江经济带发展领导小组办公室主任、国家发展和改革委员会主任何立峰在北京主持召开领导小组办公室第四次会议，向湖南省移交了长江经济带环境突出问题清单，至此，"株洲市生活垃圾填埋场渗滤液外排入河问题"便在国家挂上了号并要求限期整改（销号）。

3. 湖南省及株洲市整改大事记

按照"一事一策"原则，参照中央生态环境保护督察办公室《关于做好 2018 年长江经济带生态环境警示片披露的 163 个问题整改销号工作的函》（中环督察函〔2019〕116

号），湖南省突出环境问题整改工作领导小组办公室下达了《关于做好突出生态环境问题整改销号工作的通知》（湘突环改办函〔2019〕16 号）和《关于转发突出生态环境问题，整改验收销号（行业）标准的通知》（湘突环改办函〔2019〕22 号）。责成湖南省住房城乡建设厅牵头，湖南省生态环境厅、湖南省水利厅、湖南省农业农村厅配合限期完成"株洲市生活垃圾填埋场渗滤液外排入河问题"的整改。

2019 年 12 月 12 日，株洲市向湖南省住房城乡建设厅报送《株洲市生活垃圾填埋场渗滤液外排入河问题整改方案》，明确整改工作由株洲市荷塘区城管局作为项目业主实施，2020 年 6 月底完工。

2020 年 10 月 22 日，国家长江办来株洲实地调研，提出超量污水外运不规范，未从根本上解决问题，要求"举一反三"，落实整改要求。

2020 年 10 月 28 日，株洲市委书记连夜对垃圾场进行了实地查看。要求确保尽快整改到位。随后市政府召开专题会议，研究具体整改方案。

2020 年 11 月 20 日，株洲市垃圾填埋场取消渗滤液外运，采用移动设备就地处理，11 月 28 日渗滤液处理站扩容改造项目启动建设。株洲市垃圾填埋场采用的应急处置方案于 2020 年 11 月 14 日开工建设，11 月 20 日投产并取消渗滤液外运应急项目，采用多重膜处理系统工艺。

2020 年 11 月至 2021 年 5 月，株洲市委市政府多次召开专题会议，落实生活垃圾填埋场整改。

2021 年 3 月 16 日，国家长江办现场调研株洲市垃圾填埋场整改工作并给予了肯定。2021 年 4 月 6 日至 5 月 6 日，第二轮中央环保督察第六组进驻湖南，高度关注株洲市垃圾填埋场整改进程。2021 年 6 月 21 日，国家长江办年中调研评估到株洲现场调研垃圾填埋场整改工作，表示满意。

2021 年 6 月 30 日，株洲市垃圾场渗滤液扩容改造后处理站通水调试。垃圾填埋场渗滤液处理扩容改造项目采取特许经营模式（BOT），总投资 1.237 亿元，处理规模为 800 t/d。项目 2020 年 11 月 28 日启动建设，截至 2021 年 7 月 22 日完成，投资 10 700 万元。报建手续全部完成。尾水外排管网工程全程 7200 m，全部铺设完成。主体工程完成建设，设备安装基本完成。

2021 年 8 月 30 日，株洲市（南郊）垃圾场渗滤液扩容改造项目投产运行，项目打破了常规，仅用 9 个月就完成整改实现投产，实现渗滤液处理由 300 m³/d 提升至 800 m³/d，污水排放全面达标。

4. 主要整改措施

1）渗滤液渗漏应急整改工程（2020 年 11 月 14 日至 2021 年 7 月 21 日）

目标：对渗滤点的污水进行全量收集，做好雨污分流，规范渗滤液处理站运行，不出现渗滤液的无组织排放，确保垃圾填埋场渗滤处理达标排放。

措施：①对整个填埋库区重新进行堆体整形，对库区采用 HDPE 膜进行覆盖，有效减少进入堆体内部的雨水量，减少渗滤液产生和防止渗滤液水位过高；②重新完善填埋库区外截洪沟系统；③对南坝和北坝坝面建设渗漏渗滤液导排系统（土工排水网）、收集系统（渗滤导排盲沟）、防渗系统（坡面铺设 HDPE 膜），实现坡面雨污分流；④在北坝坝脚设置渗滤液收集池，用于收集坝脚渗滤点的渗滤液，同时，新建的收集池内部设置防渗膜，并将收集的渗滤液进入北坝坝脚原渗滤液收集池，最终通过泵提升至渗滤液收集系统进行处理；⑤在坝前设置渗滤液降水井，直接抽排渗滤液，降低坝前渗滤液水位，另外，对渗滤液处理系统 MBR 膜、RO 膜等老化设备进行更新。

责任分工：株洲市生活垃圾填埋场渗滤液外排问题整改领导小组针对问题整改，明确了责任分工，即渗滤液收集井建设、雨水分流导流沟管铺设、渗滤液站的调节池清淤、日常巡查和对渗滤液站运营监管考核、安全检测等工作由项目所在地荷塘区负责；株洲市财政局做好资金保障，市生态环境局提供污水处理技术指导和加强环保监测；市城管局（市生活垃圾填埋场渗滤液外排问题整改领导小组办公室）负责督查、考核、通报及相关日常工作，协调相关部门履职尽责，确保生活垃圾填埋场渗滤液问题按期整改到位。

结果：采用移动设备就地处理方案，用多重膜处理系统工艺。3 台设备最大出水处理能力 600 t/d，处置费 62 元/t。截至 2021 年 7 月 21 日，共处理渗滤液 67 674 t，经检测出水达到国家标准。

2）垃圾场渗滤液扩容改造（2020 年 11 月 28 日至 2021 年 8 月 30 日）

株洲市发展和改革委员会发布的《关于南郊填埋场渗滤液处理站扩容改造项目的批复》（株发改审〔2020〕222 号）文明确如下内容。项目建设单位：本次垃圾场渗滤液扩容改造项目建设单位是标注市城市管理和综合执法局。

项目建设地点：荷塘区金山街道办事处新市村和桐梓坪村境内。

项目主要建设内容及规模：建设内容为渗滤液处理站扩容改造以及新建尾水外排管道，包含拆除生化池（旧的），新建综合处理车间，出水池和边坡支护，对调节池、膜车间及管理用房进行改造；新增建（构）筑物占地面积 2309.8 m^2，新增总建筑面积 6599.93 m^2；购置配置设施设备；沿南郊垃圾填埋场—五桐线—新文化路—东环线东辅道—服饰大道—龙泉污水处理厂敷设尾水外排专管（采用 De315PE 管）7.2 km，设计出水规模 800 m^3/d。

项目总投资及资金来源：项目总投资为 15 226.36 万元，其中，工程费 12 768.92 万元，工程建设其他费 766.97 万元，预备费 1353.6 万元，建设期利息 336.87 万元；资金来源为特许经营模式筹措。

垃圾场渗滤液扩容改造项目具体整改情况如下。

项目主要工程建设内容：综合处理车间、双氧水及碳源加药间、尾水外排池、调节池覆盖改造等。①综合处理车间：拆除现有生化处理池，新建综合处理车间，包括生化处理系统、Fenton（芬顿）深度处理系统、加药系统、鼓风系统、MBR 系统、配电间及化验室、值班室等。车间占地面积 2119 m^2，三层钢筋混凝土建筑。②双氧水及碳源加药间：占地面积 160 m^2，混凝土结构。③尾水外排池：占地面积 16 m^2，有效容积 48 m^2。④调节池覆盖改造：废除调节池老旧覆盖，新增密闭覆盖膜 1760 m^2。

项目服务范围：接收南郊垃圾填埋场渗滤液（包括库区积存渗滤液）、生活垃圾中转站渗滤液、餐厨及厨余垃圾处理厂污水和新建固体废物填埋场的污水。

处理工艺：采用"生化＋MBR＋Fenton（芬顿）＋BAF（曝气生物滤池）"处理工

艺。扩容改造后，设计日处理规模 800 t，出水执行《生活垃圾填埋场污染控制标准》（GB 16889—2008）中表 2 标准。处理后的达标尾水通过压力专管输送至株洲市龙泉污水处理厂进行深度处理。污泥通过板框压滤至含水率≤50%后进入焚烧窑进行无害化协同处理。

至此，"株洲市生活垃圾填埋场渗滤液外排入河问题"整改完成，2021 年底通过国家验收销号。

8.4.2 天津津南区大韩庄垃圾填埋场渗滤液污染问题

2020 年 9 月 10 日，中央第二生态环境保护督察组对天津市群众投诉集中的部分生态环境问题整改情况进行了现场抽查，发现津南区大韩庄生活垃圾填埋场整改工作滞后，渗滤液污染问题突出。

1. 基本情况

大韩庄生活垃圾填埋场隶属天津市市容环卫发展有限公司（属天津市城管委直属企业），位于津南区八里台镇大韩庄村，占地 850 亩（约 56.67 hm²），2005 年 1 月建成投运，设计总库容 670 万 m³，日处理垃圾量 1800 t。目前，累计垃圾总填埋量 504 万 m³，约占总库容的 75%，每日新增垃圾填埋量约 1500 t。该垃圾填埋场渗滤液日产生量约 750 t，由于处理能力长期不足，垃圾渗滤液大量积存。2018 年 9 月以来，委托外单位应急处置 12 万 t，外运至津沽污水处理厂处理 10 万 t，目前仍积存 26 万 t。周边群众对该垃圾填埋场污染问题反映强烈，近几年市、区两级生态环境部门和中央环保督察、市级环保督察累计收到信访投诉 104 起，虽多次督办、查处，但整改落实仍不到位。

2. 主要问题

一是整改推进缓慢，大量渗滤液长期积存。大韩庄垃圾填埋场仅有 1 套每日处理 150 t 的渗滤液处理设施，且因设备老化、工艺缺陷无法正常运行。2017 年第一轮中央生态环境保护督察指出问题后，市城管委于 2017 年下半年启动该垃圾场渗滤液处理项目，并计划 2019 年 9 月建成投运。但由于工作统筹不够，项目推进前松后紧，直到 2019 年 4 月才获得项目可研批复，不得不将投运时间调整到 2019 年 12 月。项目实际于 2019 年 8 月动工建设，直到 2020 年 7 月才正式运行。受此影响，2019 年不得不在场内临时新建 7 个累计容量 20 余万 t 的贮存池，但仅 1 年多时间就已全部存满，2020 年 8 月不得不再次新建 1 个 4 万 t 渗滤液临时储存池。此时全部垃圾渗滤液积存量高达 26 万 t，环境风险突出。

二是环境管理混乱，违法违规问题突出。2020 年 7 月建成投运的日处理渗滤液 700 t 设施采用"混凝沉淀＋芬顿高级氧化"工艺，每日产生的 2.6 t 污泥未按环评批复要求作为危险废物管理，直接在该填埋场非法填埋处置，已累计填埋 104 t。现场督察还发现，部分填坑底部防渗膜出现破损，渗漏点 20 余处，渗出的高浓度污水通过雨水沟进入雨水收集池，导致两个雨水收集池内水质 COD 浓度分别高达 760 mg/L 和 756 mg/L。如遇较大降雨，雨水收集池难以满足收集需求，容易外溢进而污染周边环境。

调阅资料发现，受填埋场雨水外流和地下渗漏影响，场区南侧墙外水沟积存污水曾一度高达 1.6 万 m³，COD 浓度高达 274 mg/L、氯化物 7520 mg/L。经上级多次督办后，才于 2019 年 9 月至 2020 年 1 月抽至津沽污水处理厂处理，并对沟渠进行整治。此次督察发现，水沟内又有部分渗流污水积存，现场监测 COD 浓度高达 240 mg/L。

3. 原因分析

大韩庄垃圾填埋场污染问题由来已久。2017 年 4 月，第一轮中央生态环境保护督察期间群众反复举报，该问题被列入边督边改重要内容；2018 年 8 月，天津市级环保督察再次指出其整改缓慢问题；2019 年 6 月，中央生态环境保护督察办公室就此函告天津市，并要求落实整改要求；2019 年 8 月天津市级生态环境保护督察"回头看"又一次指出问题。但是，天津市城管委作为主管部门重视不够、跟进不力、督办不严，填埋场运营单位对渗滤液处理设施建设、运行及场内环境管理主体责任落实不力，导致整改工作严重滞后，渗滤液环境污染和风险问题迟迟得不到彻底解决。

督察组将进一步调查核实有关情况，并按要求做好后续督察工作。

8.4.3　小结

我国生活垃圾混合收集并且以填埋方式处置已存在几十年了，全国已封场或尚在运行的生活垃圾填埋场渗滤液污染问题十分突出。自第一轮中央生态环境保护督察（2015～2017 年）开始，2018 年 5 月，又对 20 个省（区）开展了"回头看"；第二轮中央生态环境保护督察（2019～2021 年），在对第一轮 31 个省（区、市）和新疆生产建设兵团第一轮督察全覆盖的基础上，督查范围扩展到对国务院有关部门以及有关中央企业开展例行督察，并根据需要对督察整改情况实施"回头看"；针对突出生态环境问题，视情况组织开展专项督察。近年来，在上述督察中披露的案例有云南省昭通市垃圾渗滤液严重污染地下水、广东省清远市生活垃圾场渗滤液大量积存、辽宁省营口市生活垃圾污染、青海海北州部分垃圾填埋场设置暗管渗滤液直排环境、河南省新乡市垃圾填埋污染隐患依然突出等问题。

综上所述，生活垃圾污染治理源头减量、分类是关键，分类后的废弃物选择合适的处理处置方式并做好污染防治，方可避免污染环境、危害公众健康、浪费资源的现象发生。

8.5　生态环境部公布的典型案件

2021 年 9 月 14 日，为有效震慑跨行政区域非法转移、倾倒和处置危险废物环境违法犯罪行为，指导基层规范办案，生态环境部组织整理了第四批 8 个涉跨省级行政区划的打击危险废物环境违法犯罪典型案件。这些案件中，有的非法跨省倾倒、填埋、处置危险废物，有的将危险废物简单处置后以次充好或掺在产品中销售，有的涉及长期从事非法处置危险废物污染环境黑色产业链的犯罪团伙。各地生态环境部门紧密配合，畅通跨省违法犯罪案件的联合执法工作机制，与公安和检察机关相互协作，形成执法合力，根据群众和基层网格员的线索，跨省调查，追根溯源，有力震慑了涉危险废物违法犯罪行为。

生态环境部对浙江省湖州市生态环境局吴兴分局、福建省漳州市漳浦生态环境局、江西省抚州市东乡生态环境局、山东省济宁市生态环境局邹城市分局、山东省德州市生态环境局临邑分局、湖南省娄底市生态环境局、广西壮族自治区玉林市北流生态环境局和陕西省渭南市生态环境局蒲城分局在案件办理中的突出表现提出表扬，对安徽、江苏、广东、浙江、上海、甘肃、宁夏、四川、山东等地生态环境部门协助调查跨省级行政区划案件的做法提出表扬。要求各地生态环境部门认真学习借鉴有关经验做法，进一步优化执法方式，提高跨省（自治区、直辖市）危险废物环境违法犯罪案件的办理效率和质量。

第四批 8 个涉跨省级行政区划典型案件如下。

8.5.1 浙江省湖州市周某某等人涉嫌非法处置废甲酯油污染环境案

【典型做法】

（1）从小线索入手，斩断跨多省非法处置危险废物链条。

（2）持续重点打击"散乱污"非法作坊。

【案情简介】

2020 年 4 月 29 日，浙江省湖州市生态环境局吴兴分局（以下简称吴兴分局）接到群众举报称，湖州市织里镇一非法小作坊常有刺鼻气味飘出。执法人员立即赶赴现场开展检查，发现现场贮存不明化学物质，部分原料溢流在场地上，伴有强烈的刺激性气味。经鉴定，现场不明化学物质为有机玻璃制造产生的精馏残渣（以下简称废甲酯油），属于具有毒性危险特性的危险废物，数量约为 300 t。吴兴分局委托司法鉴定机构开展生态环境损害评估。

经查，犯罪嫌疑人周某某（系本案群众举报的非法小作坊实际经营者）和郑某某（另一收集点经营者）以 400~500 元/t 的价格从安徽滁州、宣城以及江苏盐城等地的非法有机玻璃加工作坊收购废甲酯油，经简单处置，每吨加价 200 元转卖给下游安徽燃料油收购商。收购商则将废甲酯油以"重油"名义，按 2700~3000 元/t 卖至安徽各地沥青搅拌站，最终被作为"燃料油"使用，在焚烧过程中对大气环境造成污染。

【查处情况】

2020 年 7 月 3 日，湖州市生态环境局吴兴分局将线索移送至湖州市公安局吴兴分局。7 月 8 日，湖州市公安局吴兴分局正式立案侦查。此后，生态环境部门多次配合公安机关赶赴江苏、安徽等地，对涉及的上下游产业进行调查取证。截至 2021 年 7 月，已有 32 名犯罪嫌疑人被采取刑事强制措施（包括非法有机玻璃加工作坊等上下游人员），湖州市吴兴区人民检察院已批捕 11 人，案件正在公诉阶段。

【案件启示】

强化危险废物的源头管控，创新环境违法行为发现机制。

无危险废物处置资质的小作坊非法收集上游小作坊非法生产过程中产生的危险废物进行简单加工处置，再以"产品"名义出售，以次充好，存在较大的迷惑性和隐蔽性，需要各地强化危险废物的源头管控，尤其是危险废物再利用产业的全过程监管。同时，小作坊生产工艺和生产设备简单，极易死灰复燃，且选择地点较为偏远和隐蔽，日常监管难度较大，需要不断创新环境违法行为发现机制，加大对"散乱污"非法作坊的打击力度。

8.5.2　福建、广东联合打击孙某等人涉嫌跨省非法倾倒铝灰污染环境案

【典型做法】

（1）闽粤多次召开案件研判分析会并联合执法。

（2）快速判断案情并上报，省厅派员支持。

（3）网格监管及时发现环境违法行为。

【案情简介】

2021 年 6 月 22 日、24 日，福建省漳州市漳浦生态环境局（以下简称漳浦生态环境局）分别接到漳浦县两个镇的环保网格员反映有车辆疑似非法转运、倾倒固体废物。漳浦生态环境局执法人员立即赶赴现场，初步判断为涉嫌非法倾倒危险废物污染环境犯罪。为防止证据遗失、嫌犯潜逃，执法人员联系属地公安机关到场开展现场勘察、询问调查，现场控制违法嫌疑人员、查扣转运货车。根据现场踏勘及调查询问，初步认定转运倾倒的固体废物为铝灰（危险废物类别为 HW48），约 300 t，系由广东省转运至福建省漳浦县倾倒。

鉴于案情重大，6 月 24 日漳浦生态环境局启动重大环境违法案件查办机制，成立专案组并委托取样，商请公安、检察机关提前介入，并向上级生态环境部门请求支持。福建省生态环境厅第一时间派执法骨干赴现场指导案件侦办，同步向广东省通报案情和协查需求。闽粤两省立即启动固体废物污染防治联防联控合作机制，联合部署摸排和执法协作。同时，漳浦县各部门密切沟通配合，保障案件侦办质量和防止次生环境污染。漳浦生态环境局负责线索甄别、证据采集、危险废物鉴定及应急处置；漳浦县公安局及时控制涉案人员，防止证据灭失、人员逃匿；漳浦县人民检察院引导侦查方向，提出侦查取证意见；案发地乡镇政府负责现场封控和看护。

7 月 26 日至 28 日，在广东省生态环境厅和佛山、肇庆两地生态环境部门大力支持配合下，漳浦生态环境局派出工作组开展危险废物溯源工作。闽粤两省生态环境部门先后召开 4 次研判分析会，共同研究涉案企业环评审批及验收资料，商讨案情和调查处理方向，明确工作路线、现场布控和证据收集固定等细节，并就危险废物特别是铝灰规范化处置利用相关规定、同类案件办理经验等方面进行交流。根据研判分析情况，两省三地执法人员开展现场联合执法，对涉案人员供认的企业和装货点位、运输路线等逐个进行现场核实，依法开展取证工作。

【查处情况】

2021 年 8 月 9 日，漳州市漳浦生态环境局将该案依法移送漳浦县公安局。8 月 10 日，漳浦县公安局正式立案侦查。目前案件正在进一步侦办中。

【案件启示】

（1）跨省协同"一体化"，形成环境执法力量的有机互补衔接。

在办理跨省级行政区域非法转移、倾倒、处置危险废物的案件中，涉案省（自治区、直辖市）相互信任、互通信息、积极沟通、高效协作，被倾倒地第一时间通报危险废物来源地，来源地生态环境部门第一时间部署摸排，两地召开案件分析会并联合执法，形

成环境执法合力，共同打击跨省非法转移、倾倒危险废物违法犯罪行为。

（2）生态环保网格化打通监管"神经末梢"。

网格员巡查是发现生态环境问题的前沿哨兵，发现并上报疑似线索，有效延伸了监管触角，各地可通过生态环保网格化和信息化平台建设，立即组织控制现场，处置环境污染和生态破坏问题，实现精准执法、高效执法。

8.5.3 江西省抚州市赵某等人非法跨省转移、填埋危险废物污染环境案

【典型做法】

启动附带民事公益诉讼。

【案情简介】

2018 年 6 月 7 日，江西省抚州市东乡区王桥镇政府反映辖区某山上有疑似非法填埋危险废物的情况，抚州市东乡生态环境局（以下简称东乡生态环境局）会同抚州市东乡区公安局随即开展调查。

经查，2018 年 1 月至 5 月期间，浙江籍李某伙同江西籍赵某和官某 3 人分别将湖北某生药物原料公司（医药制造业，沈某名下）产生的蒸馏残渣和湖北另一制药公司产生的危险废物用货车多次非法转运至江西省本案现场堆存（以下简称Ⅱ区和Ⅲ区）。随后，赵某和官某担心被发现，将Ⅱ区和Ⅲ区堆存的危险废物就地挖坑掩埋。经检测分析，填埋物属于具有易燃性的危险废物；周边土壤中镍、总石油烃、乙苯的含量均超过第二类建设用地筛选值；地表水中石油类指标超地表水Ⅴ类限值 300 多倍。

目前案发地非法填埋的危险废物已由当地镇政府委托挖出、称重（共 500 余 t），并全部妥善处置。被污染土地拟于 2022 年完成生态修复工作。

【查处情况】

2020 年 12 月 28 日，抚州东乡区人民法院判决如下。

（1）被告人赵某、官某、李某犯污染环境罪，判处有期徒刑三年四个月至两年不等，并处罚金；同时追缴被告人赵某、官某和李某违法所得。

（2）被告人沈某犯污染环境罪，判处有期徒刑三年，缓刑五年，并处罚金。

抚州市东乡区人民检察院就此案向抚州市东乡区人民法院提起附带民事公益诉讼，抚州市东乡区人民法院结合第三方评估机构出具的《生态环境损害评估报告》判决如下。

（1）赵某、官某、李某和沈某连带承担Ⅲ区开挖产生费用、转移处置费、环境损害鉴定评估费、环境应急监测费用等支出计人民币 1 619 778 元；赵某、官某、李某、沈某连带承担Ⅲ区生态环境损害修复费用计人民币 754 080 元。

（2）赵某、官某、李某连带承担Ⅱ区开挖产生费用、转移处置费、环境损害鉴定评估费、环境应急监测费用等支出计人民币 298 098 元；赵某、官某、李某连带承担Ⅱ区生态环境损害修复费用计人民币 3 242 992 元。

【案件启示】

两法衔接及时，启动民事公益诉讼。

各地在环境污染案件办理过程中，应及时启动两法衔接机制，公安机关尽早介入案件调查可以快速固定关键证据，检察机关可提起附带民事公益诉讼，践行生态有价、损

害必偿的精神。

8.5.4　山东省济宁市李某乙等人涉嫌通过渗坑等逃避监管的方式排放有毒物质污染环境案

【典型做法】

落实联勤联动机制，快速打击环境违法犯罪行为。

【案情简介】

2021 年 4 月 2 日，山东省济宁市生态环境局邹城市分局（以下简称邹城市分局）接镇政府反映，该镇一院落内倾倒有不明固体废物。执法人员立即启动联勤联动机制，会同邹城市公安局赴现场进行调查。

经查，2019 年 11 月至 2020 年 9 月，犯罪嫌疑人李某甲伙同崔某联系江苏籍张某从浙江和上海等地将固体废物（部分为危险废物）非法转移至山东省境内中转后倾倒。2020 年 9 月，李某甲派人将其中一车危险废物倾倒于临沂市平邑县境内并将另外三车危险废物存放至李某乙旧厂房内，被平邑县生态环境部门发现，李某甲被刑事处理（现仍在羁押），倾倒的危险废物已由平邑县生态环境部门妥善处置。2021 年 3 月，李某乙伙同孔某等人将三车危险废物倾倒于济宁市本次案发地。

经检测，倾倒现场遗留废液 pH 值小于 2，属于具有腐蚀性危险特性的危险废物；周边土壤中 1,2-二氯丙烷、1,2-二氯乙烷的含量超过第二类建设用地管制值。为尽快清除污染源，防止污染进一步扩大，邹城市政府启动了应急资金妥善处置危险废物 10 余 t 和受污染的土壤 800 余 t。

【查处情况】

2021 年 4 月 12 日，济宁市生态环境局邹城市分局在明确倾倒废液属性后将该案移送邹城市公安局。邹城市公安局于当日立案并成立专案组。专案组结合前期摸排成果，用 2 天时间赴山东省内多地查清以李某为首的非法收集、转运、倾倒危废"产业链"。2021 年 4 月，7 名涉案人员因涉嫌污染环境罪，被邹城市公安局刑事拘留。2021 年 7 月 20 日，邹城市人民检察院对 7 名涉案人员提起公诉。

【案件启示】

充分发挥联勤联动机制，快速侦破此类案件。

生态环境部门自得到线索即启动联勤联动机制，与公安局民警取得联系一同赴现场进行勘验，通过快速介入提高案件办理效率，避免了线索消逝。

8.5.5　山东省德州市王某等人涉嫌非法填埋危险废物污染环境案

【典型做法】

（1）畅通环境违法犯罪线索举报渠道。

（2）跨省协同办案，抓获从产生到倾倒危险废物全链条涉案嫌疑人。

【案情简介】

2021 年 1 月，一名其他案件的犯罪嫌疑人向公安机关举报"德州市临邑县王某在其水产养殖场院内填埋不明废物"。根据线索，山东省德州市临邑县公安局、德州市生态环境局临邑分局及涉案街道办事处立即进行调查，并在第一时间与危废转出地（江苏、甘肃）取得联系，三地各部门相互协同办案，顺利摸清整条非法利益链，将产废单位和非法倾倒危废的犯罪嫌疑人一举抓获。

经查，嫌疑人王某在临邑县从事水产养殖工作并将院落租赁给单某存放货物。2020年5月，单某将约30 t黑色活性炭和约10 t白色粉末堆放在院内，2020年7月，王某将黑色活性炭和白色粉末在院内进行填埋。经溯源，王某养殖场院内填埋的废活性炭来源于江苏某化工企业，白色粉末为废苯甲酸，来源于甘肃某生物科技企业。

经检测，临邑县王某养殖场内填埋的黑色和白色固体废物甲苯酸浸出浓度超规定限值，均为具有浸出毒性危险特性的危险废物，共约40 t。

结合填埋物危险特性，为避免污染进一步扩散，经生态环境部门、公安和检察机关共同研究，决定在雨季来临之前将被填埋的危险废物应急清运至危废处置单位妥善贮存，现场共清运危险废物和污染土壤200余t。

【查处情况】

2021年4月17日，德州市临邑县公安局立案侦查。目前，9名犯罪嫌疑人已被刑事拘留。案件正在进一步侦办中。

【案件启示】

（1）积极在执法实践中摸索跨省联动执法合作方式，形成联动长效机制。

建立或签订跨省级行政区域非法转移处置危险废物的案件执法联动机制或协议可以将各地环境执法力量在案件办理过程中的协作制度化、规范化，增进各省级生态环境部门的合作，加强配合，分享交流经验做法，了解其他省（自治区、直辖市）在办理危险废物环境案件中的重点和难点，互通有无，取长补短。

（2）拓宽举报渠道，重视举报线索，完善奖励机制。

危险废物非法跨省转移倾倒处置往往具有隐蔽性，需要加强基层环保宣传力度，扩大环境违法问题发现渠道，发动案件知情人积极举报。

8.5.6　湖南省娄底市戴某某等人跨省非法处置危险废物污染环境案

【典型做法】

（1）建立生态环境部门、公安机关及检察机关跨部门长效联动机制，实现两法衔接工作。

（2）利用无人机航拍侦查，结合大数据分析，侦破案件。

【案情简介】

2018年12月25日，湖南省娄底市生态环境局接到群众举报称，娄星区某废弃砖厂内散发出刺激性气味。执法人员迅速赴现场进行查勘并调来挖机挖掘出数十个铁皮桶，桶内物体疑似工业废活性炭等危险废物。根据办案经验，主办人员判断该举报可能为涉及非法倾倒填埋大量疑似危险废物的重大案件，因此立即上报，同时将案情通报给娄底市公安局娄星公安分局（以下简称娄星公安分局）。当日，娄底市生态环境局会同娄星公安分局赴现场开展勘查，并联络专业人员进行采样分析，采取应急管控措施，规范开展危险废物鉴定工作。

2018年12月26日，湖南省娄底市娄星区政府成立由娄星公安分局和娄底市生态环境局娄星分局组成"12·25"非法倾倒填埋涉危险废物案件联合调查组，并委托第三方机构进行应急清理并妥善处置现场非法倾倒填埋的危险废物。

案发后，生态环境部门执法人员梳理办案难点，积极与公安和检察机关对接，多次推动召开"12·25"案件联席会议，4 天赴四川、贵州、重庆、湖北等多个省份调查取证，形成案卷共 20 余卷。在遇到案件瓶颈时，生态环境部门执法人员通过查看沿线卡口视频录像 40 余万条、追查可疑运输车辆 500 余辆、无人机航拍侦查可疑区域 20 多处，公安机关通过大数据分析对疑似作案人员进行追查，最终将主要犯罪嫌疑人抓获。

经查，2017 年以来被告人戴某、李某等在未取得危险废物经营许可证的情况下，联系湖南省怀化、长沙等地企业，以远低于市场的价格非法收集危险废物共计 300 余 t。被告人戴某、李某将其中 100 余 t 危险废物交由无危险废物经营许可证的被告人杨某进行处理，杨某将部分危险废物交由同样无危险废物处理资质的被告人吕某、廖某处理。2018年 12 月 24 日，吕某、廖某联络挖机和货车将 245 桶 50 余 t 危险废物直接倾倒、掩埋在本次案发地。涉案填埋物为湖南某公司产生的蒸馏釜残渣和废活性炭等危险废物，造成周边大气和土壤污染。

"12·25"环境污染案件具有涉案危险废物种类多、数量大、成分杂，涉案人员多、区域广、时间长等特点。本案涉及湖南省多个地州市和四川、贵州、重庆、河南、湖北、广东等多省的部分城市；涉案人员达 11 名，为专业从事非法处置危险废物污染环境黑色产业链的犯罪团伙，极具反侦查意识，给侦破造成了重重阻难。

【查处情况】

（1）处罚情况。

检察机关依法对戴某某等 8 名相关责任人员提起公诉，取保 2 人，另案处理 1 人，2020 年 8 月，娄星区人民法院一审刑事判决如下。

戴某某、李某某、郭某、吕某某、黄某某、阳某某、何某犯污染环境罪，判处有期徒刑三年七个月至一年九个月不等，并处罚金。

杨某某犯污染环境罪，判处有期徒刑两年七个月，并处罚金人民币两万元；犯非法经营罪，判处有期徒刑一年，并处罚金人民币十万元；数罪并罚，合并执行有期徒刑两年两个月，并处罚金人民币十二万元。

（2）生态环境损害赔偿情况。

目前，娄底市生态环境局根据生态环境部等 11 部委印发的《关于推进生态环境损害赔偿制度改革若干具体问题的意见》（环法规〔2020〕44 号）和《湖南省生态环境损害赔偿制度改革试点工作实施方案》（湘政办发〔2016〕90 号）规定，启动了生态环境损害赔偿磋商，赔偿生态损害赔偿金 6 123 680 元，现场已修复到位。

【案件启示】

积极整合各部门优势，建立联动机制，实现案件办理的突破。

建立"生态环境＋公安＋检察"联动机制，可以在案件办理过程中对出现的问题随时会商，通过梳理案件难点、明确办案思路、严谨推进调查取证，确保该案件移交程序的规范合法、调查取证合法合规、案卷移送起诉高质量。在办案前期生态环境部门调查过程中，公安和检察机关提前介入，以办理刑事案件的标准对前期现场采样、人员访谈、调查笔录制作等全过程进行指导跟踪，防止出现程序违法情况，保障案件顺利办结。办案过程中充分发挥各部门各自的办案优势，运用先进的科学技术和手段，通过大数据分析等方法，实现证据的快速固定和提高"查、打、诉"一体无缝衔接的办案效能。

8.5.7　广西壮族自治区玉林市"4·30"梁某等人涉嫌非法跨省转移、倾倒铝灰污染环境案

【典型做法】

依据《国家危险废物名录（2021 年版）》，快速认定铝灰（渣）的危险特性，加快案件办理。

【案情简介】

2021 年 4 月 30 日，广西壮族自治区玉林市北流生态环境局（以下简称北流生态环境局）接到群众举报称，北流市某镇一仓库疑似非法贮存铝灰渣。北流生态环境局高度重视，立即赴该仓库调查。经查，仓库内堆放蛇皮袋包装的疑似铝灰（渣）固体约 400 t，仓库前停靠的 8 辆大货车上装载同类固体约 200 余 t，共计约 600 余 t。

经进一步调查，该黑色固体系犯罪嫌疑人梁某在未办理合法手续和危险废物经营许可证的情况下，经中间人苏某某介绍从黄某某处非法转移获得，并收取一定的处置费，准备用于制造水泥砖，由黄某某负责运输并安排司机。吕某某等 8 名司机在明知"货物"与货运单不相符、货运手续不全且"货物"有刺激性气味、可能是危险物品的情况下，仍然承接运输业务，将疑似铝灰（渣）从广东省多个城市收运到北流市该镇仓库内，前后运输总共 20 车次。经委托鉴定，依据《国家危险废物名录（2021 年版）》，结合溯源分析，认定该黑色固体为铝灰（渣），是具有反应性和毒性危险特性的危险废物，总量约 650 余 t。

此外，经生态环境部门和公安机关的深挖细查，相继在玉林市玉州区、容县、陆川县、博白县等地另查获 12 起非法转移、贮存、处置、倾倒危险废物环境违法犯罪行为。其中，玉州区 1 起非法倾倒填埋约 120 t 危险废物铝灰（渣）的案件是北流市"4·30"污染环境案犯罪嫌疑人所为。目前已将玉州区非法倾倒填埋危险废物铝灰（渣）环境违法犯罪行为纳入北流市"4·30"污染环境案并案查处，其余案件正在另案侦办中。

【查处情况】

目前，玉林市生态环境局、玉林市公安局抽调市县两级人员组成 6 个涉固体废物环境污染案件专项工作组共 53 人，赴广东、广西各地调查取证、追踪溯源。截至 2021 年 8 月 6 日，北流市公安局已拘捕犯罪嫌疑人 21 人，查获涉案固体废物来源企业（窝点）6 家（个）。目前北流市检察院以涉嫌污染环境罪批准逮捕梁某等 11 名犯罪嫌疑人，案件正在进一步调查审理中。

【案件启示】

提高铝灰（渣）环境管控，加大铝灰（渣）监管、执法和利用处置技术扶持力度。

我国是铝业大国，每年产生大量铝灰（渣）。铝灰（渣）遇水会发生反应，释放氨气，受潮也容易自燃，非法倾倒铝灰（渣）会造成较大健康和环境风险。根据《国家危险废物名录》（2016 版）和国家危险废物鉴别相关标准，铝灰（渣）属于危险废物。《国家危险废物名录（2021 年版）》进一步明确了铝灰（渣）的危险废物属性。

产生铝灰（渣）的企业应切实做好相关污染防治工作，严格落实危险废物相关法律制度要求，对产生的铝灰（渣）如实申报登记，进行管理计划备案以及落实好源头分类、应急预案和业务培训。生态环境部门也需要加强对铝灰的环境过程监管，依法从严执法，加强环境违法犯罪线索信息共享，严厉打击非法处置危险废物的行为。

8.5.8　陕西省渭南市张某等人利用废铅蓄电池非法炼铅污染环境案

【典型做法】

（1）司法衔接及时，部门高效联动。

（2）重视群众举报，扩展案件线索渠道。

【案情简介】

2019 年 6 月 11 日，渭南市生态环境局蒲城分局（以下简称蒲城分局）接到群众微信投诉平台举报称，渭南市蒲城县某硫酸厂内有人非法处置废铅蓄电池，造成环境污染，执法人员立即赶赴现场调查，发现涉事硫酸厂东北角一废弃厂房内的一座非法炼铅炉正在生产，相关人员已全部逃逸。

蒲城分局立即启动联动机制，公安、检察机关当日即介入开展排查，封锁案发现场。同时召开联席会议，各部门各司其责，由检察院负责案件的取证指导，公安刑警大队进行现场勘察取证，公安环食药大队负责控制现场并动用技侦手段锁定嫌疑人，由蒲城分局负责现场检查笔录的制作、资料取证、监测、案发现场的危险废物及相关物品的查扣等。

经查，2019 年 5 月底至 6 月 11 日期间，张某等先后 8 次前往宁夏、四川、山东等地购买废铅酸蓄电池（属于危险废物 HW49）共 247.44 t，且在未取得危险废物经营许可证、未采取任何污染防治措施的情况下在涉事硫酸厂利用废蓄电池非法炼铅，并利用渗坑排放酸液。经检测，土渗坑内的酸液壤 pH 值为 0.65，铅含量最高为 40.6 mg/L，周边土壤也受到污染。

【查处情况】

2020 年 10 月 21 日，蒲城县人民法院一审判决如下。

（1）被告人张某、陈某某、李某金等 8 人犯污染环境罪，判处有期徒刑七个月至三年不等，其中金某某、杨某某、郭某、李某生和马某等 5 人宣告缓刑一年至一年六个月，并处罚金。

（2）被告人张某、李某金两人不服判决，向渭南市中级人民法院提起上诉。2020 年 12 月 18 日，渭南市中级人民法院二审裁定维持原判。

【案件启示】

（1）司法衔接及时，部门高效联动。

司法衔接及时，各部门高效联动，动用高科技手段锁定嫌疑人。在办理环境污染刑事案件时，公安机关和检察机关提前介入，全程指导，指明方向，公安机关动用技侦手段锁定嫌疑人，赴涉案省调查取证，将案件涉案人员一网打尽，为以后办理同类案件积累宝贵经验。

（2）重视群众举报，扩展案件线索渠道。

对违法地点较为偏僻的案件，线索来源和后期顺利查办离不开附近群众的全力配合，执法人员第一时间赴现场调查并保护、固定证据，对环境违法犯罪行为严厉打击，进一步提升人民群众环境幸福感和满意度。

小　　结

$$
案例
\begin{cases}
餐厨垃圾处理 \\
医疗废物处理 \\
建筑垃圾处理 \\
生活垃圾填埋处理 \\
生态环境部公布的典型案例
\end{cases}
$$

 知识链接

 思考与练习题

一、选择题

1．长沙联合餐厨垃圾无害化处理项目，分为（　　　）三大模块。

A．预处理　　　　　　　　　B．油水渣分离

C．焚烧发电　　　　　　　　D．资源化利用

2．以下关于餐厨垃圾说法错误的是（　　　）。

A．餐厨垃圾处理过程中，会产生含硫、醇类且呈酸性等特性气体，处理难度大

B．餐厨垃圾处理产生的尾渣可用于养殖蝇蛆和黑水虻

C．智慧收运系统利于对餐厨垃圾产生单位信息实时管理

D．餐厨垃圾预处理关键设备包括破碎制浆机、除杂机、生物滤床、臭氧发生器等

3．以下不属于医疗废物的是（　　　）。

A．过期的疫苗　　　　　　　B．传染病人的生活垃圾

C．包扎伤口拆下的敷料　　　D．骨折病人的饮料瓶

4．长沙汇洋环保技术股份有限公司采用（　　　）处理感染性医疗废物。

A．焚烧　　　　　　　　　　B．化学消毒

C．微波消毒　　　　　　　　D．高温蒸汽消毒

5．建筑垃圾资源化利用方法不合理的是（　　　）。

A．旧建筑物拆除产生的混凝土可用于种植作物

B．废钢筋、废铁丝等金属经分拣、集中、重新回炉后，可以再加工制造成钢材

C．尺寸较大且结构完整的木料可以直接利用

D．土地开发垃圾产生的深层土主要用于回填、造景等

二、思考题

1．餐厨垃圾处理的途径和方法有哪些？如何实现社会、经济、环境效益的统一？

2．医疗废物如何分类？其收集、贮存、运输时有哪些要求？医疗废物的处理有哪些技术方法和工艺路线？

3．建筑垃圾按来源可分为几大类？如何进行综合利用？

4．如何预防填埋场污染事故发生？

5．请谈谈环保督查。

三、实训题

到餐厨垃圾、医疗废物、建筑垃圾处理生产车间参观或顶岗实习，完成参观学习或顶岗实习报告。

参 考 文 献

郭军，2018．固体废物处理与处置［M］．2版．北京：中国劳动社会保障出版社．

韩凤兰，吴澜尔，等，2017．工业固废循环利用［M］．北京：科学出版社．

焦学军，张桂仙，沈咏烈，等，2020．中国垃圾焚烧发电政策回顾与分析［J］．环境卫生工程，28（6）：57-64．

刘爱中，2021．重金属污染土壤植物修复研究［J］．科技经济导刊，29（24）：163-164．

聂永丰，2018．固体废物处理工程技术手册［M］．北京：化学工业出版社．

潘涛，2020．废水污染控制技术手册［M］．北京：化学工业出版社．

唐雪娇，沈伯雄，2018．固体废物处理与处置［M］．2版．北京：化学工业出版社．

王罗春，蒋路漫，赵由才，2018．建筑垃圾处理与资源化［M］．2版．北京：化学工业出版社．

王勇，2020．垃圾焚烧发电技术及应用［M］．北京：中国电力出版社．

解强，2019．城市固体废弃物能源化利用技术［M］．2版．北京：化学工业出版社．

徐期勇，吴华南，黄丹丹，等，2020．垃圾填埋技术进展与污染控制［M］．北京：科学出版社．

杨美发，2020．垃圾焚烧发电厂敞开式循环冷却水的处理和排污探讨［J］．现代工业经济和信息化（6）：155-156．

杨威，郑仁栋，张海丹，等，2020．中国垃圾焚烧发电工程的发展历程与趋势［J］．环境工程，38（12）：124-129．

杨越晴，王琼，周碧莲，2019．超富集植物修复重金属污染土壤的研究进展［C］//中国环境科学学会科学技术年会论文集：
3137-3141．

袁杰，2020．中华人民共和国固体废物污染环境防治法释义［M］．北京：中国民主法制出版社．

张华，赵由才，2020．生活垃圾卫生填埋技术［M］．北京：化学工业出版社．

张蕾，2017．固体废弃物处理与资源化利用［M］．徐州：中国矿业大学出版社．

赵由才，牛冬杰，柴晓利，2019．固体废物处理与资源化［M］．3版．北京：化学工业出版社．